KB235088

백두산의
화산 지질

백두산의 화산 지질

황상구 · 김백록

한국학술정보㈜

　백두산은 우리나라 양강도 삼지연군과 중국 길림성 안도현에 솟아 있는 산으로서 한반도와 만주 벌판에서 가장 높다. 백두산은 좁게 보면 백두산 주봉만을 가리키지만, 넓게 보면 일반적으로 백두산 화산체와 백두산 기슭의 여러 화산체까지를 포괄하는 범위를 말한다. 이렇게 볼 때 백두산은 북한 양강도의 삼지연, 보천, 백암, 대홍단군과 중국 길림성의 안도, 무송, 장백현의 넓은 지역을 차지한다.

　백두산은 기반암 위에서 지금으로부터 약 1천만 년 전부터 화산활동으로 형성돼 왔다. 화산활동 초기에는 현무암질 용암이 분출되어 평평한 용암대지가 넓게 형성되었고, 중기에는 백두산을 위시하여 여러 곳에서 주로 현무암질 용암이 계속 분출되어 방패 모양의 순상화산을 형성하였다. 그리고 후기에는 백두산 일대를 중심으로 조면안산암질 테프라와 용암이 번갈아 여러 차례 분출돼 고깔 모양의 성층화산이 이루어졌다. 말기에는 백두산을 중심으로 조면암질 테프라와 용암이 분출되어 화산체를 뒤덮었고 마지막으로 유문암질 부석들이 폭발되어 백두산 봉우리 일대를 덮었다. 이 무렵에 백두산은 그 윗부분이 함몰되어 천지 칼데라를 형성하였다.

　백두산은 인류 역사 시기에도 여러 차례 활동하여 고려·조선시대에도 부석을 내뿜었다. 오늘날에는 화산활동을 멈추고 있지만 언제 다시 폭발할지 모르는 활화산에 속한다. 특히 최근에는 잦은 지진이 화산활동으로 이어지는 것은 아닌지 염려할 실정이다.

　백두산 화산은 위에서 내려다보면 타원형을 이루고 있지만 옆에서 보면 전체적으로 순상화산을 이룬다. 그러나 순상화산을 중심으로 그 아랫부분에는 용암대지, 윗부분에는 성층화산을 이루고 머리 부분에는 물을 담고 있는 칼데라호로 나뉜다. 천지가 바로 그것이다.

천지는 세계적으로 유명한 고산호수로 해발 2,190m까지 물이 고여 있으며 그 크기가 여의도만 하고 최대수심이 384m로 매우 깊다.

백두산은 원시시대부터 우리 민족의 역사와 밀접한 관계를 맺어 왔다. 백두산에 대한 많은 전설과 설화가 우리 민족의 생활 속에 깊이 스며 있다. 중국 땅에서 보면 사시장철 머리에 흰 눈을 이고 있어 장백산(長白山)이라고 하지만, 북녘 땅에서 보면 항시 머리에 흰색 부석을 이고 있기 때문에 백두산(白頭山)이라 부르고 있다. 그러므로 백두산이란 지질학적 의미를 지니고 있는 이름이다.

우리 편역자들은 대학이나 정부기관에서 오랫동안 화산학을 가르치거나 연구하는 일에 종사하여 왔으며, 항상 백두산의 화산지질을 설명해 주는 한글판 연구서의 필요성을 느껴 왔다. 이러한 취지로 '長白山 火山地質 硏究'를 공동으로 번역하고 원저자의 연구내용을 크게 훼손하지 않는 범위 내에서 최신 자료를 추가하기로 하였다. 최근 새로운 연구방법과 연구기술의 개발로 지구 내부와 지표의 수많은 지질정보가 축적되어 지구 시스템에서 지질작용과 암석순환 메커니즘 이해와 정량화로 백두산 내외부에서 일어나는 화산작용을 보다 많이 이해할 수 있게 되었다. 따라서 이 편역서에서는 백두산의 과거, 현재, 미래의 화산과정을 이해할 수 있도록 백두산의 탄생에서 현재의 지표와 지하에서 일어나고 있는 여러 화산작용을 광범위하게 다루어 놓은 셈이다.

이 책을 번역하면서 역자들은 가능한 한 쉬운 용어를 선택하였으며 원저자의 내용이 충분하게 반영되도록 노력하였다. 그러나 암석분류의 체계가 맞지 않고 파생된 용어가 달라서 번역할 수 없는 安山粗面岩은 한자어를 그대로 우리말로 읽을 수밖에 없었다. 또한 역자들의 부족한 학식으로 자연스럽지 못하거나 지나친 표현들이 있을 것으로 생각되어 출판에 앞서 두려움이 앞선다. 다만 이 책이 백두산을 연구하는 모든 분에게 조금이나마 도움이 됐으면 하는 바람이다. 부족하고 잘못된 점에 대해서는 아낌없는 조언을 바란다.

돌이켜보면 '백두산 화산지질'의 편역은 2000년 처음부터 끝까지 조선족 중국인과 만나게 되면서 인연이 시작되었다. 그 과정은 쉽지 않은 노릇이었다. 우리는 중국 땅으로 혹은 북녘 땅으로 백두산을 몇 번 오른 죄로 급한 김에 저질러 놓게 되었다. 이 일을 기회로 삼아 앞으로 백두산, 나아가서 북녘의 산하에 대해 더 깊이 파헤쳐 보는 계기가 되기를 바랄 뿐이다.

아울러 이 편역서의 출판에 많은 협조를 해 준 한국학술정보(주) 여러분에게도 깊이 감사드린다. 편역 과정에서 그림 제작과 교정에 있어 수고를 아끼지 않은 안동대학교 대학원생들에게도 고마움을 표한다. 이 편역서가 앞으로 백두산의 지질학 및 화산학 연구에 조금이라도 보탬이 된다면 더할 수 없이 기쁘겠다.

2010년 11월 1일
편역자: 황상구, 김백록

　백두산은 하나의 자연생태가 완전하게 보존된 대형 복식화산이다. 이 화산은 1960년 길림성 인민정부에서 백두산 자연보호구로 설정하였고, 1980년에는 이 보호구를 유엔 교육과학문화위원회에서 유엔 '사람과 생물권' 자연보호구망에 귀속하였다. 이 보호구는 유라시아 대륙 북반부에서 야생동식물자원이 가장 풍부하게 화산경관이 가장 완벽하게 보전되어 있기 때문에 과학을 연구하고 자연계 비밀을 탐구하기에 가장 이상적인 보고이다. 그래서 국내외 지질학자들이 많이 내왕하여 화산지질과 지진을 답사 고찰하고 많은 논문과 보고서를 발표하여 각기 다른 측면에서 백두산 지역의 신생대 화산지질에 대한 연구정도를 향상시키고 있다. 1991년 중국 길림성 지질광산국의 연구지원에 의하여 제6지질조사소에서 연구원을 조직하여 야외지질조사를 수행하여 1993년 12월에 '길림성 장백산지역 화산지질조사 연구보고서'를 완성하게 되었다.

　이 책은 이 연구보고서를 수정 보충하여 출판된 하나의 백두산 화산지질에 대한 과학연구서이다. 이 책의 내용은 백두산 지역의 야외 지질조사를 진행하고 원격 지질해석 및 이전 자료 등을 종합하여 신생대 화산암의 분출 순서를 계통적으로 나누고 각 분출기의 화산층서, 암상, 화산구조, 분출기구, 암석학, 광물학, 암석화학, 지구화학을 전면적으로 연구하여 이 지역의 마그마 기원 및 진화를 다루었고 화산활동과 조구조환경의 발전과정을 서술하였다. 이 책은 백두산 지역에서 화산지질을 그림과 결합하여 풍부하고 확실하게 논리적으로 기재함으로써 근래에 보기 드문 체계적인 화산지질 과학서라고 할 수 있다. 이 과학서는 중국 동북지역의 자연과학연구 분야에는 물론이거니와 재해 방지와 지하열수 자원개발 등의 분야에 큰 기여를 할 것으로 기대된다. 그리고 이 책은 지질, 암석, 지진, 수문지질 및 관광지질 등의 사업에 종사하는 분들에게 참고로 이용될 수 있다.

1994년 1월 15일

원저자: 김백록, 장희우

차례

제7장 암석화학적 특성   205

제8장 지구화학적 특성   243

제9장 마그마 기원과 진화   279

제1장
서언

제1절 자연지리

1. 백두산 범위와 위치

　백두산은 한반도 북부 길림성 동부에 자리 잡고 있으며 동쪽은 중국과 조선의 국경 지역이다. 조사 범위는 화룡시, 안도현, 무송현, 장백 조선족 자치현 등이 포함되고 약 2만 ㎢ 면적이며 지리적으로 북위 $41°20'\sim42°40'$이고, 동경 $127°00'\sim129°00'$에 속한다. 교통은 편리한 편이며 천문봉, 장백 온천에서 이도백하, 안도현까지 시멘트 혹은 아스팔트로 포장된 도로이고, 이도백하와 통화시는 철도로 연결되어 있으며 안도, 연길에서 전국 각지와 도로와 철도로 연결되어 있다. 또한 백두산 산문 부근의 황송포와 연길 공항으로부터 전국 각지를 내왕할 수 있다.

　백두산은 중위도에 위치되어 있기 때문에 중온대 습윤구의 기후대에 속한다. 식물은 침엽림 특색을 가진 활엽 낙엽림대에 위치되고 토양은 회갈토 지대에 속하는데 주로 암갈색 삼림토, 갈색 태가림토 등으로 되어 있다. 동물은 고북계 동북아계의 북동부에 속한다. 원시 삼림 환경은 많은 야생동물의 생장에 좋은 번식환경을 이루고 있다.

　백두산 자연자원은 풍부하며 특히 삼림자원이 매우 풍부하다. 백두산 화산은 웅장하고 높아서 압록강, 두만강 및 송하강의 발원지이고 수량이 풍족하고 경사가 급하여 물 흐르는 속도가 빠르기 때문에 매우 풍부한 수력자원을 갖고 있다. 화산 지형은 거의 완전하고 경관은 매우 장엄하고 특이하며, 이 중에서도 천지, 폭포, 온천, 원시삼림, 고산선태류 등 경관은 세상에 널리 알려져 많은 사람들이 갈망하는 유람관광지로 되어 있다. 그리고 백두산 지세는 높게 우뚝 솟아 기후, 식물, 토양 등 자연 수직 분대가 현저하게 나타난다.

2. 자연지리

　백두산 지세는 백두산 천지의 외륜산을 중심으로 하여 사방으로 점차 낮아지며 중심부는 성층화산(화산추체)이고 밖으로 가면서 차례로 순상화산과 용암대지 등의 3대 지형 단위로 나뉘며 대체로 천지를 중심으로 하여 동심원상으로 분포되어 있다. 중심부의 성층화산은 고도가 해발 약 1,700m 이상이고 반경이 약 20㎞이며 이 화산체의 산정부에 있는 칼데라 호수를 백두산 천지라고 부른다. 천지는 수면의 고도가 2,189.7m이고 천지 주변에 16개의 산봉우리가 환상으로 둘러싸고 있다. 그 중에 최고봉은 조선 측의 백두봉(혹은 장군봉)이며, 높이가 2,750m이다.

산허리에서 아래로 지세는 대체로 계단처럼 경사되는데 경사도는 밖으로 가면서 점차 평탄해져 1,100~1,700m 사이에서 순상화산으로 점차 변화된다. 그리고 백두산 천지로부터 남서쪽으로 망천아 화산이 순상화산 위에 솟아 있으며 해발고도는 2,051.4m이고 산정부에 역시 칼데라를 갖고 있다.

이 순산화산 밖으로 넓게 뻗힌 완만한 지대는 용암대지이며 해발고도는 600~1,100m 사이이며 대지의 경사도가 보통 1˚ 내외로 평탄하며 대지 위에는 작은 기생화산으로서 분석구가 여러 곳에 분포되어 있다. 이 작은 분석구는 상대 높이가 수십 내지 백여 m이고 일정한 방향으로 혹은 망상으로 분포되어 있으며 이는 망상 단열의 제어를 받았다는 것을 지시한다.

천지 주변의 16개 산봉우리를 간단하게 기술하면 다음과 같다. 백운봉은 중국 측 경내에서 최고봉이며 고도가 해발 2,691m이고 천지 서쪽에 자리 잡고 있다[그림 1-1]. 봉우리 정상부는 회백색, 담황색, 유백색 부석층으로 덮여 있고 봉우리 기슭은 급한 경사로 천지까지 뻗혔으며 천지 호숫가에 옥장 온천을 이루고 있다.

천문봉은 천지 북쪽 기상참 남쪽에 위치하며 고도는 해발 2,670m이고 응취봉이라고도 부른다. 봉오리 정상부가 회색, 담황색 부석층으로 덮여 있다. 천문봉은 경관이 독특하고 교통도 편리하여 많은 관광객이 몰려와 백두산 화산과 천지의 북동부 전경을 관광한다. 천문봉 아래의 천지 호숫가에 호빈 온천이 분포되어 있다.

청석봉(혹은 옥주봉)은 천지 서쪽에 자리 잡고 있으며 봉우리 정상부에는 해발 2,500m 이상의 작은 기둥봉이 5개나 나란히 솟아 있고 최고 높이가 2,662.3m이다. 이 기둥봉은 천지 쪽으로 경사되고 동쪽 기슭에 금선 온천이 분포되어 있다.

천지 북동쪽에는 화개봉(혹은 백암봉)이 해발 2,640m 높이로 솟아 있으며 천문봉에서 350m 거리에 위치한다. 자하봉은 천지 북동쪽에 있으며 고도가 해발 2,618.2m이다. 철벽봉은 천지 북쪽에 놓여 있고 고도가 해발 2,560m이다. 천활봉은 천문봉 북서쪽에 있고 승차하를 경계로 동쪽에 용문봉과 맞대어 있으며 고도가 해발 2,640m이다.

천지 북서쪽에는 기판봉(혹은 녹명봉)이 해발 2,603.1m 높이로 솟아 있으며 산봉우리 정상부에 열증기 분기공(fumarole)이 있고 북으로 4㎞ 떨어진 곳에 현무암 용암동굴이 발

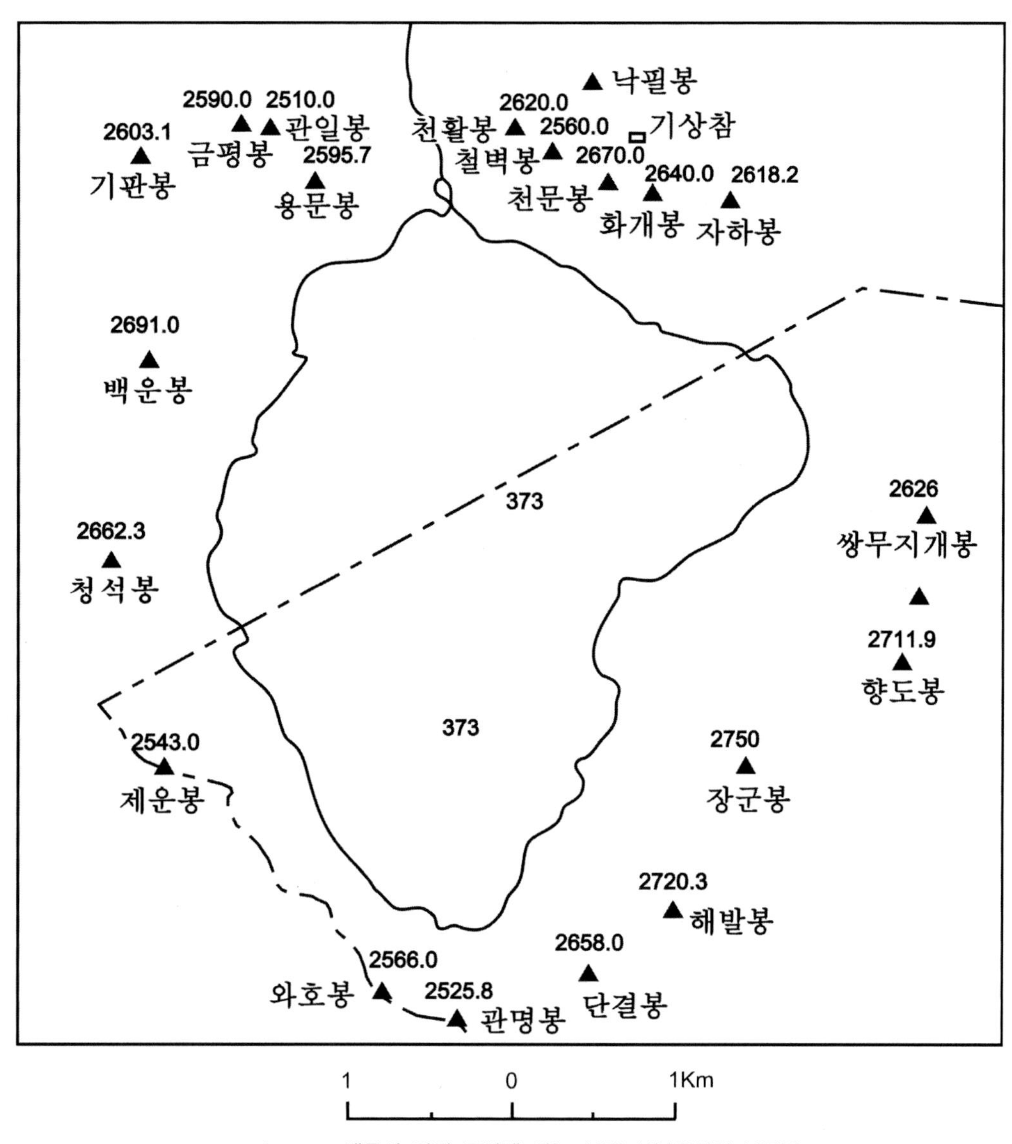

[그림 1-1] 백두산 천지 주변에 있는 16개 산봉우리의 분포도

견되었다. 용문봉(혹은 차일봉)은 천지 북서쪽에 위치되어 있고 높이가 해발 2,595.7m이다. 금평봉은 용문봉 북서쪽에 자리 잡고 있으며 해발고도가 2,590m이다. 관일봉은 금평봉과 용문봉 사이에 있고 고도가 해발 2,510m이며 산봉우리에서 동서 방향으로 능선을 이루는 것이 특징이다.

천지 남서쪽 중국과 조선의 국경선에는 제운봉이 있으며 고도가 해발 2,543m이고 북쪽으로 청석봉과 맞대어 있다. 이 산봉우리 남쪽은 금강의 상류 제자하의 발원지이며 금강 온천이 무리 지어 있다. 와호봉은 천지 남쪽에 있으며 중국과 조선의 국경선이 산봉우리를 지나고 고도가 해발 2,566m이다. 또한 관면봉은 천지 남쪽에 국경선을 이루고 높이가 해발 2,525.8m이며 산봉우리 정상부에 백색 부석층이 덮여 있다.

백두봉(혹은 장군봉)은 천지 남쪽 조선 측에 놓여 있고 고도가 해발 2,750m이며 남쪽에 압록강 상류의 발원지이다. 이 산봉우리 북서쪽에 백두 온천이 솟아나고 있다. 조선 측에서 궤도 삭도로 오를 수 있고 최근에 도로를 개설하여 소형 버스로 올라갈 수 있으며 천지의 남동부 전경을 관광한다. 그리고 백두봉 북동쪽에는 향도봉, 쌍무지개봉이 있고 남서쪽에 해발봉, 단결봉이 있다.

증봉산 화산은 백두산 화산의 북동 방향으로 72㎞ 거리에 놓여 있고 고도가 해발 1,676.6m이며 이도강 상류와 해란강 상류의 분수령을 구성하는 순상화산이다.

망천아 화산은 백두산 남서 방향으로 31㎞ 떨어져 있으며 고도가 해발 2,051.4m이고 장백현과 무송현의 경계를 이루며 역시 만강 상류와 장백현 십오도구 십구도구의 분수령이다. 이 화산의 산정부에 칼데라를 형성하고 주위에 빙하 침식작용으로 인하여 U자형 계곡을 이루었다. 전체적으로 증봉산과 망천아봉은 그 중간에 백두산과 연결되어 장백산맥 최고 높은 산계를 이루고 있다.

3. 기후와 식물분대

백두산 지역은 온대에 속하며 연중에 주로 서풍이 불고 강우량이 많은 편이다. 지세는 기후에 큰 영향을 주어 백두산의 온도 직감률이 $0.5\sim0.6°C/100m$로 계산된다. 즉 고도가 100m 높아짐에 따라 온도가 $0.5\sim0.6°C$ 낮아지고 100m 높아짐에 따라 연간 강우량이 30.9mm 증가한다. 백두산 화산의 밑바닥에서 정상부까지 수직 고도차는 2,000여 m이며 중온대, 한온대 및 고산 아한대로 나눌 수 있다. 그러나 이 화산체 전부는 대륙성 계절풍 기후에 속하며 주요 특징을 보면 겨울철 추운 계절이 길고 산봉우리 및 산 북쪽 허리에는 눈이 연중 덮여 있으며 여름철이 짧고 서늘하며 해발 1,200m 혹은 1,400m 이상의 고도에는 여름철이 거의 없다. 강우량은 6~8월에 가장 많고 연간 평균온도는 $-7.3°C$이고 연간 평균풍속은 11.7m/s이며 연간 적설량은 1~2m이고 연간 강우량은 1,333㎜이며 연간 강우 일수는 200일이고 연간 안개 일수는 265일이다.

백두산의 식물 유형은 복잡하며 지세가 높아짐에 따라 식물이 뚜렷한 수직분대를 나타낸다. 백두산 북동부의 해발 550m 이하는 주로 몽골 자작목이고 원생식피 홍송활엽혼교림대를 포함하며, 해발 1,100m 이하는 홍송활엽혼교림대이고 해발 1,100~1,700m 사이는 운냉삼(암침엽림)대이며 해발 1,700~2,000m 사이에는 아고산악화림대이며 해발 2,000m 부터 산정상 사이는 고산태원대이다.

"백두산지"에 기록된 기후변천 자료에 의하면 한랭기는 1760년, 1795~1809년, 1842~1861년, 1895~1918년, 1953~1974년이고 온난기는 1761~1794년, 1810~1841년, 1862~1894년, 1919~1952년, 1975년~현재이다. 한랭·온난기는 주기적으로 나타나며 매 주기의 한랭기는 약 22년 내외이고 온난기는 약 33년 내외로서 지금은 온난기 단계에 속한다.

제2절 연구사

백두산 지역의 화산지질에 대한 조사 및 연구는 19세기 말부터 시작되었다. 주요 조사자 및 성과를 서술하면 아래와 같다.

(1) 1894~1899년 러시아인 Zahep는 처음으로 지질조사를 하였으며 그때 탄화목을 발견하였다.

(2) 1927년에 천기태랑 등이 동식물 및 지질에 대한 종합적 조사연구를 통하여 이 화산은 알칼리 유문암 및 조면암으로 구성되었다고 제기하고 화산분출이 제3기 말부터 제4기 초에 일어났다고 하였고 또한 산성학사 등이 '백두암'이란 암석을 이름 붙였다.

(3) 1933, 1935년에 도변무남, 소창면 등은 제각기 현지조사를 하였다. 소창면은 백두산 화산체의 형성과정을 밝혔으며 초기에 현무암이 분출되었고 다음에 조면암이 분출되었으며 최후기에 알칼리 유문암이 분출되었다고 하였다.

(4) 1942년 천야오랑 등은 백두산 종합보고서를 발표하였으며, 여기서 이들은 백두산 화산암 유형을 칼데라 형성 전과 후의 두 부분으로 나누었다. 칼데라 형성 전의 암석은 각종 알칼리 유문암질 조면암, 알칼리 조면암, 조면현무암 등이고 칼데라 형성 후는 부석, 이용암질 알칼리 조면암 및 동질 각력암, 응회암 등이라고 분류하였으며 백두산 화산암 분출 순서를 아래와 같은 순서로 제시하였다.

제1기: 응회질 집괴암

제2기: 조면현무암

제3기: 조면암, 응회암

제4기: 백두암(유문암질 조면쇄설암)

유문암질 조면암

제5기: 유리질 알칼리 유문암

제6기: 이용암질 알칼리 조면암 및 집괴암, 응회암

제7기: 부석, 집괴암

(5) 1945년 소창면은 논문 "동북의 화산형태"에서 천지 화산체는 층상 용암 및 화산회로 구성된 성층화산이라고 제시하였다. 백두산의 해발고도는 2,745m이고 천지의 수심은 375m이며 장백 온천의 온도는 80℃이며 분출순서는 대지상 현무암－조면암 및 응회암－백두암－유리질 알칼리 유문암－기생화산 현무암－부석－이용암이고 화산체 기반은 현무암이며 대부분 화산체는 백두암으로 구성되었다고 기술하였다. 그리고 산허리 이하는 이용암이고 산정은 부석이라 하였으며 현무암, 조면암, 유문암을 화학분석 하였는데 현재 분석 결과와 기본적으로 거의 일치한다.

(6) 1960년 길림성 지질국 수문지질대대가 백두산 광천수를 광역적으로 현지 조사하여 백두산의 수문지질을 구분하였다.

(7) 1961～1963년 길림성 지질국 광역지질조사대대는 만강도폭, 장백도폭에 대한 1/20만 광역지질조사를 수행함으로써 '백두암조'를 명명하였고 처음으로 빙하퇴적층 및 빙식지형을 나누어 사등방 빙하기, 이도강 빙하기 및 백두산 빙하기로 기술하였다.

(8) 1967～1968년 길림성 지질국 광역지질조사대대는 무송도폭 1/20만 광역지질조사를 통하여 조면암 중에 Nb, Ce, Y 등의 희토류원소가 많음을 발견하였다.

(9) 1971～1973년 길림성 지질국 광역지질조사대는 백두산도폭에 대한 1/20만 지질조사를 수행하여 '백두암조'를 '백두산조그룹'으로 수정하였고 이 그룹 이외에 '빙장조'를 구분하였으며 현무암층을 '군함산조'와 '광평조'로 나누어 층서를 구분하였다.

(10) 1980년 순좐중 등은 간행물 "길림성 지질"에 '길림성 신생대 화산활동 분출 시기의 구분'이란 논문을 발표하였다. 이 논문에서 마안산기, 내두산기, 평정촌기, 서대파기, 영광탑기 등의 현무암층과 백운봉기 부석을 기술하였다.

(11) 1981년 유쟈치와 정샹선은 백두산 지역의 연대학 및 암석학을 조사 연구하여 그

성과를 중국과학원 지질연구소의 논문집에 발표하였다. 유쟈치는 이 지역의 신생대 화산암 연대를 체계적으로 측정하여 증봉산기 현무암에 대한 분출 연대가 19.91±0.2Ma로 나왔고 이미 확정된 내두산기, 평정촌기, 군함산기, 광평기 등의 현무암에 대해 K−Ar법 동위원소 연대를 측정하였다. 이들의 연대는 각각 15.07±0.1Ma, 4.21±0.19Ma, 2.60±0.29Ma, 1.48±0.1Ma이며 백두산기를 세분하여 전기와 후기로 나누었으며 또한 전기를 0.58±0.2Ma, 0.44±0.28Ma, 0.21±0.089Ma의 3단계로 나누었고 후기의 연대는 0.0876Ma로 측정되었다. 정샹선은 백두산 지역의 암석광물, 암석화학을 연구하여 증봉산기, 군함산기 및 광평기 현무암이 알칼리 현무암 계열에 속하고, 감람석 현무암−알칼리 유문암이 스트래들(straddle) B형 진화경향으로 나타남을 알아냈으며, 두 마그마가 모두 같은 마그마원의 분화작용에 의한 산물이라고 하였다. 감람석 현무암의 진화에 대한 주요 성인과 메커니즘은 단사휘석 및 사장석의 결정분별작용에 의하며 특히 사장석의 결정분별작용에 의해 알칼리 마그마가 생성된 것이라 하였다. 지표 부근에 올라온 마그마챔버에서 왜장석(anorthoclase)의 결정분별작용이 마그마 진화를 제어하였으며 처음으로 천지 주변의 절벽에서 플라이스토세 후기의 알칼리 유문암맥 관입체를 발견하였다.

(12) 1982년 조량초, 위쇠신 등이 "과학통보"에 '백두산 카이후나이트(caihunite)의 연구'에 대한 논문을 발표하여 백운봉기 부석 중에서 처음으로 카이후나이트를 발견하였다.

(13) 1983년 허동만 등이 백두산 지역의 지질조사를 수행하여 노호동기 현무암과 남구기 조면암질 쇄설성 용암 및 역질층을 기술하였으며 그 시대를 홀로세로 보고하였다. 그리고 화산체와 단열구조에 대해서도 조사하였다.

(14) 1983년 방원창은 "길림 지질"에 '길림성 신생대 화산암 및 구조환경'이란 논문을 발표하였는데 화평영자의 심원 내포체(enclave) 광물조성을 분석하고 백두산 화산암류는 열곡대 구조환경에서 형성된 알칼리 감람석 현무암−쏠리아이트(tholeiite)−석영조면암 조합임을 기술하였다. 그리고 이 지역의 화산암 형성은 섭입작용과는 무관하다고 하였다.

(15) 1984년 이동진, 차인순 등이 "길림 지질"에 '백두산 일대 신생대 화산암 및 성인 메커니즘'이란 논문을 발표하여 증봉산기, 군함산기는 모두 쏠리아이트 특징을 갖는다고 기술하였으며 쌍목봉기 현무암을 새로 구분하였다. 또한 이 지역의 화산활동 메커니즘은 태평양판이 아시아판에 섭입작용에 의해 배호 분지의 확장영향과 대륙측이 수평압축을 받아 상부 맨틀의 부분용융 마그마가 형성되어 방사상 단열을 따라 분출되었다고 하였다.

(16) 1987년 유샹, 샹탠원 등은 백두산 지역을 지질조사하고 '길림성 신생대 화산 및 화

산암 연구'라는 논문을 발표하여 장백기, 망천아기, 연강촌기, 연강석탄기 현무암과 홍두산기 알칼리 유문암을 새로 구분하였다. 그리고 K-Ar법 동원원소 연대를 측정하여 장백기는 16.40±1.49Ma이고, 망천아기는 5.56±0.22Ma이며 홍두산기는 3.11±0.05Ma이고 연강촌기는 3.75±0.85Ma임을 보고하였다. 또한 유쟈치가 구분한 광평기를 두만강기로 수정하고 1971~1973년 광역지질조사대 조사에서 구분한 광평기를 플라이스토세 후기로 복귀시켰다. 그 측정연대는 각각 0.13±0.064Ma, 0.7±0.096Ma로 나왔다. 백두산 주봉에서 천지 북쪽 지질단면을 관찰하여 층서를 구분하였는데 유쟈치가 구분한 층서와 비슷하다. 유쟈치가 구분한 후기 암층을 기상참기 알칼리 유문암이라고 이름 지었다. 그리고 이 용암은 산 사면을 따라 사행상으로 분포된다고 하였다.

(17) 1988년 이창기, 천위신 등은 "길림 지질과학 기술정보"에 '백두산 중력장의 지질해석'이란 논문을 발표하였다. 백두산의 −840g.u 타원형 중력부 이상은 맨틀 요함으로 발생한 광역 부이상과 칼데라 질량 결핍에 의하여 발생된 이상이 중첩되어 나타나는 결과라고 하였다.

(18) 1989년 왕지핑 등이 출판한 "장백산지"는 길림성 내 각 분야의 저명한 학자들이 모여 작성한 종합과학지이다. 인물, 지질, 지형, 산천, 기후, 동식물, 광산 및 자원이용, 자연보호 및 관광 등의 내용이 포함되었으며 각 분야에서 지금까지 얻은 연구 성과를 비교적 상세히 서술하였다.

(19) 1989년 탠벙, 탕더핑은 "암석학보"에 '백두산 구역 신생대 화산암의 특성 및 성인'이란 논문을 발표하여 백운봉기 부석을 천문봉기 부석으로 고치고 평정촌기, 군함산기, 광평기 현무암과 백두산기, 천문봉기 조면암, 부석 등의 암석들에서 장석, 휘석 반정과 석기를 전자현미분석을 통하여 마그마 진화 및 현무암 마그마 기원과 휘석 거정의 형성 심도 등을 토의하였다. 이 논문에서 백두산 화산암류는 현무암과 조면암−코멘다이트(comendite)로 구성된 쌍봉식 조합이라 하였고 내두산기 현무암 마그마는 맨틀의 원시 마그마로부터 유래되었을 가능성이 있고 기타 시기의 현무암은 일정한 정도로 분화작용을 겪은 산물이라고 지적하였다.

(20) 1990년 탕더핑은 "현대지질"에서 '백두산 화산암의 암석학 연구'라는 논문을 발표하였으며 주로 백두산기와 백운봉기(팔괘모기 포함) 암석 중에서 장석, 애지린 휘석 반정의 내핵부 및 주변부에서 미량원소 등을 전자현미분석으로 알칼리 마그마의 진화 모델을 토의하였다. 사장석의 결정분리는 과알칼리 마그마가 생성하는 주요 기구이며 현무암−

조면암의 진화과정 중 SiO₂ 함량이 56~65% 사이가 없는 것은 Fe, Ti 산화물과 감람석의 결정분별작용과 관계된다는 것을 알아냈다.

(21) 1990년 송해원과 장삼환은 "백두산 화산연구"라는 책자를 출판하면서 주로 홀로세 부석 및 화산회의 분출 시기 및 조성을 조사하여 여러 시기로 나누었다. 즉 ① 빙장기 화산회: ^{14}C 연령은 7,854~7,822yBP이고, ② 원지기 부석: ^{14}C 연령은 6,440~5,100yBP이고, ③ 이도백하기 화산회: ^{14}C 연령은 3,450yBP이며, ④ 내두산촌기 부석: ^{14}C 연령은 1,230~1,153yBP이며, ⑤ 천지기 화산회 분출은 기원후 1597, 1668, 1702년이다.

(22) 1990년 왕춘허는 "백두산 화산연구"에서 '백두산 구역 광천수 토론'이란 논문을 발표하여 광천수의 종류 및 물리 화학 특성 그리고 분포 규칙 및 개발전망 등을 체계적으로 서술하였다.

(23) 1992년 김정락은 "조선 천리마 216" 특간물에서 조선 과학원지리연구소의 최근 10년간 연구 성과를 소개하였는데 백두산 부석 및 화산회의 분출시대를 820~870yBP(기원 1117~1167년)이라고 제기하였다. 원시 마그마의 심도는 70~90km이고 제1차 중간 마그마 심도는 36~38km이며 제3차 중간 마그마 심도는 5~7km이라고 지적하였다. 또한 천지를 중심하여 380여 개 분화구가 있으며 장군봉 천지 호변에는 온도 70℃의 온천이 있다고 소개하였다.

(24) 1992년 장청량과 장부린은 "길림지질"에 '백두산 화산 분출물의 퇴적 유형 및 화산 활동 메커니즘'이란 논문을 발표하였는데 주로 화산 분출물의 몇 가지 퇴적 유형 및 특징을 서술하였으며 점착 퇴적, 요관 퇴적, 기량 퇴적 등 새로운 화산분출 퇴적 유형을 소개하였다.

제2장
광역지질 배경

백두산은 유라시아 대륙 동부 화북판의 북동변부와 중신생대 북동부 환태평양 화산조산대의 교차점에 위치되어 있다. 이곳은 오랜 세월 동안에 지각진화가 진행되어 복잡한 지질구조를 형성하고 여러 차례 화산활동이 발생되었다. 그러면 본 지역의 지층, 관입암 및 구조 등의 특징을 시대순으로 요약하여 서술한다.

제1절 시생대

1. 전기 시생대의 고변성대

백두산 서부 지역에는 전기 시생대 화강암질암과 변성퇴적암으로 구성되는 용강누층군이 널리 분포되어 있다. 용강누층군은 전기 시생대 화강암질암 중에 큰 포획체로 분포되어 있다. 하부층은 백립암(granulite) 및 편마암 조합이며 하부에서 상부로 가면서 자소휘석 편마암과 자철석 규암 협층, 흑운모 양휘석 백립암, 각섬암, 석류석 흑운모 변립암(granulitite), 석류석 흑운모 편마암, 자소휘석 변립암 등이고 총 두께는 약 400m 된다. 이들의 원암은 하부에서 고철질 쏠리아이트가 상부로 가면서 유문암, 퇴적암 등으로 점이된다. 상부층은 각섬암 및 변립암 조합이며 하부에서 상부로 가면서 각섬암, 흑운모 변립암 및 자철석 규암 협층, 각섬석 변립암 등이고 총 두께는 약 1,100m 된다. 이들의 원암은 안산암 및 소량의 현무암, 데사이트(dacite) 협층 등이고 U-Pb법 등시선(isochron) 연대는 2,950~3,000Ma이다.

각섬암의 산화물 함량은 SiO_2가 48.18~51.29% 범위이고, CaO가 8~12%이며 Fe_2O_3+FeO가 20% 이하이다. 이의 원암은 쏠리아이트에 해당된다. 암색 백립암의 원암은 알칼리 현무암질 안산암이다. 각섬암의 희토류 총 함량은 35.13~101.80ppm이고 흑운모 양휘석 백립암의 희토류 총 함량은 120.70ppm으로서 시생대 현무암 평균치보다 훨씬 높다.

화강암질암은 주로 트론제마이트(trondhjemite), 화강섬록암, 석영몬조니암, 화강암 등으로 구성된다. 암체는 저반상, 암주상, 도움상으로 산출된다. 이 암체의 편마구조는 매우 잘 발달되어 있으며 암체는 두 가지 유형으로 나뉜다. 즉 용강육괴 주변부는 도움상의 암색 화강암으로 구성되며 중앙부는 계란형 융기대를 형성하며 백립암 포획체가 없는 담색 화강암으로 구성된다. Rb-Sr법 등시선 연대는 2,971±95Ma이다.

화강암질암의 산화물 함량은 SiO_2가 62.5~68.15%이고 Na_2O가 2.95~5.25%이며 K_2O가 0.75~4.86%이다. 트론제마이트-화강섬록암-석영몬조니암-화강암으로의 변화경향에 따라 K_2O 함량은 점점 높아지고 Na_2O는 기본적으로 거의 변화가 없으며 Al_2O_3, MgO, CaO 등은 점점 감소되는 경향을 보여 준다. 희토류의 총 함량 변화는 비교적 커서 51.65~15.72ppm 범위이다.

전기 시생대 구조형태는 주로 회색 편마암으로 구성되는 중앙부가 특징적인 계란형 융기 구조를 형성하고 그 주변부에는 작은 규모의 회색 편마암 융기구조가 줄지어 있다. 백두산은 사도라자 도옴구조의 남동쪽에 위치되어 있다. 천서기를 두 개 변형기로 나눌 때, 제1변형기는 이 지역에서 강한 소성 변형구조가 심하게 일어난 시기이며 후기에 일어난 강렬한 구조운동에 의하여 주로 뿌리 없는 작은 습곡 등의 잔류구조가 남아 있다. 제2변형기는 강렬한 융기운동으로 각종 환상구조가 형성되었으며 용강육괴 중앙부의 계란형 융기와 주변부의 융기가 바로 이 시기의 산물이며 이들의 장축 방향은 대체로 남북 방향을 나타낸다([그림 2-1]).

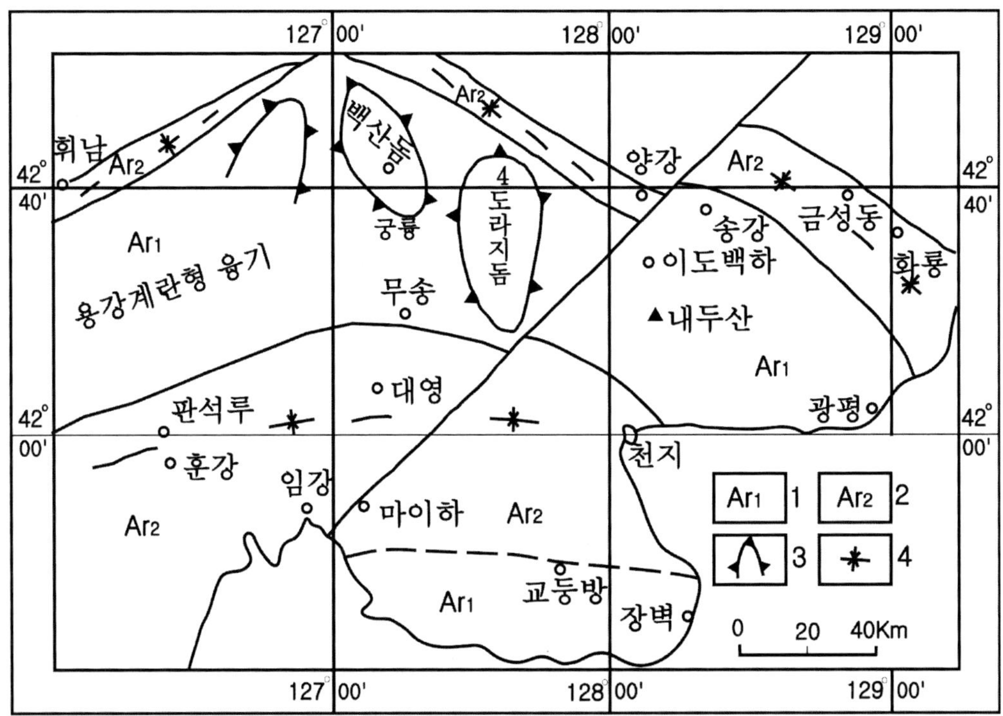

1. 전기시생대, 2. 후기시생대, 3. 도옴, 4. 복향사

[그림 2-1] 백두산 구역의 시생대 지층 분포도

2. 후기 시생대의 화강암−녹암대

용강육괴의 남·북변부에는 후기 시생대 화강암−녹암대가 분포되어 있다. 북변부에 분포된 것을 협피구−금성동 녹암대라 부르고 남변부에 분포된 것을 판석구 녹암대라 부른다. 백두산은 전기 시생대 고변성대와 후기 시생대 화강암−녹암대의 접촉지대에 위치되어 있다.

판석구 녹암대의 하부층은 각섬암 및 흑운모 변립암의 협층, 흑운모 각섬석 편암 및 자철석 규암 박층으로 구성된다. 상부층은 천립암(leptite) 및 흑운모 변립암, 흑운모 편암, 각섬암과 자철석 규암으로 구성되며 총 두께는 약 1,600m이다. 이들의 원암은 하부층이 대부분 쏠리아이트이지만 상부층은 유문암으로 구성되는데 이는 쌍봉식 화산윤회의 특징을 나타낸다. 져어콘의 U−Pb법 등시선 연대는 $2,486\pm25Ma$이고 Rb−Sr법 등시선 연대는 $2,585\pm67Ma$이다.

각섬암의 산화물 평균함량은 SiO_2가 49.98%이고 Al_2O_3가 14.62%이며, MgO가 6.19%이고 CaO가 8.69%이며 Na_2O가 2.66%이고 K_2O가 1.53%이다. 각섬암의 희토류 총 함량은 $53.06\sim129.63ppm$이고 변립암, 천립암의 희토류 총 함량은 $156.38\sim258.15ppm$이다.

금성동 녹암대에서 하부층은 각섬암, 함석류석 각섬암 및 각섬석 편마암, 자철석 각섬암과 각섬석 자철석 규암 협층 등으로 구성되고, 변성순감람암(metadunite) 등의 초염기성 암층이 나타날 때도 있다. 중부층은 각섬암, 각섬석 편마암 및 각섬석 자철석 규암 협층 등으로 구성된다. 상부층은 흑운모 변립암, 각섬석 편마암, 천립암 및 자철석 규암 협층 등으로 구성되고 총 두께는 약 1,000m이다.

이들의 원암은 하부층이 쏠리아이트(tholeiite) 및 코마티아이트(komatiite) 협층으로 구성되고 중부층은 쏠리아이트, 안산암, 데사이트, 유문암 및 쇄설암으로 구성되며 상부층은 유문암 및 쇄설암, 현무암, 퇴적암 등으로 구성된다. 져어콘의 U−Pb법에 의한 등시선 연대는 $2,444\sim2,536Ma$ 범위이다.

각섬암의 산화물 평균함량은 SiO_2가 49.21%이고 Al_2O_3가 16.25%이며, MgO가 6.11%이고, CaO가 9.13%이며 Na_2O가 2.91%이고 K_2O가 0.93%이다. 흑운모 변립암, 천립암의 산화물 평균함량은 SiO_2가 73.17%이고, Al_2O_3가 13.58%이며 MgO가 0.85%이고 CaO가 1.98%이며, Na_2O가 3.91%이고, K_2O가 2.17%이다. 이 수치는 판석구 녹암대의 각섬암과 비교하면 Al_2O_3, CaO 함량이 더 높은 편이다. 각섬석 편마암의 산화물 함량 평균치는 SiO_2가 58.93%

이고 Al_2O_3가 14.77%이며, MgO가 4.28%이고 CaO가 6.27%이며 Na_2O가 3.52%이고 K_2O가 2.32%이다. 흑운모 변립암, 천립암의 산화물 함량의 평균치는 SiO_2가 69.93%이고 Al_2O_3가 15.58%이며, MgO가 1.24%이고 CaO가 3.91%이며, Na_2O가 4.05%이고 K_2O가 1.05%이다. 이 수치는 금성동 녹암대 조합이 칼크알칼리 계열의 쏠리아이트-안산암-데사이트-유문암으로의 진화에 속한다는 것을 설명해 준다. 희토류 총 함량은 28.95~40.76ppm 범위이고 각섬석 편마암은 60.14~79.17ppm 범위이며, 변립암, 천립암은 90.26~135.33ppm 범위이다.

후기 시생대 화강암질암은 서부지역에 드물게 분포하지만 동부지역에 풍부하게 분포한다. 주요 암석은 토날라이트(tonalite), 트론제마이트, 화강암의 조합이다. 산화물 함량은 SiO_2가 62.19~72.82%이고 Al_2O_3가 12.56~15.83%이며, MgO가 0.16~1.77%이고 CaO가 0.74~3.56%이며, Na_2O가 2.53~6.03%이고 K_2O가 1.39~4.65% 범위이다. 부평기 구조는 용강육괴의 각종 환상구조를 변형시키고 편마화하였을 뿐만 아니라 동시에 모든 내부 구조를 변형시켜 새로운 면구조, 선구조, 습곡을 형성하였다. 또한 후기의 각 구조운동은 이미 형성된 면구조, 선구조, 습곡 등의 구조를 재차 변형시켰다. 후기 시생대 부평기에 3차 변형이 일어났다. 제1변형기는 천서기의 각종 환상구조를 개조하여 등사습곡을 이루었고 이때의 축면은 광역 편마구조와 평행하다. 제2변형기는 금성동 녹암대 위에 발달되며 계남 횡와복배사 등의 등사습곡을 형성하였다. 제3변형기는 위의 등사습곡을 재차 휘게 하여 경사도가 낮은 직립형 습곡을 이루었다([그림 2-1]).

제2절 원생대와 고생대

1. 원생대

원생대는 전기와 후기로 나누고 전기 원생대의 지층은 집안누층군과 노령누층군으로 나누었다. 집안누층군은 훈강분지와 양강, 송강 등지에 분포되어 있다([그림 2-2]). 이 누층군은 하부에서 상부 순서로 가면서 청하, 신개하, 대동차 등의 층군으로 나누었다.

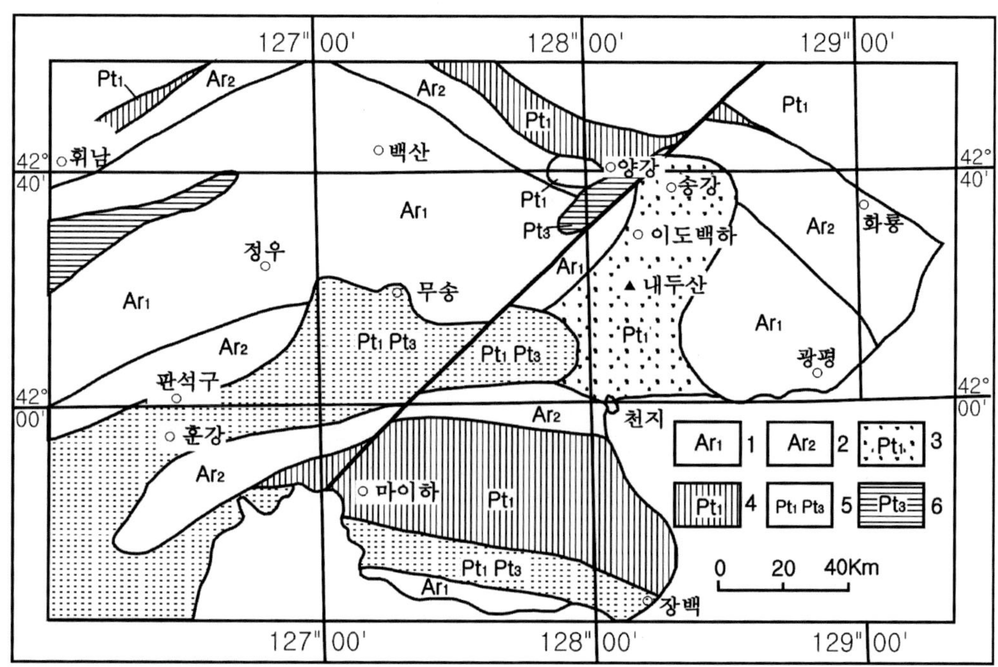

1. 전기 시생대, 2. 후기 시생대, 3. 전기 원생대 집안누층군, 4. 전기 원생대 노령누층군, 5. 전·후기 원생대, 6. 후기 원생대

[그림 2-2] 백두산 지역의 원생대 지층 분포도

청하층군은 흑운모 변립암, 투휘석 변립암, 전기석 변립암, 천립암, 각섬암, 편마암, 흑연 대리암 등으로 구성되고 두께는 5,415m이다. 신개하층군은 천립암, 흑운모 변립암, 각섬암, 전기석 변립암, 사문석화 감람석 대리암 및 철광층으로 구성되고 두께는 1,522m이다. 대동차층군은 함석류석 편마암, 흑연 흑운모 변립암, 흑운모 변립암 및 규암 협층으로 구성되고 두께는 936m이다. 이들의 원암은 하부층이 천해성 쇄설암-화산성 퇴적암이고 상부층이 대부분 육성 쇄설암이다. 중·하부층에서 산출되는 각섬암의 원암은 알칼리 현무암이고 양기석 변립암의 원암은 조면안산암이며 금운모 동위원소 연대는 1,909Ma, 1,918Ma이다.

각섬암의 산화물 평균함량은 SiO_2가 47.31%이고 Al_2O_3가 13.69%이며 MgO가 6.82%이고 CaO가 8.83%이며 Na_2O가 3.08%이고 K_2O가 1.37%이다. 양기석 변립암은 SiO_2가 62.52%이고 Al_2O_3가 14.35%이며 MgO가 5.54%이고 CaO가 4.09%이며 Na_2O가 5.07%이고 K_2O가 4.62%이다.

집안누층군은 미그마타이트화작용(migmatization)이 광범위하게 일어났으며 초기단계는 대부분 백강암질(alaskitic) 혼합암화 위주이고 후기 단계는 육홍색 화강암질 혼합암화가 발달되었고 마지막에 거반정 K-장석 혼합암화가 일어났다. 이 지역 동부에는 편마상 사장화강암(plagiogranite)이 저반상으로 넓게 분포되어 있고 U−Pb 법 등시선 연대가 2,239Ma이다.

노령누층군은 역시 광범위하게 분포되어 있는데 주로 백운암질 대리암, 운모 편암, 천매암, 규암 등이 대부분이고 길림성에서 생물유적이 보전돼 있는 가장 고기 지층에 해당된다. 이들의 원암은 모지향사(miogeosyncline)에 천해성 쇄설암−탄산염 퇴적암 조합으로 되어 있고 두께가 15,324m이며 K−Ar법 동위원소 연대가 1,800Ma, 1,786∼1,727Ma이다.

초·중기 화강암류는 혼합 화강암, 편마상 사장화강암, 혼합암질 알칼리 화강암 등으로 구성되고 저반상으로 산출된다. 산화물 함량은 SiO_2가 71.18∼73.83%이고 Al_2O_3가 14.50∼14.39%이며, MgO가 0.04∼0.53%이고 CaO가 0.97∼1.05%이며, Na_2O가 4.00∼4.13%이고 K_2O가 2.21∼4.36%이며, U−Pb법 등시선 연대가 1,617Ma이다.

후기 원생대 지층은 청백구계와 진단계로 나누었으며 이들은 주로 압록강분지, 훈강분지와 양강분지에 분포되어 있다. 청백구계는 사암, 실트암, 셰일, 이회암 등으로 구성되고 두께는 2,000m이다. 이 층 위에서 많은 미고식물 및 조류 화석이 발견되었다. 진단계는 석영 사암, 실트질 셰일, 석회암 및 조초회암(stromatolite), 박층 석회암 등이고 두께는 1,500m이다. 청백구계의 박층 석회암의 동위원소 연대는 850∼1,050Ma 범위이고 전단계의 해록석의 K−Ar법 연대는 629Ma, 656Ma이다.

전기 원생대 지층은 동서 방향의 긴밀 습곡과 단열 구조가 발달되어 있고 북부 지역에는 폭넓은 직립 습곡이 발달되어 있으며 양쪽 날개의 경사는 60° 내외이다. 이 지층은 일반적으로 광역변성작용을 받아 각섬암상 및 녹색편암상에 도달되었다. 전기 원생대 말엽에는 광역변성작용, 습곡이 발달되지 않고 국부적으로 완만한 열린 습곡 혹은 단사 구조가 발달되어 있다. 이런 지층과 습곡, 단열은 북동 방향이던 것이 동서 방향으로 전환되고 후기에 연속적으로 남동 방향으로 전환되어 조선 지역 내로 연장된다. 따라서 백두산은 바로 이런 전환부에 놓여 있다.

2. 고생대

이 지역에서 고생대 지층은 캠브리아기, 전기 오르도비스기, 중·후기 석탄기, 페름기 등의 지층이 노출되어 있는데 주로 훈강과 압록강 분지에 분포되어 있다. 후기 원생대 퇴적암 위에는 천해성 쇄설암－탄산염암, 해륙교호상－육성 쇄설암이 연속적으로 퇴적되었다. 캠브리아기는 미화석을 포함하는 함린 사력암, 사암, 셰일, 박층 석회암, 알상 석회암, 죽엽상 석회암 등으로 구성되고 총 두께는 756m이다. 화석 중에는 많은 미화석 외에도 삼엽충 화석이 여러 곳에서 산출된다. 전기 오르도비스기는 죽엽상 석회암, 각종 호피상 석회암, 백운질 석회암 등으로 구성되고 완족류, 두족류, 필석, 삼엽충 등의 화석을 다량으로 산출하고, 총 두께는 967m이다. 중기 석탄기의 본계층군은 사암, 셰일 및 자색 사질 셰일 협층, 점토질암, 이회암 및 얇은 석탄층 등으로 구성되고 방추충 등의 동물화석과 식물화석이 풍부하게 산출되며 두께는 164m이다. 후기 석탄기 태원층군과 페름기 지층은 석탄층을 포함하는 육성 쇄설암으로 구성되고 두께는 각각 124m, 455m이다.

제3절 중생대

중생대에는 화산성 함몰분지가 광범위하게 형성되었으며([그림 2－3]), 후기 트라이아스기부터 백악기까지 백두산 지역은 화산암, 쇄설암 및 석탄층이 퇴적되었다. 후기 트라이아스기 지층은 하부에서 상부로 가면서 소하구층군, 이구라자층군, 노기구층군 등으로 구분되었다. 소하구층군은 석인－과송분지 북서변부에 놓이며 하부가 주로 역암으로 구성되고 상부가 사암, 셰일 및 얇은 석탄층으로 구성되며 두께가 309m에 달한다. 이구라자층군은 노기향 화과자산－채원자서산 지역에 분포되어 있다. 구성암석은 중염기성부터 중산성으로 진화된 칼크알칼리 화산암으로 구성되며 총 두께가 약 2,175m에 달한다. 노기구층군은 산성 용암이 가장 우세한 구성암이고 이구라자층군과 매우 밀접하게 붙어서 산출되며 향사의 중심부에서 두께가 1,000m를 넘는다.

쥬라기 지층은 이 지역에서 가장 넓게 분포되며 화산암 및 쇄설암과 석탄층 등으로 구

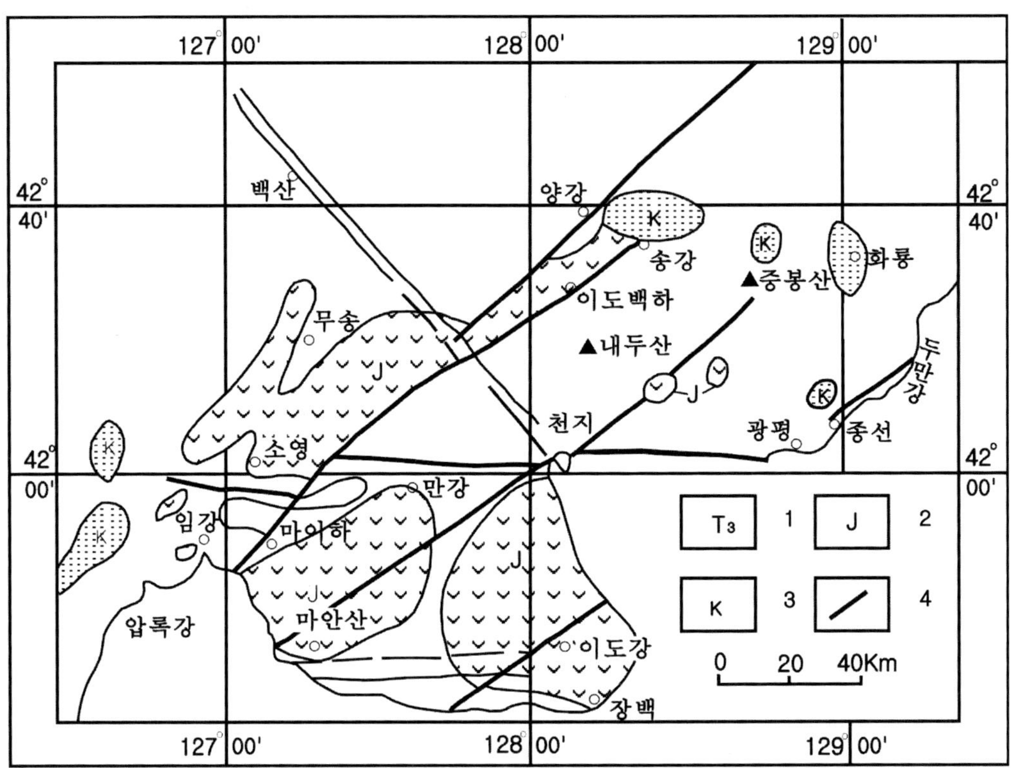

1. 후기 트라이아스기 화산암; 2. 쥬라기 화산암 및 석탄층; 3. 백악기 사질 역암; 4. 단열대

[그림 2-3] 백두산 지역의 중생대 지층 및 단열도

성되어 있다. 이들은 하부에서 상부 순서로 이화층군, 망강루층군, 라문자층군, 포대교층군, 하화전자층군으로 구분된다. 전기 쥬라기의 이화층군은 역암, 사질 셰일 및 응회암, 석탄 협층 등으로 구성되며 약 468m의 두께를 갖는다. 중기 쥬라기의 망강루층군은 안산암, 쇄설암 및 석탄층으로 구성되고 두께가 327m이며, 그 중에 안산암 두께가 151.2m에 달한다. 후기 쥬라기의 라문자층군은 하부가 조립질 쇄설암으로 구성되고 상부가 중성 용암 및 응회암으로 구성되며 두께가 약 102m이다. 포대교층군은 하부가 녹색 산성 응회암과 소량의 비화산성 퇴적암으로 구성되고 상부가 녹색 및 잡색의 산성 및 중산성 응회암의 호층, 실트암 및 실트질 셰일, 혹은 이회암 렌즈로 구성되며 두께가 270m이다. 하화전자층군은 우세한 석탄층에 안산암이 협재되어 있으며 두께가 800m에 이른다.

백악기 지층은 크게 발달되지 않았지만 주로 북동부 양강, 송강 분지에서 산출된다. 이들은 장재층군, 천수촌층군, 대라자층군, 용정층군으로 구분된다. 전기 백악기의 장재층군

(후기 쥬라기에 포함시키는 학자도 있음)은 사암, 역질 사암 및 사질 이암, 석탄층으로 구성되고 중부에 안산암, 응회암이 협재되며 두께가 100m에 이른다. 천수촌층군은 안산암 및 쇄설암으로 구성되고 두께가 322m에 달한다. 대라자층군은 하부가 역암, 역질 사암으로 구성되고 상부가 사질 셰일 및 함유 셰일 등으로 구성된다. 이들은 개형충, 복족류, 쌍각류, 어류, 엽기개 등의 동물 및 식물 화석을 많이 함유하고 두께가 약 609m에 달한다. 후기 백악기의 용정층군은 회녹색, 자홍색 등의 잡색 쇄설암 및 이회암 협층으로 구성되며 남서쪽에 소규모로 분포된다.

백두산 지역에서 중생대 화산활동은 후기 트라이아스기부터 이구라자기, 노기구기, 망강루기, 라문자기, 포대교기, 천수촌기 등 6차례로 나눈다. 후기 트라이아스기 이구라자기는 안산암류 위주로 구성되고 노기구기는 유문암류, 중기 쥬라기 망강류기는 안산암류, 후기 쥬라기 라문자기는 안산암류, 포대교기는 유문암질 화성쇄설암, 전기 백악기 천수촌기는 안산암류 등으로 구성된다. 암석화학적 특징에 의하면 이들은 3대 진화 유형으로 나눌 수 있다. 즉 후기 트라이아스기의 안산암−유문암 계열, 중기 쥬라기의 안산암−유문암 계열, 전기 백악기의 안산암 계열 등으로 구분된다. 이 중에서 중·후기 쥬라기의 화산암 계열이 가장 전형적으로 산출된다. 이들의 암석화학적 특징은 아래와 같다. 안산암에서 SiO_2는 55.83~60.42% 범위(평균 57.83%)이고 Al_2O_3는 13.70~16.59% 범위(평균 16.10%)이며 MgO는 1.66~5.68% 범위(평균 3.05%)이다. CaO는 1.10~6.39% 범위(평균 3.52%)이고 Na_2O는 2.70~5.73% 범위(평균 4.37%)이며, K_2O는 2.29~4.18% 범위(평균 2.70%)이다. 데사이트에서 SiO_2은 62.94%~68.46% 범위(평균 65.70%)이고 Al_2O_3은 14.00~18.15% 범위(평균 15.77%)이며, MgO는 0.37~2.35% 범위(평균 1.53%)이다. CaO는 1.20~3.95% 범위(평균 2.54%)이고 Na_2O는 2.20~7.34% 범위(평균 4.45%)이며 K_2O는 1.00~4.00% 범위(평균 2.48%)이다. 유문암에서 SiO_2는 68.19%~81.08% 범위(평균 74.72%)이고 Al_2O_3는 10.61~15.16% 범위(평균 12.82%)이며 MgO는 0.31~1.12% 범위(평균 0.39%)이다. CaO는 0.06~1.75% 범위(평균 0.59%)이고 Na_2O는 1.95~4.58% 범위(평균 3.05%)이며 K_2O는 1.48~5.66% 범위(평균 4.24%)이다.

후기 인도지나운동으로부터 전기 연산기까지 알칼리장석 화강암이 관입상으로 넓게 산출된다. 이 가운데 북동 지역에서 산출되는 알칼리장석 화강암의 Rb−Sr법 등시선 연대가 195Ma를 나타내며, 남서 지역에서 연산기에 관입된 알칼리장석 화강암의 K−Ar법 동위원소 연대가 186Ma를 나타낸다.

이 화강암류는 화학조성 변화 범위가 매우 좁게 나타나는 것이 특징적이다. 후기 인도지나기 화강암에서 SiO_2는 72.28%이고 Al_2O_3는 13.83%이며 MgO는 1.08%이고 CaO는 1.58%이며 Na_2O는 3.63%이고 K_2O는 3.94%이다. 전기 연산기 화강암에서 SiO_2는 74.45%이고 Al_2O_3는 12.98%이며 MgO는 0.29%이고 CaO는 1.06%이며 Na_2O는 3.83%이고 K_2O는 4.02%이다.

후기 트라이아스 초엽에 이 지역은 단층 함몰분지가 크게 형성되었다. 그 중에 규모가 비교적 큰 것은 만강-장백 함몰분지와 무송-송강 함몰분지이다. 만강-장백 함몰분지는 남서 지역에 동서 방향으로 분포되며 길이가 100㎞ 내외이고 너비가 40~50㎞에 달한다. 무송-송강 함몰분지는 북서 지역에 북동 방향으로 분포되며 길이가 약 140㎞이고 너비가 10~20㎞이다. 분지 내부에는 화산분출-호성 쇄설암이 퇴적되었으며 화산분출 휴지기에 석탄층이 퇴적되었다.

우세한 지질구조는 주로 단열구조이며 북동 방향 단열대와 북서 방향 단열대가 우세하게 발달되고 동서 방향 단열대와 남북 방향 단열대도 소규모로 분포된다. 북동 방향 단열대에는 마이하-양강 단열, 육도구-증봉산 단열, 팔판도-종선 단열 등이 있다. 북서 방향 단열대에는 백산-김책 단열이 있고, 동서 방향 단열대에는 달도구-이도강 단열, 송수-광평 단열 등이 있다. 이 단열들은 여러 개의 단층으로 구성된 단층대를 이룬다. 이 중에서 북동 방향의 마이하-양강 단열이 규모가 가장 크며 길이가 약 120㎞, 너비가 5~7㎞이고 남동 방향으로 70~80°로 경사진다. 이는 압록강 심부 단열대의 북동 방향 연장선에 있으며 무송-송강분지를 제어하였다. 동서 방향의 달도구-이도강 단열도 비교적 강하게 나타나며 북동 방향의 육도구-증봉산 단열과 팔판도-종선 단열과의 교차점 위치에 만강-장백분지가 형성되어 있다. 이런 단열대 및 단층 함몰분지의 형성은 백두산 구역이 중생대부터 유라시아 대륙 동변부를 따라 일어나는 칼크알칼리성 마그마의 분출 활동의 주 무대였다는 것을 설명해 준다.

제4절 고제3기와 광역구조 배경

1. 고제3기 준평원과 함탄분지 구조

이 지역은 백악기부터 상대적으로 조용한 구조 환경에 놓였기 때문에 장기간의 풍화·삭박작용으로 복잡한 산악 지형이 점차 평탄하게 되어 준평원으로 발달하게 되었다. 그러나 이 지역의 지각은 심한 수직 상승운동으로 계속 융기하여 육지가 넓어지면서 호수가 점차 사라졌다. 북동 지역 중에 증봉산 부근은 비교적 높아서 고도가 해발 1,200m이며 그 동부가 1,000m 내외이고 남서 지역이 800m 내외이며 중심 지역이 상대적으로 오목하게 낮은 지형을 이루었다. 백두산 지역 전체를 볼 때 단층운동에 의한 북동 동향의 돈화-밀산 함몰대와 두만강 함몰대 혹은 요곡에 의한 소규모 함몰대가 형성되었다. 백두산은 단층에 의한 북동 방향의 두만강 함몰대의 남서단 북서쪽에 위치한다. 이 함몰대 중에는 비교적 큰 석탄분지가 이루어졌고 고제3기 현무암과 천부 현무암맥 및 휘록암맥이 넓게 분출·관입되었다.

올리고세 말엽부터 이 지역에는 구조운동이 다시 활동하기 시작하여 단층 혹은 요곡에 의한 북북동 방향의 마안산-삼도백하 함몰대와 요곡에 의한 장백-내두산-증봉산 함몰대가 형성되었다. 이 두 함몰대는 아마도 백두산 천지 부근에서 합쳐져 한 개의 함몰분지로 형성된 것 같다. 호저의 퇴적과정 중에 여러 차례의 올리고세-마이오세 현무암이 분출되었다.

2. 광역구조 배경

백두산은 송료분지와 동해 배호분지 사이에 있는 북북동 방향의 융기대와 북서 방향의 화전-백산진-김책 화산단열대의 교차점에 놓인다. 격자상의 광역구조는 기본적으로 대부분 북동동 방향과 북북동 방향의 단열들로 구성된 마름모형 단열망이다. 그리고 동서 방향, 남북 방향 및 북서 방향 등의 단열대도 분포되어 있다. 북동동 방향의 단열대에는 주로 이통-수란 함몰대, 돈화-밀산 함몰대, 두만강 함몰대 등이 있다. 북북동 방향의 단열대에는 요녕관전-용강-돈화 단열대, 마안산-삼도백하 함몰대, 삼합-도문 단열대 등이 있다. 이들 단열대는 모두 암권까지의 단층함몰 혹은 요곡함몰에 의한 단열대이며 암권을 자른 심도가 깊었기 때문에 상부 맨틀의 심부 내포체를 지표까지 다량 분출시켰다. 북서 방향의 단열대 중에서 규모가 가장 큰 것은 백산진－김책 단열대이고 영향심도가 매우 깊기 때문에 화산대를 형성하였다. 백두산 화산군은 바로 두만강 함몰대의 남서단 북서쪽에 있는 북북동 방향의 마안산－삼도백하 함몰대와 북서 방향의 백산진－김책 단열대의 교차 부근에 형성된 것이다([그림 2－4]).

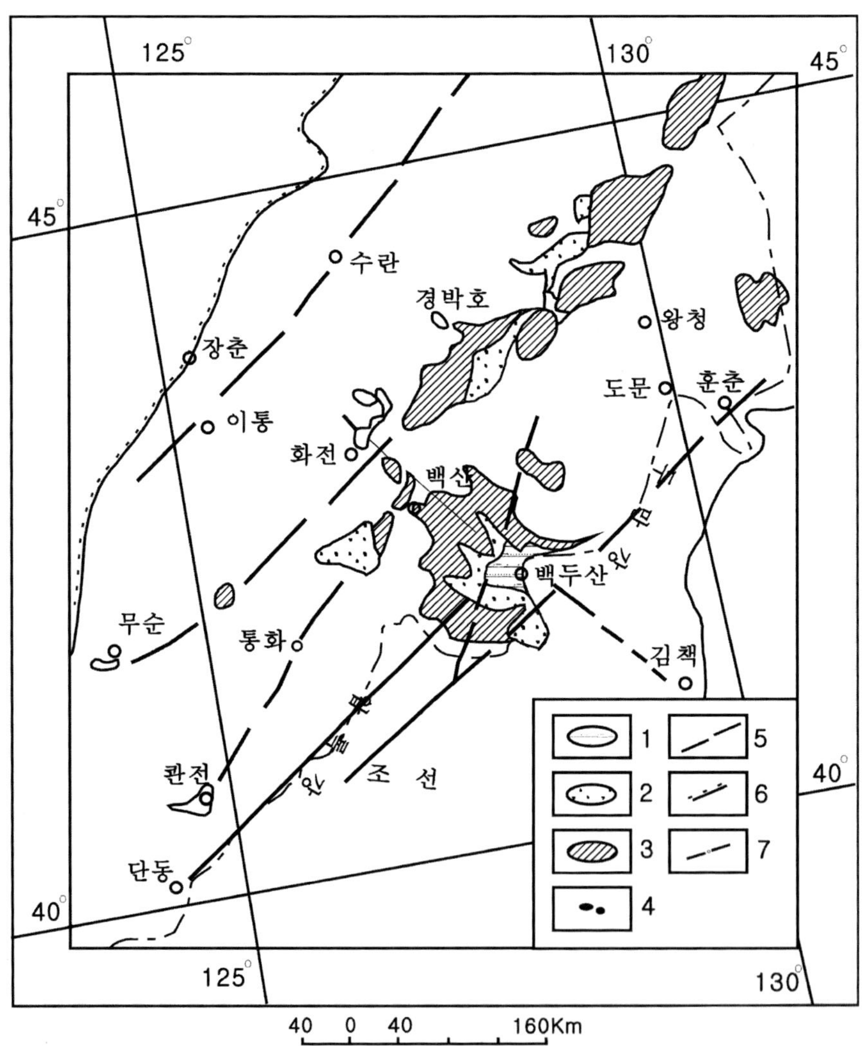

1. 제4기 조면암, 2. 제4기 현무암, 3. 신제3기 현무암, 4. 고제3기 현무암, 5. 심부 단열, 6. 분지 경계선, 7. 국경선

[그림 2－4] 백두산 지역의 단열 및 화산암 분포도

화산암류의 분포와 시대는 일정한 규칙적인 연관성을 갖는다. 고제3기 현무암은 동해 분지 대륙 측의 김책 부근과 송료분지 남동 측의 장충－이통 등지에 분포하며 백두산 천지 쪽으로 가면서 분출시대가 점차 젊어진다. 가장 젊은 플라이스토세－홀로세 알칼리 현무암 혹은 조면암－알칼리 유문암은 북북동 방향의 관전－용강－돈화 단열대와 백두산 천지 지역에 분포되어 있다. 백두산 천지 부근부터 동해분지 북측까지에는 고제3기, 신제 3기, 플라이오세 혹은 제4기를 놓고 보면 대부분 현무암질 마그마가 조면암 혹은 알칼리 유문암으로 진화되었지만, 그러나 용강－송원분지에서의 현무암 마그마는 아직까지 조면 암－알칼리 유문암으로 진화된 암석을 발견하지 못하였다.

전체적으로 백두산의 신생대 화산활동 지역은 송료분지와 동해분지 사이의 융기대에 위치하지만 이 중에서도 동해분지에 가깝게 놓이기 때문에 동해분지의 화산활동 범위에 속한다.

제3장
분출시대 구분과 분출순서

　　백두산 지역에서 신생대 화산분출시기를 나누고 순서를 정하는데 있어서 여러 학자들 사이에 견해가 일치되지 않는 것 같다. 따라서 분출시기와 순서는 주로 80여개 동위원소 연대치와 분출윤회 및 분출물 조합특성 등의 여러 가지 요소에 근거하고 또한 아래 3가지 원칙에 따라 나누었다.

가. 국제지층연대 구분안을 참고하여 각 지질시대를 3개로 나누었다. 즉 마이오세를 전기, 중기, 후기로 나누고 플라이오세를 전기, 중기, 후기로 나누었다. 그리고 플라이스토세도 역시 전기, 중기, 후기로 나누고 또한 홀로세도 전기, 중기, 후기 3시기로 나누었다.

나. 분출윤회가 인지될 때는 원칙적으로 한 차례의 소윤회를 하나의 기에 설정하였다. 그리고 여기서 대윤회는 암석조합의 차이점에 근거하여 여러 시기로 나누었다. 예를 들면 후기 플라이오세부터 홀로세의 현무암－알칼리 유문암의 분출대윤회는 군함산기, 백산기, 백두산기, 기상참기, 빙장기, 백운봉기 및 팔괘모기 등으로 나누게 되었다.

다. 현무암의 중심 분출에서 화산층서(stratigraphy)를 나눌 때 주로 '삼위일체' 암상조합을 근거로 하였다. 즉 한 차례의 분출물은 단면에서 암형에 따라 하부, 중부와 상부의 3개부분으로 구분된다. 즉 하부는 강성 강하 쇄설상이 퇴적된 것이고 중부는 그 위에 분류한 화쇄류(혹은 용암류)상이 정치된 것이며 상부는 다시 그 위에 소성 강하 화산회상이 퇴적된 것이다. 이 원칙에 근거하여 백두산 구역에서 신생대의 화산분출기를 15기로 나누었다. 즉 (1) 마안산기, (2) 내두산기, (3) 망천아기, (4) 홍두산기, (5) 천양기, (6) 두서기, (7) 연강촌기, (8) 군함산기, (9) 백산기, (10) 백두산기, (11) 광평기, (12) 기상참기, (13) 빙장기, (14) 백운봉기와 (15) 팔괘모기 등의 순이다. 그리고 이 분출기에는 암석이 여러 곳에서 분출되기 때문에 암석 앞에 지명을 가하여 이름 지었다. 예를 들면 내두산기 증봉산 현무암, 내두산기 내두산 현무암, 내두산기 장백 현무암 등이다.

제1절 신제3기 화산암류

1. 마안산기 현무암

마안산기 현무암($\beta E_3 - \beta N_1 m$)은 북북동 방향의 마안산-삼도백하 함몰대에 분포되어 있으며 남서부의 마안산, 중부의 삼도백하, 북동부의 이명 분지 등의 신제3기 퇴적분지에서 주로 산출된다. 이 중에서 마안산 분지가 규모가 가장 크며 여러 차례의 현무암 분출이 있었다. 마안산 분지는 북북동 혹은 북동 방향으로 놓이며 길이가 약 30㎞이고 너비가 12㎞ 내외이며 면적이 450㎢ 내외이다. 이 분지의 기반암은 노령누층군의 천매암과 쥬라기의 산성 용암으로 구성되어 있다. 조사자료에 의하면 지층의 총 두께는 204m이며 암층을 하부에서 상부 순서로 서술하면 다음과 같다.

(1) 사력층($N_1 m_1$): 층후는 약 10m이다.

(2) 반상 감람석 현무암($\beta N_1 m_1$): 회흑색을 띠고 반정을 10% 가지는 반상조직을 나타낸다. 반정은 대부분 사장석이고 반정의 직경이 2~5㎜이며, 석기는 휘석, 사장석, 감람석 등으로 구성된다. 마안산촌 남쪽의 노두에 의하면 두께는 약 20m이다. 길림성 야금연구소에서 측정한 K-Ar 연대는 28.40Ma이며 후기 올리고세-후기 마이오세의 분출물에 해당한다.

(3) 사질 및 실트질 점토층($N_1 m_2$): 두께는 24.6~27.6m이다.

(4) 반상 감람석 현무암($\beta N_1 m_2$): 흑색을 띠고 반상조직을 나타낸다. 반정은 주로 라쓰상 사장석이 10~25%이다. 석기는 사장석이 30~40%이고 휘석이 25~30%이며 감람석이 3~7%를 차지한다. 이 용암층은 넓게 분포하고 대개 21~58m 범위의 두께를 가진다. 길림성 야금연구소 측정에 의하면 K-Ar 연대가 13.5Ma이다.

(5) 사암, 점토층 및 규조토층: 두께는 약 20m이다.

(6) 암회색 반상 감람석 현무암($\beta N_1 m_3$): 상부는 얇은 판상의 반상 감람석 현무암으로 구성된다. 사장석 반정이 20~25%를 차지하고 그 장경이 2~6m 범위이다. 석기는 사장석이 35~45%, 휘석 24% 내외, 감람석 10% 내외, 침철석 3% 내외로 구성된다. 이 용암층도 역시 넓게 분포되고 7~21m 두께를 가지며 함광층에 의해 덮인다. 중국과학원 지질연구소에서 측정한 K-Ar 연대는 10.39±1Ma이다.

(7) 규조토 함광층: 두께는 약 13.7~47.6m이다.

2. 내두산기 현무암

내두산기에 분출된 현무암($\beta N_1 n$)은 산출 지역에 따라 증봉산 현무암, 내두산 현무암, 장백 현무암 등으로 구분된다.

가. 증봉산 현무암

증봉산 현무암은 화룡시 남강산맥에 분포되며 증봉산 단면에서 495m 두께로 노출되며 암상을 기술하면 다음과 같다([그림 3-1]).

⑩ 흑색 치밀괴상 함감람석 현무암	두께 90m
⑨ 암회색 함불석 현무암	50m
⑧ 흑색 치밀상 현무암	105m
⑦ 흑색 휘석 감람석 현무암	135m
⑥ 흑색 치밀괴상 현무암	40m
⑤ 흑색 괴상 현무암	50m
④ 흑색, 황갈색 현무암질 각력암 역경은 15~20㎝이다.	25m

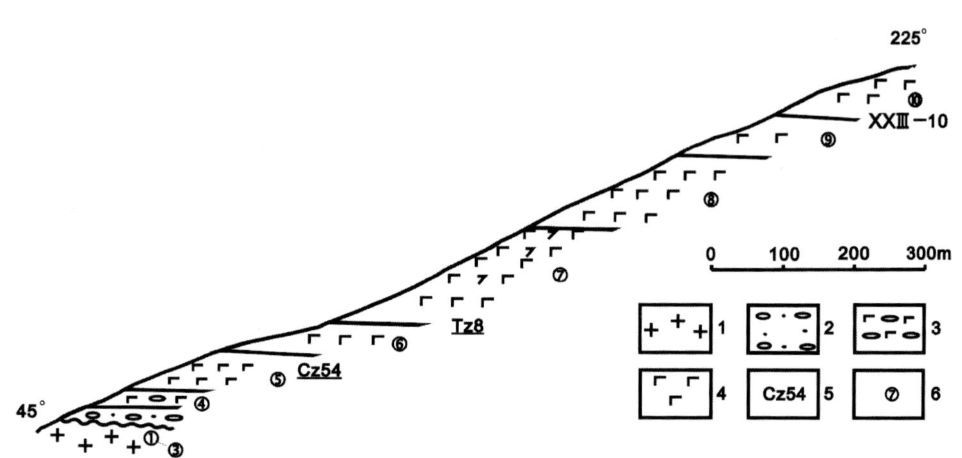

1. 화강암, 2. 신제3기 토문자층군의 사력층, 3. 현무암질 각력암, 4. 현무암류, 5. 시료번호와 채취위치, 6. 층서번호

[그림 3-1] 화룡시 증봉산 현무암의 단면도

③~① 신제3기 토문자층군(마안산층군) 점토 및 얇은 갈탄층, 사력층이 깔려 있다.

중국과학원 지질연구소에서 측정한 K-Ar 연대는 19.28±1.89~20.58±1.23Ma 범위이며 등시선 연대는 19.9±0.20Ma이다(유쟈치, 1981). 따라서 분출 시기는 전기 마이오세에 속한다.

나. 내두산 현무암

내두산 현무암은 백두산 천지 화산체의 동쪽에 넓게 분포되며 내두산과 황송포의 노두를 기재하면 다음과 같다. 황송포에 존재하고 순상화산의 화구에서의 알칼리 감람석 현무암 중에는 심부 내포체가 다량 산출된다. 내두산 단면에서의 현무암 두께는 90m이며 기저부에서 감람암 내포체가 드물게 산출된다. 장홍령 부근의 현무암층 밑에는 마안산층군(토문자층군)의 사력층이 놓이며 현무암 용암층 두께는 약 400m이다. 암석 유형은 주로 알칼리 감람석 현무암과 바사나이트(basanite)이고 상부에서 감람석 쏠리아이트가 산출된다. 중국과학원 지질연구소의 측정에 의하면 황송포 알칼리 감람석 현무암의 K-Ar 연대는 18.87±0.42Ma이고 내두산 채석장에서의 바사나이트의 K-Ar 연대는 15.07±0.18Ma이다(유자치, 1981).

다. 장백 현무암

이 현무암은 남서 지역의 장백현 내에 넓게 분포되며 십오도구 상류에 대표적인 단면이 나타난다. 이 현무암 용암층 상위에는 사력층으로 구성되는 충적층이 덮여 있고 하위 밑바닥에는 쥬라기 사도구층군의 산성 용암이 놓인다([그림 3-2]). 용암층의 총 두께는 370m이며 암상과 층서는 다음과 같다.

⑤ 흑색 치밀상 현무암　　　　　　　　　　　　　　　　　　　　두께 80m

④ 흑색 치밀괴상 현무암　　　　　　　　　　　　　　　　　　　100m

③ 자홍색 다공상 현무암. 상단에 적홍색 사질 점토층이 있음　　　20m

② 암갈색 괴상 감람석 현무암　　　　　　　　　　　　　　　　120m

① 흑색 치밀괴상 현무암　　　　　　　　　　　　　　　　　　　59m

이 현무암은 팔도구 상류에 노출되는 두께가 370m 내외의 단면에서의 암상과 층서를 나타내면 아래와 같다.

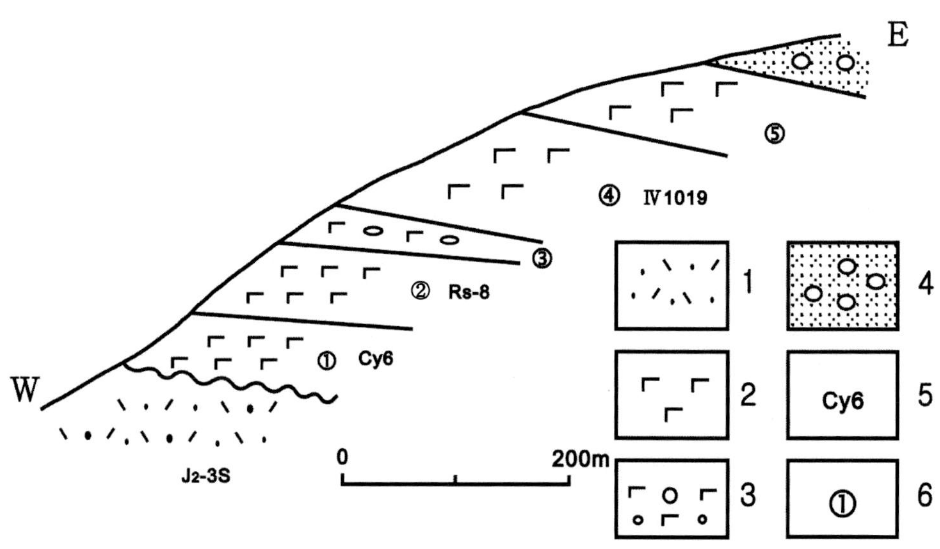

1. 쥬라기 사도구층군의 산성 용암, 2. 현무암류, 3. 자홍색 다공상 현무암, 상단에 풍화점토층, 4. 빙적층, 5. 시료번호와 채취위치, 6. 층서번호

[그림 3-2] **장백현 십오도구 상류의 장백 현무암 단면도**

④ 흑색 현무암 및 안산암	두께 80m
③ 흑색 치밀상 현무암	120m
② 회색, 암회색 치밀괴상 현무암	80m
① 암회색 치밀상 현무암	80m

압록강 상류 이십삼도구 원보도촌 부근에 조면안산암이 노출되며 팔도구 상류의 단면에서 ④층과 유사하다. 장백 현무암 용암대지 위에는 많은 분석구(cinder cone)가 분포된다. 길림성 지질과학연구소의 측정에 의하면 K-Ar 연대는 16.40±1.49Ma이며(유샹 등, 1989), 따라서 분출시대는 신제3기 마이오세에 속한다.

3. 망천아기 현무암

망천아기 현무암($\beta N_1 W$)은 망천아봉과 그 주위에 분포되며 330m 내외의 두께를 가진다. 십오도구 단면에서 이 현무암 용암층 위에 빙적층이 덮여 있으며([그림 3-3]) 암상과 층서는 다음과 같다.

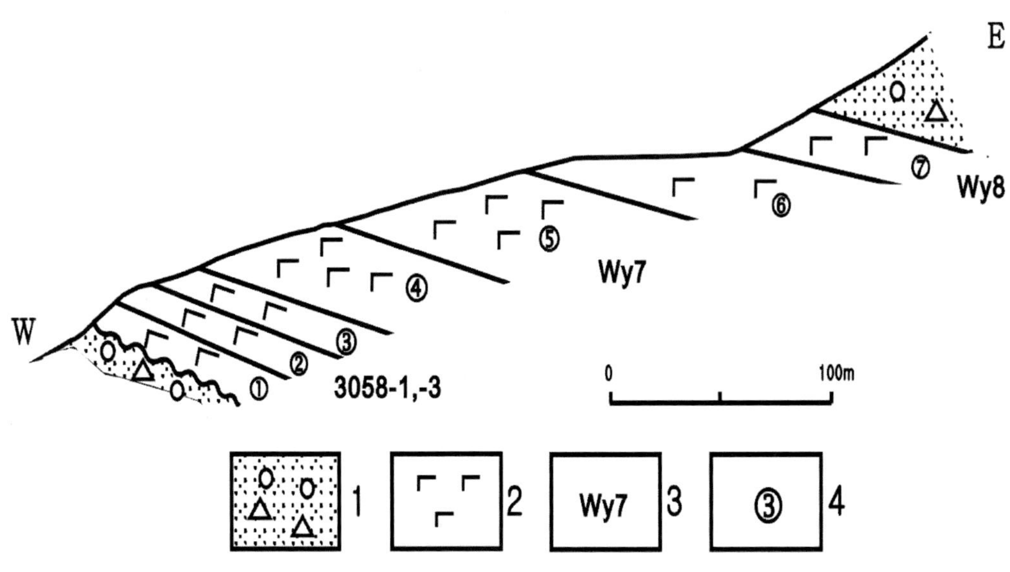

1. 빙하 사력층, 2. 현무암류, 3. 시료번호와 채취위치, 4. 층서번호

[그림 3−3] 장백현 십오도구의 현무암 단면도

⑦ 회색, 암회색 조면안산암　　　　　　　　　　　　　　　　　두께 40m

⑥ 흑색 다공상 현무암　　　　　　　　　　　　　　　　　　　30m

⑤ 흑색 치밀괴상 조면현무암　　　　　　　　　　　　　　　　100m

④ 흑색, 갈색 괴상 현무암, 상단에 황갈색 점토층(두께 0.1m)이 있음　80m

③ 회색 다공상 현무암　　　　　　　　　　　　　　　　　　　10m

② 암회색 괴상 현무암　　　　　　　　　　　　　　　　　　　60m

① 회색 다공상 현무암　　　　　　　　　　　　　　　　　　　10m

이 층서는 광역지질조사소에서 작성한 상부 현무암층에 해당된다. 현무암 용암층 위에는 많은 소분석구가 무리 지어 분포된다. 우리는 십구도구 상류 단면에서 하단의 현무암 용암 시료를 채취하여 중국과학원 지질연구소에서 K−Ar 연대 2.00±0.41Ma를 얻었다. 이 연대치는 매우 낮은 것으로 생각되며 앞으로 다시 더 검사할 필요가 있다. 길림성 지질국 수문지질대는 무송현 착초정자 용암층을 시추할 때 심도 100.26~160.73m 사이의 현무암을 측정한 결과 13~12.5Ma의 연대를 얻었는데 이 연대가 더 합당한 분출시대를 나타낸다. 광역지질조사소의 자료에 의하면 암상과 층서는 다음과 같이 하부에서 상부로 가면서 ① 현무암질 각력암, ② 치밀괴상 현무암, ③ 다공상 현무암의 순서로 놓인다.

4. 홍두산기 조면안산암-알칼리 유문암

홍두산기 조면안산암-알칼리 유문암($\tau N_{1-2}h$)은 망천아 칼데라 동쪽에 있는 홍두산에 분포되어 있으며 십구도구 상류의 도로변 단면에서 다음과 같이 기재한다([그림 3-4]).

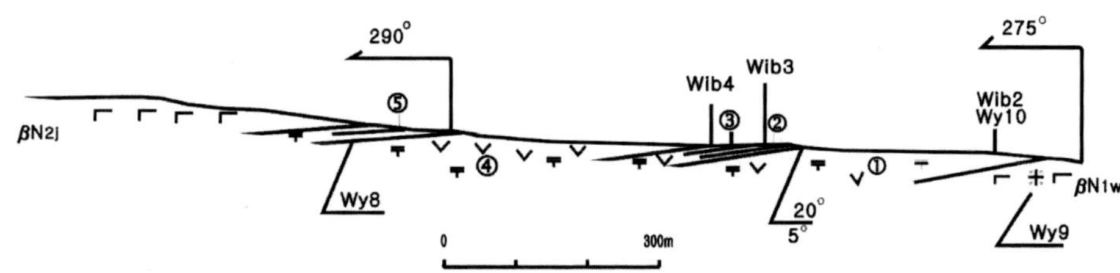

[그림 3-4] 장백현 십오도구 상류에서 조면안산암의 단면도

⑥ 피복층: 군함산기 현무암

⑤ 자회색 판상 조면안산암(판 두께 3~4㎝)		두께 20m
④ 두꺼운 판상 조면안산암(판 두께 5~10㎝)		60m
③ 자회색 판상 조면안산암(판 두께 102㎝)		10m
② 자회색 판상 조면안산암(판 두께 40~50㎝)		10m
① 자회색 판상 조면안산암(판 두께 2~3㎝)		10m

이 단면에서 조면안산암층의 두께는 170m 내외이며 홍두산 봉우리에서 측정하지 못한 층위를 합치면 총 두께가 300m 내외로 짐작된다. 그리고 홍두산 봉우리에는 알칼리 유문암이 노출되며 분출-관입상으로서 용암도움(lava dome)을 이룬다. 조면안산암의 K-Ar 연대는 5.56±0.22Ma이고 알칼리 유문암의 용암도움의 K-Ar 연대는 3.11±0.53Ma이다(유상 등, 1989).

5. 천양기 현무암

천양기 현무암(βN_2q)은 무송현 천양진과 신둔자 등지에 넓게 분포되며 용암대지를 형성한다. 하부는 현무암질 집괴암, 각력암이고 중부는 회색 내지 자회색 박층상 현무암이며 상부는 후층상 현무암이며 총 두께는 200m 내외이다. 이 현무암 용암대지 위에는 망상

단열을 따라 분출된 작은 분석구가 여러 곳에 무리 지어 있다. 분석구의 바닥 직경은 보통 수백~수천 m이고 분석구의 상대 높이는 100~200m 정도이다. 분석구의 하부는 암회색, 청록색, 암자색 등의 잡색 현무암질 화산회, 화산탄, 화산암괴와 스코리아 등으로 구성된다. 상부는 자홍색 위주의 현무암질 화산회, 화산탄, 스코리아 등으로 구성되어 있다. 중국 지질과학원 지질연구소의 측정에 의하면 착초정자 현무암의 K－Ar 연대는 4.0Ma이고 길림성 야금지질연구소에서 측정한 K－Ar 연대는 4.5Ma이다.

6. 두서기 조면안산암－알칼리 유문암

두서기 조면안산암－알칼리 유문암($\tau N_2 t$)은 무송현과 안도현 경계부의 두서 자연보호참, 서토정자 등지에서 천양기 현무암 용암대지 위에 원형으로 분포된다. 분포 직경은 6㎞ 내외이며 하부는 자회색 조면안산암으로 구성되고 상부는 회백색－녹회색 알칼리 유문암 및 집괴암 등으로 구성된다. 노두가 불량하여 단면도를 작성할 수 없지만 지형고도를 고려하면 총 두께는 260m 내외이다. 두서기 알칼리 유문암의 K－Ar 연대는 2.47±0.05Ma이고 백두산 천지에서 백두산기 하부 조면암질 집괴암 중에 두서기 알칼리 유문암과 비교되는 이지린휘석 섬장암편이 관찰되는데 이에 대한 K－Ar 연령은 2.85±0.05Ma이다(장청량과 장부린, 1992).

7. 연강촌기 현무암

연강촌기에 분출된 현무암($\beta N_2 y$)은 산출 지역에 따라 연강촌 현무암과 평정촌 현무암으로 구분된다.

가. 연강촌 현무암

연강촌 현무암은 백두산 지역 남부의 장백현 압록강 상류의 양쪽 강변에 노출되며 밑바닥에는 신제3기 마안산층군 사력층이 깔려 있다. 이 현무암은 대부분 행인상 구조를 나타내고 층위에 따라 이딩사이트(iddingsite)와 몬모릴로나이트(montmorillonite)로 변질된 곳도 있고 80m 내외의 두께를 나타낸다. 대표적인 단면은 연강촌 동쪽 산기슭에 노출되며([그림 3－5]) 암상과 층서는 아래와 같다.

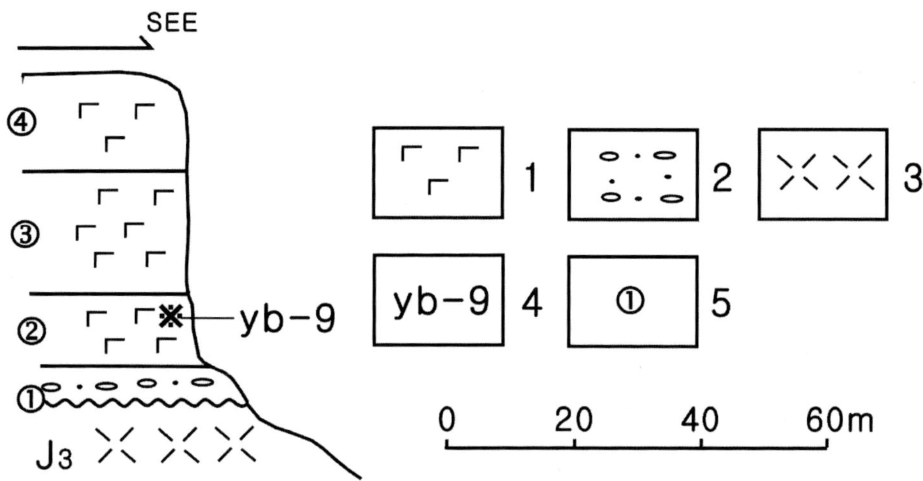

1. 현무암류, 2. 마안산층군 사력층, 3. 후기 쥬라기 화산암, 4. 시료번호와 위치, 5. 층서번호

[그림 3-5] 장백현 연강촌 현무암의 단면도

④ 암회색 행인상 감람석 현무암   두께 12.0m

③ 변질 다공상 감람석 현무암과 치밀괴상 감람석 현무암의 호층   18.8m

② 암회색 행인상 감람석 현무암과 치밀괴상 감람석 현무암 호층   12.4m

① 사력층

유샹 등이 길림성 지질과학연구소에서 측정한 K-Ar 연대는 3.75±0.85Ma이다. 따라서 이 현무암은 플라이오세 중기에 분출한 것으로 보인다.

나. 평정촌 현무암

평정촌 현무암은 용정시 두만강 변의 평정촌, 삼합 등지에 분포된다. 암질은 암회색 후층상 함감람석 현무암이며 140~300m 두께를 가진다. 평정촌 단면을 소개하면 다음과 같다([그림 3-6]).

④ 함감람석 현무암   두께 31.6m

③ 감람석 현무암(각 흐름단위마다 다공질대 뚜렷함)   65.0m

② 베개상 현무암   51.6m

① 단구 사력층

유쟈치가 측정한 K-Ar 연대는 3.54±0.57Ma, 3.66±0.33Ma이고 등시선 연대는 4.21±0.19Ma

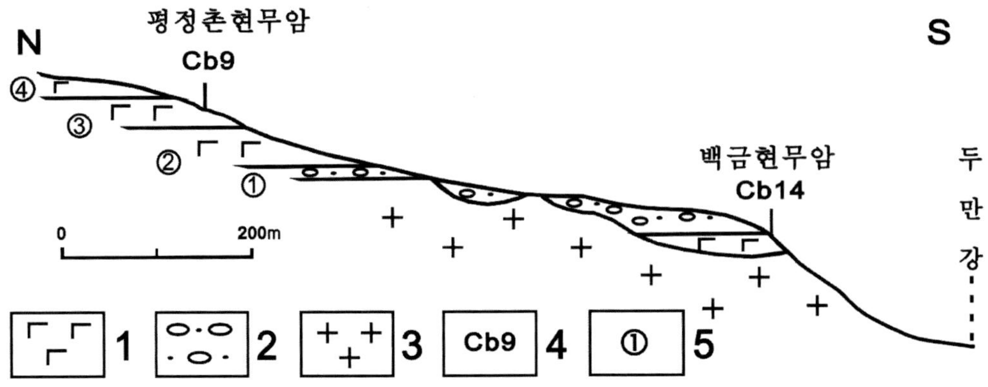

1. 현무암류, 2. 사력층, 3. 화강암, 4. 시료번호, 5. 층서번호

[그림 3-6] 용정시 평정촌 현무암의 단면도

이다. 따라서 이 현무암은 분출시대가 플라이오세 중기에 속한다.

8. 군함산기 현무암

군함산기 현무암(βN_{2j})은 백두산 천지 화산체 주변에 용암대지로 분포되어 있으며 두만강 강변의 하단부에도 넓게 분포되고 있다. 천지 화산체 주변에서 좋은 단면을 발견하지 못했지만 두만강 연변에서 발견되는 군함산의 전형적인 단면을 소개하면 다음과 같다 ([그림 3-7]).

 ⑫ 청회색 치밀상 감람석 현무암   두께 98.0m

 ⑪ 암회색 치밀상 감람석 현무암   9.0m

 ⑩ 하부는 감람석 현무암이고 상부는 다공상 현무암   6.3m

 ⑨ 회색 감람석 현무암, 상부에서 다공상 감람석 현무암으로 전환   8.4m

 ⑧ 회색 치밀괴상 감람석 현무암   4.9m

 ⑦ 암회색 다공상 감람석 현무암   6.3m

 ⑥ 회색 감람석 현무암   5.3m

 ⑤ 암회색 감람석 현무암, 상부에서 다공상 현무암으로 전환   17.3m

 ④ 청회색 다공상 감람석 현무암, 상단에 1m 두께의 자홍색 풍화대   32.8m

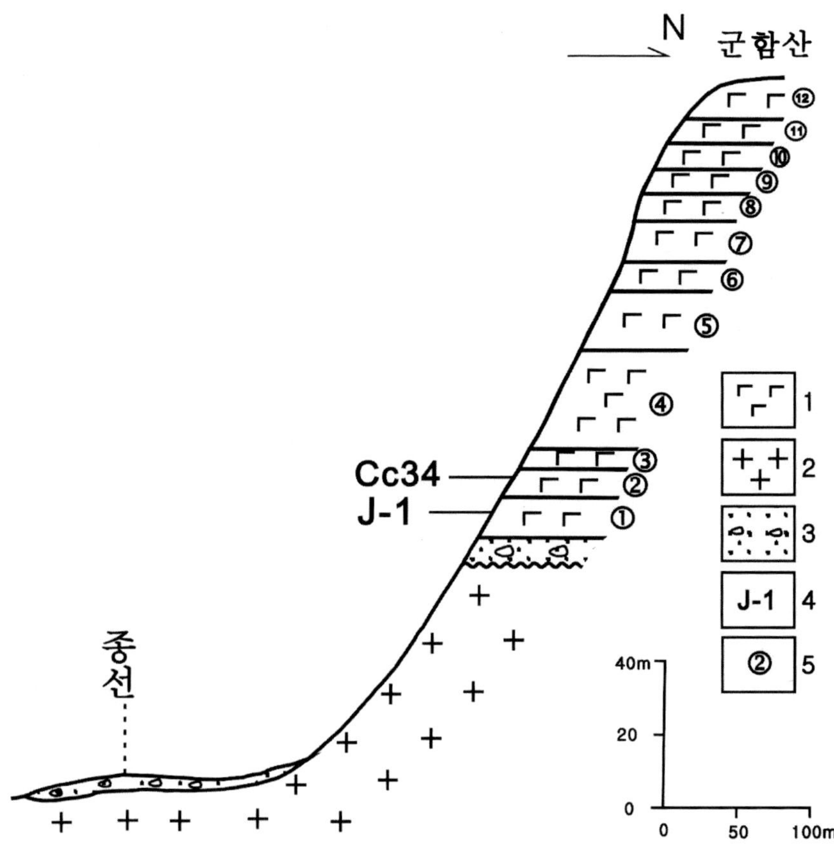

1. 현무암류, 2. 화강암류, 3. 사력층, 4. 시료번호와 위치, 5. 층서번호

[그림 3-7] 화룡시 군함산기 현무암의 단면도

③ 암회색 치밀괴상 감람석 현무암   두께 5.5m

② 청회색 치밀괴상 유리질 감람석 현무암   7.0m

① 청회색 치밀괴상 감람석 현무암   9.5m

    하위에 사력층이 깔려 있음.

이 분출기의 현무암은 총 두께가 188m이며 유쟈치가 측정한 K-Ar 연대가 2.77±0.2Ma 이고 등시선 연대가 2.60±0.29Ma이다. 백두산 천지 화산체 주변의 현무암 용암대지 위에 는 작은 분석구가 여러 곳에 무리 지어 있다. 지질과학원 지질연구소에서 서마안산 분석 구를 측정한 K-Ar 연대는 2.12Ma이며, 이도백하진 건재공장에 노출되는 현무암을 측정 한 연대는 2.34±0.62Ma이다(유쟈치, 1983).

제2절 제4기 화산암류

1. 백산기 현무암

백산기 현무암($\beta Q_1 b$)은 산출 위치에 따라 백산 현무암, 영광탑 현무암, 두만강 현무암 등으로 구분된다.

가. 백산 현무암

백산 현무암은 주로 백두산 천지 화산체 주변에 분포되어 있으며 압록강 상류와 두만 강 상류에도 용암류로 노출되어 있다. 천지 남쪽의 압록강 상류 서쪽 백산림장 부근에 현 무암 노두가 비교적 양호하게 노출되며([그림 3−8]) 이의 총 두께가 150m 내외에 달한다. 상위에는 백두산기 제1단계 조면안산암−조면암에 의해 피복된다.

② 암회색 치밀괴상 조면현무암, 상부는 다공상 현무암 두께 100m
① 회색 현무암질 각력암 및 각력상 용암 50m

중국과학원 지질연구소에서 측정한 K−Ar 연대는 1.59±0.06Ma로서 전기 플라이스토세 에 속한다.

나. 영광탑 현무암

영광탑 현무암은 압록강 북쪽 하안을 따라 연강석 탄촌과 장백진 영광탑 등지에 분포 되며 총 두께가 80m 내외에 달한다. 유샹은 이 용암층을 연강석탄촌기 현무암이라 불렀 지만 슌쟌중이 영광탑기 현무암이라고 명명하였다. 지질과학원 지질역학연구소에서 측정 한 K−Ar 연대는 1.66Ma이다.

다. 두만강 현무암

두만강 현무암은 유쟈치가 광평기 현무암이라고 명명한 것을 말하는데 두만강 상류 계곡 을 따라 하안 단구 위에 분포된다. 하부는 반상 현무암이고 상부는 수평절리가 발달되는 다공상 현무암으로 구성되며 총 두께는 42m이다. 유쟈치가 이와 다른 지점에서 채취한 시료를 측정한 결과 K−Ar 연대는 1.60±0.06Ma, 1.54±0.16Ma, 1.31±0.30Ma 등을 얻었고 등시선 연대는 1.48Ma를 얻었다.

위에서 설명한 세 현무암은 모두 백산기에 거의 동시기적으로 분출되었지만 각기 다른 화구로부터 분출된 산물이다. 백산 현무암은 백두산 천지 화산체 형성 초기에 중심분출에 의한 것이고 영광탑, 두만강 현무암은 열곡 단열을 따라 일어난 열극분출에 의한 것이다.

2. 백두산기 알칼리 조면암

백두산기 알칼리 조면암($\tau Q_{1-3}b$)은 천지를 중심으로 타원형으로 에워싸며 분포되어 있다. 이 타원형 분포는 장축이 북서 방향으로 놓인다. 이미 측정된 많은 연대자료와 분출 윤회 사이에 형성된 풍화토층 등의 특성에 근거하면 4개 분출단계로 나뉜다. 각 분출단계 에 나타나는 암상과 층서는 아래와 같이 서술한다.

가. 제1분출단계($\tau\ Q_1 b$)

백두산기 제1분출단계의 암층은 천지 화산체의 기저부에 놓이며 천지 남쪽에 대부분 분포되고 북쪽에는 소규모로 나타난다. 분포 고도는 보통 해발 1,700~2,000m 범위이고 표면은 거의 평탄한 편이며 총 두께는 약 300m 정도이다. 이 용암 위에는 분석구 혹은 기 생화구가 여러 곳에 분포되어 있다. 대표적인 단면은 천지 남쪽의 압록강 상류에서 노출 된다([그림 3−8]).

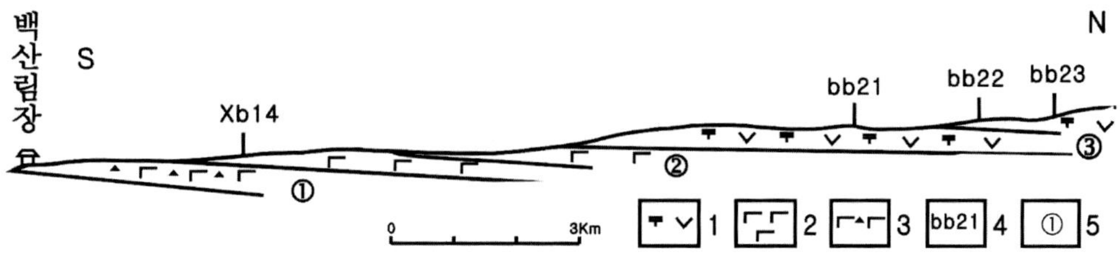

1. 백두산기 제1단계 조면안산암. 2. 백산기 현무암. 3. 백산기 현무암질 집괴암. 4. 시료번호 및 위치. 5. 층서번호

[그림 3−8] 백산림장 남북구에서 백산기 현무암과 백두산기 조면안산암의 단면도

[그림 3-8] 단면의 ③층과 [그림 3-9] 단면의 ①층은 동시기 분출물이다. 암질은 주로 안산조면암이고 상부에서 알칼리장석 조면암이 나타났다. 하부층 안산조면암과 상부층 조면암을 채취하여 동위원소 연대를 중국과학원 지질연구소에서 측정한 결과 하부층의 K-Ar 연대가 1.49±0.03Ma이고 상부층의 K-Ar 연대가 1.00±0.03Ma로서 모두 전기 플라이스토세에 분출되었다.

나. 제2분출단계(τ Q₂b)

백두산기 제2분출단계의 암층은 백두산 천지 화산체 외곽부를 환상으로 분포되며 해발고도가 1,600~1,900m 범위이고, 총 두께가 207m이다. 대표적인 단면은 천문봉-빙장공로 부근에서 선택하였으며 이 단면은 1989년 유상 등이 작성한 것을 보충 수정한 것이다([그림 3-9]).

⑨ 자홍색 휘석 조면암, 상단에 황색 부석층과 풍화 점토층이 있음　　두께　3.0m
⑧ 청회색 휘석 석영 조면암　　　　　　　　　　　　　　　　　　　　　　82.2m
⑦ 회색 다공상 이지린 석영 조면암　　　　　　　　　　　　　　　　　　0.53m
⑥ 녹회색 이지린 석영 알칼리장석 조면암　　　　　　　　　　　　　　　18.8m
⑤ 청회색 휘석 조면암질 용결응회암　　　　　　　　　　　　　　　　　11.0m
④ 갈회색 이지린 석영 조면암　　　　　　　　　　　　　　　　　　　　6.5m
③ 청회색 조면암질 용결응회암　　　　　　　　　　　　　　　　　　　9.7m
② 갈회색 석영 조면암　　　　　　　　　　　　　　　　　　　　　　　75.0m
① 암회색 조면암, 갈회색 조면안산암(제1단계의 상부층에 해당됨)　　　200m±

그 하위에는 백산 현무암의 용암대지가 놓인다.

유쟈치가 폭포 단면에서 채취한 시료를 중국과학원 지질연구소에서 측정한 K-Ar 연대는 0.611±0.015~0.551±0.0024Ma이며 이의 분출 시기는 플라이스토세 중기에 속한다.

다. 제3분출단계(τ Q₂₋₃b)

백두산기 제3분출단계의 암층은 해발고도 1,700~2,200m 범위에 천지 화산체 중간부에 환상으로 분포되며 총 두께 221m를 갖는다. 이 단계에 분출된 두께는 위치에 따라 상당히 다르다. 예를 들면 천지 북쪽의 천문봉 단면에서 두께는 503m이고 천지 남쪽 제운봉 부근 단면에서 420m 내외이다.

(1) 천문봉-빙장공로의 단면에서 암상과 층서는 아래와 같다([그림 3-9]).

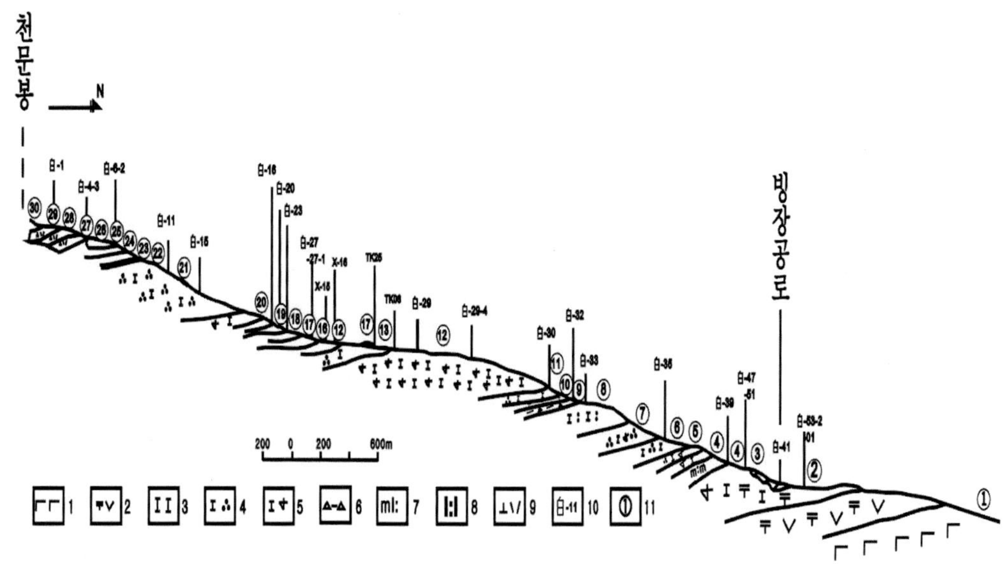

1. 현무암류, 2. 조면안산암, 3. 조면암, 4. 석영 조면암, 5. 이지린 조면암, 6. 조면암질 각력암 및 풍화토, 7. 용결응회암, 8. 조면암질 응회암, 9. 알칼리 유문암, 10. 시료번호, 11. 층서번호

[그림 3-9] 백두산 천문봉-빙장공로 백두산기 알칼리 조면암의 단면도

⑯ 자홍색 이지린 석영 조면암, 상부에 적황색 풍화토층이 있다.　　　　　두께　2.0m

⑮ 청회색 이지린 석영 조면암　　　　　10.3m

⑭ 청회색 감람석 조면암　　　　　15.1m

⑬ 자홍색 다공상 이지린 석영 조면암　　　　　10.9m

⑫ 청회색 치밀괴상 이지린 석영 알칼리장석 조면암　　　　　14.8m

⑪ 청회색 치밀괴상 석영 알칼리장석 조면암　　　　　14.3m

⑩ 청회색 이지린 석영 조면암　　　　　23.2m

　　하위에는 백두산기 제2단계의 ⑨층 풍화층이 놓인다.

유쟈치가 폭포 단면과 흑풍구 근처의 조면암에서 채취한 시료를 측정한 K-Ar 연대는 0.44±0.015Ma, 0.329±0.002Ma, 0.2756±0.0038Ma, 0.2541±0.0054Ma 등이며 그 분출시대는 플라이스토세의 중기에 속한다.

(2) 천지 칼데라 북부에서 천지-천문봉 단면은 조면암질 화성쇄설암과 용암이 호층을 이루며 총 두께가 537m에 달한다. 이 단면에서 암상과 층서는 다음과 같다([그림 3-10]).

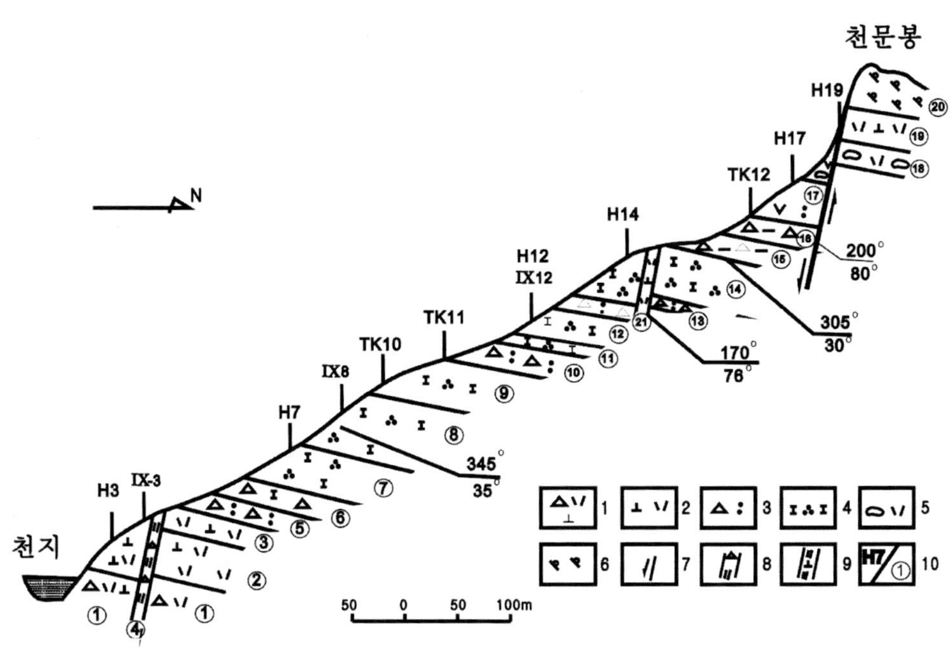

1. 알칼리 유문암질 각력암, 2. 알칼리 유문암, 3. 조면암질 응회각력암, 4. 석영 조면암, 5. 알칼리 유문암질 각력암, 6. 알칼리 유문암질 부석층, 7. 정단층, 8. 파쇄변질대, 9. 알칼리 유문암맥, 10. 시료번호와 층서번호

[그림 3-10] 백두산 천지-천문봉에서 백두산기 조면암의 단면도

⑭ 암녹색 리베카이트 이지린 석영 알칼리장석 조면암　　　　두께　34.2m

　상부에 자홍색 풍화토층 있음.

⑬ 녹회색 황갈색 응회각력암　　　　　　　　　　　　　　　　　　11.8m

⑫ 녹회색 리베카이트 이지린 석영 알칼리장석 조면암　　　　　　32.5m

⑪ 녹회색 황색 이지린 석영 알칼리장석 조면암　　　　　　　　　 4.4m

⑩ 녹회색 황색 응회각력암　　　　　　　　　　　　　　　　　　　28.0m

⑨ 녹회색 리베카이트 이지린 석영 알칼리장석 조면암　　　　　　138.9m

⑧ 청회색 리베카이트 이지린 석영 알칼리장석 조면암　　　　　　126.6m

⑦ 암록색 리베카이트 이지린 석영 알칼리장석 조면암　　　　　　79.0m

⑥ 잡색 조면암질 라필리응회암　　　　　　　　　　　　　　　　　24.6m

⑤ 황갈색 응회각력암　　　　　　　　　　　　　　　　　　　　　11.0m

④ 파쇄 변질대, 주로 고령토, 녹니석, 황철석 등으로 변질　　　　10.0m±

③ 담청회색 알칼리 유문암　　　　　　　　　　　　　　　　　　　12.9m

② 녹회색 알칼리 유문암   33.1m

① 녹회색 알칼리 유문암질 각력암, 암편은 알칼리 유문암, 석영 알칼리장석 조면암, 감람석 현무암, 안산암, 흑요암, 변성사암, 세일 등으로 다양하다. 그리고 이하는 천지 호수로 잠겨 있다.

유쟈치는 ⑨~⑩ 층에서 시료를 채취하여 동위원소 연령을 측정했으며 K-Ar 연대 0.281±0.019Ma, 0.281±0.045Ma를 얻었다.

(3) 천지 남서쪽의 천지-제운봉 단면은 조면암질 화성쇄설암이 대부분이고 상부로 갈수록 용암으로 점차 변하고 총 두께는 420여 m이다([그림 3-11]).

③ 녹색 석영 조면암   두께   20m±

② 녹회색, 청회색 이지린 석영 조면암   150m±

① 황록색, 자홍색 조면암질 라필리응회암 및 각력암, 암편들의 크기가 다양하며 보통 2~10㎝이고 큰 것은 30~40㎝ 달한다.   250m±

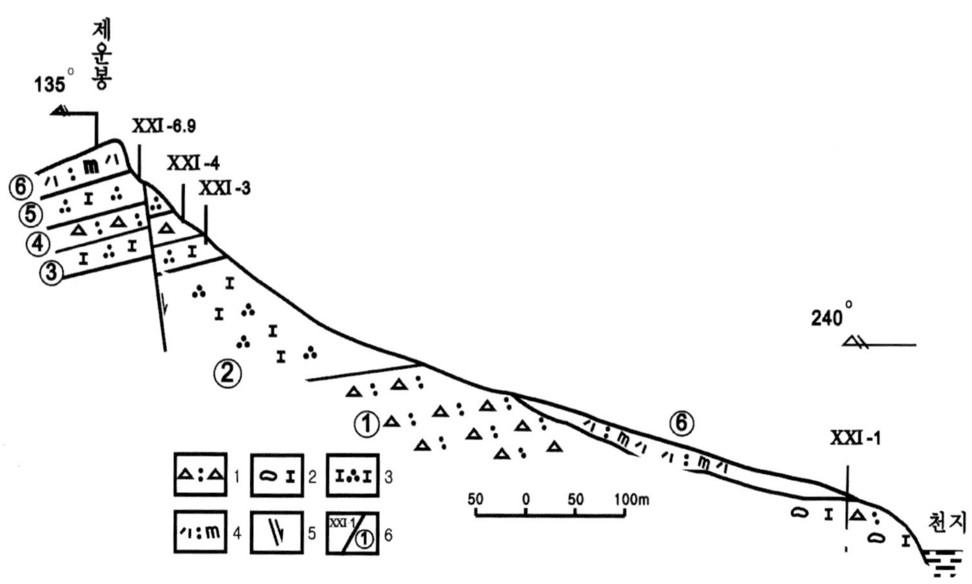

1. 조면암질 응회각력암, 2. 조면암질 각력암, 3. 석영 조면암, 4. 조면암질 용결응회암, 5. 정단층, 6. 시료번호와 층서번호

[그림 3-11] 백두산 천지-제운봉에서 백두산기 조면암의 단면도

라. 제4분출단계(τ Q₃b)

백두산기 제4분출단계의 암층은 천지를 환상으로 둘러싸는 산봉우리 근처에 분포되어 있고 화산체의 상부층에 의해 덮이며 노출 고도가 해발 2,200～2,600m 내외이다. 총 두께는 214.1m이며 천문봉－빙장공로 단면([그림 3－9])에서 암상과 층서를 서술하면 다음과 같다.

 ㉒ 청회색 리베카이트 이지린 석영 알칼리장석 조면암   두께 127.0m

 ㉑ 청회색 감람석 휘석 조면암   27.9m

 ⑳ 암회색 조면암질 용결응회암   2.5m

 ⑲ 청회색 이지린 석영 알칼리장석 조면암   11.5m

 ⑱ 황갈색 용결응회암   18.4m

 ⑰ 청회색과 자홍색 용결응회암의 호층   26.8m

  하위에 제3분출단계의 풍화토층과 황금색 부석층이 있음.

유쟈치는 폭포 단면 상부층과 흑풍구 부근에서 채취한 시료에 대해 K－Ar 연대를 측정한 결과 0.20±0.04Ma, 0.219±0.002Ma를 얻었다. 또한 천지－천문봉 단면에서 나온 ⑰층의 K－Ar연대는 0.101±0.0064Ma, 0.0978±0.0074Ma를 얻었다. 따라서 이 분출단계는 후기 플라이스토세 중기에 속한다.

백두산기 제4단계의 조면안산암－알칼리 조면암－알칼리 유문암 계열의 암석이 분출되는 도중에 주로 현무암질 스코리아가 분출하여 여러 곳에 분석구를 형성하였다. 이때 나온 대표적인 현무암은 쌍봉 알칼리 현무암과 노호동 알칼리 현무암이 있으며 이들에 대해 간단하게 기술하면 다음과 같다.

(1) 쌍봉 알칼리 현무암: 천지 화산체의 동, 서 양측에 북동 방향으로 분포되며 주로 분석구와 함께 무리 지어 있다. 전형적인 분석구의 형태는 원추체와 비슷하지만 쌍봉을 이루는 것이 특징적이다(산봉우리 이름은 노방자소산). 이 분석구의 바닥 직경은 약 500m이고 높이는 100m 내외이며, 주로 자홍색 스패터, 화산탄, 암괴로 구성되지만 현무암 용암류도 포함된다. 화산탄의 냉각 표피는 얇은 유리질로 이루어지고 중심부로 향하여 중간부에 다공상대가 동심원으로 존재하며 중심부에 괴상핵을 이룬다. 분석구는 화성쇄설층 사이에 현무암 용암층이 협재되거나, 그 위에 분화구를 넘쳐 흘러내린 용암류로 덮인다. 이 용암류는 중국과학원 지질연구소의 K－Ar 연대 측정에 의하면 1.17±0.16Ma를 나타내고 천지 화산체의 서쪽 남기자산 분석구에서 송해원과 장삼환(1990)이 채취한 현무암 용암의

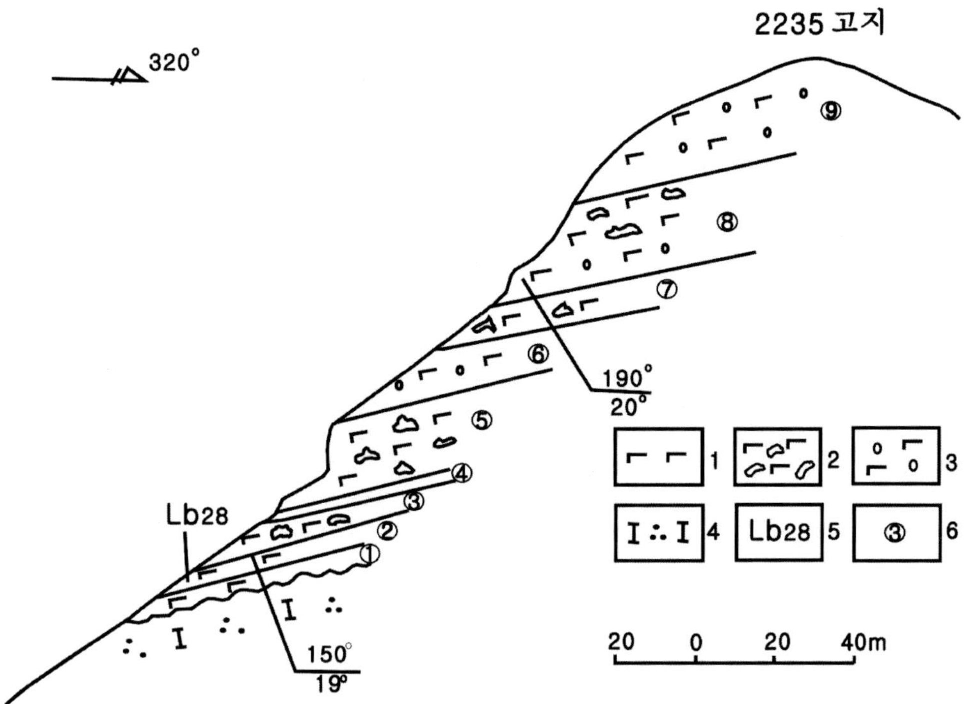

1. 감람석 현무암, 2. 현무암질 스코리아층, 3. 현무암질 스패터층, 4. 석영 조면암, 5. 시료번호, 6. 층서번호

[그림 3-12] 백두산 노호동 현무암의 단면도

K-Ar 연대 측정에 의하면 0.75±0.40Ma를 나타낸다.

(2) 노호동 알칼리 현무암: 천지 북쪽과 서쪽에 분포되며 대개 노호동 분석구에서 분출되었으며 총 두께가 116.8m에 달한다([그림 3-12]).

⑨ 암자색 현무암질 스코리아층	두께	21.4m
⑧ 자홍색 현무암질 스패터 및 암자색 현무암질 스코리아층의 호층		19.8m
⑦ 자홍색 현무암질 스패터 및 자색 현무암질 스코리아 협층		15.9m
⑥ 암자색 현무암질 스코리아층		21.7m
⑤ 자홍색 현무암질 스패터층		14.0m
④ 암회색 감람석 현무암		0.5m
③ 자홍색 현무암질 스패터층		12.6m
② 암회색 감람석 현무암		3.0m
① 자홍색 현무암질 스패터층 및 흑색 감람석 현무암층		7.8m

그 하위에는 백두산기 제3단계의 조면암 등이 놓인다.

노호동 분석구의 하부층에서 현무암 용암의 K-Ar 연대는 0.34±0.02Ma이고 천지 화산체 서쪽의 송강하소산 분석구에서 나온 현무암 용암의 K-Ar 연대는 0.32±0.01Ma이다. 따라서 분출시대는 중기 플라이스토세 중후기에 속한다.

3. 광평기 현무암

광평기 현무암($\beta Q_3 g$)은 두만강 상류에 분포되며 표식 단면은 화룡시 종선 홍기하 다리 북쪽에서 선택하였다([그림 3-13]).

⑤ 암회색 치밀상 감람석 휘석 현무암, 상부에서 다공상 감람석 현무암   두께 22.0m

④ 암회색 치밀상 휘석 현무암   10.2m

③ 암회색 다공상 감람석 현무암   17.0m

② 암회색 감람석 현무암   5.0m

① 암회색 감람석 현무암, 상부로 가면서 기공상 현무암으로 변함   5.0m

유샹은 광평촌 서쪽에서 채취한 시료로부터 K-Ar 연대를 측정한 결과 0.131±0.064Ma를 얻었다. 그리고 홍기하 단면에서 채취한 시료를 중국사회과학원 열형광분광실에서 X선 열형광법으로 측정한 연대는 0.096±0.0007Ma이다.

유요신 등은 백두산 천지 화산체의 동쪽 기슭 흑석하, 동방림장 등지에서 K-Ar 연대가 0.18±0.02Ma, 0.19±0.05Ma를 나타내는 현무암층을 발견했는데, 이는 백두산기 제3분출단계 후에도 현무암의 분출이 있었음을 설명해 준다.

4. 기상참기 알칼리 유문암

기상참기 알칼리 유문암($\tau Q_3 q$)은 천문봉 북쪽 기상참 분화구에서 분출되어 북쪽 계곡을 따라 설상(舌狀) 혹은 사행상(蛇行狀)으로 길게 분포된다. 이는 길이 약 5.4㎞, 너비 0.5~0.8㎞를 가지며 1/3.5만 항공사진 해석에 의하여 5개 분출단계로 구분된다.

제1단계는 대부분 황갈색 조면암질 용결응회암으로 구성되고 상부가 파리반암상(vitrophyric)을 나타낸다. 이는 길이가 5.4㎞이고 두께가 약 20m이며 설상 혹은 사행상으로 해발 1,650m 위치까지 흘러내렸다.

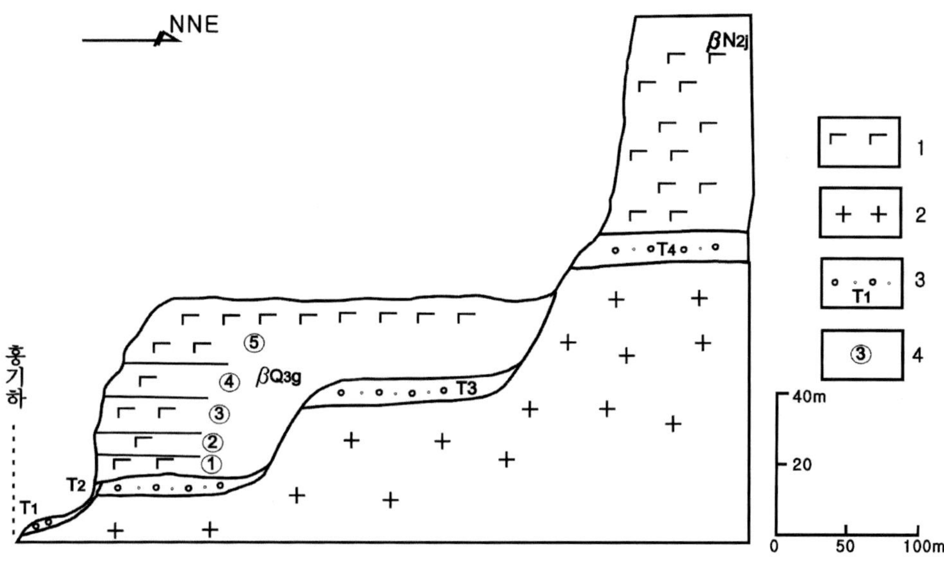

1. 현무암류, 2. 화강암류, 3. 사력층, 4. 층서번호

[그림 3-13] 화룡시 홍기하구에서 광평기 현무암의 단면도

제2단계는 녹회색 알칼리 유문암 및 함쇄설 흑요암으로 구성되며 유상구조가 발달되고 설상으로 제1단계 분출퇴적층에 중첩되어 있다. 이 암류는 해발 1,950m 위치까지 흘렀으며 두께가 80m 내외이고 길이가 3.5㎞로서 전위부(front)에서 60~70°의 급경사를 이룬다.

제3단계는 먼저 알칼리 유문암질 각력암을 분출하였고 후에 이지린 석영 알칼리장석 조면암, 알칼리 유문암 및 흑요암을 분출하였다. 이들은 길이가 2㎞이고 두께가 약 40m로서 사행상으로 분포되며 제2단계 암층을 덮고 있다. 전위부에서의 고도는 해발 2,150m 내외이다. 그리고 제4, 5단계는 연속적으로 분출된 알칼리 유문암과 용암상(lava-like)의 용결 응회암으로 구성된다.

천문봉-빙장공로의 단면에서 기상참기 암층의 암질과 층서는 아래와 같다([그림 3-9]).

㉘ 녹회색 이지린 석영 알칼리장석 조면암   두께 5.9m

㉗ 녹회색 이지린 알칼리 유문암 및 흑요암 협층   10.9m

㉖ 녹회색 이지린 알칼리 유문암과 이지린 석영 조면암 호층   31.7m

㉕ 녹회색 다공상 이지린 석영 조면암 및 흑요암   27.9m

㉔ 녹회색 석영 알칼리장석 조면암 및 흑요암 협층   33.3m

㉓ 회색 부석층   0.5m

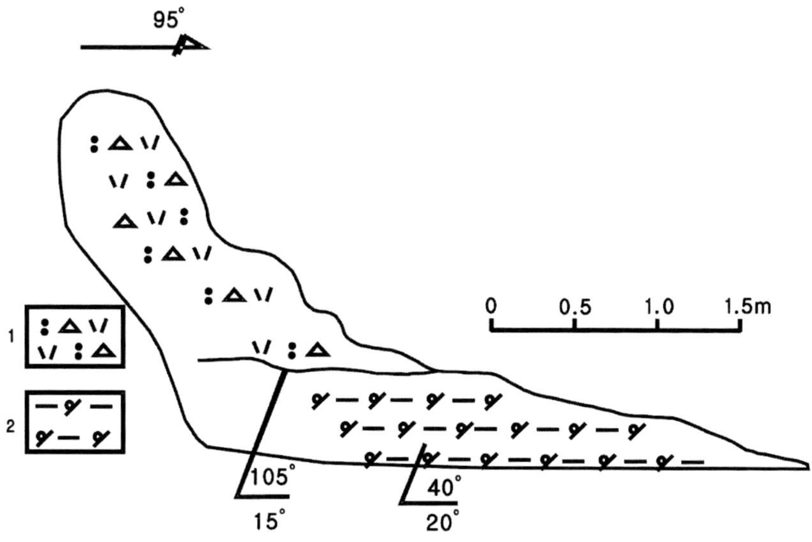

1. 알칼리 유문암질 라필리응회암 및 각력암, 2. 회색 부석층

[그림 3-14] 기상참 동쪽에서 기상참기 암층과 부석층의 관계도

최근에 ㉘~㉔ 암층은 대부분 용암상 용결응회암으로 보는 견해도 있다.

기상참 동쪽 절벽에서는 기상참기의 각력암, 라필리응회암층 밑에 회색 부석층이 깔려 있다[그림 3-14]. 이 부석층에는 전단절리가 발달되어 있으며 이 절리는 경사방향이 90°이고 경사각은 20° 내외이다. 유쟈치가 측정한 K-Ar 연대는 0.0804±0.0041Ma, 0.0876±0.15Ma이며 분출시대는 후기 플라이스토세에 속한다.

5. 빙장기 용결응회암과 화산회층

빙장기 용결응회암과 화산회층(τQ_4^1)은 천지 북쪽 빙장, 이도백하 상류, 백산교 등지에 하곡을 따라 기다란 설상으로 분포되어 있다. 항공사진으로 해석한 결과 길이가 13㎞이고 너비가 0.4~1.4㎞인 3개 줄기가 명확하게 나타난다.

이들은 대부분 조면암질 용결응회암이다. 백산교 하곡의 양호한 노두에서 암질은 암자색, 녹회색 두꺼운 용결응회암을 나타낸다. 피아메와 암편 함량은 30~40% 정도 차지하고 피아메와 기질 물질은 밀접하게 용접되었지만 길게 소성변형을 나타내지 않는다. 피아메 직경은 대체로 0.5~2㎝이며 5㎝에 달하는 것도 있다. 두께는 약 15m이며 흔히 다각형의 주상절리를 발달시킨다. 빙장공로 단면에서 노출된 층서는 하부층이 회갈색, 잡색 조면암질 용결각력암이고(두께 8m), 중부층이 화산회로 흑색 조면암질 용결 라필리응회암이며(두께 7m), 상부층이 암회색, 암자색 조면암질 용결응회암, 라필리응회암, 응회각력암이다(두께 8m). 많은 피아메는 소성변형으로 길게 신장되어 있다.

그리고 암자색, 암회색 부석 및 화산회층이 빙장기 용결 화쇄류암층 위에 직접 놓인다. 이는 천지 부근의 분화구에서 먼저 화쇄류가 분출되고 그 후에 잇따라 플리니언 분출물이 분비낙하 퇴적되었음을 지시한다. 홀로세 각 분출기의 플리니언 분출물의 분포를 표시하면 [그림 3-15]와 같다.

송해원 등(1990)이 백산교 부근에서 암갈색 화산회층의 4.5m 깊이로부터 시료를 채취하여 중국과학원 장춘지리연구소에서 연대를 측정한 결과 ^{14}C 연령이 7,854±180yBP으로 나왔고 황송포 남동쪽 6.5㎞ 지점에서 깊이 0.7~0.9m로부터 채취한 암자색 화산회를 측정한 결과 ^{14}C 연령이 7,822±210yBP으로 나왔다. 이 분출시대는 홀로세 전기에 속한다.

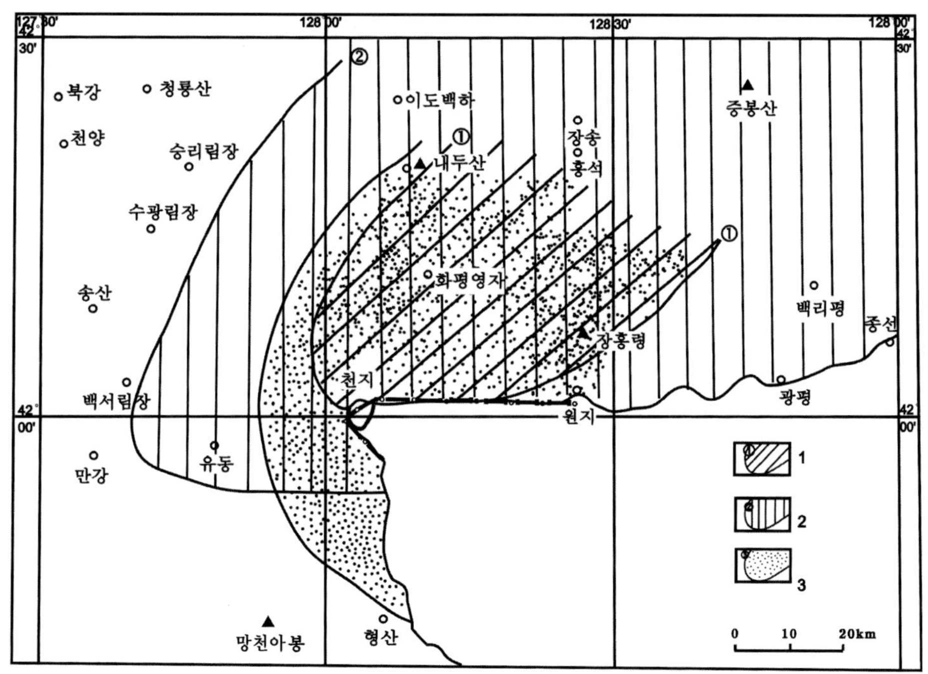

1. 빙장기 암회색 용결응회암, 부석 및 화산회층, 2. 백운봉기 부석 및 화산회층, 3. 팔괘모기 암회색 용결응회암, 부석 및 화산회층

[그림 3-15] 백두산 구역에서 홀로세 각 분출기 화성쇄설암의 분포도

6. 백운봉기 알칼리 유문암질 부석과 화산회층

백운봉기 알칼리 유문암질 부석과 화산회층(τQ_4^2)은 층서에 따라 상, 중, 하부로 나뉜다. 하부층은 비교적 세립질의 회백색 부석층이며 화평영자, 원지 등지에 분포되어 있다. 원지 서부 단면에는 1~5m 깊이의 회백색 부석층에 탄화목이 다량 존재한다. 이 탄화목은 ^{14}C 연령이 6,440±110yBP로 측정되었다. 화평영자 단면에서 회백색 부석 및 화산회층을 측정한 ^{14}C 연령은 5,100±100yBP로 나왔다.

중부층은 암자색 화산회층으로 구성되며 삼도백하진 부근에서 관찰된다. 두께가 약 1.5m로 매우 얇지만 층리가 뚜렷하게 발달된다. 이 층의 ^{14}C 연령은 3,450±200yBP로 측정된다.

상부층은 회색, 회백색, 담황색 부석 및 화산회층이며 보다 넓게 분포되어 있다. 천지 주변의 산봉우리에 퇴적된 두께는 보통 40~60m로 두껍지만, 그러나 내두산 등지에서 7m 내외로 얇아지고 원지, 광평, 송강 등지로 더 멀리 갈수록 0.1~0.2m로 더욱 더 얇아진다([그림 3-15]). 이 층에도 탄화목이 다량 산출되며 이의 ^{14}C 연령은 1,489~1,153yBP이다.

7. 팔괘모기 용결응회암과 화산회층

팔괘모기 용결응회암과 화산회층(τQ_4^3)은 층서에 따라 상, 하부로 구분된다. 또한 하부층은 분포 양상에 따라 두 가지 유형으로 나눌 수 있다. 한 유형은 천지 주변 혹은 하곡을 따라 두껍게 분포된 유형이고 두 번째 유형은 천지 주변의 산령에 카펫 모양으로 얇게 피복된 유형이다. 천지 주변에 환상으로 분포된 분출물 중에는 팔괘모 화성쇄설구가 대표적이고 하곡을 따라 분포된 유형 중에는 남구 화성쇄설구가 대표적이다. 팔괘모 화성쇄설구는 중심부 두께가 약 40m이며 밖으로 가면서 점차 얇아진다. 암질은 암회색, 암자색, 녹회색 조면암질 용결응회암 및 라필리응회암 등이다. 피아메와 기질 간의 용결은 강하지만 소성변형은 중간 정도이거나 약한 경향을 나타낸다. 암층은 대부분 용결라필리응회암으로 구성되고 간혹 용결응회암을 협재한다. 남구 화성쇄설구도 용결응회암, 라필리응회암, 각력암이 여러 차례 호층으로 쌓여 있다. 총 두께는 120m이며 그 층서는 아래와 같다([그림 3-16]).

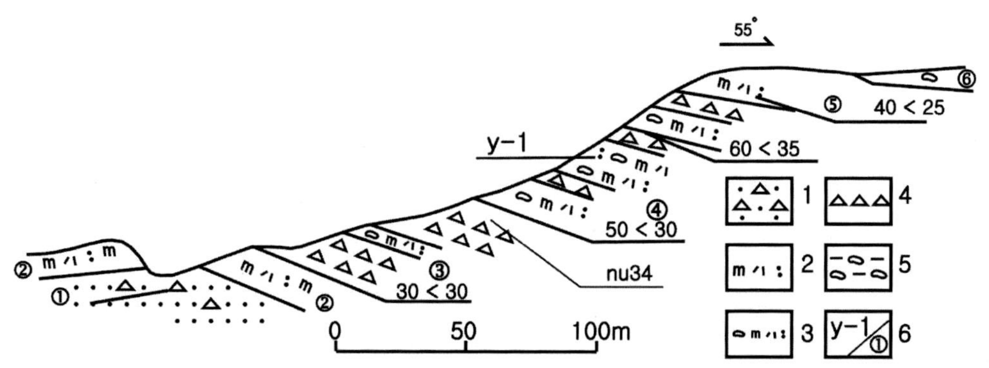

1. 암회색 함각력석 화산회층, 2. 황갈색, 암회색 용결응회암, 3. 암회색 조면암질 용결 라필리응회암 및 각력암, 4. 화산쇄설층, 5. 분화구 화산회 혼합층, 6. 시료번호와 층서번호

[그림 3-16] 백두산 팔괘모기 용결응회암의 단면도

⑥ 자홍색 잔류 아점토, 모래, 자갈과 화산회의 혼합층이다. 두께 2~10m

⑤ 암회색 조면암질 용결라필리응회암 20m

④ 황갈색 조면암질 쇄설층과 조면암질 용결라필리응회암 호층 70m

  얇은 암회색 용결라필리응회암과 각력암이 협재

③ 황갈색 화산쇄설층 40m

② 암회색 용결라필리응회암 및 응회암 12m

① 암회석 조면암질 부석 및 화산회층 >1.65m

③층에서 산출되는 황갈색 암편은 반으로 잘라 관찰하면 중심 부분이 녹회색 용결응회암이고 외각 부분이 산화대를 나타낸다. 이는 높은 온도의 용결응회암이 폭발할 때 공기 중의 냉각한 빗물과 접촉하면서 강한 산화작용으로 암편 주의에 생긴 산화대를 지시한다. 암편들은 암질이 석영조면암, 라타이트, 흑요암, 용결응회암, 부석 등으로 다양하며 소성 변형을 나타내지 않는다. 그 직경은 보통 3~20㎝로 심하게 변하며 30~60㎝ 되는 것도 있다. 백두산 화산체의 환상 산령에 피복되는 얇은 암층은 광범하게 분포하지만 두께가 비교적 일정하고 분화구 근처에서 20m 되는 곳도 있다. 암질은 주로 암회색, 녹회색 용결 라필리응회암 및 용결응회암으로 구성된다. 부석은 압축을 받아 불규칙하게 넓죽한 렌즈 상을 이룬다. 부분적으로 피아메는 길게 신장 변형되어 유상구조를 발달시킨다. 암편들은 층상으로 배열되고 그 크기는 장측이 5~20㎝로서 다양하며 큰 것은 40㎝에 달한다.

상부층은 암자색, 회갈색 부석 및 화산회층을 이루며 천지 남부를 중심하여 동쪽을 향해 광범위하게 분포한다. 화산회층은 대부분 조면암질 조성이며 불과 5% 내외가 현무암질 조성을 나타낸다. 이 층은 압록강 상류에서 두께가 50m 내외로 두껍지만, 천지 남서 유동검사참 부근에서 약 20m이고 천지 북쪽에서 1m 이하로 얇아진다. 그리고 천지 동쪽의 쌍목봉 부근에서 두께가 5~10m이지만 동쪽으로 더 멀리 가면 적봉 부근에서 1m 내외로 얇아진다. 이 시기의 화산회는 폭발강도가 매우 커서 멀리 날아갔던 것으로 보인다. 홍영국(1989)이 발표한 자료에 의하면 백두산 화산회는 동해를 지나 일본 북부까지 이동되었다. 일본 아오모리현 이북과 홋카이도 이시끼리 남부 지역에 낙하한 화산회의 ^{14}C 연령은 900~800yBP로 측정된 바 있다(홍영국, 1989). 조선과학원 지리연구소에서 측정한 ^{14}C 연령은 875~825yBP로 측정되었다.

팔괘모기 후에 백두산 구역은 분출활동이 상대적으로 평온한 휴지기에 들어섰다. 그러나 소규모 화산 분출활동은 부단하게 지속되었다.

제3절 분출시대 구분과 분출량

1920년대에 산성학사와 천기태랑 등이 이 지역에서 분출기를 나누기 시작한 이래 이미 13차례 이상 여러 방안이 제기되었다. 매번의 구분 방안은 새로운 분출기와 연대측정치를 제시하였다(<표 3-1>, <표 3-2>). 이 중에서 유쟈치와 유상 등이 제시한 방안이 비교적 합리적이며 측정한 연대치도 믿을 만하다. 이번 연구와 이전의 연구결과를 종합하여 아래와 같이 분출기에 대한 구분 방안을 제시한다.

1. 지역 구분과 분출시대 구분

전 구역을 조사 연구하면서 지역에 따라 화산 마그마의 진화규칙이 상이하다는 것을 발견하였다. 이 때문에 전 구역을 상이한 마그마 진화, 분출 유형과 구조환경 등을 근거로 하여 3개 지역과 한 개의 하곡대로 나누었다. 구역을 북동 방향에서 남서 방향으로 가면서 증봉산 지역, 백두산 천지 지역 및 망천아 지역으로 나누고, 하곡대는 압록강 상류-두

<표 3-1> **백두산 구역 신생대 화산암류의 분출시대 구분표**

<table>
<tr>
<th colspan="2">지 질 시 대</th>
<th>산성학사 카와사키 1927</th>
<th>소창면 1945</th>
<th>길림광역 지질조사대 1961-63</th>
<th>길림광역 지질조사대 1971-73</th>
<th>손근중 등 1980</th>
<th>유쟈치 1981</th>
<th>주지진판 공실 1983</th>
<th>유샹 등 1987</th>
<th>길림성 지질지 1988</th>
<th>장백산지 1989</th>
<th>허동만 등 1993</th>
<th>본문</th>
</tr>
<tr>
<td rowspan="2">후기 홀로세</td>
<td>2000 Y</td>
<td rowspan="5"></td>
<td rowspan="2">아용암</td>
<td rowspan="2">팔괘모조</td>
<td rowspan="5"></td>
<td>빙장기</td>
<td>백운봉기 상단</td>
<td rowspan="2">남구기 / 팔괘모기 / 백운봉기</td>
<td rowspan="5">백운봉기</td>
<td>사해기</td>
<td rowspan="2">사해기 / 팔괘모기 / 배운봉기</td>
<td>남구기</td>
<td>팔괘모기</td>
</tr>
<tr>
<td>4000 Y</td>
<td>백운봉기</td>
<td>백운봉기 하단</td>
<td rowspan="4">빙장기</td>
<td>기상참기</td>
<td>백운봉기</td>
</tr>
<tr>
<td rowspan="2">중기 홀로세</td>
<td>6000 Y</td>
<td rowspan="2">부암</td>
<td rowspan="3">빙장조</td>
<td rowspan="3"></td>
<td rowspan="3"></td>
<td rowspan="3"></td>
<td rowspan="2"></td>
<td>팔괘모기</td>
<td rowspan="2">빙장기</td>
</tr>
<tr>
<td>8000 Y</td>
<td>백운봉기</td>
</tr>
<tr>
<td>전기 홀로세</td>
<td>0.011 Ma</td>
<td>현무암</td>
<td>노호동기</td>
<td>노호동기</td>
<td>노호동기</td>
</tr>
<tr>
<td rowspan="2">후기 플라이 스토세</td>
<td>0.10 Ma</td>
<td rowspan="6">백두암</td>
<td rowspan="2">알칼리유문암</td>
<td rowspan="6">백두암조</td>
<td rowspan="2">광평조</td>
<td>백두산기 상단</td>
<td>백두산기 상단</td>
<td>백두산기 상단</td>
<td>기상참기</td>
<td rowspan="2">남평기</td>
<td>쌍목봉기</td>
<td rowspan="6">백두산기</td>
<td>기상참기</td>
</tr>
<tr>
<td>0.20 Ma</td>
<td rowspan="5">백두산기 하단</td>
<td>백두산기 하단 상부</td>
<td>백두산기 하단 상부</td>
<td>광평기</td>
<td rowspan="5">백두산기</td>
<td>광평기</td>
</tr>
<tr>
<td rowspan="4">중기 플라이 스토세</td>
<td>0.30 Ma</td>
<td rowspan="4">백두암</td>
<td rowspan="4">백두산조</td>
<td rowspan="3">백두산기 하단 중부</td>
<td rowspan="4">백두산기 하단 하부</td>
<td rowspan="4">백두산기</td>
<td rowspan="4">백두산기</td>
<td>백두산기 제4단계</td>
</tr>
<tr>
<td>0.40 Ma</td>
<td rowspan="2">백두산기 제3단계</td>
</tr>
<tr>
<td>0.50 Ma</td>
</tr>
<tr>
<td>0.70 Ma</td>
<td>백두산기 하단 하부</td>
<td>백두산기 제2단계</td>
</tr>
<tr>
<td rowspan="3">전기 플라이 스토세</td>
<td>1.00 Ma</td>
<td rowspan="3"></td>
<td rowspan="8">상 현무암</td>
<td rowspan="4">군함산조</td>
<td rowspan="4">군함산기</td>
<td rowspan="2">광평기</td>
<td rowspan="2">광평기</td>
<td rowspan="3">연강석탄촌기</td>
<td rowspan="3">군함산기</td>
<td rowspan="2">광평기</td>
<td rowspan="2">광평기</td>
<td rowspan="2">광평기</td>
<td rowspan="2">백두산기 제1단계</td>
</tr>
<tr>
<td>1.50 Ma</td>
</tr>
<tr>
<td>1.64 Ma</td>
<td rowspan="3">군함산기</td>
<td rowspan="3">군함산기</td>
<td rowspan="5">평정촌기</td>
<td rowspan="5">평정촌기</td>
<td rowspan="5">군함산기</td>
<td>백산기</td>
</tr>
<tr>
<td rowspan="3">플라이 오세</td>
<td>2.00 Ma</td>
<td rowspan="4">대지현무암</td>
<td>군함산기</td>
<td rowspan="8">선저산기</td>
<td rowspan="2">군함산기 두서기</td>
</tr>
<tr>
<td>4.00 Ma</td>
<td rowspan="7">장광재령조</td>
<td rowspan="7">내두산기</td>
<td>홍두산기</td>
</tr>
<tr>
<td>5.20 Ma</td>
<td rowspan="2">평정촌기</td>
<td rowspan="2">평정촌기</td>
<td>연강촌기</td>
<td>천양기</td>
</tr>
<tr>
<td rowspan="5">마이 오세</td>
<td>10.00 Ma</td>
<td>망천아기</td>
<td>망천아기</td>
</tr>
<tr>
<td>14.00 Ma</td>
<td rowspan="5"></td>
<td rowspan="2">내두산기</td>
<td rowspan="2">내두산기</td>
<td rowspan="3">장백기</td>
<td rowspan="2">내두산기</td>
<td rowspan="2">내두산기</td>
<td rowspan="4">내두산기</td>
<td rowspan="4">장백현무암 / 내두산현무암 / 증봉산현무암</td>
</tr>
<tr>
<td>16.00 Ma</td>
<td rowspan="3">하 현무암</td>
</tr>
<tr>
<td>18.00 Ma</td>
<td rowspan="2">증봉산기</td>
<td rowspan="2">증봉산기</td>
<td rowspan="2">증봉산기</td>
<td rowspan="2">증봉산기</td>
</tr>
<tr>
<td>23.30 Ma</td>
<td>증봉산기</td>
</tr>
<tr>
<td>올리 고세</td>
<td>29.30 Ma</td>
<td></td>
<td></td>
<td></td>
<td></td>
<td></td>
<td></td>
<td>마안산기</td>
<td>마안산기</td>
<td></td>
<td></td>
<td>마안산기</td>
</tr>
</table>

<표 3-2> 백두산 구역 신생대 화산암류의 동위원소 연대표

기	세	분출시대와 암석	채취 지점	채취자	연도	측정법	측정 연대	실험장소	신뢰도
제4기	홀로세	팔깨모기 화산회	조선 경내	조선과학원	1992	^{14}C법	820~870yBP	조선과학원 지리소	높음
		"	안도현 신탄굴			"	895±70yBP	중국과학원 고인류소	높음
		"	"			"	1,000±90yBP	"	참고
		백운봉기 상단 부석	안도현 내두촌	유쟈치	1981	"	1,050±70yBP	중국과학원 지질소	높음
		"	"	"	"	"	1,120±70yBP	"	"
		"	안도현 쌍목봉동	길림광역 지질대	1971	"	1,153±90yBP	중국과학원 귀화소	"
		"	안도현 삼도백하	고풍기		"	1,230±70yBP	중국과학원 고척주소	"
		"	무송현 송강하소산	조다창		"	1,410±80yBP	"	"
		"	안도현 화평영자	유샹	1987	"	1,489±70yBP	중국과학원 지질소	"
		백운봉기 중단 화산회	안도현 이도백하진	송해원	1990	"	3,450±200yBP	중국과학원 지리소	참고
		백운봉기 하단 부석	안도현 화평영자 남서쪽	"	"	"	5,100±210yBP	"	"
		"	안도현 고산빙장 북쪽	"	"	"	5,200±210yBP	"	"
		"	안도현 원지	"	"	"	6,440±110yBP	"	높음
		빙장기 화산회	안도현 황송포 남동쪽	"	"	"	7,822±210yBP	"	참고
		"	안도현 빙장 북쪽 65km	"	"	"	7,854±180yBP	"	"
	후기 플라이스토세	기상참기 알칼리 유문암	안도현 천지 기상참 동쪽	유쟈치	1981	왜장석 K-Ar법	0.0876±0.015Ma	중국과학원 지질소	참고
		"	"	"	"	"	0.0804±0.0041Ma	"	"
		광평기 현무암	화룡시 광평촌 서쪽	유샹	1987	전암 K-Ar법	0.131±0.064Ma	"	"
		"	화룡시 홍기하구	"	"	열광법	0.0965±0.007Ma	중국사회과학원	"
		백두산기 제4단계 조면암	안도현 천지 천문봉	유쟈치	1981	왜장석 K-Ar법	0.0978±0.0074Ma	중국과학원 지질소	높음
		"	"	"	"	"	0.101±0.0064Ma	"	"
		"	안도현 천지폭포	"	"	"	0.210±0.004Ma	"	"

<표 3-2> 백두산 구역 신생대 화산암류의 동위원소 연대표 (계속)

기	세	분출시대와 암석	채취 지점	채취자	연도	측정법	측정 연대	실험장소	신뢰도
제4기	후기 플라이스토세	〃	안도현 천지풍구	〃	〃	〃	0.219±0.002Ma	〃	〃
		〃		손건중	1979	〃	0.203±0.001Ma	지과원력학소	참고
		백두산기 제3단계 조면암	안도현 천지풍구 북쪽	유쟈치	1981	〃	0.2541±0.005Ma 0.2756±0.0038Ma	중과원지질소	높음
		〃	안도현 천지 천문봉	〃	〃	〃	0.281±0.045Ma	〃	〃
		〃	〃	〃	〃	〃	0.281±0.019Ma	〃	〃
	중기 플라이스토세	〃	안도현 천지풍구동	〃	〃	〃	0.329±0.014Ma	〃	〃
		〃	장백현 지남	송해원	1990	전암 K-Ar법	0.33±0.07Ma	〃	〃
		〃	안도현 천지폭포	유쟈치	1981	왜장석 K-Ar법	0.442±0.015Ma	〃	〃
		노호동 현무암	안도현 천지 소천지	송해원	1990	전암 K-Ar법	0.33±0.037Ma	〃	〃
		〃	〃	김백록	1992	〃	0.34±0.02Ma	〃	〃
		〃	무송현 송강하 소산	김백록	1992	전암 K-Ar법	0.32±0.01Ma	〃	높음
		백두산기 제2단계 조면암	안도현 천지폭포	유쟈치	1981	왜장석 K-Ar법	0.551±0.024Ma	〃	〃
		〃	안도현 온천호텔 동쪽	김백록	1992	〃	0.53±0.01Ma	〃	〃
		〃	안도현 천지폭포	유쟈치	1981	〃	0.611±0.015Ma	〃	〃
	전기 플라이스토세	쌍봉 현무암	안도현 소방자 소산	김백록	1992	전암 K-Ar법	1.17±0.16Ma	〃	〃
		〃	안도현 삼도백 하다리			〃	1.03Ma	〃	참고
		〃	무송현 금강하 만강진	송해원	1990	전암 K-Ar법	0.75±0.04Ma	〃	〃
		백두산기 제1단계 안산조면암	장백현 천지 남쪽 소백산	김백록	1992	왜장석 K-Ar법	1.00±0.03Ma	〃	높음
		〃	〃	〃	〃	전암 K-Ar법	1.49±0.03Ma	〃	〃
		백산기 현무암	무송현 노수하 다리	〃	〃	〃	1.43±0.05Ma	〃	〃
		〃	천지 남쪽 백산림장	〃	〃	〃	1.59±0.06Ma	〃	〃
		두만강 현무암	황룡시 광평촌 동쪽	유쟈치	1981	〃	1.54±0.16Ma	〃	〃

<표 3-2> 백두산 구역 신생대 화산암류의 동위원소 연대표 (계속)

기	세	분출시대와 암석	채취 지점	채취자	연도	측정법	측정 연대	실험장소	신뢰도
제4기	전기 플라이스토세	"	"	"	"	"	1.31±0.30Ma	"	"
		"	"	"	"	"	1.20±0.03Ma	"	"
		"	"	"	"	"	0.865±0.47Ma	"	참고
		"	"	"	"	"	1.46±0.065Ma	"	높음
		"	"	"	"	"	1.60±0.06Ma	"	높음
		"	"	"	"	"	0.982±0.052Ma	"	"
		영광탑 현무암	장백현 공원	손건중	1979	"	1.66Ma	지과원 력학소	"
신제3기	플라이오세	군함산기 현무암	화룡시 광평촌 동산			"	1.90±0.0034Ma	중국과학원 귀화소	참고
		"	화룡시 군함산	유쟈치	1981	"	2.77±0.03Ma	중국과학원 지질소	높음
		"	"	"	"	"	2.77±0.12Ma	"	"
		"	화룡시 남평	"	"	"	2.05±0.05Ma	"	"
		"	용정시 삼합촌 초평	"	"	"	1.53±1.43Ma	"	참고
		"	안도현 이도건 재공장	"	"	"	2.34±0.62Ma	"	높음
		"	용정시 백금 뒤산	"	"	"	2.41±0.04Ma	"	"
		"	장백현 십팔도구	"	"	"	2.24±0.23Ma	"	"
		"	안도현 화평영자	김백록	1992	"	2.06±0.05Ma	"	"
		"	무송현 서마안산			"	2.12Ma	"	참고
		두서기 알칼리 유문암	무송현 두서보 호참	김백록	1993	"	2.47±0.05Ma	"	높음
		평정촌 현무암	용정시 삼합촌 초평	유쟈치	1981	"	3.66±0.33Ma	"	"
		"	"	"	"	"	3.54±0.57Ma	"	"
		"	용정시 백금 뒤산	"	"	"	2.92±0.65Ma	"	"
		연강촌 현무암	장백현 연강 촌동	유샹	1987	"	3.75±0.85Ma	김림 자연소	높음
		천양기 현무암	무송현 착초 정자			"	4.50Ma	김림 야금소	참고
		"	"			"	4.00Ma	지과원 력학소	"
		"	장백현 마안산 광구 피복층			"	4.43Ma	김림 야금소	"

<표 3-2> 백두산 구역 신생대 화산암류의 동위원소 연대표 (계속)

기	세	분출시대와 암석	채취 지점	채취자	연도	측정법	측정 연대	실험장소	신뢰도
		〃	〃			〃	5.00Ma	〃	〃
신제3기	마이오세	홍두산기 알칼리 유문암	장백현 홍두산 정상부	유샹	1987	〃	3.11±0.053Ma	중국과학원 지질소	높음
		홍두산기 안산 조면암	장백현 홍두산 밑 도로변	〃	〃	〃	5.56±0.22Ma	길림 지연소	〃
		망천아기 현무암	장백현 십오도구 도로변	김백록	1993	〃	2.00±0.41Ma	중국과학원 지질소	재복사
		〃	무송현 착초정자 시추공 심도 100.26−104.73m	수문대	1960	〃	10.50Ma	지과원 력학소	참고
		〃	무송현 착초정자 시추공 심도 157.42−166.73m	〃	1960	〃	13.00Ma	〃	〃
		장백 현무암	장백현 십팔도구	유샹	1987	〃	16.405±1.49Ma	길림 지연소	높음
		내두산기 현무암	안도현 황송포	김백록	1992	〃	18.87±0.42Ma	중국과학원 지질소	〃
		〃	안도현 내두산	유쟈치	1981	〃	15.07±0.18Ma	〃	〃
		증봉산 현무암	화룡시 증봉산	〃	〃	〃	19.28±1.89Ma	〃	〃
		〃	〃	〃	〃	〃	20.38±0.36Ma	〃	〃
		〃	〃	〃	〃	〃	20.19±0.36Ma	〃	〃
		〃	〃	〃	〃	〃	20.58±1.23Ma	〃	〃
		마안산기 현무암	장백현 서마안산 광구1층	손건중	1978	〃	28.40Ma	길림 야금소	참고
		〃	장백현 서마안산 광구2층	〃	〃	〃	13.50Ma	〃	〃
		〃	장백현 서마안산 광구3층	김백록	1992	〃	10.39±0.33Ma	중국과학원 지질소	〃

만강 중·상류 하곡대(약해서 압두 하곡대로 말하기도 함)를 일컫는다. 각 분구의 마그마 진화와 분출 유형은 아래 장절에서 상세히 설명한다.

이번 조사연구와 동위원소 연대를 근거로 하여 천양기 현무암(5.00~4.00Ma), 두서기 조면안산암−알칼리 유문암(3.0~2.5Ma), 백산기 현무암(1.6~1.5Ma), 백두산기 제1분출단계(1.5~1.0Ma) 등의 새로운 분출기를 추가로 설정하였다. 또한 내두산기 현무암(18.8~15.0Ma), 빙장기의 ^{14}C 연령으로 7,854±180yBP, 7,822±110yBP, 백운봉기의 ^{14}C 연령으로 하부층이 6,440±110yBP, 5,100±210yBP, 중부층이 3,450±200yBP, 상부층이 1,489±1,153yBP, 팔괘모기의 ^{14}C 연령으로 820~870yBP(기원 1117~1167년) 등의 연대를 새롭게 확인하여 분출기 설정에 이용하였다.

각 분출기의 동위원소 연대치 및 시료채취 지점 등을 <표 3-2>에 나타냈다.

2. 주요 분출기의 분출량

길림성 지구물리탐사대는 장백현 내에서 전기측심 측량을 진행하여 1:50만 화산암 등 충후도를 작성하였다([그림 3-17]). 이 그림에서 각 분출기의 분포 면적과 단면에서 두께 등을 근거로 하여 각 분출기의 분출량을 계산하였다(<표 3-3>). 분출량은 모두 53,534억 톤을 초과하며 1,925㎢에 달한다. 각 분출기의 분출량을 비교하여 보면 가장 많이 분출된 시기는 플라이오세 군함산기의 현무암 27,945억 톤이고 다음으로 많이 분출된 시기는 마이오세 내두산기 장백 현무암이 18,904억 톤에 달한다. 각 분출기의 분출량 직방(直方) 그 합을 살펴보면 백두산 구역이 화산활동 초기 마안산기는 분출량이 162억 톤밖에 되지 않지만 내두산기 장백 현무암의 분출량은 18,904억 톤으로 급격히 증가된다. 망천아기에는 다소 감소되다가 천양기부터 다시 증가하기 시작하여 군함산기에 27,945억 톤에 달한다. 그리고 백산기부터 점차 감소되어 후기 플라이스토세에 현무암 분출량이 100억 톤도 되지 않는다. 조면안산암-조면암-알칼리 유문암은 마이오세 홍두산기에 겨우 86억 톤이 분출되던 것이 플라이오세 두서기에 294억 톤으로 증가되고 플라이스토세 백두산기에 1,424억 톤으로 급격히 증가된다. 이들에 의해 백두산 구역에서 두꺼운 화산체를 형성하였다. 그 중에 가장 두꺼운 지역은 백두산 천지 화산체와 망천아 화산체이며 전자는 두께가 1,300~1,500m이고 후자는 600~700m로 큰 규모로 형성되었다. 반면에 증봉산과 두서 화산체는 400~600m로 소규모로 형성되었다. 그리고 제4기 홀로세에 들어와서 폭발적인 화산활동이 최고조에 달하였으며 그 폭발 분출량이 180억 톤을 초과한다. 홀로세 중에서도 폭발 분출량이 가장 많은 시기는 백운봉기 1,489~1,050yBP이었다.

<표 3-3> 백두산 구역 분출시대별 주요 화산암층의 면적과 분출량

분출시대	마이오세(Ma)	플라이오세(Ma)	플라이스토세(Ma)	홀로세(yBP)	암석 유형	면적(km²) 길이	면적(km²) 너비	층후 최대	층후 최소	층후 평균	분출량(억 톤)	비고
중봉산	20.58~19.28				알칼리 현무암-감람석 쏠리아이트-포놀라이트	481		495	50	273	3,651	열극분출 포함
내두산	18.87~15.07				알칼리 감람석 현무암-쏠리아이트	790		400	50	225	4,941	열극분출 포함
장백	16.40				감람석 쏠리아이트-조면안산암	4,250		300	20	160	18,904	
망천아기	14.00~10.00				석영 쏠리아이트-조면안산암	1,080		330	30	180	5,404	
홍두산기	5.56~3.11				조면안산암-알칼리 유문암	19		300	20	170	86	
천양기		4.5~4.0			알칼리 감람석 현무암-쏠리아이트-현무암질 조면안산암	2,450		200	20	110	7,492	
두서기		2.47			조면안산암-알칼리 유문암	100		200	20	110	294	
군함산기		2.77~2.05			알칼리 감람석 현무암-쏠리아이트-석영 쏠리아이트	7,180		250	30	140	27,945	
백산기			1.59~1.43		쏠리아이트-알칼리 현무암	1,240		250	30	140	4,826	
백두산기 제1단계			1.49~1.00		조면안산암-조면암	120		300	20	160	512	
백두산기 제2단계			0.611~0.55		조면암-알칼리 조면암	112		300	20	160	478	
백두산기 제3단계			0.44~0.254		조면암-알칼리장석 조면암	64		400	20	210	358.8	
백두산기 제4단계			0.219~0.0978		알칼리장석 조면암-알칼리 유문암	24		214	20	117	74.9	
기상참기			0.0876~0.0804		알칼리 유문암 및 흑요암	1.25		260	20	190	6.3	
빙장기				7,854~7,822	조면암질 용결응회암 및 암회색 화산회	13 60	20 25			15 0.2	60	
백운봉기 하부층				6,440~5,100	회백색 부석	40 100	20 40			4 0.6	13.6	
백운봉기 중부층				3,450	암회색 화산회	50 60	10 20			0.5 0.05	1.55	
백운봉기 상부층				1,489~1,050	백색 부석 및 화산회	50 100	40 70			10 0.05	81.4	
팔괘모기				875~825	조면암질 용결응회암 및 암회색 화산회	6 20 150	4 15 70			10 0.5 0.05	30	

<표 3-3> 백두산 구역 분출시대별 주요 화산암층의 면적과 분출량 (계속)

분출시대		절 대 연 대				암석 유형	면 적 (km²)		층 후			분출량 (억 톤)	비고
		마이오세 (Ma)	플라이오세(Ma)	플라이스토세(Ma)	홀로세 (yBP)		길이	너비	최대	최소	평균		
열극분출유형	마안산기	28.4				석영 쏠리아이트	90	100	30	65		162	
	연강촌기		3.75			쏠리아이트	21	80	30	55		32	
	평정촌		3.66~2.5			쏠리아이트	114	300	50	175		554	
	군함산기		2.77~2.0			쏠리아이트	62	200	30	115		196	
	영광탑			1.66		알칼리 감람석 현무암, 석영 쏠리아이트	2	100	20	110		6	
	두만강			1.64~0.86		감람석 쏠리아이트, 석영 쏠리아이트	445	50	10	30		371	
	광평기			0.131		석영 쏠리아이트	50	59	10	34.5		47	

3. 최신 성과와 문제점

가. 최신 성과

(1) 1993년 조선과학기술 출판사에서 "백두산총서"를 발간하였다. 이 책에서 백두산화산대의 화산분출순서를 아래와 같이 10단계로 나누었다.

(가) 1단계 백암통 현무암: 전기 마이오세 규조토 광층을 포함하는 퇴적분지 내에 현무암이 3~4매의 얇은 층으로 협재되어 있다. 전 지층의 두께는 200m이고 현무암의 두께는 3~4층을 합하여 100m 내외이다. 현무암의 K-Ar 연대는 18.80Ma이고 고자기 연대는 22.11~10.10.Ma에 해당되며 중국 경내에서 마안산기 현무암층과 대비된다.

(나) 2단계 보천통 현무암: 백두산 화산체 기저부에 대지를 형성하는 현무암이며 600m 내외의 두께를 가진다. 고자기 연대가 2.43Ma, 2.50Ma, 1.44~1.58Ma에 해당되며 이는 중국 경내의 군함산기와 백산기 현무암층과 대비된다.

(다) 3단계 푸른봉층의 조면암질 용암: 포태산 지역에 넓게 분포되며 400m 내외의 두께를 가진다. K-Ar 연대는 2.0Ma이고 X선열형광법 연대는 1.98Ma이며 고자기 연대는 2.20Ma로서 중국 경내의 백두산기 제1단계 분출암층에 상응한다.

(라) 4단계 북설령층의 조면유문암과 응회암 호층: 보천분-삼지연, 북설령, 포태산 등지에 분포되며 300m의 두께를 가진다. K-Ar 연대는 1.85Ma이고 고자기 연대는 0.70Ma이

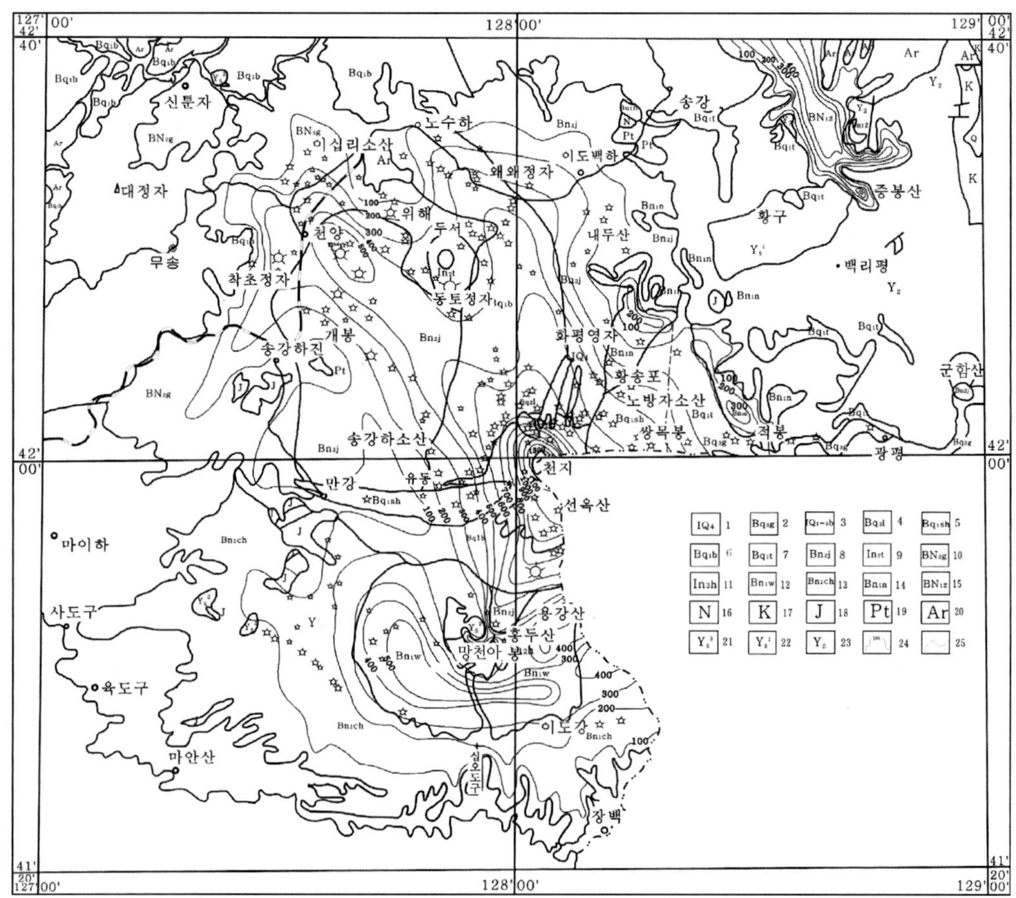

1. 빙장기 화쇄류, 2. 광평기 현무암, 3. 백두산기 조면암, 4. 노호동 현무암, 5. 쌍봉 현무암, 6. 백산기 현무암, 7. 두만강 현무암, 8. 군함산기 현무암, 9. 두서기 안산조면암, 10. 천양기 현무암, 11. 홍두산기 현무암, 12. 망천아기 현무암, 13. 장백 현무암, 14. 내두산기 현무암, 15. 증봉산 현무암, 16. 마이오세층, 17. 백악기층, 18. 쥬라기층, 19. 원생대층, 20. 시생대층, 21. 연산기 화강암, 22. 인도지나기 화강암, 23. 오대기 화강암, 24. 등층후선, 25. 지질경계선.

[그림 3-17] 백두산 구역 신생대 화산암류의 등층후도

며 X선열형광 연대는 0.80Ma로서 중국 경내에서 대비되는 암층이 발견되지 않는다.

(마) 5단계 북포태산층: 대부분 조면암 및 조면암질 응회암으로 구성되고 650m 내외의 두께를 갖는다. K-Ar 연대는 0.39Ma이고 X선열형광 연대는 0.56Ma이며 고자기 연대는 0.58Ma이다. 따라서 이 암층은 중국 경내에서 백두산기 제2, 3단계에 상응된다.

(바) 6단계 대평층 현무암: 삼지연, 보천군 대홍단 등지에 좁게 길게 분포되며 200m 내외의 두께를 가진다. X선열형광 연대가 0.80Ma으로서 중국 경내에서 쌍봉 현무암과 대비된다.

(사) 7단계 두무봉층의 현무암: 백두산 천지 화산체 남쪽에 50m 내외 두께로 분포되며 많은 분석구를 형성한다. X선열형광 연대는 0.17Ma이고 고자기 연대는 0.19Ma이며, 이는

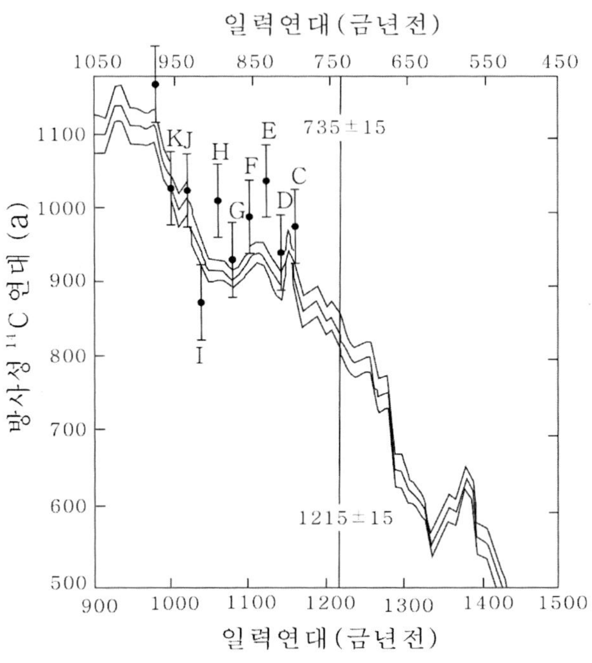

[그림 3-18] 탄화목 ^{14}C 연령과 고정밀도 나이테 교정곡선
융합도(유요신, 1998). C~L, 시료번호

중국 경내에서 흑석하 현무암과 비교된다.

(아) 8단계 향도봉 조면암질 유문암과 흑요암 호층: 백두산 천지 주변의 산령에 분포되어 있으며 150m 내외의 두께를 가진다. X선열형광 연대가 0.13Ma, 0.101Ma이고 고자기 연대가 0.15Ma이며, 이는 중국 경내에서 백두산기 제4단계에 해당된다.

(자) 9단계 장군봉층의 조면유문암 및 흑요암: 백두산 천지 주변의 장군봉, 해발봉, 단결봉 정부와 백두산 화산체 남쪽 사면에서 10m의 두께로 넓게 덮여 있다. X선열형광 연대는 0.08Ma, 0.057Ma이며 중국 경내의 기상참기에 해당된다.

(차) 10단계 천지층: 회백색 부석층, 암회색 응회암과 기타 화산쇄설암으로 구성되고 20~30m의 두께를 가지며 ^{14}C 연령이 820~870yBP를 나타낸다.

상술한 분출시대 중에서 특이할 만한 것은 조선 경내에서 푸른봉층 위에 덮여 있는 북설령층의 조면유문암 및 응회암(알칼리 유문암에 속함)의 발견인데 이는 백두산 천지 화산체를 연구함에 있어서 중요한 의미를 갖는다.

(2) 1998~2000년도 사이에 길림성 지질국 광역지질조사소는 중국지질과학원 지질연구소와 함께 1/5만 지질조사 과정 중 백두산기 제2단계와 제3단계 사이의 풍화층, 제3단계

와 제4단계 사이의 풍화층에서 회백색, 황색, 황금색 부석층을 발견하였으며 이 역시 백두산 화산체를 연구하는 데 있어서 매우 중요한 의미를 갖고 있다. 또한 천지 남서쪽 제운봉 정부에 피복되는 팔괘모기의 암회색 조면암질 응회암 및 부석층 위에서 1~2㎝의 얇은 현무암질 용암을 발견한 바 있다.

(3) 1998년 중국과학출판사에서 "장백산 천지화산의 근대 분출"이라는 책을 발간하였다. 이 책에서 홀로세의 분출 시기를 4,105yBP, 1,215±15AD, 1,668~1,702AD 등으로 3차례에 걸쳐 분출되었다는 것을 새롭게 제시하였다.

(가) 4,105yBP 분출: 천지 칼데라 북쪽에 있는 흑풍구 동쪽의 해발고도 2,200m에 분포하는 처진 각력암(lag breccia) 속에서 탄화목을 발견하였으며 이 탄화목의 ^{14}C연령을 측정한 결과 4,105±80yBP을 얻었다.

(나) 1,215±15AD 대폭발: 한대림에서 나무의 성장은 수십 년에서 수백 년 걸려야 비교적 쓸모 있는 목재가 되고 수많은 나이테를 갖는다. 백두산에서 흔하게 발견할 수 있는 탄화목은 한 통나무 중에서 부분적인 나이테를 가진다. 이런 국부적인 나이테를 갖는 탄화목으로부터 ^{14}C 연령을 측정하여 화산 분출 시기에 대한 정확한 연령을 얻는다는 것은 어렵다고 본다. 때문에 유요신 등은 천지 화산체 동쪽 원지 부근에서 비교적 완전한 탄화목을 찾아 중심에서부터 껍질까지에 걸쳐 각 나이테에 따라 20개 부분에서 채취한 시료를 조합하여 한 개 시료를 만들고, 같은 방법으로 10개 시료를 채집하여 중국사회과학원 고고학연구소에서 ^{14}C 연령을 측정하였는데 그 결과를 표 안산조면암에 나타냈다.

그리고 10개 측정한 연령은 Stuiver and Becker(1986)의 고정밀도 나이테 교정곡선에 투입하여 구체적인 분출 연대를 확정하였다([그림 3-18]). 껍질부의 연령은 735±15년으로서 환산하면 기원후 1,215±15년이 된다.

최종섭 등(2000)은 이조실록으로부터 백두산 천지화산이 기원 1,199~1,200년에 대폭발이 있었음을 해석하여 이 연도는 1,215±15AD 계산치와 거의 일치함을 입증하였다. 이조실록 "해동잡록" 상권 2 중에는 "1199년 6월 함경남도에서 사람들이 우물 색이 변하고 끓는 것을 보았다. 그리고 소 우는 소리처럼 요란한 소리를 내면서 십여 일 연속하였다. 같은 해 11월에 우레 같은 큰 소리가 있은 후 적흑색 부석, 암설, 화산회 및 화산가스 혼합물이 백두산 천지 분화구에서 분출되어 개성에 날려 와 하늘을 어둡게 하여 수 m 내의 사람도 분별할 수 없었다. 흑색 화산회는 우박재와 함께 지상에 낙하되었다. 1200년 봄까지 하늘은 어두컴컴하고 이틀 연속으로 화산회 빗물이 내렸다"와 같은 내용이 기록되어 있다.

이 실록에 의해 백두산 천지 화산의 대폭발을 1199~1200년으로 확정할 수 있다.

(다) 1,668~1,702 AD 폭발: 백두산 천지 화산폭발물은 분출 당시의 북서풍 영향을 크게 받기 때문에 대부분 조선 경내에 분포되어 있다. 때문에 "이조실록"에 화산 분출 기록이 여러 곳에 실려 있는 것이다. 최종섭 등이 제시한 1597년, 1668년, 1702년 분출 기록도 이 실록에서 찾은 것이다. 이 역사 실록을 해석하면 아래와 같다. 경성에서 일어난 현상과 부령에서 현상은 비슷하지만 경성에 발생된 현상을 부령현상보다 늦는데 이는 화산분출물이 서쪽에서 동쪽으로 날려 왔음을 설명한다. 재비(灰雨)가 낙하하고 기온이 높았으며 유황 혹은 H_2S 냄새가 너무 심하여 참을 수 없을 정도였다. 회백색 화산회의 두께가 3~5㎝ 이상에 달한다. 백두산 천지에서 140㎞ 떨어진 동쪽 경성에서 발생된 사실은 이 시기에 화산분출의 규모가 상당히 컸던 것을 설명한다. 이 때문에 1668~1702년 폭발은 중규모의 분출로 확인된다.

위에서 서술된 3차례 분출물의 퇴적순서는 [그림 3-19]의 단면도에서 알 수 있다. 백두산기 제4단계 조면암류 및 알칼리 유문암층 위에 4,105±yBP 회색, 황색, 황금색 부석층이 플리니언 분출에 의해 쌓이고 그 위에 움푹한 곳에 1,199~1,200AD(1,215±15AD)의 회백색 부석층이 쌓였으며 또 그 위에 1668~1702년 분출물로서 자홍색 용결 응회암 및 암회색 부석층이 덮였다.

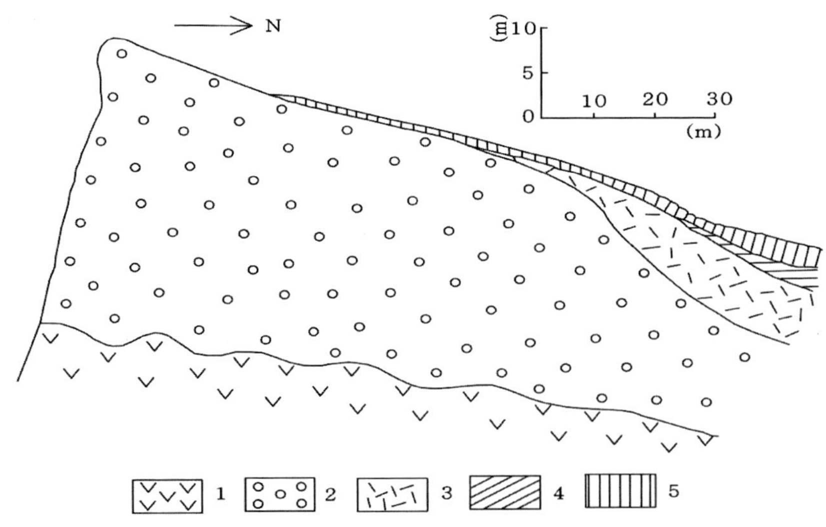

1. 조면암, 2. 황색 부석층, 3. 회백색 부석층, 4. 자홍색 용결응회암 및 각력암, 5. 암회색 부석층

[그림 3-19] 천문봉 동쪽에서 퇴적시기가 다른 부석층 단면도

나. 문제점

(1) 마안산층군은 규조토 광층을 포함한 사암과 셰일로 구성되며 식물화석과 규조화석이 다량으로 산출되기 때문에 지질시대를 마이오세로 확정할 수 있다. 슨잰중(1978)은 이 지층의 기저부와 중부에서 현무암 시료를 채취하여 측정한 K−Ar 연대 28.40Ma, 13.50Ma를 얻었다. 이 연구에서도 상부에서 현무암 시료를 채취하여 중국과학원 지질연구소로부터 K−Ar 연대 10.39±0.33Ma를 얻었다. 분지 위에 피복된 내두산기의 장백 현무암은 K−Ar 연대가 16.40±1.49Ma로 나왔고 증봉산 현무암의 K−Ar 연대가 19.91±0.2Ma로 나왔다. 이상 모든 자료를 종합하면 마안산기는 일시적으로 올리고세−전기 마이오세에 귀속시킬 수 있는데 앞으로 현무암에 대한 연대측정을 다시 시도할 필요가 있다.

(2) 망천아기의 시대 문제: 망천아기는 유샹 등(1989)이 현무암에 의해 그 시기를 설정하였다. 이들은 십오도구 상류 해발고도 1,600m 지점에 분포하는 조면안산암을 현무암으로 여기고 K−Ar 연대를 측정하여 현무암을 망천아기로 확정했었다. 이 연구에서 이 조면안산암층을 홍두산기에 귀속시키고 조면안산암층 밑의 풍화층 아래에 놓이는 현무암질 조면안산암을 망천아기에 귀속시켰다. 이 층에서 채취한 시료의 K−Ar 연대는 2.00±0.41Ma로 측정되는데 이는 실제와 맞지 않기 때문에 본 연구에 응용하지 않고 후에 다시 시료를 채취하여 연대를 측정할 필요가 있다.

(3) 천양기 현무암과 두서기 조면안산암−알칼리 유문암은 노출이 적기 때문에 분출시대를 설정하기에 증거가 부족한 편이다. 앞으로 더 좋은 단면을 선택하여 더 정확한 연대측정을 할 필요가 있다.

(4) 군함산기 현무암은 1971∼1973년 길림성 지질국 광역지질조사대에서 설정하였지만 현무암층의 단면 위치가 백두산 천지에서 80㎞이나 멀리 떨어져 있기 때문에 백두산 천지 화산암류의 진화 등을 연구함에 있어 신뢰성이 부족한 편이다. 앞으로 백두산 천지 부근에서 좋은 단면을 선택하여 더 믿을 수 있는 연구를 요구한다.

(5) 기상참기 시대 문제: 항공사진을 분석하면 백두산 천지 화산체 주위의 지표에는 두 줄기의 용암류 혹은 화쇄류가 사행으로 분포된 것이 뚜렷이 보인다. 하나는 천지 주변 천문봉 북쪽의 기상참 기생분화구에서 북쪽 방향으로 길게 흐른 암류이다. 다른 하나는 천지 남쪽의 장군봉과 단결봉 사이에서 남쪽을 향해 흐른 암류이다. 이 암류는 측정연대를 종합하면 0.08∼0.05Ma 범위이며 중국 측에서 기상참기라고 부르고 조선 측에서 장군봉

층이라 부른다. 유요신 등은 기상참층 밑에 있는 부석층을 천문봉의 황색, 회색 부석층 (4,105yBP)과 동일층이라 하였고 기상참층 위의 부석층을 1,215±15AD 분출물이라고 하였다.

(6) 홀로세 전기-중기 분출 시대 문제: 송해원 등이 측정한 ^{14}C 연령치 7,854±180yBP, 7,822±210yBP, 5,100±100yBP, 3,450±200yBP는 모두 화산회를 채취하여 측정한 것으로 정확성이 부족한 편이다. 때문에 백두산 천지 화산에서 후기 플라이스토세부터 홀로세 전기-중기 사이에 분출된 퇴적층과 그 연령치가 정확하게 해결된 것으로 볼 수 없다.

제4장
화산암상 분류와 특징

백두산 구역에서 화산암류는 다양한 암상으로 산출되며 학자에 따라 분류 방안도 서로 다르다.
본 장에서는 화산유형, 분출물의 운반 방식과 퇴적 환경 등에 의하여 폭발상, 분류상, 침출상,
관입상, 재이동상 등으로 나눈다.

제1절 폭발상

1. 분비강하상

분비강하상(air-fall phase)은 주로 플리니언 분출상에 의하여 화성쇄설물이 폭발 기체류에 의하여 공중으로 높이 올라갔다가 풍력운반과 중력작용에 의하여 낙하되어 퇴적된 유형이다. 백두산 구역에는 이 유형이 넓게 분포되어 있으며 주로 제4기 각 분출기마다 분화구 주위에 발달되어 있다. 대표적인 분비강하 퇴적상인 천지 칼데라 주위에 있는 빙장기, 백운봉기, 팔괘모기 등은 주로 플리니언 분출로 형성되었다.

빙장기 암회색 내지 담회색 부석과 화산회는 천지 부근의 분화구에서 폭발하여 북동방향으로 낙하되어 퇴적됨으로써 길이 약 50km, 너비 25~30km의 분포면적을 이루었다. 이는 분출 당시에 바람이 남서에서 북동으로 불었음을 설명한다. 천지 북쪽 및 빙장 초대소 부근에서의 노두는 암회색 부석 중에 녹회색 내지 암회색 조면암질 암괴(block)를 포함하고 있다. 이들의 입경은 20~30cm이고 큰 것은 1~2m이다. 북쪽의 백산교 부근에는 대부분 암적색 화산회로 구성되며 10m 내외의 두께를 가진다. 이곳에서 화산회는 입경이 대부분 1mm 내외이며 0.5~0.1mm로 작은 것도 포함된다.

백운봉기에는 폭발 강도가 비교적 컸기 때문에 폭발물의 낙하테프라층의 두께는 50~60m이다. 하부는 회색, 녹회색 부석이고 상부는 연황색 부석이며 직경은 보통 5~10cm이고 부분적으로 20~30cm이다. 두꺼운 부석층에는 회색, 녹회색 조면암질 라필리 혹은 암괴가 포함되며 소량의 현무암질, 사장화강암질 등의 라필리 혹은 암괴도 포함되어 있다. 이들의 입경은 보통 30~50cm이고 2~3m 되는 것도 있으며, 전체적으로 대부분 정점이적 입도 변화를 나타낸다. 즉 하부층에서 조립질이고 상부층으로 가면서 세립질로 점점 변화된다. 천지 화산체에서 밖으로 약 20km 되는 유동 북쪽과 화평영자 등지에서도 4~10m 두께의 백색, 회백색 부석층이 관찰된다. 부석의 입경은 대부분 1~3cm이고 5cm 되는 것도 있으며 암질은 단일종으로 주로 조면암이고 기타 암질의 쇄설물을 포함하지 않거나 매우 적은 편이다. 이보다 밖으로 더 멀리 떨어진 약 40km 되는 내두산, 원지 등지에서는 약 1~4m 두께의 부석층이 관찰된다. 이곳의 부석층은 입도가 현저히 낮아져 80% 이상이 0.5~1cm 정도로 감소한다. 훨씬 더 멀리 떨어진 광평, 황구 등지에서는 2mm 이하의 화산회만이

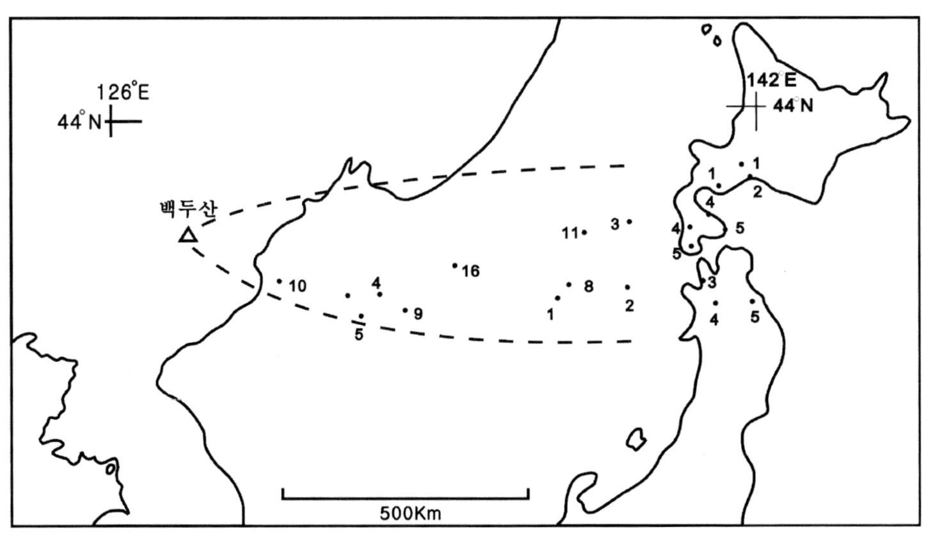

[그림 4-1] 백두산 천지 화산회의 분포위치와 층후도(町田 등, 1981, 1992)

발견된다.

팔괘모기 분화구는 천지 남쪽에 위치하는데 이곳에서 나온 포출물은 동쪽 지역으로 넓게 낙하 퇴적되었다. 분출물은 암회색 내지 암적색 부석 및 화산회로 구성된다. 이 층은 주로 천지 남쪽의 조선 경내에 분포되며 이곳에서 약 50m 두께를 가진다. 이 두께는 동쪽의 쌍목봉 지대로 가면서 급속히 얇아져 5~10m로 감소된다. 이 시기에 일어난 폭빌작용은 강도가 매우 컸기 때문에 분출물이 대기층 상부까지 올라가 강한 편서풍을 타고 화산회의 일부가 일본 북부까지 날려가 낙하 퇴적되었으며 그 두께가 1~5cm를 이루었다([그림 4-1]).

2. 탄도강하상

탄도강하상(ballistic fall phase)은 화성쇄설물이 폭발 기류에 의하여 공중으로 올라간 후 중력에 의해 큰 입도의 라필리 혹은 화산탄 및 암괴가 빠르게 포물선 궤도로 낙하하여 분화구 부근에 쌓인 스코리아층을 말하며 주로 분석구를 형성한다. 이 퇴적상은 이 구역에 광범하게 분포되며 각 분출기마다 거의 대부분 발견되고 있다. 예를 들면 내두산기의 증봉산 현무암층의 기저부, 장백 현무암층의 기저부와 상부, 내두산 현무암층의 기저부와 상부, 망천아기 현무암의 상부, 천양기 현무암층의 기저부와 상부, 군함산기 현무암층의 기저부와 상부, 백산기의 기저부 및 상부, 백두산기 조면암질 화성쇄설암과 용암의 호층

내의 퇴적상은 거의 이 탄도강하상에 속한다. 전체적으로 각 분출기의 시작과 말기에는 이런 폭발상이 발달되어 있다. 이들의 공통적인 특성은 다음과 같은 특징을 가진다.

  (1) 스코리아와 부석 라필리 혹은 화산탄들은 분화구 주위에 집중적으로 일어나 분석구 혹은 부석구를 형성한다.

  (2) 라필리 혹은 화산탄은 크기가 현저히 다르고 형태도 차이가 크며 혼합되어 존재한다.

  (3) 분급도가 불량하고 층리가 없거나 혹은 희미하며 단일층의 두께가 두껍다.

  (4) 서로 다른 유형의 화성쇄설층이 호층으로 퇴적되고 대부분 분화구의 중앙으로 경사되거나 밖으로 경사된다. 이들의 경사각은 보통 $20°\sim35°$이다.

  (5) 이 강하상에 의해 형성된 분포면적은 작고 종횡비가 큰 분석구를 이룬다. 이 분석구는 작은 스트롬볼리언 분출 양식에 의해 형성되었다.

이 강하상은 암석 유형 및 분출 부위의 차이에 따라 현무암층 기저부의 탄도강하상과 현무암대지 탄도강하상 및 알칼리 조면암의 주기성 탄도강하상 등으로 나눌 수 있다. 중봉산 현무암층의 기저부에는 흑색, 황갈색 현무암질 각력암이 약 25m 두께로 놓인다. 암괴들은 직경이 $15\sim20$cm이며 그 사이에 중세립질 화산회가 채워져 고결되었다. 상천평에서 군함산기 현무암층의 기저부에는 18.5m 두께의 암회색 현무암질 각력암을 관찰할 수 있다. 암괴들은 직경이 $30\sim100$cm이고 큰 것은 2m에 달한다. 이 암괴들은 작은 현무암질 라필리와 화산회와 함께 교결되어 있다. 암괴들은 대부분 견고하고 치밀하며 다각형을 이룬다. 그리고 적지만 가끔 화산탄도 발견된다.

탄도강하로 쌓인 분석구는 장백, 망천아기, 천양기, 군함산기, 백산기 등의 현무암 대지 위의 여러 곳에 무리 지어 형성되어 있으며 이들의 공통점은 분출물이 주로 자홍색, 청록색, 흑갈색의 현무암질 스패터 및 스코리아 등으로 구성되며 화산탄도 많이 포함되어 있다. 화산탄은 대부분 타원상, 방추상 모양을 나타내지만 장경이 $10\sim30$cm이고 두께가 $5\sim20$cm 되는 소똥상, 빵피상도 포함된다. 이 쇄설층은 대부분 분화구 안쪽으로와 밖으로 경사된다. 이 분석구는 저부 직경이 $100\sim600$m로 분포 면적이 작은 편이며 주로 스트롬볼리언 분출로 형성되었고 간헐적으로 불카니언 분출 양식도 있었던 것으로 간주된다.

왜왜정자 분석구는 탄도강하상의 대표로 가장 적절하여 소개한다. 이 분석구는 저부 직경이 600m이고 높이가 약 70m이며 사면 경사도가 $30\sim35°$를 나타낸다. 암층은 분화구 중앙을 향해 방사상으로 $30\sim35°$로 경사진다([그림 4-2]). 그 층서는 현무암질 라필리응회암→각력암→암회색 현무암질 스코리아층→자홍색 스패터 및 화산탄층→자홍색 스패터 및 스

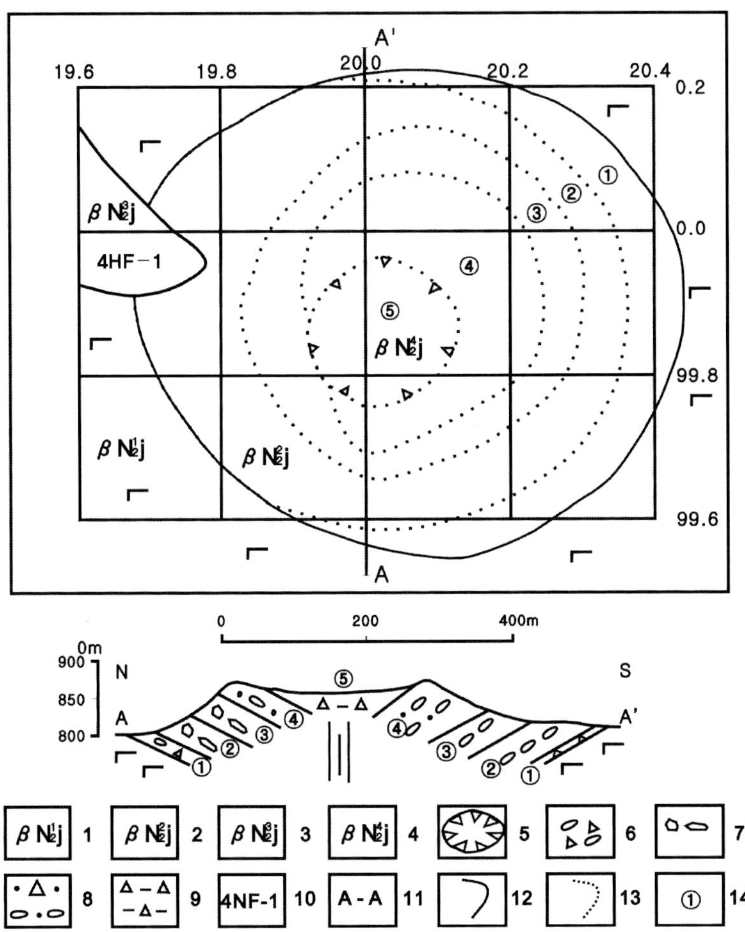

1. 군함산기 현무암, 2. 군함산기 각력암, 집괴암, 3. 군함산기 현무암, 4. 군함산기 분화구 점토층, 스패터 협재, 5. 분화구, 6. 현무암질 각력암 및 라필리응회암, 7. 스패터층, 8. 현무암질 스코리아층, 9. 점토층, 스패터 협재, 10. 시료번호, 11. 단면선, 12. 지질경계선, 13. 암상 경계선, 14. 층서번호

[그림 4-2] 백두산 왜왜정자 분석구의 평면도와 단면도

코리아층→현무암 용암→스코리아와 화산탄을 포함하는 점토층의 순으로 분출되었음을 나타낸다.

조면암류의 탄도강하상은 주로 두서기와 백두산기 조면암 중에서 관찰된다. 백두산기 알칼리 조면암에서 탄도강하상을 예로 들면 조면암질 라필리응회암, 각력암이 천지 주변에 분포되어 있다. 천지-천문봉 단면에는 6차례의 분출윤회가 관찰된다. 각 윤회마다 모두 각력암이 먼저 분출되고 후에 용암이 분류되었으며 그 폭발지수는 22.4이다. 천지-제운봉 단면에서는 라필리응회암과 각력암 두께가 용암 두께를 초과하여 폭발지수는 59.5

에 달한다. 그러나 층상 화산체의 주변에는 화성쇄설층이 적어져서 폭발지수가 5를 넘지 않는다. 이는 백두산기 알칼리 조면암질 마그마가 폭발된 후 그 화성쇄설물이 대부분 분화구 내로 낙하되었다. 분포직경은 3㎞ 이내이고 낙하된 화성쇄설물은 천지의 남서쪽 혹은 서쪽에서 더 두껍고 다량이며 입경도 20~40㎝로서 더 크다. 그러나 천지 북쪽에서 낙하된 화성쇄설물은 상대적으로 더 얇고 적으며 그 입경은 간혹 10㎝에 달하는 것도 있지만 대개 2~5㎝로서 작은 편이다.

3. 화성쇄설류상

화산이 강렬하게 폭발할 때 대량의 화성쇄설물이 높은 에너지의 기체를 이루어 지면에서 높지 않은 공중에서 붕괴되어 지면을 따라 사방으로 세차게 이동하면서 정치된 것을 화성쇄설류상(pyroclastic flow phase; 혹은 화쇄류상)이라고 부른다. 이 구역에서 퇴적 방식 및 유동 특성의 차이점에 의하여 회류상과 화쇄류상의 두 가지로 나눌 수 있다.

(1) 회류상: 주로 장백호텔 U자형 하곡과 백산교 하곡을 따라 긴 사행상으로 분포되어 있다. 이의 길이는 13㎞이고 너비는 0.4~1.4㎞이다. 두께는 측방으로 15~20m로 거의 일정하며 주상절리를 발달시킨다. 이 퇴적상은 주로 빙장기에 발생하였으며, 대부분 녹회색, 암자색 조면암질 용결응회암으로 구성된다. 입도는 0.5~2㎝로서 거의 균일하며 드물게 5㎝ 되는 것도 있다. 암편은 분화구 부근으로 갈수록 커지며 결국 각력암으로 전이된다. 암석 조직은 괴상이고 치밀하게 용결되어 있다. 비록 완배열상 용결 석리를 나타내지만 피아메가 길게 변형되어있지 않다.

(2) 화쇄류상: 홀로세 팔괘모기에 판상으로 분포되며 용결응회암, 용결라필리 응회암, 각력암 등으로 구성된다. 다음과 같은 주요 특징을 가진다.

① 천지 칼데라를 중심하여 외곽으로 광범하게 분포된다. 천지 주변의 환상 산령에는 암회색의 얇은 암피(sheet)를 이룬다. 이의 두께는 약 1~2m이며 분화구 근처에서 15~20m로 더 두꺼워진다.

② 부석은 심하게 압축되어 납작하게 변형되고 또한 측방으로 이동할 때 신장되어 길게 변형되어 있다([그림 4-3]). 암편은 매우 드물게 포함되며 그 직경이 5~20㎝ 범위이고 40㎝ 되는 것도 있다.

제2절 분천상과 분류상

1. 분천상

화산분출에서 분천상(fountain phase)은 화염분천(fire fountain)에 의해 분연주가 낮게 형성되면서 거의 액체 상태의 마그마 조각들이 뿜어 나와 분화구 근처에 집적되는 활동이며 분류상과 구별하기 힘들다. 이 분천상은 일반적으로 분류상보다 더 먼저 일어나고 연속적으로 분류상으로 변해 간다.

이 분천상은 집적 방식의 차이에 의하여 접착성 집적, 충진성 집적 등으로 나뉜다. 접착성 집적은 팔괘모기 등의 여러 분출기에 점성이 큰 알칼리 마그마가 맹렬한 폭발작용으로 뿜어져 나와 높은 점착성 때문에 주위의 분화구 벽 혹은 산령의 절벽에 들러붙었거나 혹은 먼저 집적된 알칼리 조면암과 임의 각도로 접착되는 유형이다. 백두산 천지 화산체 북쪽의 백암봉 부근에서 이런 현상을 관찰할 수 있다. 팔괘모기 용결응회암 혹은 용암은 흔히 그 밑바닥에 깔려 있는 부석 혹은 조면암과 접착되는 현상을 나타낸다.

요관성 집적은 화산이 폭발할 때 뿜어져 나온 마그마가 분화구를 떠나 주위 절벽 암석의 균열 혹은 단열 중에 채워져 점착되는 현상을 말한다. 백두산 천지 칼데라 주변의 절벽과 장백현의 장백 현무암층 기저부의 기반암 균열 중에서 이런 집적 현상을 관찰할 수 있다.

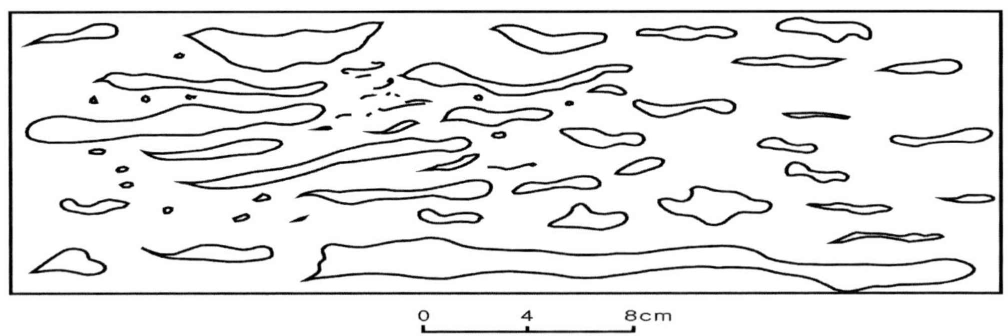

[그림 4-3] 백두산 천문봉 용결 라필리응회암의 용결 석리

2. 분류상

분류상(effusive phase)은 이동방식과 분포형태에 의하여 용암피, 용암류와 베개 용암 등으로 나눈다.

(1) 용암피(lava sheet): 이 구역에 아주 넓게 분포되어 있다. 현무암은 점도가 낮고(Inη = 3.45~9.11) 유동성이 크기 때문에 수 km 내지 수십 km 흘러가는 것이 보통이다. 이 구역에서 각 분출기의 현무암은 다음과 같은 특징을 나타낸다.

① 용암 두께가 상대적으로 일정하고 하나의 단일 흐름단위에 의한 단일층의 두께는 수 m 내지 수십 m이며 두터운 것은 135m에 달하는 것도 있다. 고마이오세 현무암은 흐름단위의 두께가 40~135m로 두껍고 주로 주상절리를 발달시킨다. 이 절리는 수직절리이고 그 밀도가 0.5~0.2개/m 정도를 나타낸다. 내두산 현무암은 흐름단위의 두께가 20~50m이며 주상절리가 수직으로 발달되고 1~0.5개/m의 절리 밀도를 나타낸다. 군함산기 현무암의 하부층은 흐름단위의 두께가 10~29m이고 육방절리를 발달시킨다. 이 절리는 경사진 것과 수직인 것이 있으며 2~4개/m의 절리 밀도를 가진다. 백산기 현무암은 흐름단위 두께가 2~10m이고 주상절리가 3~5개/m 밀도로 발달된다. 이 구역에서 각 분출기의 현무암 용암피는 대부분이 여러 차례 분류되어 중첩된 복식용암이다. 예를 들면 군함산기 현무암 용암피는 8회 이상의 흐름단위들로 이루어진 복식용암이다.

② 각 단일 용암은 한 차례의 흐름 단위로 구성되어 3개의 암질대로 나눌 수 있다. 즉 하부 기공대, 중부 치밀괴상대, 상부 기공대로 나뉜다. 고마이오세 현무암은 중부 치밀괴상대가 대부분이고 상·하부 기공대가 거의 발달되지 않는다. 플라이오세 현무암층은 상·하부 기공대가 발달되고 중부 괴상대가 좁은 편이다. 플라이스토세 현무암에서 한 흐름단위도 상·하부 기공대가 발달되지만 중부대가 좁아졌거나 거의 없어진다. 예를 들면 군함산기 단일 흐름단위의 현무암은 하부 기공대에서 기공 분포가 작고 기공 크기도 작다. 상부 기공대에서 기공 분포가 30~50%를 차지하며 기공 직경이 0.05~2cm이고 최고 4cm에 달한다. 이 기공대의 폭은 0.15~5m에 달한다. 두만강 현무암은 상부 기공대에서 폭이 2~6m이고 기공 분포가 40~60%를 차지하며 인접된 기공끼리 서로 연결된 것도 많다. 기공 직경은 0.5~2cm이고 큰 것은 5cm에 달하며 큰 기공은 타원체를 이루고 일정한 방향성을 나타낸다([그림 4-4]). 하부 기공대에는 기공관(vesicle pipe)으로 발달된 경우도 있으며 이 기공관은 길이가 0.4~1m이고 직경이 0.5~2cm이다. 중부 괴상대에는 주상절리를 발달시키

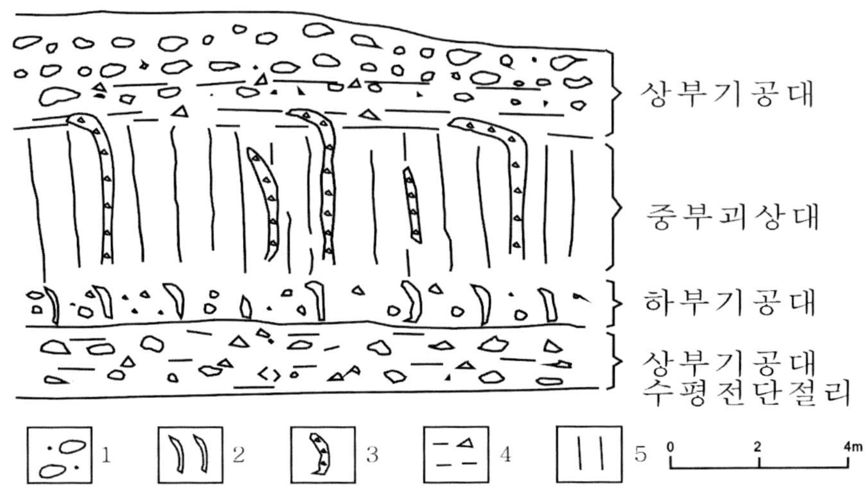

[그림 4-4] 삼도백하 두만강 현무암의 암질대를 나타내는 단면도.

고 배기관(gas escape pipe)을 형성하는 경우도 있다. 가스탈출관은 직경이 3~6㎝이고 길이가 1~5m 정도이다

[그림 4-4]는 삼도백하의 이도백하진 채석장에서 배기관과 기공관을 나타내는 두만강 현무암의 단면도이다. 상부 기공대에는 판상절리가 발달되며 그 상위에 다음 흐름단위가 덮일 때 판상절리를 따라 수평전단절리를 발달시키는 경우도 있다.

③ 단일 흐름단위의 전위부에는 급경사를 이루고 심하게 부서진 아아 현무암을 형성한다. 이 전위부는 높이가 10~20m이고, 멀리서 보면 마치 바다의 파도처럼 아주 웅장한 기세를 나타낸다.

④ 암질은 반정이 적고 대부분 은정질 혹은 유리질이다. 화구 부근에서 용암 중에 거정질 휘록암(diabase)이 맥상으로 관입되고 휘석 거정을 함유한다. 또한 어떤 화구 부근에는 눈꽃상의 회백색 미정 집합체가 광염상 혹은 줄기상으로 배열되는 경우도 있다. 마안산기 현무암과 광평기 현무암 중에는 사장석이 반정으로 발달되어 있다. 특히 마안산기 현무암 중에는 장경 0.5~1㎝의 사장석 반정이 판주상으로 함유되며 20~30% 정도의 함량을 나타낸다.

(2) 용암류(lava flow): 백두산 구역에는 주로 현무암질 용암류와 조면암질 용암류를 산출시킨다. 이들은 모두 화구로부터 한 방향 혹은 여러 방향으로 줄지어 분포한다. 현무암질 용암류는 백산기와 광평기 현무암류가 대표적이다. 이들의 길이는 30~55㎞이고 너비는

보통 2~3㎞ 범위이며 곳에 따라 5~8㎞로 넓은 곳도 있다. 이 용암류에서 단일 흐름단위
는 두께가 5~10m 정도이고 20m 되는 것도 있다. 각 흐름단위는 기공 밀집도에 따라 하
부, 중부, 상부의 세 암질대로 구분되고 주상절리를 조밀하게 발달시킨다. 이 절리는 밀도
가 보통 2~5개/m이고 6~8개/m 되는 곳도 있다.

　조면암질 용암류는 점도 Inη=13~17.66으로 크기 때문에 이동거리가 짧다. 이들은 백
두산 천지와 두서마안산 분화구를 중심으로 하여 밖으로 방사상으로 흘러서 성층화산을
형성한다. 단일 용암류는 두께가 20~40m 범위이고 흔히 앞부분에 계단상으로 절벽을 이
룬다. 이 용암류는 전위부가 뒤에서 흘러오는 용암이 미는 압축에 의하여 흔히 파쇄되어
있다. 기상참기 알칼리성 유문암은 기상참 분화구에서 북쪽을 향해 흘러 길게 사행상 분
포를 이루고 있으며, 길이가 5.4㎞이고 너비가 0.5~0.8㎞ 범위이다. 이동거리가 멀어질수
록 용암의 표면은 파편상의 아아 용암을 나타내는데 이는 분출 시보다 점도가 커졌다는
것과 먼 곳까지 흘렀다는 것을 반영한다. 또한 용암류는 유상엽리와 함께 유상습곡을 여
러 곳에서 발달시킨다[그림 4-5]. 유상엽리는 흑색 유리질대(흑요암)와 회록색 은정질
대가 호층으로 배열되어 있다. 흑색 유리질대의 너비는 보통 2~5㎝이고 회록색 은정질대
너비는 5~10㎝로 다소 두껍다.

　(3) 베개 용암(pillow lava): 베개 용암은 두만강 북안에서 평정촌 현무암의 하부에서 51.6m
두께로 관찰된다. 베개는 직경이 10㎝ 내외의 베개상 혹은 구상을 이루며 서로 긴밀하게 배
열된다. 이런 용암의 산출은 플라이오세 초엽에 평정촌 지대가 호수분지였음을 설명한다.

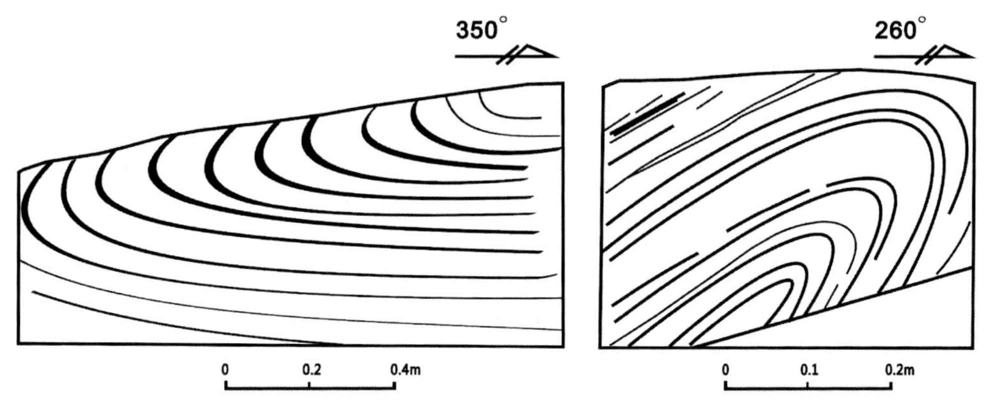

흑색, 유리질대, 백색, 은정질대

[그림 4-5] 기상참기 알칼리 유문암에서 관찰되는 유상습곡

백두산 구역에서 주요 분출기의 분출물들은 하부, 중부, 상부층의 3부분으로 나눌 수 있다. 하부층은 분화구를 중심하여 퇴적된 화성쇄설암이다. 주로 현무암질 각력암과 라필리응회암 등의 화성쇄설암으로 구성되며 쇄설물은 대부분 이질편이 많고 본질편이 적은 경향이다. 중부층은 용암피, 용암류 등으로 구성되며 용암대지를 이룬다. 상부층은 용암대지 위의 여러 곳에 분석구를 형성하며 스코리아, 스패터와 화산탄 등의 화성쇄설물로 구성된다. 이와 같이 3부분으로 구성되는 암층 조합은 일반적으로 함께 공존하는 규칙성을 보여 주기 때문에 '삼위일체 암상조합'이라는 새로운 사고를 제시한다.

제3절 침출상과 관입상

1. 침출상

침출상은 점도가 높은 산성 마그마가 분화구 혹은 부근 균열을 따라 천천히 올라와 형성되는 뾰족한 용암도옴(lava dome)의 소형 화산을 말한다.

홍두산 용암도옴은 망천아 칼데라 동쪽의 홍두산 정부에서 홍두산기 조면안산암층 위에 침출되어 원형으로 노출되어 있다. 이 용암도옴은 직경이 약 700m이고 높이가 70m 내외이다. 이 도옴은 내부로 마그마가 천천히 계속 상승하기 때문에 그 정부가 압축으로 팽창되면서 이미 냉각 응고한 외각부가 파쇄 낙하되어 그 주위에 환상으로 퇴적되어 있다. 이의 암질은 회색 알칼리 유문암이며 대부분 반상조직을 이루고 괴상구조를 나타낸다. 반정은 주로 왜장석(anorthoclase)으로 구성되고 애지린 휘석과 리베카이트 등을 소량 함유한다. 용암은 점도가 Inη=19.37에 달하며 이는 홍두산기에 조면안산암질 마그마로부터 진화된 산물인 것으로 보인다. 산정부에서 채취한 시료를 중국과학원 지질연구소에서 측정한 K−Ar 연대는 3.11±0.053Ma로서 침출된 시대가 플라이오세 중엽에 해당된다.

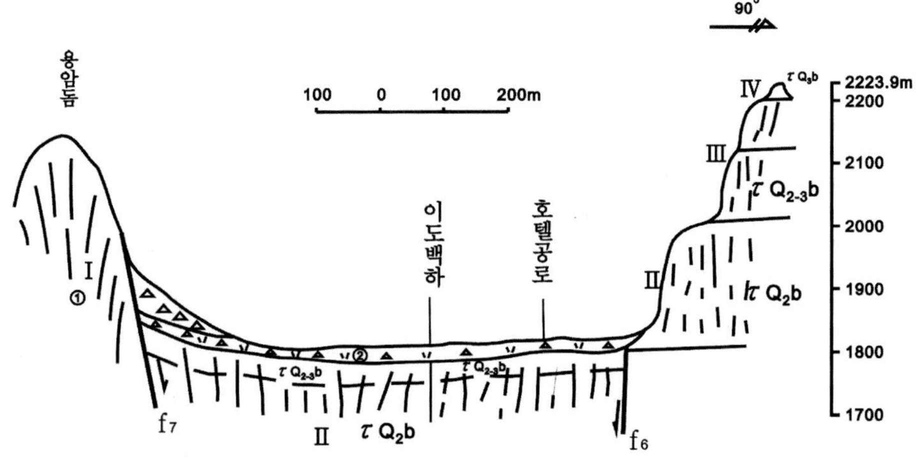

Ⅱ~Ⅳ. 백두산기 제2~4단계의 알칼리 조면암. ① 용암도옴. ② 빙장기 조면암질 용결화성쇄설암. f6, f7. 단층

[그림 4-6] 백두산 온천호텔 부근의 U자형 하곡의 단면도

백두산 천지 북쪽의 2142고지 용암도옴은 백두산기 제3단계에 침출된 알칼리장석 조면암으로 구성된다([그림 4-6]). 이 용암도옴은 대부분 회색을 띠고 치밀괴상을 나타내며 주상절리를 발달시킨다. 절리의 밀도는 3~5개/m이고 용암의 점도는 Inη=16.6이다. 항공사진에서 관찰하면 해발 2,100~2,400m 사이에는 작은 산령이 여러 곳에 나타나 있는데 이들은 대부분 용암도옴에 속한다. 최근 소식에 의하면 조선 경내에는 도옴(dome)과 암첨(spine) 같은 침출상이 여러 곳에서 발견된다고 한다.

2. 관입상

화산암류의 관입상(intrusive phase)은 백두산 천지 칼데라의 환상 단열대와 방사상 단열대의 교차 지점에서 암맥 혹은 암주상으로 관입되어 있다. 예를 들면 백암봉 하부 절벽에서 발견되는 알칼리 유문암맥, 백운봉 하부 절벽에서 관찰되는 알칼리 유문암맥과 백운봉 북쪽 절벽에서 관찰되는 라타이트 암주 등이다. 백암봉 하부 절벽의 알칼리 유문암맥은 경사방향이 170°이고 경사각이 76°를 이루며, 그 길이가 70여 m이고 너비가 6m이다. 이 암맥은 주변의 모암 접촉대에서 고열로 굽힌 양상을 나타냈다. 또한 암맥은 연변부에서 유상엽리를 발달시키고 왜장석 반정이 접촉면과 평행하게 배열되어 이 엽리를 뚜렷하게 한다. 또한 연변부에는 직경 5㎝ 내외의 기공이 발견되며 석기가 세립질로 변하여 접촉면에서 너비 2~5㎝ 사이의 냉각연을 형성한다. 이 암맥은 백두산기 제4단계 후기에서 기상참기 초기(10~9만 년 전) 사이에 환상 단열대를 따라 관입된 것으로 짐작된다. 백운봉 북쪽의 벼랑에 관입된 몬조나이트 암주는 역시 백두산기 제4단계 알칼리장석 조면암층에 관입되었다([그림 4-7]). 이 암주는 직경이 약 3m이고 그 연변부에 유상구조를 발달시키며 모암의 포획체도 함유하고 규화 현상도 관찰된다.

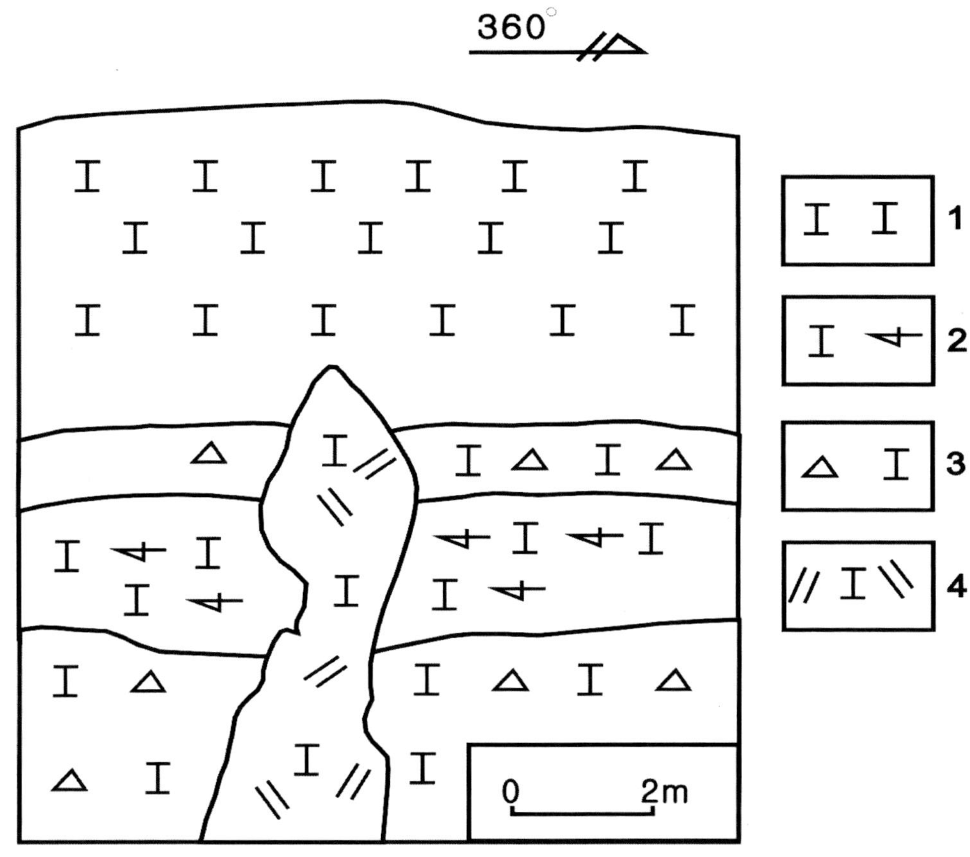

1. 알칼리장석 조면암, 2. 이지린 휘석 조면암, 3. 조면암질 라필리응회암, 4. 라타이트

[그림 4-7] 백운봉 복전 암벽에서 라타이트 암주의 단면도(장청량, 1991)

제4절 재이동상

1. 지표쇄설상

화성쇄설물은 지표에서 재이동되어 지표쇄설상(epiclastic phse)을 형성하는 경우도 있다. 이 지표쇄설상은 퇴적환경에 의하여 홍적상과 충적상 등의 유형으로 나눌 수 있다. 홍적상은 화산의 경사면에서 고결되지 못한 화산쇄설물이 불시에 내리는 소낙비에 의하여 산록 아래로 흘려내려 낮은 곳에 퇴적된 것이다. 이들은 백두산 화산체 남쪽의 중국－조선 국경지역의 하곡에 많이 분포되어 있다[그림 4-8]).

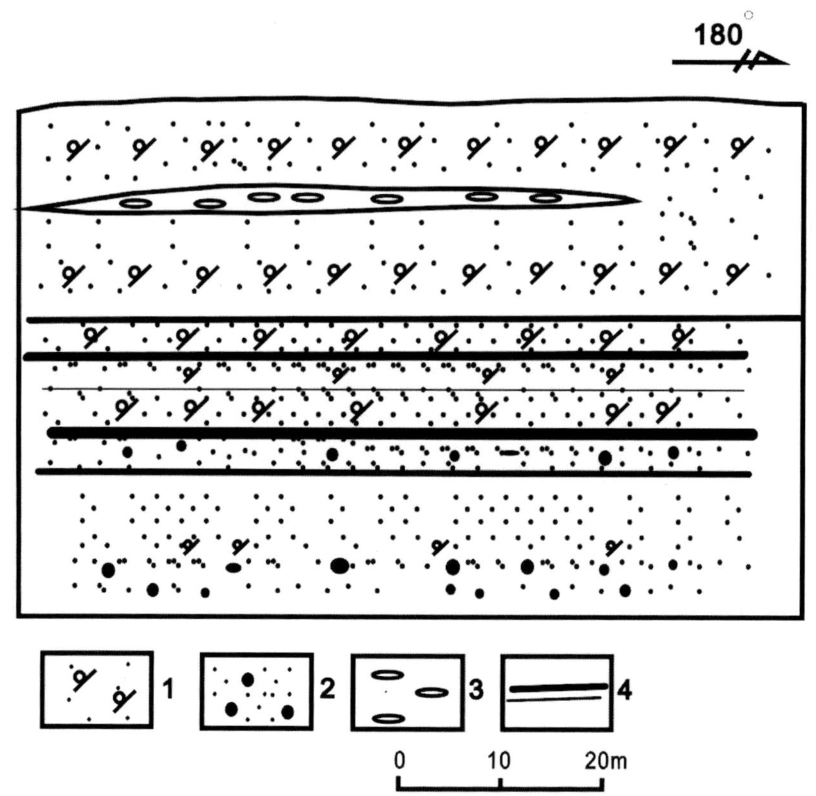

1. 회색 부석층, 2. 조면암질 암편, 3. 큰 부석편, 4. 아점토층

[그림 4-8] **천지 남쪽 국경지역에서 부석층과 홍적상의 단면도**

이들은 그 두께가 50~70m에 달하는 경우가 흔하다. 하부층은 조면암질의 라필리, 암괴 등으로 구성되고 아래에서 조립질이지만 위로 갈수록 점차 세립화되는 정점이 현상을 나타낸다. 중부층은 두께 5~10㎝의 아점토층으로 구성되며 수평으로 연속성이 좋은 편이다. 상부층은 대부분 회색 부석층으로 구성되며 불규칙하지만 역점이 현상을 나타내는 경우도 있다. 이 층은 후기 홀로세 팔괘모기에 분출된 암회색 쇄설물로 짐작된다.

충적상은 이 지역에 넓게 분포되어 있으며 천지 주변의 호빈 부석층 및 조면암질 사력층 등이 충적층에 속한다. 또한 쌍목봉, 원지 등지에 분포되어 있는 부석층도 이 유형에 속한다. 주요 특징은 수평 층리가 발달되고 역의 원마도가 양호하고 분급도 양호한 편이다.

2. 화산이류상

백두산 천지 화산체에서 발원된 주요 하곡에는 백두산 천지 주변에서 분출된 쇄설물이 재이동된 화산이류가 많이 퇴적되어 있다. 또한 송화강 상류의 이도백하, 삼도백하와 압록강 상류에도 넓게 분포되어 있다. 이도백하에서 이 화산이류는 너비가 5㎞ 된다. 화산이류는 송화강 상류에서부터 중류를 지나 길림시 부근까지 이동되어 퇴적되었다. 이도백하에서 형성된 화산이류는 1차와 2차 단구와 현무암 대지 위에 분포되어 있다. 그리고 백두산 천지 주변의 산령 밑바닥과 산록에도 큰 블록을 포함하는 소규모 화산이류가 삼각주 형태로 퇴적된 것을 볼 수 있다.

이도백하에서 화산이류는 하부층이 일차 단구와 하천수면 가까이에 퇴적된 것이고 상부층이 2차 단구에서 현무암 대지 위에 분포된 것이다. 하부층은 두께가 2m 이상이고 층리가 없이 괴상구조를 보이며 아래에서 위로 입도가 세립질에서 점점 조립질로 변하는 역점이 현상을 나타낸다. 그러나 하부층에서 역들은 방향성이 없이 불규칙하며 분급도 불량한 편이며 입경이 2㎜ 이상인 것이 75.9%를 차지하고 최대 25㎝까지 함유된다. 역의 암질은 현무암이 80% 이상으로 구성되고 조면암과 부석을 소량 포함한다.

상부층은 2차 단구에 퇴적되고 현무암 대지 위에 퇴적되어 있으며 30m 내외의 두께를 가진다. 이곳에서 입도는 더 세립질이고 분급도 좋은 편이다. 삼합수력발전소 부근 이차 단구에서의 화산이류는 군함산기 현무암 대지 위를 덮은 것이며 4.4m 내외의 두께를 가진다. 이들의 암질은 현무암, 조면암, 소량의 왜장석 결정립과, 유리편 등으로 매우 다양하다. 이 상부층은 층리가 없고 괴상구조를 나타내며 아래에서 위로 세립화되는 정점이 현상을 나타낸다.

3. 벼랑 사태상

백두산 천지 화산체에는 환상 산봉 절벽과 방사상 계곡 절벽 아래에 국부적으로 조립질 쇄설물이 퇴적되어 있다. 절벽은 일교차와 연교차에 의해 기계적 풍화를 쉽게 받아 균열이 발달되고 큰비와 해빙으로 인하여 파열된 암석이 자체의 중력에 의하여 절벽에서 떨어지고 미끄러져 절벽 아래에 퇴적된 것이다. 백두산에는 절벽이 발달되어 있기 때문에 이런 사태층을 흔히 볼 수 있다. 천지 북쪽에 있는 장백 U자형 계곡의 양쪽 절벽 밑에는 사태층이 발달되어 있다. 절벽의 어느 한 부분의 암괴가 일시적인 사태로 퇴적된 것도 있지만 절벽으로부터 쇄설물이 하나씩 떨어져 낙하하여 퇴적된 경우도 흔하다.

4. 빙하상

이 구역은 동북아 대륙 주변부에서 지세가 가장 높은 산지를 이룬다. 그래서 이곳에는 플라이오세 초기부터 빙하기와 간빙기가 초래되어 여러 차례의 빙하퇴적층을 형성하였다. 이 빙하퇴적층은 간빙기 퇴적층과 호층으로 나타난다. 주요 빙하퇴적층 및 간빙기 퇴적층의 순서를 소개하면 아래와 같다.

사등방 빙적층 및 사력층, 요령 빙적층 및 사력층, 부로커 빙적층 및 점토층, 깐구자 빙적층 및 점토층, 이도강 빙적층 및 사력층, 백두산 빙적물 등이다. 이들의 공통적인 특징은 습열화 정도가 강하며 대부분 철질물로 교결되어 있기 때문에 빙적층의 교결도가 높은 편이다. 이들은 홍갈색을 띠고 역들이 각상을 이루며 원마도가 불량하고 분급도 불량하다. 그러나 간빙기 사력층은 원마도와 분급이 양호하며 층리도 뚜렷한 편이다.

빙적층은 망천아 칼데라 주위와 압록강 상류 지역에 비교적 많이 분포되어 있지만 백두산 화산체 북부와 두만강 상류에서는 아직도 빙적층이 발견되지 않는다.

제5절 최신 성과와 과제

1. 최신 성과

유요신, 위해천 등은 백두산 천지화산의 화쇄류의 암상에 대하여 많은 연구를 수행하여 처음으로 분연주(eruption column) 붕괴에 의하여 형성된 화쇄류의 암상을 새롭게 탐구하였다. 분연주의 기본개념과 화쇄류에 의해 발생하는 암상을 간략하게 소개한다.

가. 분연주 기본개념

마그마챔버가 지각 상부로 상승할 때 휘발성 성분을 풍부히 포함한 마그마는 주위 모암 압력이 낮아짐에 따라 자체 내에 용존된 휘발성 성분이 기포로 용리되어 방출된다. 기체가 용리되어 분리되는 면은 용리면(exsolution level)이라고 부른다. 마그마챔버는 계속 상승하여 주위 암석의 압력이 급격히 저하되어 기체 압력이 상대적으로 커질 때 마그마는 기포가 발생되고 쇄설화되면서 폭발하게 된다. 여기서 화성쇄설물과 대기는 일시에 혼합되어 보다 큰 동력으로 분화구에서 폭발하게 된다. 화성쇄설물과 대기가 합치는 면을 쇄설화면이라고 부른다. 이때 마그마는 액체와 고체 혼합상으로 대기 속으로 분산된다. 용리면 심도 De에서 마그마 중 물의 용해도 nd는 마그마 중 물의 질량분수 n'와 같다.

$$\delta cr \cdot g \cdot De = (n'/B)^2 - Ps$$

δcr: 지각암석밀도, Ps: 지표압력, B: 계수, g: 중력가속도

마그마의 쇄설화면 심도에 관한 공식은 다음과 같다.

$$n' = B\sqrt{PF} + \frac{[x/(1-x)] \cdot PF/RT}{\delta r + [x/(1-x)] \cdot PF/RT}$$

PF: 쇄설화면의 압력, R: 기체상수, T: 마그마 온도
x: 마그마 속에 기체가 점한 체적분수(최대치는 77vol% 내외)

마그마챔버에서 지표까지 올라오면서 모아진 응력은 거대한 동력으로 전환되어 분화구 위에 큰 규모의 분연주를 이룬다. 플리니언 분연주는 동력학적 상태에 의하여 3부분으로 나뉜다. 즉 기저부 기층부(gas thrust part), 중부 대류운부(convection plume part), 상부 우산운부(umbrella plume part)의 3부분이다. 기층부는 고도가 분연주의 1/10로 낮지만 폭발물이 폭발 상승하는 운동은 폭발이 시작할 때의 동력량에 관계된다. 동력량이 크면 클수록 기층부 및 분연주 고도도 높게 된다. 지면에서 초기의 기층부 속도는 소리 속도를 훨씬 능가한다. 대류운부의 고도는 분연주 고도의 대부분을 차지한다. 분출물이 상승하는 동력은 수직방향의 부력효과로 폭발물이 대류운부의 최고높이까지 올라갔다. 이 고도 위에서는 주위 대기의 밀도가 분연주 총밀도보다 작기 때문에 반대방향의 부력효과로 인해 폭발물을 낙하하게 한다. 그러나 대류운부의 높이에서는 남은 동력량과 폭발물 관성 등에 의하여 폭발물이 계속 상승한다. 이런 연합작용하에서 분연주는 수평으로 확장하면서 우산운(umbrella cloud) 확산부분을 이룬다. 플리니언 낙하 퇴적물은 대부분이 확산 부분을 거쳐 지상으로 낙하하여 퇴적된 것이다.

그리고 분연주 높이는 폭발열 유동량과도 관계된다.

$$H_T = 5.773(1+n)^{-3/8}[\delta \cdot Q \cdot S(\theta e - \theta ao)]^{1/4}$$

Q: 마그마 체적방출률, S: 마그마 열용량, θe: 마그마초기 온도, δ: 마그마 밀도,
θao: 해수준면 대기온도, n: 절대온도의 수직 증온율과 환경 체감률의 비

분연주 상부 확산부의 우산운에서는 플리니언 낙하작용이 발생되고, 분연주의 일부가 화도의 확장 및 동력량 등의 여러 영향을 받아 부분적 붕괴(partial collapse)에 의하여 화성쇄설류(pyroclastic flow)를 형성한다. 이동상태에 있는 화성쇄설류는 머리부(head), 몸통부(body) 및 꼬리부(tail) 3부분으로 나뉜다. 머리부는 유체화(fluidization) 정도가 가장 강하고 아래층을 심하게 삭박한다. 이 화성쇄설류는 고속도로 흘러가기 때문에 앞에 부딪치는 장애물을 파괴시킨다. 그리고 머리부는 앞부분에 파열된 틈 사이로 들어간 공기가 불시에 높은 온도로 가열되어 급속히 팽창되면서 와류(turbulence)를 일으킨다. 이 때문에 머리부 쇄설물은 세립결핍(fines depleted)이 발생되어 보다 무거운 암설 위주로 농집되는 지면써지층(ground surge deposit)을 이룬다. 이는 화성쇄설류에 의해 형성되는 층 가운데 하부층(layer 1)에 속한다. 그리고 이 지면써지층 위에 잇따라 화성쇄설류의 몸통부 및 꼬리부가

덮쳐서 중부층(layer 2)을 형성한다. 일반적으로 하부층은 암편 및 결정립 농집대이고 상부층은 부석 농집대이다. 이동하는 화성쇄설류는 밀도가 낮은 세립의 파리질 화산회(vitric ash)를 위쪽으로 계속 부단히 방출하여 공중으로 회운(ash cloud)을 이루고 결국 이들이 측방 이동에 의해 회운써지층(ash-cloud surge deposit)을 형성하고 공중에서 천천히 낙하되어 회운강하층(ash-cloud fall deposit)을 형성한다. 이 층은 화성쇄설류층의 상부층(layer 3a, b)에 속한다.

나. 백두산 천지 화산에서 화쇄류암층의 특징

화쇄류암(ignimbrite)은 분연주가 부분적 붕괴하여 분화구로부터 사방으로 혹은 한 방향으로 흘러 정치된 화성쇄설암을 가리켜 말한다. 화쇄류암은 용결작용이 심하지만 그렇지 않은 부분도 있다. 때문에 화쇄류암은 성인을 나타내는 용어로서 특징적인 화성쇄설물의 집합적인 술어로 쓰인다.

백두산 천지 화산에서 홀로세의 화쇄류암은 아래와 같이 분포, 이동거리와 암상의 특징을 살펴본다.

(1) 분포상의 특징

(가) 천지 칼데라를 중심하여 주변에서 화쇄류암은 분포상 평면으로 넓게 분포된 암피상 화쇄류암(sheet-like ignimbrite)과 하곡에 길게 분포하는 줄기상 화쇄류암으로 나누어 볼 수 있다. 암피상 화쇄류암은 주로 연황색, 회백색을 띠고 용결되지 않아 비교적 숭숭하다. 화쇄류암에서 부석은 30% 이상을 차지하며 단면에서 역점이 양상을 나타내고 단위층의 하부에 부석 농집대가 관찰된다. 화쇄류암은 두께가 5m 내외이고 최대 10m 이상인 곳도 있으며 용결되지 않고 열냉각 절리도 보기 힘들다. 이 화쇄류암은 기반암과 접촉하는 기저부에는 30㎝ 폭의 갈색 배기대를 볼 수 있다. 분화구 내부 및 산령 정부에 분포되는 것은 심하게 용결되어 있고 열냉각에 의한 주상절리도 발달되어 있다. 이 화쇄류 머리부의 전위부에는 대부분 세립결핍이 심하고 조립질 부석이 풍부한 양상을 나타낸다.

줄기상 화쇄류암은 하곡상 화쇄류암이라고도 하며 대개 용결작용이 강하고 견고한 암층을 이룬다. 이들은 주로 암회색을 띠고 심한 용결작용 때문에 열냉각 주상절리도 발달되어 있다. 암편은 20% 정도 함유하고 하부에 조립 암편이 많고 위로 갈수록 입도가 작아지는 정점이 양상을 나타낸다. 부석은 단면에서 주로 상부에 조립질이 많아지는 역점이

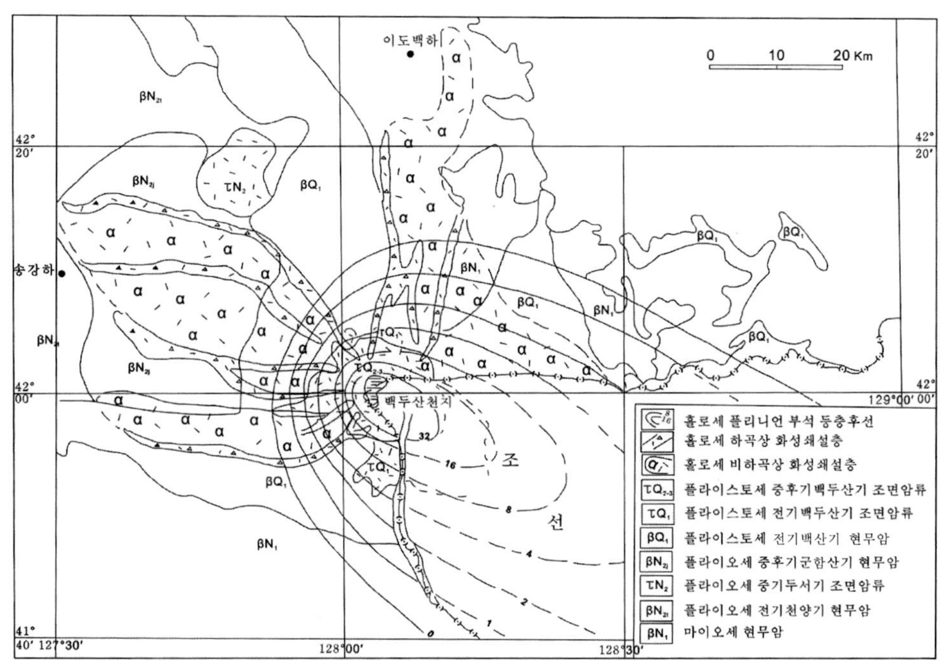

[그림 4-9] 백두산 천지 주변에서의 홀로세 화성쇄설암층의 분포도

경향이고 그 함량이 집중될 때는 부석 농집대를 이룬다. 퇴적 두께는 보통 10m 이상이며 100m 되는 하곡도 있다. 암피상과 줄기상 화쇄류암의 분포를 [그림 4-9]에 표시하였다.

(나) 하나의 화쇄류암은 이동거리에 따라 두위부, 중위부, 말단부로 나뉜다. 천지화산의 칼데라로부터 밖으로 멀어짐에 따라 두위상, 중위상, 말단상의 3부분으로 나눌 수 있다.

두위상은 천지 주변과 환상 산령 주위에 피복된 암회색 용결응회암, 라필리응회암층이다. 이들은 두께가 1~2m이고 쇄설물이 흔히 현저한 소성변형을 나타낸다. 화쇄류의 연변부 양측에는 이동에 의한 전단절리가 발달되고 강성 암편 및 소성 피아메가 정향 배열되어 현저한 방향성을 나타낸다. 화쇄류의 중앙부는 괴상구조이고 용결작용도 강하며 쇄설물의 배열은 희미하여 현저한 방향성을 나타내지 않는다. 큰 암편들은 화쇄류가 밖으로 흐를 때 처져 경우에 따라 처진 각력암(lag breccia) 부분을 형성한다. 이 각력암도 두위상의 일부분에 해당한다.

중위상은 백두산 천지화산에 있어서 가장 발달되는 부위 중의 하나이다. 분화구에서 10~20㎞ 범위 내에 가장 많이 분포되며 두께가 100m 넘는 하곡도 있다. 이 중위상은 두터운 화쇄류 흐름단위와 연황갈색의 플리니언 부석층이 호층을 이루고 있어 흐름단위를 쉽게 구별할 수 있으며 화쇄류암은 주로 회색을 띠고 냉각절리를 발달시킨다. 흐름단위의 하부에는 암편 농집대가 있고 상부에는 부석 농집대가 명확히 나타나며 이는 유체화작용이 심했음을 설명한다.

말단상은 대체로 천지 칼데라에서 20~40㎞ 사이에 분포되어 있다. 이 말단상은 주로 연황색, 회백색을 띠며 용결이 약하거나 없기 때문에 견고하지 않고 부스스하며 열냉각절리도 찾아보기 힘들다. 이 말단상에는 제자리에서 있었던 원지 탄화목이 많고 상위에 회운써지 강하상이 나타나는 경우가 보통이며 상부에서 배기관이 발달되어 있다.

(2) 단면에서 암상의 특징

(가) 화쇄류층과 공생하는 분비강하 부석층: 천지 동쪽으로 18㎞ 떨어진 쌍목봉 변방참 부근에는 분급이 좋은 회백색 플리니언 부석층이 분포되어 있으며 두께가 1m 내외이다. 이 층에서 부석은 최대 입도가 10㎝, 8cm, 5㎝이고 평균 2.5㎝이며 암편은 최대 입도가 3㎝, 2㎝, 1㎝이고 평균 1.5㎝이다. 이 플리니언 부석층 위에 뚜렷한 점이성을 갖는 연황색 화쇄류암층이 피복되어 있다. 화쇄류층은 기저부에 세립대가 있고 하부에 1.5㎝ 두께를 가진 암편 농집대가 형성되어 있다. 상부에는 조립 화산회가 5~10%를 차지하고 나머지 대부분이 부석으로 구성되는 두께 30㎝의 화쇄류층이다. 그리고 그 위에는 회백색의 플리니언 부석층이 30㎝ 두께로 나타난다. 이 플리니언 부석층 속에서 직립으로 서있는 탄화목을 발견하였다. 이 부석층의 상위에는 화쇄류층이 피복되어 있으며 이 속에서 탄화목이 동쪽을 향해 넘어져 있다. 이의 방향성에 의하면 화쇄류가 천지 분화구에서 흘러온 것을 설명한다. 이렇게 플리니언 부석층 위에 화쇄류층이 공생되어 있는 현상은 빙장 북쪽, 압록강 상류, 십삼도하, 화평림장 등지에도 볼 수 있다.

(나) 지면써지층: 고속으로 이동하는 화쇄류의 머리부가 터져 나가면서 와류(turbulence) 활동으로 세립결핍(fines depleted)을 심하게 일으켜 세립질 화산회가 방출되어 공중으로 날아 올라가게 된다. 이때 굵고 무거운 쇄설물이 지면을 따라 써지를 일으켜 세차게 옆으로 이동하면서 아랫부분에 퇴적되어 지면써지층(ground surge deposit)을 형성한다. 이 층은 뒤따라 흘러온 화쇄류에 의해 피복된다. 그러므로 지면써지층은 성인으로 화쇄류층 밑에 깔려 있을 때에만 부를 수 있다. Walker(1990)는 화쇄류의 머리부의 와류작용이 고밀도 화성쇄설류의 동력학 범위에 속하고 써지퇴적에 요구되는 저밀도 유체조건에는 맞지 않기 때문에 써지층을 고쳐서 지면각력암(ground breccia)이란 것을 확인하였다. 천지 북쪽 19㎞의

도로 인접부에서 비교적 전형적인 단면이 발견되었다. 이 단면에서 하부층은 1m 내외 두께의 지면써지층이며 입도가 10~20㎝이고 40㎝ 되는 것도 있다. 이들은 원마도가 양호하지만 분급성이 불량하다. 이 지면써지층 위에는 화쇄류 단위가 놓인다. 이 화쇄류 단위는 하부가 세립질대이고 그 위로 암편농집대→부석농집대→플리니언 부석층이 놓인다. 그리고 다시 지면써지층→세립질대→암편농집대→부석농집대 순으로 층서를 이룬다.

(다) 화쇄류 흐름단위: 천지 화산에서 홀로세의 화쇄류암의 대표적 단면은 하부층이 지면써지층이고 중부층이 화쇄류의 주단위이며 상부층이 회운강하층이다. 화쇄류 단위의 내부를 세분하면 아래와 같다. 기저부에는 세립질대를 이루며 이곳에서 유동전단에 의한 수평절리가 발달된 것을 흔히 볼 수 있다. 하부는 흔히 암편농집대(lithic-rich zone)이며, 암편은 밀도가 커서 옆으로 이동하면서 굵은 것이 먼저 아래로 낙하하여 하부에 밀집되고 가는 것이 그 위의 중부에 남게 되어 정점이 양상을 나타낸다. 상부에는 부석농집대 (pumice-rich zone)를 이루는데, 이곳에서 부석은 밀도가 작아서 유체화된 화쇄류의 부력에 의해 옆으로 이동하면서 큰 부석일수록 상부로 뜨게 되어 부석밀집대를 이루며 이를 비중분리(elutriation)라고 부른다. 따라서 부석의 주요 특성은 경우에 따라 화쇄류에서 세립질 부석이 아래에 존재하고 조립질 부석이 위에서 많아지는 역점이 양상을 나타낸다. 천지 화산에는 상술한 바와 같이 특징적인 화쇄류의 단위층이 여러 곳에 분포되어 있다. 천지 화산의 서쪽에 분포된 화쇄류 단위층에서 비중분리는 화산체 동쪽에 분포되어 있는 단위층보다 더 잘 발달되는 양상을 띤다. 송강하진 동쪽의 대사하, 소사하 부근에는 화쇄류층의 상부 부석밀집대가 넓게 나타난다. 이곳에서 공통적인 특징은 위로 가면서 부석이 점차 조립질로 되는 역점이 현상이 뚜렷하게 나타난다. 또한 이 화쇄류층은 여러 매의 두꺼운 단위층이 5~10㎝ 범위의 얇은 회운써지층에 의해 분리된다.

(라) 회운써지층: 화성쇄설류가 고속도로 이동할 때 이곳으로부터 세립질 화산회가 상공으로 분리되어 회운(ash cloud)을 형성하는데 회운 높이는 수십 ㎞에 달하는 경우도 있다. 이 회운은 그 아랫부분에서 이동하는 화쇄류를 따라 옆으로 이동하면서 써지를 발생시켜 화쇄류층 위에 회운써지층(ash-cloud surge deposit)을 형성한다. 이 회운써지층의 분포 범위는 넓지만 하천 등의 침식작용으로 유실되어 남은 것은 많지 않다. 천지 화산체의 서쪽 대사하, 소사하 등지의 화쇄류 단위층 위에는 두께 0.5~1m의 회운써지층이 분포되어 있다. 천지 칼데라 중심으로부터 40㎞ 거리 이내에는 화쇄류 단위층이 여러 번 교호할 때 그 사이에 협재된 회운써지층을 발견할 수 있다. 예를 들면 화평림장 부근에는 두 개의

화쇄류 단위층이 관찰되는데 그 사이에 약 60㎝ 두께의 연황색 회운써지층이 협재되어 있다. 이 회운써지층은 하위의 접촉면이 파도상을 이루고 내부에 흔히 사구층리를 가지며 입도가 극히 세립질이다. 십삼도하 하곡에는 회색 화쇄류 단위층이 발견되는데 그 내부에는 조립, 세립층이 호층으로 협재되어 있다.

(마) 처진 각력암(lag breccia): 화산분출에서 폭발 강도가 최고도에 이르렀을 때 분화구가 확장되거나 혹은 일부분이 막힐 때 분연주가 부분적 함몰을 발생시켜 분화구 주변에 내려앉은 화성쇄설물이 극히 강력한 힘으로 화산체 사면을 따라 고속으로 흘러 화쇄류를 발생한다. 이 화쇄류는 흐를 때 고밀도의 큰 암편이 분화구 근처에서 뒤에 처져 처진 각력암층을 이룬다.

백두산 천지 북쪽의 흑풍구 부근에 분포하는 처진 각력암은 화쇄류암층 내에서 두께 4m 내외로 존재하고 조면암질 암괴들로 구성되며 이의 직경이 45㎝ 되는 것도 있다. 이 암괴들은 각상이고 방향성 배열은 없으며 굵은 것은 중하부층에 밀집되어 있다. 부석편은 회백색인데 멀리 있는 말단부 화쇄류 단위층의 부석 특성과 근사한 것으로 보면 같은 시기의 폭발산물로 여겨진다. 천지 화산체 남서쪽의 유동변방참 부근에도 처진 각력암층이 분포되어 있다. 이 각력암층은 쇄설물의 암질이 천지 북쪽 흑풍구 퇴적층과 비슷하나 입도가 차이 난다. 백두산 천지 화산체에 있는 처진 각력암층에는 부석의 암질이 동일하지 않은데, 이는 화쇄류가 흘러간 시간에 플리니안 낙하 쇄설물이 혼합된 것으로 짐작된다.

2. 문제점

(1) 백두산 화산은 중심 분출과 열극 분출의 두 유형에 의해 형성되었다. 이 구역에서 망천아, 토정자일두서, 백두산 천지 등의 3대 분화구로부터 중심 분출에 의한 분출물을 종합 연구하여 '삼위일체 암상조합'이라는 새로운 사고를 제안한 바 있다. 각 대형화산은 크게 세 부분의 암상으로 조합되었는데 하부층은 대부분 강성 쇄설분출물의 강하상이고 중부층은 대부분 조용한 용암분출물의 분류상이며 상부층은 소성 쇄설분출물의 강하상이다. 여기서 큰 문제점은 '삼위일체 암상조합'의 이론적 근거가 부족하고 개개 암상의 구체적 연구도 부족한 것이다. 망천아와 토정자일두서 분화구에서 나온 분출물에 대한 '삼위일체' 연구가 특히 부족하며 앞으로 이 연구에 주의하기를 기대한다.

(2) 백두산 천지 화산에서 홀로세 후기에 발생된 1,199~1,200AD 대폭발과 1,668~

1,702AD 중폭발은 많은 학자들이 확인한 바 있는데 이 두 차례 분출물의 분포상황과 분출량을 해결하지 못하였다. 그리고 플라이스토세 후기부터 홀로세 중기까지의 화산분출 연대는 조사 연구 중에 있다. 이 분출 연대를 정확히 확인하자면 주요 지점 및 주요 하곡의 완전한 단면에서 암상의 비교 연구가 필요하다. 그러나 아직까지도 이 방면에 대한 체계적인 연구 성과가 없다.

제5장
화산구조와 화산유형

제1절 단열대

1. 천부 단열대

가. 원격해석에 의한 단열대

　백두산 구역에서 단열대는 1974년 촬영한 1/4.5만 흑백 항공사진과 1/50만 채색 원격사진을 근거로 하여 해석하였다. 주요 단열대는 육도구-천지-증봉산 북동향 단열대, 마이하-서토정자-송강 북동향 단열대, 팔판도-이도강 북동향 단열대, 착초정자-후천 북서서향 단열대, 송산-천지 북서서향 단열대, 만강-백두산 북서서향 단열대, 홍두산자-천지 북북동향 단열대 등이 있다([그림 5-1]).

(1) 육도구-천지-증봉산 북동향 단열대

　이 단열대는 주향이 58° 내외로 지나고 안행 배열로 분포된 3줄기 단층으로 구성된다. 특히 천지 동쪽 6호 국경표지판 부근에서 단층은 경향 170°, 경사각 80°~90°이며, 천지 남서쪽 5호 국경표지판의 단층은 경향 50°, 경사각 80°이고 길이가 150㎞이다. 이 단열대는 백두산 환상 단열 및 백두산기 알칼리 조면암을 절단했으며 단열을 따라 V자형 계곡과 단층 절벽을 이룬다. 이 단열은 곳에 따라 50m까지 깊은 계곡을 형성하는 경우도 있고 단층의 파쇄양상과 구조렌즈 등에 근거하면 동남판이 하강하고 북서판이 상승한 압축전단성 단층에 속한다. 천지 주변에 이 단층을 따라 60~70℃ 온천이 무리 지어 있다.

(2) 서토정자-송강 북동향 단열대

　이 단열대는 주향이 55° 내외이고 경사가 수직이며 총길이가 대략 60여 ㎞이다. 이 단열대는 안행 배열로 분포되는 두 단층으로 구성된다. 이 단열대는 마이하-양강 북동 방향 단열대의 연장이며 대체로 N50°E 방향으로 달린다. 왜왜정자, 평정소산 등의 분석구들이 이 단열대를 따라 분포된다. 이도백하진에는 지하수 온도가 비교적 높게 나타나는데 이 단열대와 관계있을 것으로 보인다.

(3) 만강－백산 북서서향 단열대

이 단열대는 원격사진에서 매우 뚜렷하게 나타나며 주향이 290°이며 경향이 북북동이고 경사각이 거의 수직이다. 이를 경계로 북북동쪽의 백산기 현무암이 상판이고 남남서쪽의 망천아기 현무암이 하판이며, 상판이 내려앉은 정단층이다. 이 단열대를 따라 V자형 단층절벽이 형성되고 만강하의 하곡을 이룬다. 단열대의 북서쪽 선인참 온천촌에는 온도가 45°~62℃ 되는 18개의 온천이 솟는다. 단층하곡은 구불구불하게 연속되어 아마도 인장성 단열의 특성을 지닌다.

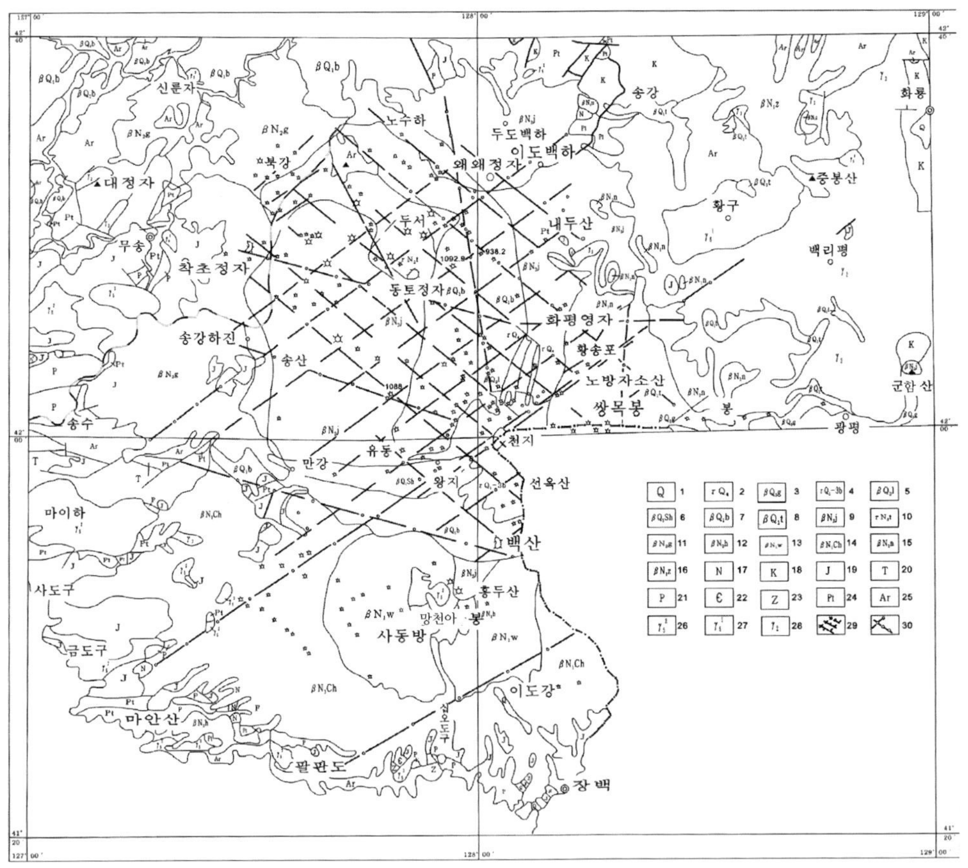

1. 제4기 점토사, 2. 빙장기 쇄설류, 3. 광평기 현무암, 4. 백두산기 조면암, 5. 노호동 현무암, 6. 쌍봉 현무암, 7. 백산기 현무암, 8. 두만강 현무암, 9. 군함산기 현무암, 10. 두서기 조면안산암, 11. 천양기 현무암, 12. 홍두산기 조면안산암, 13. 망천아기 현무암, 14. 장백 현무암, 15. 내두산기 현무암, 16. 정봉산 현무암, 17. 마이오세, 18. 백악기, 19. 쥬라기, 20. 삼첩기, 21. 페름기, 22. 캠브리아기, 23. 진단기, 24. 원생대, 25. 시생대, 26. 연산기 화강암, 27. 인도지나 화강암, 28. 꼬대기 화강암, 29. 망상단열, 30. 원격해석 단열

[그림 5-1] 백두산 구역에서 신생대 단열대의 분포도

(4) 송산-천지 북서서향 단열대

백두산 천지를 중심으로 형성된 방사상 단열대 중의 하나로서 북서서 방향으로 송산까지 연장되는 인장성 단층이다. 이 단열대는 원격사진에서 뚜렷하게 나타나지 않는다. 이 단열대는 주로 북서서 방향의 대사하, 소사하 단층하곡과 1088, 1524고지 분화구의 배열 방향에 일치하여 나타난다. 이는 길이가 약 40㎞이고 경사가 수직이며 단층하천이 톱니상으로 발달되는 양상을 보면 인장성 단층에 의한 것으로 보인다.

(5) 천지-홍두산자 북북서향 단열대

이 단열대는 백두산 천지 북쪽의 노호동 방사상 단층(f_8)이 두도삼차 단층하곡을 따라 북북서 방향으로 연장되는 단열대이다. 원격사진에서 이 단열대는 뚜렷하게 나타나며 주향이 350°이고 하곡에서 경향이 85°이며 50㎞ 길이를 가진다. 이 단열대는 동판이 하강하고 서판은 상승한 인장성 단층이다. 노호동 알칼리 현무암은 아마도 이 단층을 따라 분출하였다.

(6) 천지-광평 동서향 단열대

이 단열대는 백두산 천지 동쪽에 있는 두만강 상류를 따라 동서 방향으로 분포된다. 이 단열대를 따라 플라이스토세 현무암 분화구에 해당하는 2114고지, 1952고지, 쌍목봉, 옥지, 적봉, 광평 등의 분화구들이 분포되어 있다. 이 중에서 옥지 분화구는 홀로세에 형성된 가장 젊은 분화구로 짐작된다.

(7) 기타 단열대

원격사진에 의해 확인되는 기타 단열대는 화평영자-장홍 동서향 단열대, 착초정자-후천 북서서향 단열대, 초모정자-화평영자 북서향 단열대, 팔판도-이도강 단열대 등이 있다. 이 중에서 팔판도-이도강 단열대는 조산 경내에서도 남서 방향으로 연장되는데 후창 단열대라고 부르고 있다. 이는 북동 방향으로 조선 경내의 삼지연 및 두만강 단열대와 연결되며 이를 압록강 상류-두만강 단열대라고 부른다.

나. 화산배열에 의한 단열대

백두산 구역에서 화산 혹은 분화구의 분포는 규칙적으로 배열되는 것이 확실하다. 특히 분화구는 주로 북동 방향과 북서 방향의 교차점에 위치한다. 또한 일부분 동서 방향, 북북서 방향 혹은 남북 방향의 단열대도 서로 교차함으로써 분화구 형성에 영향을 주었다. 이 구역에서 여러 방향의 단열대가 교차되어 복잡하게 망상 단열구조를 이룬다.

(1) 북동향 단열대

이 단열대는 북서쪽에서 남동쪽으로 가면서 다음과 같은 순서로 놓인다. 마미산－두도백하 단열대, 노약진－내두산 단열대, 만강－화거창 단열대, 송강하소산－화평영자 단열대, 유동－황송포 단열대, 천지림장－노방자소산 단열대, 선옥산－쌍목봉 단열대, 백산림장－적봉 단열대 등 10개가 평행으로 놓여 있다. 이들의 주향은 55° 내외이며, 지표에서 경향이 남동향이고 경사각이 80°～85°이다. 이 단열대는 13～15㎞ 간격을 사이에 두고 분포된다. 이 중에서 팔도구(혹은 마안산)－천지－증봉산 단열대와 마이하－송강 단열대가 가장 연장성이 좋은 단열대이다. 이 두 단열대는 길이가 각각 150㎞에 달하며 기타 단열대는 길이가 20～30㎞ 내외이다.

(2) 북서향 단열대

이 단열대는 남서쪽에서 북동쪽으로 가면서 다음과 같이 배열되어 있다. 백산－유동 단열대, 유동검사참－사방정자 단열대, 천지－마가소산 단열대, 빙장－천양 단열대, 쌍목봉－오리소산 단열대, 노방자소산－위해 단열대, 화평영자－십오리소산 단열대, 화거창－노수하진 단열대, 왜왜정자－내두산 단열대 등의 9개 줄기가 있으며 이들의 주향이 310°로 평행하게 달린다. 이 중에서 천지－마가소산 단열대와 십오리소산－화평영자 단열대는 연장성이 좋으며 경향이 북동향이고 경사각이 거의 수직이다. 이 단열대들은 12～15㎞ 간격으로 서로 평행으로 분포되어 있으며 길이가 약 25～33㎞에 달한다.

(3) 동서향 단열대와 남북향 단열대

이 방향의 단열대들은 천지－광평 동서향 단열대, 왜왜정자－천지 남북향 단열대와 북북서향 단열대 등이 있으며 역시 분화구의 생성 위치를 제어하였다. 이 단열대들도 역시 원격사진에서 해석한 단열과 일치된다.

다. 신제3기 화산 배열에 의한 단열대

신제3기 화산 배열에 의한 단열대는 북서향 단열대와 북동향 단열대가 있다. 북서향 단열대는 마이오세 증봉산, 내두산, 장백산 등에서 화산암류의 분포 특성에 근거하여 4가닥을 확인할 수 있다. 이 단열대는 남서쪽에서 북동쪽으로 그 순서를 나열하면 망천아봉-신둔자 단열대, 백산진-천지-김책 단열대, 적봉-양강 단열대, 증봉산-노령 단열대 등으로 구성된다. 그리고 북동향 단열대도 3가닥이 확인된다. 즉 육도구-천지-증봉산 단열대, 마이하-송강 단열대, 팔판도-이도강 단열대 등이다. 신제3기 현무암과 조면암류는 이 단열대의 교차 부근에서 분출되었던 것이다.

주된 단열대는 백산진-천지-김책 단열대이며, 이는 연산기(대보기-불국사기에 해당됨) 말엽에 형성된 북서향 단열과 연계하여 활동한 단열대이다. 이 단열대의 총길이는 약 320㎞이며 심지어 동해지각을 지나는 일본 신호-김책 심단열대의 북서 연장부이다.

망천아봉-신둔자 단열대는 길이가 약 40㎞이고 적봉-양강 단열대는 길이가 약 30㎞이고 증봉산-노령 단열대는 약 40㎞ 길이이다. 육도구-증봉산 단열대는 길이가 150여㎞이고 너비가 2~5㎞이며 마이하-송강 단열대는 길이가 120㎞ 내외이다.

라. 후기 올리고세-전기 마이오세 분지 분포에 의한 단열대

이 단열대는 마안산층군(토문자층군)의 쇄설암층과 분지분포의 특징에 의하여 25°~30° 방향으로 두 줄기의 북북동향 함몰대를 확인할 수 있다. 즉 이 함몰대에는 마안산-삼도백하 함몰대와 장백-장흥령-증봉산 함몰대 등이 있다.

마안산-삼도백하 함몰대는 길이가 200㎞ 내외이고 너비가 5~15㎞이며 20㎞로 넓은 곳도 있다. 이 함몰대에는 마안산 분지, 삼도백하 분지, 이명 분지 등 세 분지가 존재하며 이 중에서 마안산 분지가 제일 크다. 마안산 분지는 함몰대의 남서단에 위치하며 분지의 길이가 약 30㎞, 너비가 15㎞ 내외이고 면적이 약 450㎢이다. 이 분지에는 대형 규조토 광상이 형성되어 있다. 삼도백하 분지는 함몰대의 중부에 위치하며 길이가 약 10㎞이고 너비가 5㎞ 내외이며 한 매의 규조토층이 발견되었다. 이 분지의 층서는 하부에서 상부로 가면서 사력암-사암-점토 및 규조토층 등으로 구성된다. 세 분지가 서로 다른 점은 마안산 분지에 두 매의 규조토층과 3매의 현무암층이 협재되어 있고 삼도백하 분지에는 한 매의 규조토층이 있으며 이명 분지에는 규조토층도 나타나고 현무암층도 협재되어 있다.

장백-증봉산 함몰대는 길이가 약 130㎞이고 너비가 5~10㎞이다. 이 함몰대에는 장백

분지, 장흥령 분지, 증봉산 분지 등이 있으며 역시 남서단에 있는 장백 분지가 제일 큰 규모이고 경제성도 있는 분지이다. 이 장백 분지는 조선 양강도 혜산 지역에도 존재한다. 이 분지에서 지층은 두께가 150~200m이며 대부분 사암과 사질이암으로 구성되고 한 매의 규조토층과 3~4매의 현무암층이 얇게 협재된다. 현무암층은 두께가 모두 합치면 50~100m 정도이다. 이 함몰대에서 장흥령 분지는 중국 경내에서 큰 분지이며 북북동향으로 분포되고 길이가 약 30㎞이며 너비는 20㎞ 내외이다. 장흥령 분지에서 지층은 대부분 역암, 사암, 이암 등으로 구성되고 규조토층과 현무암층을 아직 찾지 못하였다. 마이오세 장흥령 지층의 분포특성에 의하면 이 함몰대의 중부지대 동토정자 부근에 규조토 분지(노수하 분지)가 있을 수 있다. 이상의 두 함몰대는 백두산 화산체 아래에서 합쳐져 하나의 분지로 될 가능성이 있다.

신제3기 화산 분화구를 제어하는 북서향 단열대는 마안산－삼도백하 북북동향 함몰대를 절단하고 또한 신제3기 화산암류는 마안산층군(토문자층군)의 퇴적암을 피복한다. 그리고 신제3기 화산암류는 플라이오세 군함산기 현무암층에 의해 덮인다. 이런 현상은 단열대 형성 시기가 전기 마이오세부터 플라이오세 중기까지임을 설명한다. 분화구를 제어한 망상 단열대는 일반적으로 천지－영벽산－백사진 북서향 단열대를 절단하고 또한 광범하게 분포되어 있는 플라이오세－플라이스토세 화산암에 의해 덮였다. 그러나 망상 단열대의 교차점 혹은 꺾인 부분과 같은 박약한 곳에서 분출된 화산암류는 이전에 깔려 있는 화산체를 뚫고 계속 분출되어 많은 분석구 무리를 이루었다. 그러므로 이런 단열대가 활동한 시대는 플라이오세부터 후기 플라이스토세까지이다. 원격사진 해석에 의하면 단열대는 홀로세 빙장층군 이전의 모든 암석과 단열대를 절단하였다. 그러므로 이는 단열대가 지금도 활동하고 있음을 가리킨다.

2. 심부 단열대

가. 중력장의 기본적 특징

길림성 동부 산지에서 부의 중력장은 주로 북동향의 밀집대가 선형으로 나타남으로써 확인된다. 그 중에 규모가 큰 밀집대는 이통－수란(간략하게 이수라고 부름), 휘남－돈화－밀산(간략하게 돈밀이라고 부름), 백두산－동녕(간략하게 백동이라고 부름), 밀집대 등이 있다. 백두산은 백동 밀집대의 남서단에 위치되어 있다. 그리고 백동 밀집대에서 단열구조는 북북동향, 북동향의 안행배열로 분포되어 있다. 이는 북서와 남동의 압축응력장 환경영향을 받아 형성된 것으로 생각된다. 부의 광역중력장은 융기된 현재 지세와 대칭관계를 갖는다. 중력균형보상 원리의 분석에 근거하면 이 지역의 상부 맨틀은 사발모양을 이루고 있다. 길림성 지질광산국 지구물리탐사대의 계산에 의하면 본 지역에서 모호면의 심도는 44~77㎞이고 중부지각 기저의 심도는 약 20㎞이다. 중생대 화강암 및 퇴적암류 기저부의 경계면 심도, 즉 상부지각 기저의 경계면 심도는 약 10㎞이다. 백두산 천지구역에서 신생대 화산암류의 총 두께는 1.5㎞이다.

심부 단열대는 중생대 화강암류 및 퇴적암류와 고기 화강암류 사이의 경계면 아래에 존재하는 단열대를 말한다. 이 책에서는 상술한 경계선까지 자른 단열을 상부지각 단열대라 확정하고 심도가 화강암층과 현무암층의 경계면까지 자른 단열대를 중부지각 단열대라 하며 현무암층 내부의 경계면까지 자른 단열대를 하부지각 단열대라 부르며 현무암질 시마층과 상부 맨틀 사이의 모호면까지 자른 단열대를 암권 단열대라고 부르며 약권까지 자른 단열대를 초암권 단열대라라 부른다.

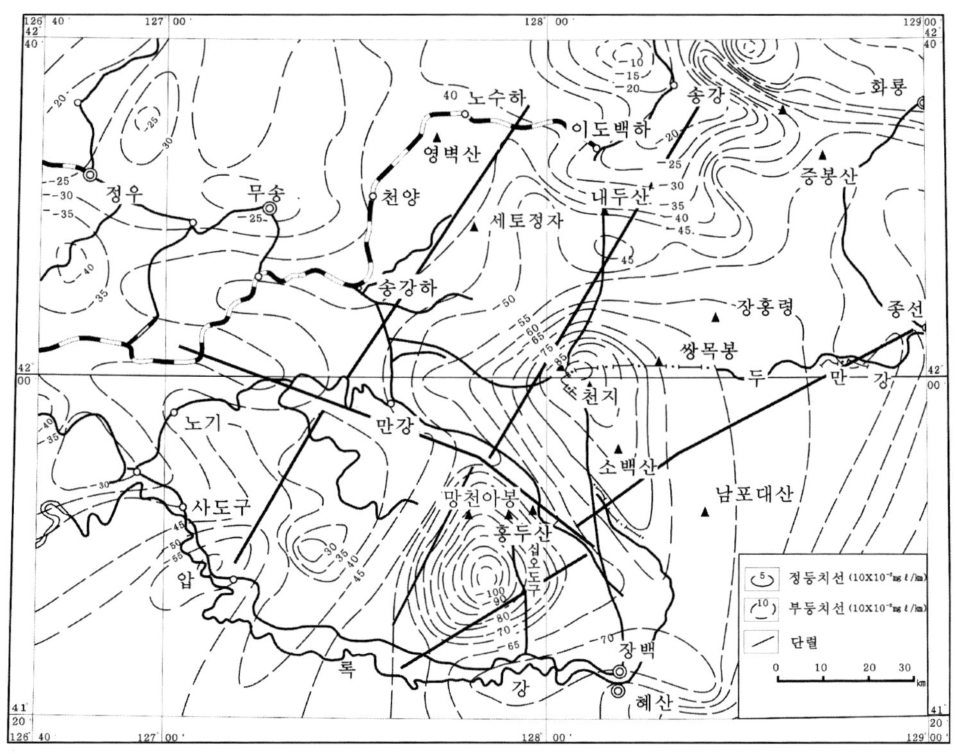

[그림 5-2] 백두산 구역에서 부게 이상도

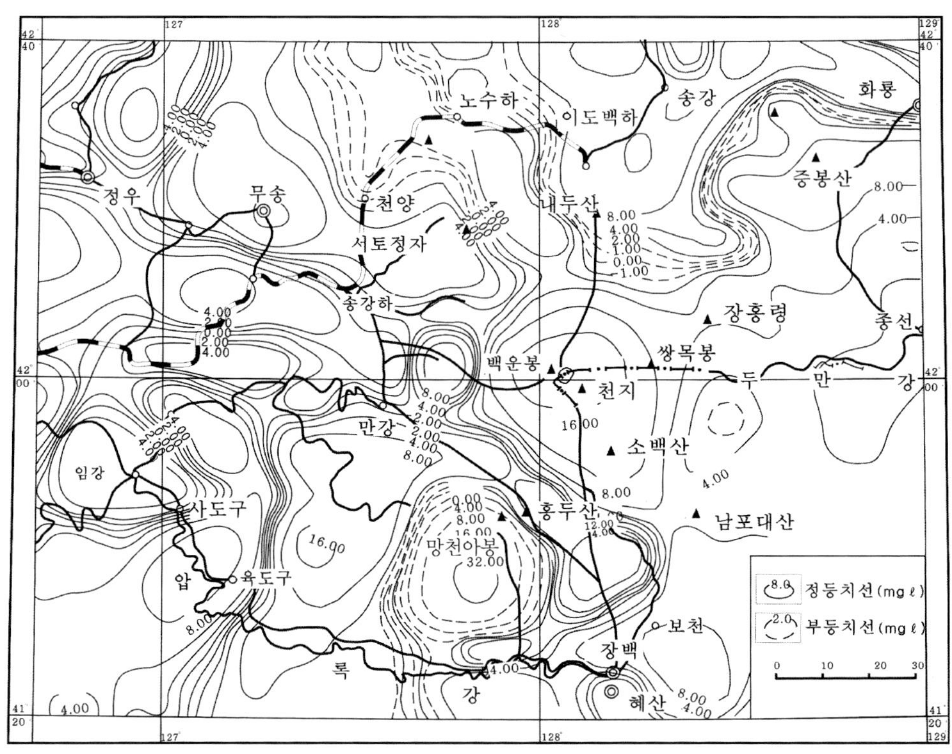

[그림 5-3] 백두산 구역에서 잔류중력 이상도

1:100만 백두산 구역의 부게 이상도([그림 5-2])에는 −100($10×10^2$mg/km) 내외의 부이상 중심이 두 군데 나타나는데 백두산 천지와 망천아봉은 −32mgl이다. 잔여 중력이상도([그림 5-3])에서는 백두산 천지가 −16mgl이고 망천아봉이 −32mgl이다. 이 두 곳을 연결한 밀집대는 주향이 북북동향(약 30°)이고 경향이 북서향이며 경사각이 85°∼90°이다. 이와 관련하여 지표에서는 천지 북쪽의 f_6 단층이 위에서 상술한 밀집대를 나타내는 단열대의 지표 연장부이다. f_6 단열대의 양측 조면암은 일반적으로 압축을 받았는데, 이는 천지 주변의 방사상 인장성 단열대와 북북동향 압축성 단열대가 중첩된 결과임을 설명한다. 단열대의 북서 측에도 북북동향 밀집대가 나타나는데 육도구-두도백하 북북동향 단열대에 속한다. 백두산 천지와 망천아봉의 부이상 사이에 만강 북서향 단열대가 있는데 이는 원격사진에서 해석된 만강-백산 북서향 단열대와 일치된다.

나. 중력 여파의 이상 특성

중력 여파의 이상 특성은 빈율역 여파방법을 응용하여 지면에서 10㎞와 20㎞ 높이로 향상 연척하고 대응되는 중력장의 4개 방위(0°, 45°, 90°, 135°)의 수평일차도수 계산을 하여 중력 여파도를 작성하고 심부 단열대의 연장규모를 분석함으로써 알아낸다. 여파도(D0°, 10㎞)([그림 5－4])와 여파도(D45°, 20㎞)([그림 5－5])에서는 북동향 혹은 북북동향 단열대와 북서서향 단열대를 분석하였다.

원격사진에서 해석된 육도구－천지－증봉산 북동향 단열대는 여파도(D0°, 10㎞)와 여파도(D0°, 20㎞)([그림 5－6])에서도 현저하게 나타난다. 이 자료에 근거하면 이 단열대는 위치가 북쪽으로 옮아 감을 지시한다. 이동거리는 각각 10㎞, 20㎞인데 이는 단열대 경향이 북서향이고 경사각이 85° 내외이던 것이 수십 ㎞ 심도에서 경사각이 낮아진 것을 설명한다.

만강－백산 북서서향 단열대는 여파도(D0°, 10㎞)와 여파도(D45°, 20㎞)([그림 5－5])에서 현저하게 나타난다. 경사는 수직이지만 전체적으로 북동으로 기운다. 천지－송산 북서서향 단열대도 역시 깊은 심부로 연장되고 여파도(D0°, 10㎞) 중에서 북쪽으로 10㎞ 이동하며 여파도(D0°, 20㎞)에서는 북쪽으로 26㎞ 내외로 이동된다. 단열대는 지표에서 경사각이 거의 수직이지만 10㎞ 아래에서는 완만하게 낮아짐을 설명한다.

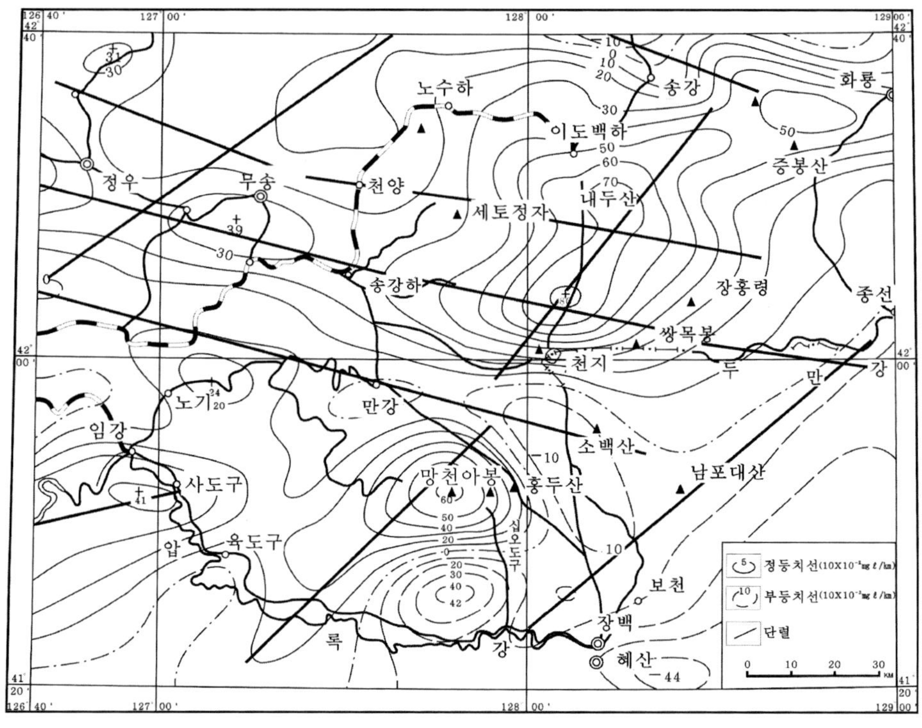

[그림 5－4] 백두산 구역에서 중력장 여파(D0°, 10㎞) 단열대 해석도

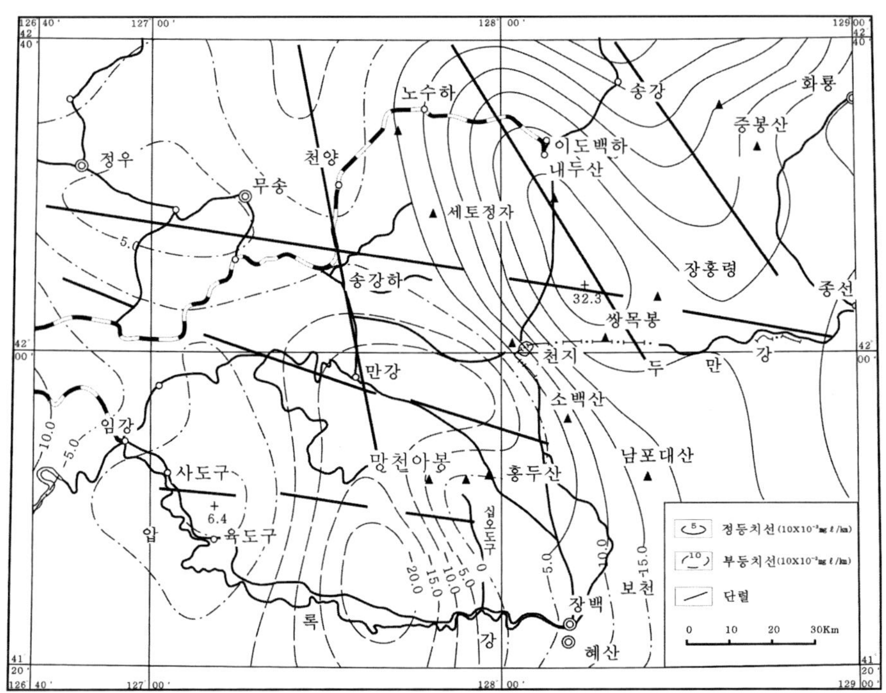

[그림 5-5] 백두산 구역에서 중력장 여파(D45°, 20㎞) 단열대 해석도

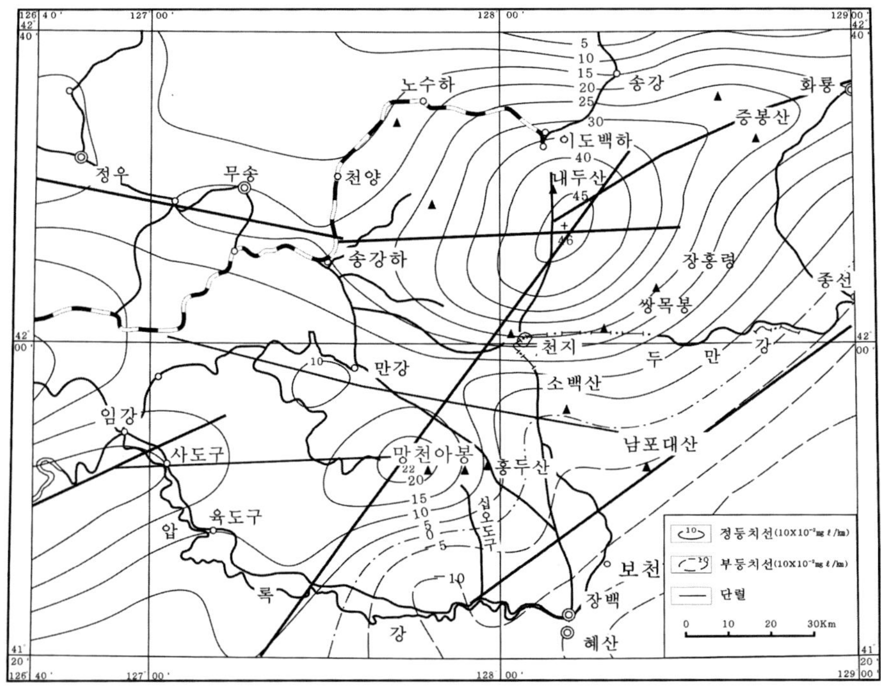

[그림 5-6] 백두산 구역에서 중력장 여파(D0°, 20㎞) 단열대 해석도

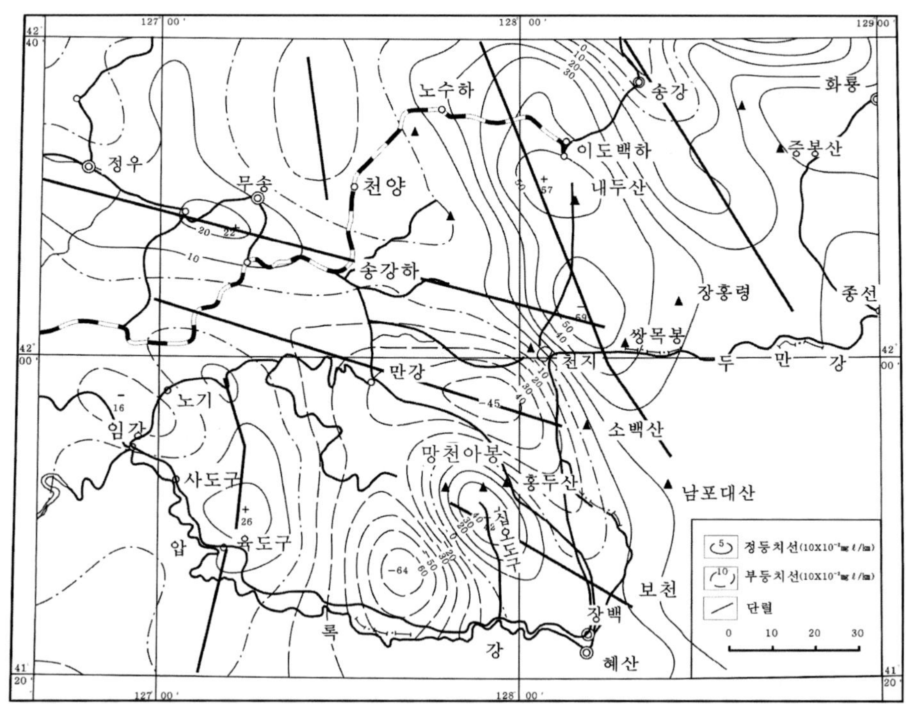

[그림 5-7] 백두산 구역에서 중력장 여파(D45°, 10㎞) 단열대 해석도

착초정자-후천 북서서향 단열대는 여파도(D0°, 10㎞)에서 현저하게 나타나지만 여파도 (D0°, 20㎞)에서 사라졌다. 단열대의 심도는 중부지각 저부의 경계면을 초과하지 못한다.

여파도(D45°, 10㎞)([그림 5-7])와 여파도(D45°, 20㎞)([그림 5-5])에서는 만강-백산 북서서향 단열대와 송상-천지 북서서향 단열대를 분석하였다. 이 단열대는 경향이 북북동 방향이고 경사각이 80° 내외로 급하며, 이 단열대의 연장심도는 지표길이보다 크다.

홍두산자-천지 북북서향 단열대는 여파도(D0°, 10㎞)와 여파도(D0°, 20㎞)에서 나타나 고 있으나 여파도(D0°, 10㎞)에서는 단열대가 동쪽으로 14㎞ 이동되고 여파도(D0°, 20㎞) 에서는 23㎞ 이동된다. 이 단열대는 지표 부근에서 경사도가 85° 내외이던 것이 심부로 내려가면서 약 70°로 낮아진다. 이 단열대는 주향도 변화되어 지표에서 350°이고 10㎞ 깊 이에서 345°이며 20㎞ 깊이에서 330°로 변하며 백산진-천지-김책 북서향 단열대와 근 본적으로 일치된다.

D90°, 10㎞ 여파도와 D90°, 20㎞ 여파도([그림 5-8], [그림 5-9])에서 나타난 주요 단 열대는 육도구-천지-증봉산 북동향 단열대, 만강-백산 북서서향 단열대 및 홍두산자

-천지 북북서향 단열대 등에 해당된다. 육도구-천지-증봉산 북동향 단열대는 여파도 (D90°,10㎞)에서 북쪽으로 10㎞ 이동되고 여파도(D90°, 20㎞)에서는 15㎞ 이동되었다. 이 단열대는 지표에서 남동향으로 경사되던 것이 심부로 내려가면 북서향으로 바뀌면서 경사각도 낮아진다.

만강-백산북서서향 단열대는 심부에서 여전히 북북동 방향으로 경사지고 경사각은 85° 내외로 급하다. 홍두산자-천지 북북서향 단열대는 주향의 변화가 작고 여파도(D90°, 10㎞)에서 동쪽으로 13㎞ 이동되고 여파도(D90°, 20㎞)에서는 23㎞ 이동된다. 따라서 이 단열대는 심부로 내려가면 경사각이 여전히 낮아진다. 이 단열대는 동쪽 약 30㎞ 되는 곳에서 북북서향 단열대가 나타나며, 지표에 노출된 것을 삼도백하-원지 북북서향 단열대라 부른다.

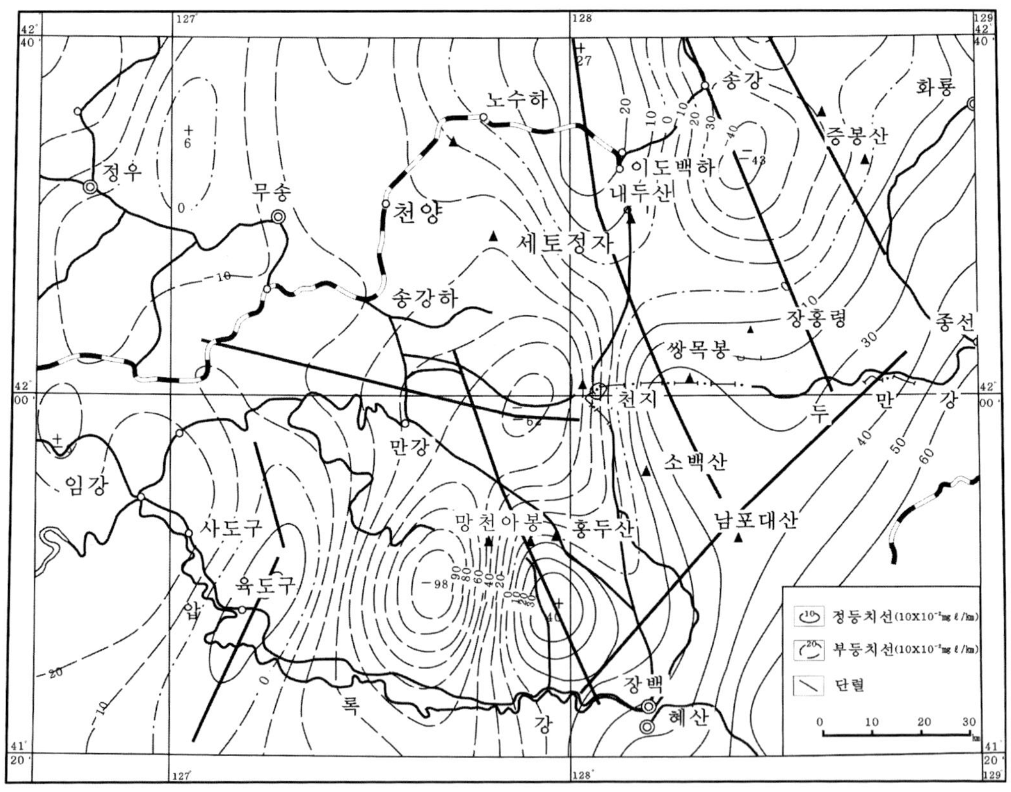

[그림 5-8] 백두산 구역에서 중력장 여파(D90°, 10㎞) 단열대 해석도

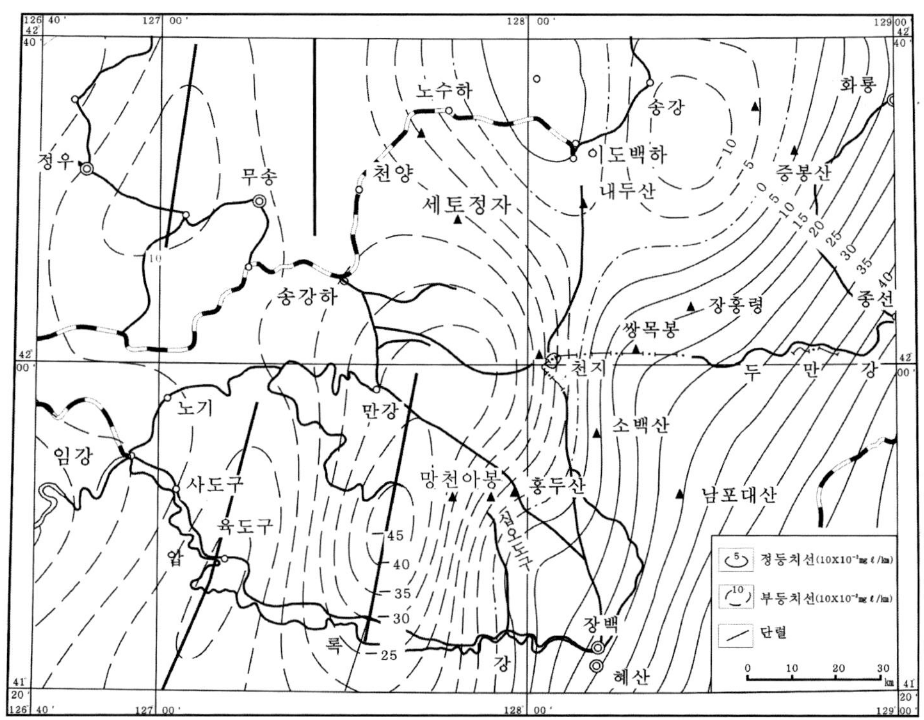

[그림 5－9] 백두산 구역에서 중력장 여파(D90°, 20㎞) 단열대 해석도

D135°, 10㎞ 여파도와 D135°, 20㎞ 여파도([그림 5－10], [그림 5－11])에서 뚜렷하게 나타나는 단열대는 육도구－천지－증봉산 북동향 단열대이다. 이는 심도 10㎞에서 북쪽으로 10㎞ 이동되고 심도 20㎞ 곳에서는 19㎞ 이동된 것을 나타내준다. 이 단열대는 지표에서 경향이 남동 방향이던 것이 심부로 내려가면 북쪽으로 전환되고 경사각이 지표에서 높지만 심부에서 낮아진다.

이상의 단열대 연장 상태를 살펴볼 때 백두산 구역에서 상부 맨틀을 자르는 단열대는 육도구－천지－증봉산 북동향 단열대, 백산진－천지－김책 북서향 단열대와 홍두산자－천지 북북서향 단열대인 것으로 해석된다. 이 중에서 마지막 두 단열대는 북서 방향으로 천지를 정점으로 2개로 갈라지지만 일정한 심도로 내려가서는 하나로 합쳐져 하나의 북서향 단열대로 된다. 원시 마그마의 최초 심도 계산 결과도 이 단열대가 초암권 단열대임을 증명해 준다. 이외 대다수 단열대는 지각 단열대에 속한다. 그러나 북북동향 단열대는 백두산 천지와 망천아봉 등의 지역에만 현저하게 나타난다.

제2절 화산구조

1. 화산대

중국 북동부 남동 산지에는 북동향 화산대 및 북북동향 화산대가 분포되어 있다. 북동향 화산대는 서쪽에서 동쪽으로 이통-수란-이란 화산대, 돈화-영안-밀산 화산대, 압록강 상류-두만강 화산대 등이 있다.

이통-수란-이란 화산대: 주향이 45°~50°로 놓이는 좁은 열곡대에 200여 m 두께의 퇴적층을 이루며, 이 퇴적층은 중·신생대 육성쇄설암으로 구성되는 이수 단층함몰 분지를 이룬다. 장춘시 부근에서 분출된 현무암 K-Ar 연대는 86~61Ma이며 이는 후기 백악기 말엽에서부터 전기 팔레오세에 속한다. 또한 제4기 초기의 현무암도 적지만 분포되어 있다.

돈화-영안-밀산 화산대: 주향이 50°~55°로 놓이는 좁은 열곡대, 단층함몰 분지에 중·신생대 쇄설물이 3,700여 m 두께로 퇴적되어 있다. 현무암이 단열대를 따라 광범하게 분출되었고 이는 연대가 49~39Ma이며 에오세 중기에 속한다. 돈화와 경백호 지대에는 제4기 알칼리 현무암이 넓게 분포되어 있다.

압록강 상류-두만강 화산대: 돈화-연안-밀산 화산대와 평행으로 놓인다. 백두산 구역은 바로 이 화산대의 남서단과 백산진-천지-김책 북서향 화산대의 교차지역에 위치된다. 이 화산대는 앞에서 설명한 두 화산대처럼 연계성이 부족하여 화산암이 군데군데 분리되어 분포된다(그림 2-4). 특히 지세 높은 산령 위에는 마이오세~제4기 현무암이 분포되고 두만강 단열대에는 제3기 퇴적분지와 하곡 현무암이 분포되어 있다.

북북동향 화산대는 서쪽에서 동쪽으로 송료분지의 동변부 화산대, 길림-판석유하-단동 화산대, 통화-화던-교하-상지 화산대, 백두산-경백호-계서 화산대 등이 있다. 각 화산대는 북북동향 압축성 단열대를 따라 화산들이 연계성 없이 띄엄띄엄 분포된다. 송료분지 동변부의 화산대에서의 현무암 분출시대는 팔레오세에 속하고 길림-단동 화산대에서의 현무암 분출시대는 에오세에 속하며 통화-상지 화산대와 백두산-계서 화산대에서의 화산암 분출시대는 올리고세 후기에서 홀로세에 속한다.

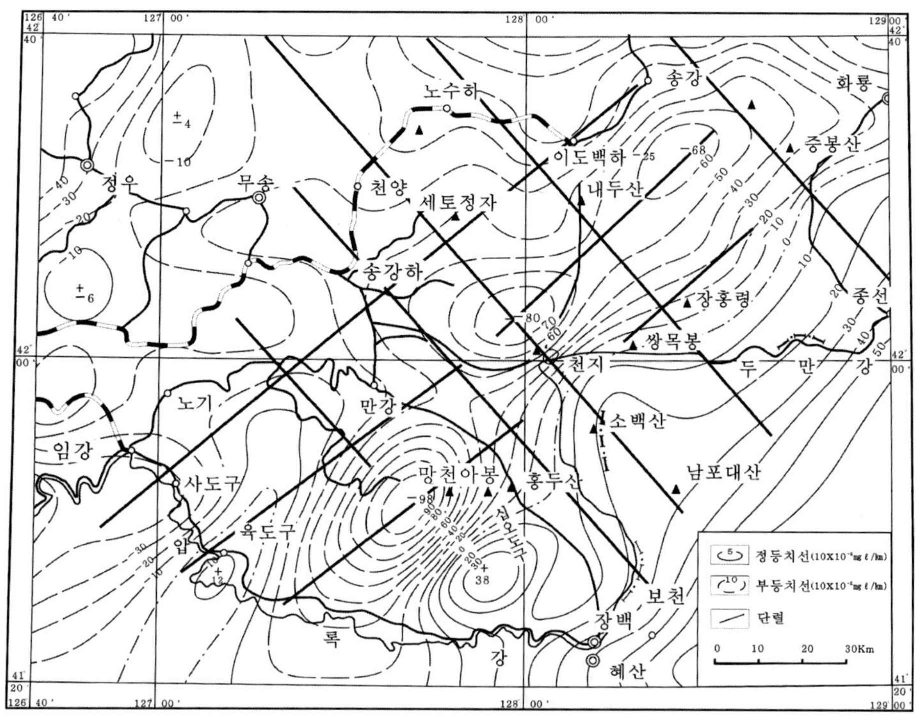

[그림 5-10] 백두산 구역에서 중력장 여파(D135°, 10㎞) 단열대 해석도

2. 화산군과 화산열

　백두산 구역에서 화산은 크든 작든 간에 이미 알려진 것이 250여 개이며(조선 경내의 화산을 모두 합하면 300여 개가 넘는다) 이 중에서 대부분은 단식화산(혹은 기생화산)이고 소수가 복잡한 형태의 복식화산에 속한다. 이 화산들은 천부 망상단열대 및 선형단열대의 제어를 받았기 때문에 집단으로 무리 지어 화산군을 형성하고 혹은 선상으로 줄지어 화산열을 형성하면서 분포된다. 이러한 분포양상은 대략적으로 18개 화산군, 2개 화산열 및 3개 열극 분출대로 구분 지을 수 있다([그림 5-1]). 그러면 주요 화산군과 화산열에 대해 간략하게 서술한다.

가. 백두산 천지 화산군

　이 천지 화산군은 백두산기 조면안산암-알칼리 유문암 분포지대와 인접지역에 분포하는 화산들의 무리를 말한다. 이 화산군은 북서 길이가 35㎞(조선 경내 포함)이고 남서

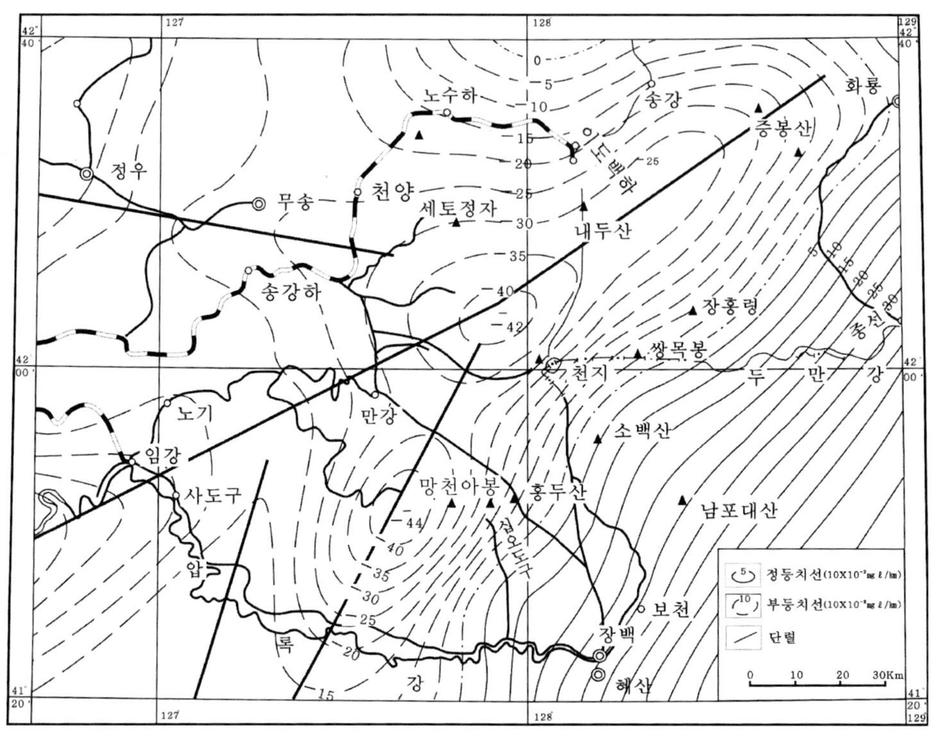

[그림 5-11] 백두산 구역에서 중력장 여파(D135°, 20㎞) 단열대 해석도

너비가 15~25㎞이다. 이 화산군은 육도구-증봉산 북동향 단열대와 백산진-천지-김책 북서향 단열대가 교차되는 위치에 놓이며 여기서 교차단열주는 북북동을 향해 경사되어 있다. 이 경사각은 천부에서 거의 수직이지만 일정한 심부로 내려가면서 활 모양으로 작아져 결국 약 70°로 된다. 이 화산군은 본 구역에서 가장 활발하게 일어나는 단열융기의 중심이 된다. 이 때문에 모호면의 심도가 47㎞까지 내려가며 본 구역에서 가장 깊은 곳이 된다. 따라서 상부 맨틀 면은 사발 모양으로 아래로 오목하며 이 구역에서 중력부게값이 -840g.u에 달하고 80억 톤 내외의 질량결핍을 나타낸다. 질량이 결핍되는 사실은 백두산 천지 화산암체가 계속 융기 상승하고 있음을 반영한다. 또한 조선에서 제공한 자료에 의하면 백두산 천지는 매년 2.75㎜ 높아진다고 보고된 바 있다.

이 화산군의 중심은 천지 칼데라를 갖는 백두산 화산이며, 이 대형화산은 하와이언 순상 화산 위에 벌커니언 성층화산이 놓이며 그 위에 작은 플리니언 부석구가 여러 곳에 형성되어 있는 복식화산이다. 그리고 이 순상화산 위에는 분석구, 용암도옴 및 마아르 등의 소형화산도 여러 곳에 분포되어 있다. 천지 성층화산 정상부에 있는 부석구와 분화구 등의 소형화산을 살펴보면 중국 측에 60여 개가 분포하는데 모두 망상단열의 제어만을 받은 것은 아니다. 이들은 대부분 환상 단열대와 방사상 단열대의 교차점과 밀접하게 관계된다. 이 때문에 소형화산의 분포는 대부분 대형화산의 일정한 해발고도에서 노출되는 특징을 보여 준다.

소형화산은 분포 고도가 대체로 해발 1,600~1,700m, 1,900~2,100m과 2,400~2,700m에서 밀집되고 분포형태가 대부분 환상을 나타낸다. 이 소형화산에서의 분출물은 대부분 군함산기, 백산기 현무암, 백두산기, 기상참기 조면안산암－조면암－알칼리 유문암 및 홀로세 조면암질 화성쇄설암, 알칼리 유문암질 화성쇄설암 등으로 구성되고 소규모로 쌍봉, 노호동, 흑석하 등의 현무암질 스패터와 용암 등도 분출되어 있다.

나. 망천아 화산군

이 화산군은 보천산－적봉 북동향 단열대와 망천아봉－신둔자 북서향 단열대가 교차하는 위치에 놓이며 그 분포 범위가 망천아기 현무암－조면안산암으로 구성되는 직경 약 40㎞의 지역 내에 존재하는 화산들을 말한다. 이의 북부에는 만강－백산 북서서향 단열대의 절단을 받고 군함산기, 백산기 백산 현무암에 의해 피복된다.

중심 화산은 칼데라를 갖는 대형화산이며 이 칼데라 부근에는 연산기 알칼리장석 화강암과 중기 쥬라기 사도구층군의 유문암 및 화성쇄설암이 노출되어 있다. 소형화산은 13개 이상이 발견되며 역시 지형 고도와 밀접한 관계를 가진다. 이들은 대형화산의 해발고도 1,200~1,300m와 1,800~2,000m에서 환상으로 분포되어 있다. 이 소형화산을 구성하는 분출물은 망천아기 현무암과 홍두산기 조면안산암－알칼리 유문암 등으로 구성된다.

다. 북강 화산군

이 화산군은 백산진－천지－김책 북서향 화산대의 북단 남서쪽에 위치하며 분포 범위가 동서로 13㎞이고 남북으로 12㎞ 된다. 이 위치는 북동향 단열대와 북서향 단열대가 망상으로 교차하여 화산을 형성하기에 유리한 곳이다. 북서향 단열대는 주향이 321°이고 단열대 간격이 약 3㎞이다. 이 화산군은 17개 소형화산들이 무리를 이루며([그림 5－12]) 이들의 분출물은 플라이오세 천양기 현무암 및 스패터, 화산탄 등으로 구성된다.

라. 노수하 화산군

이 화산군은 화거창－노수하 북서향 단열대와 마미산－두도백하 북동향 단열대가 교차하는 곳에 위치한다. 이곳은 천지-마가소산 북서향 단열대와 천지림장-천지-노방자 소산 북동향 단열대 등에 의해 망상단열 분포 패턴을 보여 주는 곳이다. 이 화산군은 분포 범위가 남북으로 14㎞이고 동서로 13㎞ 되는 지역 내에 있다. 이 화산군은 북동향과 북서향 단열대의 지배를 받아 망상 분포 패턴을 보여 주며 10개 소형화산으로 구성된다([그림 5-13]). 북서향 단열대는 주향이 310°이고 단열간격이 약 2㎞이다. 소형화산의 분출물은 백산기 백산 현무암 및 스패터, 화산탄 등으로 구성된다.

마. 개봉 화산군

개봉 화산군은 마가소산-천지 북서향 단열대와 마이하-송강 북동향 단열대가 사귀는 곳에 위치된다. 이 화산군은 분포 범위가 동서로 11㎞이고 남북으로 약 8㎞이다. 이 화산군은 9개 소형화산으로 구성되며 북동향과 북서향 이차 단열대의 지배를 받아 망상으로 분포한다[그림 5-14]. 북서향 단열대는 주향이 306°이며 북동향 단열대는 주향이 57°이고 단열간격이 약 2㎞이다. 이 화산군의 분출물은 군함산기 현무암으로 구성된다.

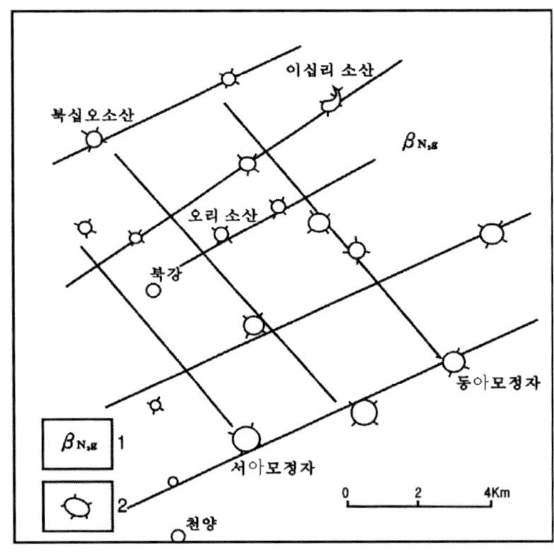

1. 천양기 현무암, 2. 분화구

[그림 5-12] 북강 화산군의 분화구 분포 패턴

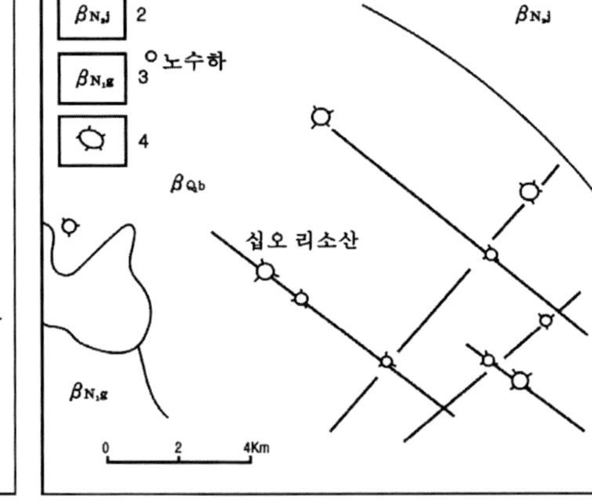

1. 백산기 현무암, 2. 군함산기 현무암, 3. 천양기 현무암, 4. 분화구

[그림 5-13] 노수하 화산군의 분화구 분포 패턴

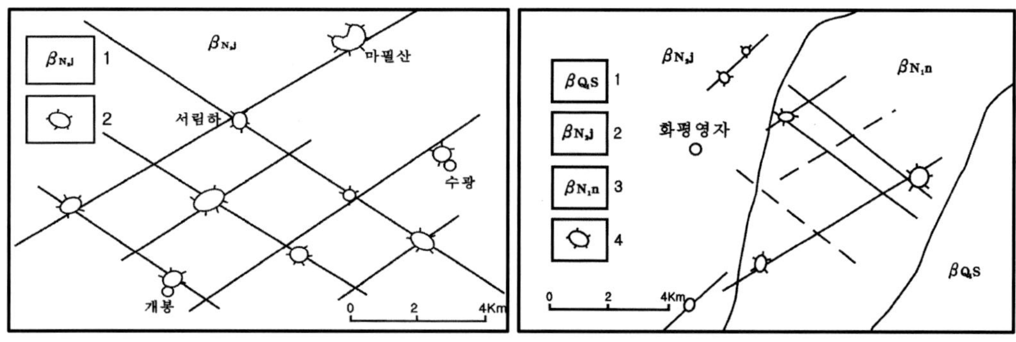

1. 군함산기 현무암, 2. 분화구

1. 쌍봉 현무암, 2. 군함산기 현무암, 3. 내두산 현무암, 4. 분화구

[그림 5-14] 개봉 화산군의 분화구 분포 패턴　　**[그림 5-15] 화평영자 화산군에서 분화구 분포**

바. 화평영자 화산군

이 화산군은 송강소산-화평영자 북동향 단열대와 십오리소산-화평영자 북서향 단열대가 교차하는 곳에 위치한다. 이 화산군은 남북으로 9㎞이고 동서로 7㎞ 되는 분포 범위에 6개 소형화산으로 구성되며 북서향과 북동향 단열대의 제어를 받아 망상으로 분포된다[그림 5-15]. 북동향 단열대의 주향은 50°~55°이고 북서향 단열대의 주향은 310°이다. 이 단열대는 마가소산-천지 북서향 단열대와 천지림장-천지-노방자소산 북동향 단열계와 근본적으로 일치된다. 이 화산군의 분출물은 내두산기와 군함산기 현무암으로 구성된다.

사. 두서 화산군과 홍토산자 화산군

이 두 화산군은 지표에서 보면 하나의 화산군처럼 보이지만, 그러나 분출연대가 서로 다르기 때문에 구분된다.

두서 화산군은 마이하-송강 북동향 단열대와 백산진-천지-김책 북서향 단열대의 교차되는 위치에서 형성된다. 이곳은 동토정자 및 두서를 중심하여 비교적 높게 융기한 지역이다. 화산들은 주로 단열대를 따라 분포되어 서토정자 북서향 화산열을 이루고 있다. 이 북서향 화산열은 주향이 326°로서 근본적으로 백산진-천지-김책 북서향 단열대와 일치된다. 이 화산열은 길이가 22㎞이고 폭이 3~5㎞의 소형화산으로 구성된다[그림 5-16]. 북동향 화산열의 주향은 55°이며, 마이하-송강 북동향 단열대와 일치된다. 이 화산열의 길이는 17㎞이고 폭이 2~3㎞이며 소형화산으로 구성된다. 그 중에 동토정자, 서토정자, 마안산 등의 세 화산은 두 방향의 단열대가 사귀는 점에 위치한다. 두서 화산군의 분출물은 천양기 현무암과 두서기 조면안산암-알칼리성 유문암이다.

홍토산자 화산군은 홍토산자-화평영자 북서향 단열과 마이하-송강 북동향 단열이 교차하는 곳에 위치된다. 화산의 일부는 북서향과 북동향 단열대의 지배를 받아 망상으로 분포된다([그림 5-16]). 그리고 일부 화산은 계속적으로 활동하는 고기 북동향 단열대의 영향을 받았다. 예를 들면 평정자-왜왜정자 북동향 화산열이 이에 속한다. 즉 마이하-송강 북동향 단열대는 두서 화산군의 형성을 제어하였고 후에 계속적으로 활동하여 플라이스토세에 다시 화산열을 형성되게 한 것이다. 홍토산자 화산군의 분출물은 백산기 백산 현무암 및 스패터 화산탄이며, 군함산기 현무암 및 스패터 화산탄 등으로 구성되는 곳도 있을 수 있다.

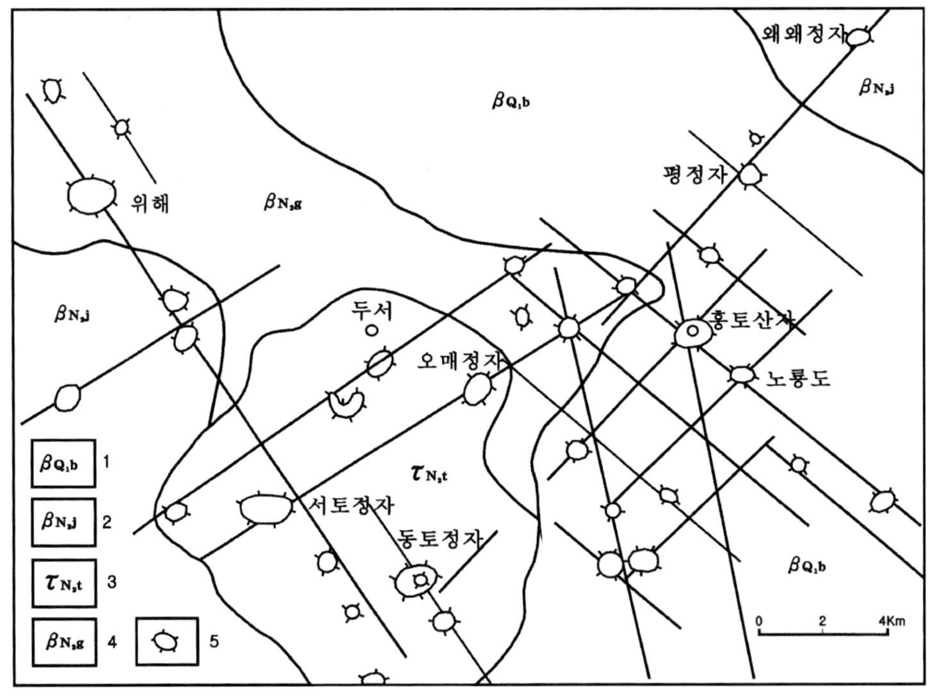

1. 백산기 현무암, 2. 군함산기 현무암, 3. 두서기 안산조면암-알칼리 유문암, 4. 천양기 현무암, 5. 분화구

[그림 5-16] 두서 화산군과 홍토산자 화산군에서 분화구 분포 패턴

아. 백두산 북쪽의 화산군

이 화산군은 백산진 – 천지 – 김책 북서향 단열대와 북동향의 작은 단열대가 사귀는 곳에 위치된다. 이 화산군은 길이가 약 20㎞이고 너비가 약 5㎞ 되는 분포 범위 내에 줄지어 분포되며 20개 내외의 소형화산으로 구성된다([그림 5 – 17]). 그리고 천지 – 홍토산자 북서향 단열대에는 7~8개 화산이 분포되어 있다.

이 지역은 백두산 천지 화산체의 중심부 북쪽에 있기 때문에 마이오세부터 홀로세까지 분출활동이 연속적으로 일어났던 곳이다. 그래서 이곳은 여러 시기의 화산이 중첩되어 복잡한 화산군을 이룬다. 주요 분출물은 백산기 백산 현무암 및 노호동 현무암 등이다.

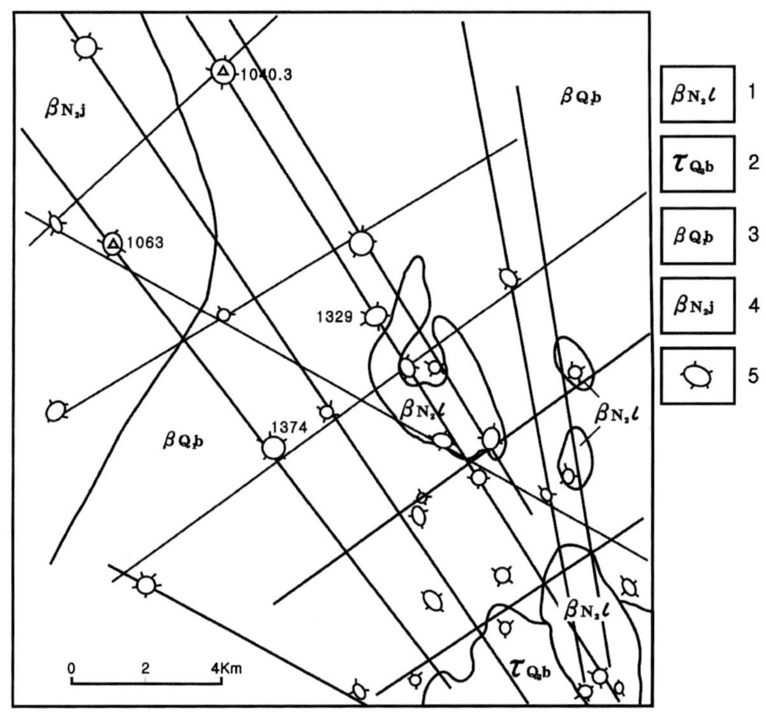

1. 노호동 현무암, 2. 백두산기 조면암, 3. 백산기 현무암, 4. 군함산기 현무암, 5. 분화구

[그림 5 – 17] 백두산 북쪽의 화산군에서 분화구 분포 패턴

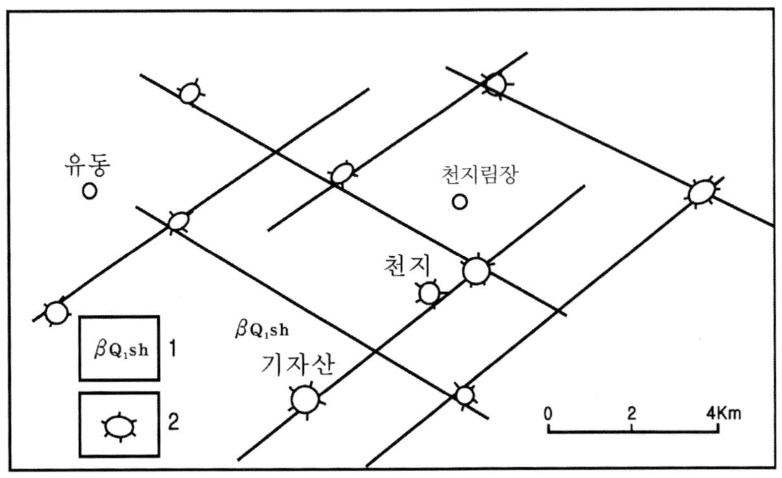

· 1. 쌍봉 현무암. 2. 분화구

[그림 5-18] 기자산 화산군에서 분화구 분포 패턴

자. 기자산 화산군

이 화산군은 천지림장-천지-노방자소산 북동향 단열대와 백산-유동 북서향 단열대가 교차하는 곳에 위치한다. 분포 범위는 동서로 16㎞이고 남북으로 12㎞이다. 이 화산군은 12개 소형화산으로 구성되며 북동향과 북서향 단열대의 제어를 받아 망상으로 분포 패턴을 나타낸다([그림 5-18]). 북서향 단열대는 주향이 300°이고 북동향 단열대는 주향이 53°이며 단열 간격이 모두 2~3㎞이다. 북동향 단열대에서 주향 변화를 보면 유도구-천지-증봉산 북동향 단열대가 남서 방향으로 가면서 천지를 지난 다음에 주향이 2~3° 북으로 휜다. 이 화산대에서 분출물은 쌍봉 현무암 및 스패터, 화산탄 등으로 구성된다.

차. 노방자소산 화산군

이 화산군은 천지림장-천지-노방자소산 북동향 단열대와 십오리소산-쌍목봉 북서향 단열대가 사귀는 곳에 위치된다. 분포 범위는 동서로 15㎞이고 남북으로 11㎞이다. 이 화산군은 17개 소형화산으로 구성되며 이 중에 8개는 노방자소산 북동향 단열대에 줄지어 화산열을 이룬다([그림 5-19]). 이 화산열은 길이가 약 13㎞이고 주향이 56°이다. 북서향 단열대의 주향은 305°이며 주 단열대와 근본적으로 일치된다. 이 중에서 천지림장-천지-노방자소산 북동향 단열대는 플라이스토세에 와서도 활동하고 있기 때문에 분출물은 주로 쌍봉 현무암, 흑석하 현무암과 스패터, 화산탄 등으로 구성된다.

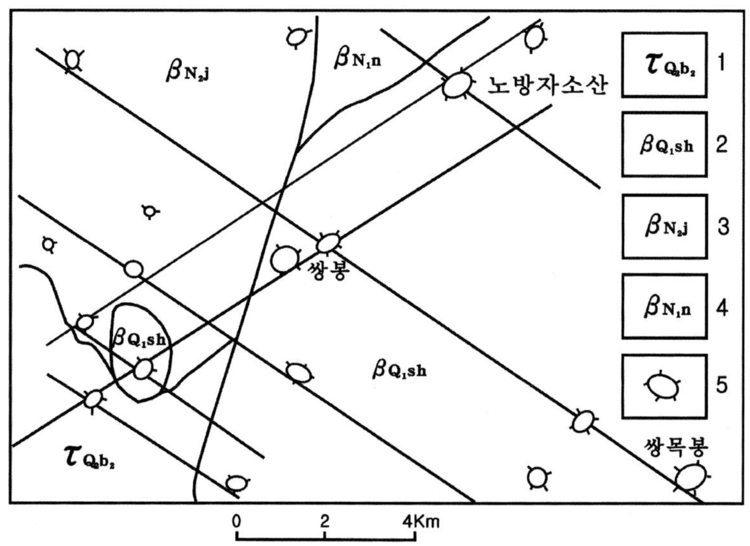

1. 백두산기 조면암, 2. 쌍봉 현무암, 3. 군함산기 현무암, 4. 내두산기 현무암, 5. 분화구

[그림 5-19] 노방자소산 화산군에서 분화구 분포 패턴

<표 5-1> 백두산 구역에 분포하는 신생대 화산

순번	화산군	화산명	위 치	북 위	동 경	분화구 형태	분출물	분출 유형	화산 개수
1	백두산천지화산군	천지 칼데라	천지 화산 정상부	41°59′00″ 42°01′30″	128°02′15″ 128°05′15″	원형	홀로세 부석 조면암질 화성쇄설암	중심분출	주 화산
		천지 성층 화산	천지 외곽부	41°52′00″ 42°04′50″	127°56′15″ 128°09′30″	타원형	백두산기 안산조면암, 알칼리 유문암, 흑요암	중심분출	
		노호동 분석구	천지 북쪽 3km	42°01′50″	128°03′00″	반타원형	노호동 현무암 스패터, 화산탄	중심분출	기생화산 60개 내외
		기상참 분화구	천문봉 북쪽 300m	42°02′20″	128°04′10″	원형	기상참기 알칼리 유문암, 화성쇄설암	중심분출	
		은환호 마아르	백두산 U자형곡 좌측	42°03′35″	128°03′20″	원형	팔패모기 화산 기체, 화산회	중심분출	
		부천석 마아르	천지 북쪽 천지 입구	42°01′30″	128°03′20″	원형	팔패모기 화산 기체, 화산회	중심분출	
		2124고지 용암도움	장백호텔 서쪽 산봉	42°02′45″	128°03′20″	타원형	백두산기 제3단계 조면암	중심분출	
		2036고지 분석구	노호동 분석구 북쪽 1.5km	42°03′30″	128°02′00″	타원형	노호동 현무암 스코리아, 화산탄	중심분출	
		남구·부석구	천지 서남쪽 제운봉 서부	41°59′10″	128°01′00″	타원형	팔패모기 조면암질 화성쇄설암	중심분출	
		1853고지 분석구	천지 동북쪽 6km	42°02′40″	128°08′15″	말굽형	쌍봉 현무암, 스코리아, 화산탄	중심분출	

<표 5-1> 백두산 구역에 분포하는 신생대 화산 (계속)

순번	화산군	화산명	위 치	북 위	동 경	분화구 형태	분출물	분출 유형	화산 개수
2	만천아 화산군	망천아 칼데라	장백현 북부 망천아봉	41°39′00″ 41°49′00″	127°48′50″ 127°56′20″	타원형	홍두산기 안산조면암, 조면암	중심분출	주 화산
		망천아 순상화산	장백현 북부 망천아봉	41°04′00″ 41°51′00″	127°38′00″ 128°11′00″	원형	망천아기 현무암, 홍두산기 안산조면암	중심분출	
		홍두산 용암도움	망천아봉 동쪽 홍두산	41°44′30″	127°57′20″	타원형	홍두산기 알칼리 유문암	중심분출	기생 화산 13개 내외
		요망대 분석구	홍두산 북쪽 2km	41°45′20″	127°56′00″	원형	망천아기 스코리아, 현무암	중심분출	
		장초모정 분석구	망천아봉 북쪽5km	41°46′50″	127°54′30″	원형	홍두산기 안산조면암, 알칼리 유문암	중심분출	
		오동방 분석구	오동방 동남 1310고지	41°41′11″	127°43′00″	원형	망천아기 현무암, 스코리아	중심분출	
3	북강 화산군	이십리소산 분석구	북강 북동쪽 2.5km	42°28′00″	127°35′05″	원형	천양기 스코리아, 화산탄	중심분출	분석구 17개 내외
		북십오소산 분석구	북강 북쪽 4.5km	42°27′30″	127°30′30″	말굽형	천양기 스코리아, 화산탄	중심분출	
		십리소산 분석구	북강 북동쪽 4km	42°26′10″	127°34′00″	말굽형	천양기 스코리아, 화산탄	중심분출	
		오리소산 분석구	북강 북동쪽 2.5km	42°26′00″	127°33′00″	타원형	천양기 스코리아, 화산탄	중심분출	
		동십오리 소산 분석구	북강 북동쪽 5km	42°26′00″	127°35′00″	원형	천양기 스코리아, 화산탄	중심분출	
		동아모정자 분석구	북강 남동쪽 9km	42°23′50″	127°38′00″	원형	천양기 스코리아, 화산탄	중심분출	
		서아모정자 분석구	북강 남동쪽 4.5km	42°22′40″	127°33′30″	원형	천양기 스코리아, 화산탄	중심분출	
4	노수하 화산군	십오리소산 분석구	노수하 남동쪽 6.5km	42°27′30″	127°49′00″	원형	백산기 스코리아, 화산탄	중심분출	10개
		794고지 분석구	노수하 남동쪽 4km	42°30′00″	127°50′30″	원형	백산기 스코리아, 화산탄	중심분출	
		923고지 분석구	목정자 동쪽 6km	42°25′40″	127°54′30″	원형	백산기 스코리아, 화산탄	중심분출	
5	개봉 화산군	개봉마르	개봉촌 북쪽	42°12′30″	127°35′30″	원형	군함산기 기체	중심분출	9개
		마미산 분석구	개봉 북동쪽 9.5km	42°16′50″	127°39′35″	말굽형	군함산기 스패터, 화산탄	중심분출	
		서림하 분석구	개봉 북동쪽 6km	42°15′30″	127°37′10″	말굽형	군함산기 스패터, 화산탄	중심분출	
		885고지 분석구	개봉 북동쪽 3km	42°14′00″	127°36′30″	원형	군함산기 스코리아, 화산탄	중심분출	
		개봉소산 분석구	개봉 북동쪽 4km	42°13′10″	127°38′20″	원형	군함산기 스코리아, 화산탄	중심분출	

<표 5-1> 백두산 구역에 분포하는 신생대 화산 (계속)

순번	화산군	화산명	위치	북위	동경	분화구 형태	분출물	분출 유형	화산 개수
6	마안산 화산군	서마안산 분석구	동강 동쪽 16km	42°09′15″	127°41′30″	말굽형	군함산기 스패터, 화산탄	중심분출	6개
		동마안산 분석구	동강 동쪽 20km	42°08′20″	127°44′10″	말굽형	군함산기 스패터, 화산탄	중심분출	
		1036고지 분석구	마안산촌 동쪽 7km	42°08′00″	127°46′30″	타원형	군함산기 스패터, 화산탄	중심분출	
		1058고지 분석구	마안산촌 동쪽 12.5km	42°07′30″	127°50′40″	원형	군함산기 스패터, 화산탄	중심분출	
7	화평영자 화산군	황송포 순상화산	황송포 북쪽 3km	42°08′50″	128°11′50″	원형	내두산기 현무암 맨틀 내포체 함유	중심분출	6개
		1240고지 순상화산	화평영자 동쪽 7.5km	42°10′30″	128°15′40″	원형	내두산기 현무암	중심분출	
		방향유창 순상화산	화평영자 동쪽 2.5km	42°02′10″	128°11′00″	원형	군함산기 현무암	중심분출	
8	두서 화산군	위해 분석구	두서참 북서쪽 10km	42°22′45″	127°44′00″	원형	천양기 현무암, 스코리아	중심분출	22개
		두서 성층화산	두서참 남산	42°20′00″	127°50′30″	원형	두서기 알칼리 유문암, 화성쇄설암	중심분출	
		마안산 분석구	두서참 남서쪽 2.5km	42°19′30″	127°50′00″	말굽형	두서기 안산조면암	중심분출	
		서토정자 분석구	두서참 남서쪽 7km	42°17′30″	127°48′00″	원형	두서기 안산조면암	중심분출	
		동토정자 분석구	두서참 남쪽 8km	42°06′00″	127°51′30″	원형	두서기 안산조면암	중심분출	
		왜왜정자 분석구	이도백하진 서쪽 7km	42°25′40″	128°01′00″	타원형	군함산기 현무암, 스코리아	중심분출	
		홍토산자 분석구	두서참 동쪽 10km	42°20′30″	127°57′50″	원형	백산기 스코리아, 화산탄	중심분출	
9	백두산 북측 화산군	1040고지 분석구	천지 북서쪽 26km	42°13′00″	127°54′30″	타원형	백산기 스코리아, 화산탄	중심분출	33개
		1329고지 분석구	천지 북서쪽 17km	42°09′00″	127°57′40″	원형	백산기 스코리아, 화산탄	중심분출	
		1374고지 분석구	천지 북서쪽 16km	42°07′10″	127°55′40″	원형	백산기 스코리아, 화산탄	중심분출	
		1704고지 분석구	천지 북서쪽 20km	42°05′00″	127°58′40″	원형	백산기 스코리아, 화산탄	중심분출	
		1500현경계 분석구	천지 북서쪽 14km	42°07′20″	127°58′40″	원형	노호동기 현무암, 스코리아	중심분출	
		1623고지 분석구	천지 북쪽 12km	42°06′40″	127°01′00″	원형	노호동기 현무암, 스코리아	중심분출	
10	착초정자 화산군	착초정자 분석구	천양 남서쪽 6km	42°18′20″	127°29′50″	원형	천양기 스코리아, 화산탄	중심분출	4개
		판석하자 분석구	천양 남서쪽 8km	42°17′20″	127°29′30″	원형	천양기 스코리아, 화산탄	중심분출	
		사방정자 분석구	천양 남서쪽 10km	42°18′10″	127°26′40″	원형	천양기 스코리아, 화산탄	중심분출	

<표 5-1> 백두산 구역에 분포하는 신생대 화산 (계속)

순번	화산군	화산명	위 치	북 위	동 경	분화구 형태	분출물	분출 유형	화산 개수
11	고기자산 화산군	고기자산 순상화산	천양 남동쪽 8km	42°18′40″	127°38′00″	원형	군함산기 현무암	중심분출	10개
		삼도소산 분석구	천양 남동쪽 9.5km	42°19′20″	127°39′00″	말굽형	군함산기 현무암	중심분출	
		두도소산 분석구	천양 남동쪽 7km	42°19′20″	127°37′40″	원형	군함산기 현무암	중심분출	
		두도차 분석구	천양 남동쪽 4.5km	42°18′20″	° 127°34′00″	원형	군함산기 현무암	중심분출	
		청정자 분석구	청정자 남산	42°19′20″	127°33′30″	원형	군함산기 현무암	중심분출	
12	기자산 화산군	기자산 분석구	천지 남서쪽 16km	41°55′00″	127°52′00″	원형	쌍봉 현무암, 스코리아, 화산탄	중심분출	10개
		1485고지 분석구	천지 남서쪽 11.5km	41°56′50″	127°55′00″	원형	쌍봉 현무암, 스코리아, 화산탄	중심분출	
		1082고지 분석구	유동 남쪽 3km	41°56′20″	127°48′00″	원형	쌍봉 현무암, 스코리아, 화산탄	중심분출	
		신유동참 뒷산 분석구	천지 남서쪽 6km	41°58′00″	127°59′00″	타원형	쌍봉 현무암, 스코리아, 화산탄	중심분출	
13	노방자소산 화산군	노방자소산 분석구	노방자소산	42°04′00″	128°07′00″	원형	쌍봉 현무암, 스코리아, 화산탄	중심분출	7개
		쌍목봉 분석구	천지 동쪽 18km	42°01′20″	128°17′00″	원형	쌍봉 현무암, 스코리아, 화산탄	중심분출	
		노방자 분석구	천지 북동쪽 16km	42°06′10″	128°13′25″	원형	쌍봉 현무암, 스코리아, 화산탄	중심분출	
14	홍토산 화산군	홍토산 분석구	장백현 서쪽 홍두산촌	41°41′30″	127°33′30″	원형	장백 현무암, 스패터	중심분출	16개
		쌍산자 분석구	홍두산촌 남동쪽 4.5km	41°40′00″	127°35′30″	원형	장백 현무암, 스코리아	중심분출	
		동소산 분석구	홍두산촌 북서쪽 5km	41°04′00″	127°32′00″	원형	장백 현무암, 스코리아	중심분출	
15	소백산 화산군	소백산 부석구	천지 남쪽 12km	41°52′30″	128°04′20″	원형	백두산기 제1단계	중심분출	10개
		1862고지 부석구	소백산 북서쪽 4km	41°53′55″	128°02′00″	원형	백두산기 제1단계	중심분출	
		2065고지 분석구	천지 남쪽 9km	41°54′35″	128°05′00″	원형	백두산기 제1단계	중심분출	
16	횡산 화산군	용강산 분석구	백산림장 서북산	41°49′00″	128°02′40″	원형	백산기 현무암, 스패터	중심분출	7개
		육종점 분석구	백산림장 서산	41°48′00″	128°02′00″	원형	백산기 현무암, 스패터	중심분출	
		횡산 용암구	횡산림장 북서쪽 3.5km	41°45′30″	128°04′20″	원형	망천아기 조면안산암	중심분출	

<표 5-1> 백두산 구역에 분포하는 신생대 화산 (계속)

순번	화산군	화산명	위 치	북 위	동 경	분화구 형태	분출물	분출 유형	화산 개수
17	적봉 화산군	적봉 분석구	황룡, 안도, 조선 경계부	41°01′30″	128°27′20″	원형	두만강 현무암 스패터	중심분출	8개
		원지마아르	적봉 북서쪽 2.4km	42°02′00″	128°26′20″	원형	화산기체	중심분출	
		장흥령 순상화산	적봉 북쪽 2km	42°02′30″	128°27′40″	타원형	내두산 현무암	중심분출	
18	신둔자 화산열		무송현 북쪽 30km	42°30′~36′	127°12′~19′	선형	증봉산 현무암	열극분출	미상
19	장흥령 화산열		적봉 북쪽 10km	42°01′~13′	128°23′~33′	선형	내두산 현무암	열극분출	미상
20	증봉산 화산군		화룡시 남서쪽 24km	42°26′~40′	128°30′~45′	원형	증봉산기 현무암	중심분출	5개
21	송강-삼도구 열극분출대		안도현 송강진				두만강 현무암	열극분출	
22	두만강 열극분출대		화룡, 용정 조선 경계부				두만강 현무암	열극분출	
23	압록강상류 열극분출대		장백현과 조선 경계부				연강촌, 영광탑 현무암	열극분출	

제3절 화산유형

1. 중심 화산

백두산 구역에는 화산의 유형이 비교적 다양하며 순상화산, 성층화산 등의 대형화산과 분석구, 부석구, 용암도옴, 마아르 등의 소형화산이 여러 곳에 분포한다(<표 5-1>).

가. 순상화산

이 구역에서 순상화산은 가장 넓게 분포되며 이미 알고 있는 바와 같이 망천아 순상화산, 증봉산 순상화산, 장흥령 순상화산, 백두산 천지 순상화산 등이 있다. 이들은 마이오세와 플라이오세에 크게 형성되었고, 플라이스토세 및 홀로세에 와서는 규모가 점점 작아졌다. 따라서 순상화산은 대부분 시대가 비교적 고기이고 오랫동안 침식 삭박되어 윤곽이 뚜렷하게 나타나지 않고 후기 화산암에 덮이는 경우가 많으며 전체 모습이 완전하게 노출되지 않는다. 주요 순상화산을 간략하게 서술한다. 그러나 백두산 천지 순상화산은 백두산 천지 복식화산 편에서 설명한다.

(1) 망천아 순상화산

이 순상화산은 장백현 경내에 분포되어 있으며, 두 순상화산이 쌍둥이 같이 겹쳐있으며 분출시대가 약간 다르다. 하부에 있는 것을 내두산기 순상화산이라 하고 상부에 놓이는 것을 망천아기 순상화산이라고 부른다.

내두산기 순상화산은 망천아봉 분화구를 중심하여 먼저 분출된 방패형 화산이다. 이는 길이가 동서로 100㎞이고 너비가 남북으로 60㎞ 내외로 타원형 분포를 이룬다. 이 화산체의 사면은 북부를 제외하면 경사가 1°~3° 정도로 거의 평탄하며 표면은 용암류가 파도처럼 계단상으로 점차 높아진다. 서쪽 경사면의 해발 고도는 900m에서 중심부를 향해 점차 높아져 1,000~1,200m로 된다. 멀리서 바라보면 용암류가 마치 파도 모양으로 계단을 형성하며 완만하게 높아지고 마지막으로 중심부에 낮은 왕릉과 같이 볼록하다.

망천아기 순상화산은 망천아봉 분화구를 중심하여 나중에 분출된 불규칙한 원형 화산체를 이룬다. 이는 직경이 30~40㎞이고 높이가 해발 1,100~2,000m 범위로서 사면 경사가 6°~7°를 이룬다. 이 화산체는 북쪽 사면에 군함산기와 백산기 현무암이 피복되어 있고, 망천아봉 분화구 동쪽의 홍두산 봉우리에는 알칼리 유문암 도움을 형성하여 높게 솟아 있다.

(2) 증봉산 순상화산

이 순상화산은 화룡시 남강산맥의 증봉산(1,676m)을 중심으로 분포되는 방패형 화산이다. 이 순상화산은 증봉산 분화구를 중심으로 길이가 약 45㎞이고 너비가 20~30㎞이며 높이가 해발 1,100~1,600m 범위에 놓인다. 표면은 장기간의 삭박작용으로 원래 화산의 윤곽이 완전하지 않다. 특히 이 화산은 남동쪽에 중심 분출이 있었지만 그 북서쪽에 열극 분출이 있었기 때문에 완전한 분화구의 위치와 형태를 찾기 힘들다.

(3) 착초정자 순상화산

이 순상화산은 망천아-신둔자 북서향 단열대와 영벽산-사방정자 북동향 단열대가 교차되는 곳에 위치된다. 이 화산은 착초정자의 서부와 북서부에 넓게 분포되어 있으며 그 분포 범위가 반경 10여 ㎞를 이루고 사면이 2°~3°의 경사를 이룬다. 그리고 이 화산은 동부에서 군함산기 현무암에 의해 덮여 있다.

나. 성층화산

성층화산은 백두산기에 백두산 천지 성층화산이 있고 이 외에 보다 작지만 두서 성층화산과 노호동 성층화산이 있다. 두서 성층화산은 두서기 알칼리 유문암질 라필리응회암, 각력암 등과 알칼리 유문암의 호층으로 구성된다. 이 화산은 직경이 2~3㎞이고 상대고도가 100여 m이며 사면경사가 20°~30°에 달한다. 백두산기 성층화산은 백두산 천지 복식화산 편에서 설명한다.

다. 부석구

부석구는 주로 백두산 천지 복식화산 위에 분포되어 있는데 환상 단열대와 방사상 단열대가 만나는 곳에서 발달되어 있다. 예를 들면 부석구는 빙장, 1812고지, 남구 등지에서 가장 대표적으로 산출된다. 이들은 외관상 높이/직경이 크면 성층화산과 유사하고 작으면 순상화산과 비슷하지만 이들보다는 훨씬 작은 소형화산이다. 이 부석구는 직경이 200~300m 범위이고 상대높이가 100m 내외이며 대부분 부석으로 구성된다. 간혹 이 부석구의 분화구로부터 조면암질 용결응회암과 라필리응회암이 분출되어 하곡을 따라 길게 연장된다.

라. 분석구

분석구는 현무암 대지와 순상화산 위에 여러 곳에 무수히 분포되어 있고 일부분은 성층화산 위에서도 나타난다. 그러나 이 분석구는 대부분 마이오세, 플라이오세, 플라이스토세에 형성된 순상화산 위에 분포되어 있다. 이 화산의 직경은 0.5~1.5㎞ 범위이고 작은 것은 100m 내외이며, 상대고도는 100~150m 범위이고 사면경사는 20°~30° 범위이다. 화산의 정부에는 분화구가 보통 사발 모양으로 오목하게 패여 있으며 어떤 분화구는 한쪽으로 트여 있어 말굽 모양을 이루고 있다. 이 분석구는 전부 현무암질 스코리아, 스패터, 화산탄으로 구성되지만 어떤 분석구는 분화구가 말굽 모양으로 열린 곳으로 후에 용암류가 흘러나온 경우도 있다. 일반적으로 중·후기 플라이오세의 분석구는 분출물이 하부층에서 대부분 검은 색이지만 상부층에서 대개 붉은색으로 구성되어 있는 경우가 많다. 즉 하부층은 대개 암자색, 녹청색, 흑색의 현무암질 스코리아 스패터 및 화산탄으로 구성되고 상부층은 주로 홍갈색, 자홍색 현무암질 스코리아, 스패터 및 화산탄으로 구성된다.

군함산기 순상화산 위에는 많은 분석구가 무리 지어 있다. 이 분석구는 주로 자홍색 현무암질 스코리아, 스패터와 화산탄으로 구성된다. 직경이 0.3~1㎞이고 상대높이가 100m이며 사면경사가 30°~40°이다. 얼마의 분석구는 정부의 분화구 틈새를 따라 현무암 용암이 흘러나와 용암류를 만들었다. 예를 들면 송강하소산 북쪽의 1088고지 분석구는 분화구에서 용암류가 서쪽 사면을 따라 흘러 사행상 용암류를 형성하였다. 이 용암류는 길이가 5㎞이고 폭이 100m 내외이다.

또한 백산기 순상화산 위에 분포된 분석구는 직경이 100~200m 범위이고 상대높이가 40~60m 범위이며 사면경사가 20°~30° 범위이다. 이들도 역시 자색 현무암질 스코리아, 스패터 및 화산탄으로 구성된다. 화산체의 분화구에서는 현무암질 용암이 분류되어 저지 혹은 하곡을 따라 분포되어 있다. 예를 들어 기자산 화산군에서 용암류는 비교적 규모가 크다. 이 용암류는 서쪽을 향해 만간진 서부까지 흘러서 동서 길이가 30㎞ 내외이고 남북 폭이 0.5㎞인 분포면적을 나타낸다.

마. 마아르

마아르는 데워진 지하수가 가열되어 수증기 폭발로 형성되는 큰 분화구를 말하며 지표 아래로 움푹하게 파이기 때문에 물이 고이는 경우가 보통이다. 이미 알려진 작은 호수로 원지, 왕지, 장백소천지 등은 이 유형에 속한다. 이런 오목한 분화구에는 지표수가 모여들어 작은 호수를 이룬다.

원지 마아르는 백산기 순상화산의 동쪽 사면에 있고 천지에서 약 32㎞ 떨어져 있다. 이 마아르는 현재 호수를 이루며 그 호수 면은 원형이고 직경이 180m이며 고도가 해발 1,270m이다. 왕지 마아르는 백산기 순상화산의 남서 사면에 있으며 천지로부터 약 13㎞ 거리에 있다. 호수 면은 원형이고 직경이 약 110m이며 고도가 해발 1,410m이다. 장백소천지 마아르는 장백폭포 북쪽에서 3㎞ 떨어진 이도백하 서쪽 안변에 있다. 이의 호수 면은 원형이고 직경이 83m이며 호수 깊이가 13m로서 호수 직경과 깊이는 6:1의 관계를 가진다.

바. 용암도옴

백두산 구역에서 산출되는 뚜렷한 용암도옴은 망천아봉 동쪽에서의 홍두산 용암도옴이 있고 장백 U자형 계곡 서측에서의 2142고지 용암도옴이 있다.

홍두산 용암도움은 망천아봉에서 동쪽으로 5㎞ 거리의 홍두산 정상에 있으며 암종형태로 산출된다. 이 도움은 직경이 700m 내외이고 상대높이가 약 70m이며, 사면이 $40°\sim50°$의 경사를 이룬다. 이 도움은 대부분 회색 알칼리 유문암으로 구성되며, 특히 주변부는 각력의 직경이 $0.1\sim2㎝$ 되는 파쇄각력암으로 구성된다. 도움의 아래에는 절벽에서 떨어져 나온 테일러스로 덮여 있다.

2142고지 용암도움은 장축이 남북 방향으로 약 400m 되고 단축이 동서 방향으로 50m 내외 되는 타원형이며 상대높이가 약 40m 된다. 이 도움의 사면은 $20°$ 이하로 경사지고 주상절리가 발달되며 동측부가 f_7 단층에 의하여 절단되어 있다.

2. 칼데라와 단열대

성층화산의 정부는 중력작용을 받아 함몰되어 환상 단열대를 발생시킨다. 동시에 이 화산체 중심은 연속적으로 융기하여 많은 방사상 단열대를 발생시킨다. 이 구역에서 주요 칼데라는 백두산 천지 칼데라와 망천아 칼데라이다.

가. 백두산 천지 칼데라

(1) 환상 단열대

이 단열대는 성격이 인장성이고 단열 면이 불규칙하고 조잡하여 천지 주변에 구불구불 불규칙한 환상절벽을 이룬다. 절벽 경사는 천지중심을 향하고 $75°\sim85°$의 경사를 가진다. 천지 중심에서 밖으로 가면서 f_1, f_2, f_3, f_4 등의 4개 환상단층이 있다([그림 5-20]).

f_1 단층은 천지수면 아래에 감춰진 단층이다. 호수 심부 탐사에 의하면 천지 주변에서 수심이 수 m이던 것이 중심을 향해 갑자기 깊어져서 호수 아래에서 환상절벽이 나타나는데 이는 f_1 환상단열로 형성된 것으로 본다. 천지 중심부에는 가장 깊은 곳이 두 군데 나타나는데 중국 측에 있는 것이 373m이고 조선 측에 있는 것이 384m이다.

f_2 단층은 천지 주변에 있는 환상단층을 이룬다. 이 단층은 대부분 천지 호수 면 아래에 있고 5곳에서 수면 위에 노출되며, 원주 길이가 약 11㎞이고 폭이 10m 내외이다. 이 단층은 심하게 파쇄되어 매우 다양하고 난잡하게 배열된 각력들을 포함한다. 또한 변질작용이 심하게 일어나 고령토화, 규화, 녹니석화 및 미립상 황철광화 등 열수변질 양상을 나타낸

다. 이러한 파쇄변질대는 곳에 따라 풍화에 의해 홍갈색, 자홍색으로 둥그렇게 풍화환을 이루며 파란 천지호수와 현저한 색깔 차이를 나타낸다. 변질대는 화학분석에 의하면 Nb_2O_5 함량이 0.028~0.025%이고 Ce_2O_3 함량은 0.070~0.078%이며 Y_2O_3 함량은 0.020~0.025%이다. 이는 모암 중의 평균함량보다 훨씬 높은 광화대를 형성한다. 이 단열대의 천지 호변에는 호빈 온천대를 이루며 천문봉, 백두봉, 제운봉과 백운봉 아래에 온천이 분포되어 있다. 그 온도는 보통 40°~70°C 범위이다.

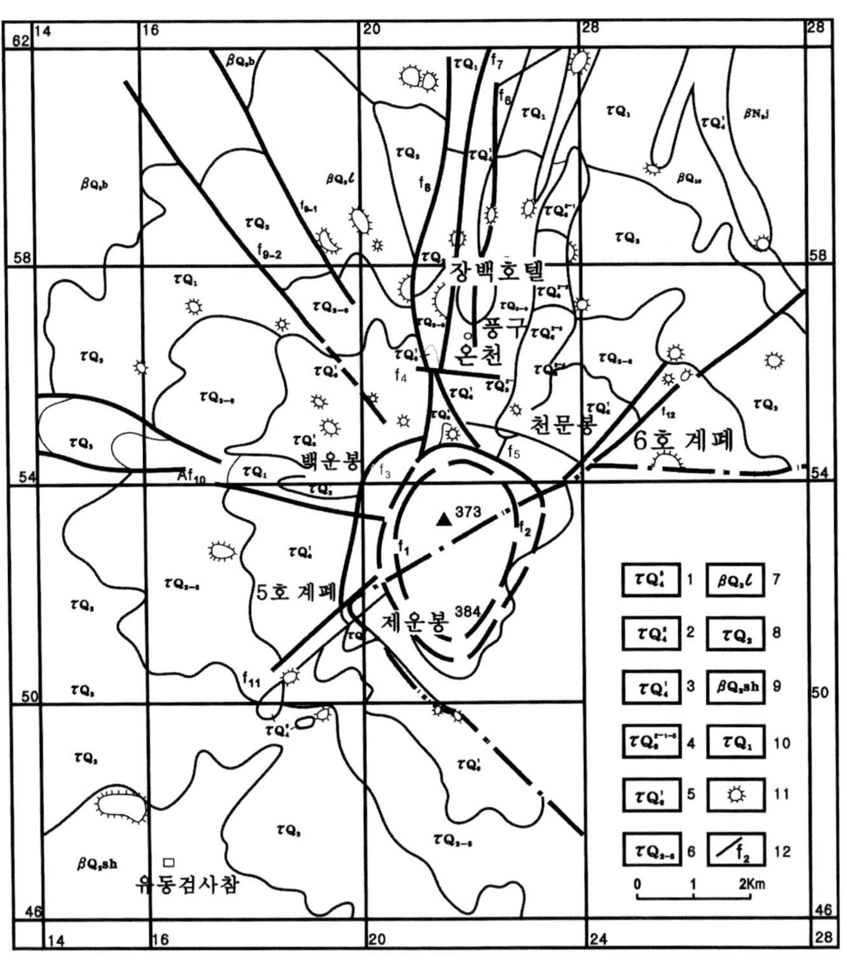

[그림 5-20] 백두산 천지 주변에서의 단열 분포

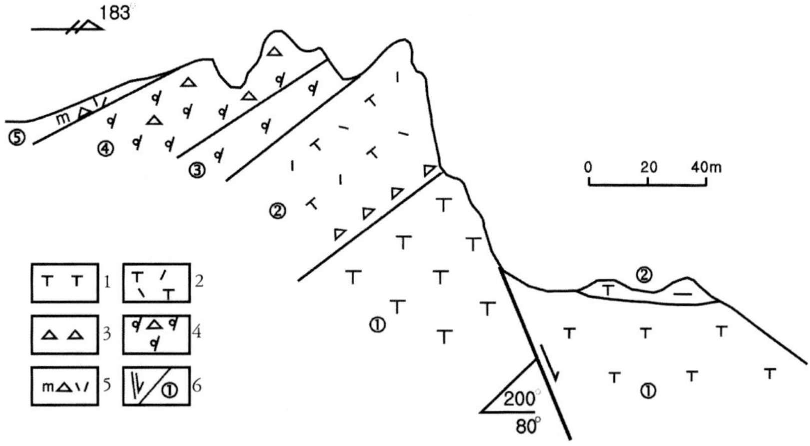

1. 알칼리 유문암, 2. 알칼리 유문암질 용결응회암, 3. 각력암, 4. 알칼리 유문암질 화성쇄설층, 5. 용결 라필리응회암,
6. 단층과 층서번호

[그림 5-21] 백암봉 단면에서 f_3 단층

f_3 단층은 f_2 단층 밖에서 용문봉, 백운봉, 청석봉, 와호봉, 화개봉, 천문봉 등 16개 산봉으로 연결되는 산령 내측부에 놓이며 장엄한 절경을 이루는 환상절벽과 일치된다. 이 절벽은 높이가 대개 50~100m이고 원주길이가 16㎞ 내외이다.

백암봉에서 이 단층은 백두산기 제4단계의 분출암, 백운봉기 및 팔괘모기의 분출암을 동시에 절단하는 것을 관찰할 수 있다([그림 5-21]). 여기서 상판이 수직 거리로 약 50m 내려앉았다.

천문봉 남쪽 절벽에서는 해발 2,400m 높이에서 리베카이트 알칼리 유문암맥이 발견된다. 이 암맥은 경사방향이 170°이고 경사각이 80°이며 폭이 약 6m이다. 이 암맥은 기상참기의 알칼리 유문암과 유사하기 때문에 그 관입시대가 백두산기 제4분출단계 이후인 것으로 짐작된다.

f_4 단층은 천지 북쪽의 장백 폭포를 이루고 있다. 여기서 주향이 동서향이고 경사가 천지쪽으로 85°로 경사된다. 장백 폭포의 동측 절벽에서 f_4 단층은 남판이 현저하게 하강되었고, 북판에서 작은 단층들은 변위가 20m 미만으로 점점 작아진다([그림 5-22]).

(2) 방사상 단열대

이 단열대는 천지를 중심으로 방사상으로 발달되며 8개 단열대가 인지된다([그림 5-20]). 이들은 북쪽으로부터 반시계 방향으로 차례로 f_5 f_6, f_7, f_8, f_9, f_{10}, f_{11}, f_{12} 등으로 지칭한다.

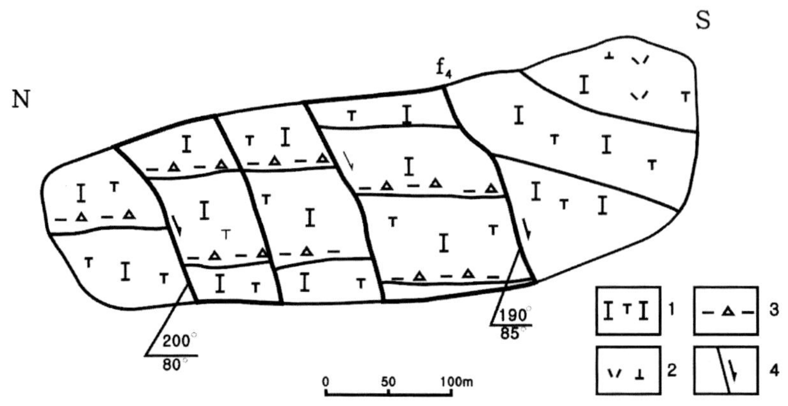

1. 알칼리장석 조면암, 2. 알칼리장석 조면암과 알칼리 유문암 호층, 3. 풍화점토층 및 조면암질 각력암, 4. 정단층

[그림 5-22] 장백 폭포의 동측 절벽에서 f₄ 단층

f_5 단층은 천문봉-흑풍구 동쪽 계곡에 위치한다. 주향은 남북향 혹은 북북동향이다. f_5 단층은 여러 갈래의 단층 혹은 단열들로 구성되는 단열대이다. 주향이 0°~10° 범위이고 경사방향이 서쪽이며 경사각이 거의 수직이다. 많은 단층 혹은 단열은 기상참기 분출암에 의해 피복되며, 그 중에서 어떤 것은 위에 피복된 암층을 자르는 곳도 있다. 그래서 흑풍구 동쪽의 암석은 일반적으로 응력작용을 받아 파쇄, 파열되어 있다. 이 암석에 포함된 왜장석 반정은 파열되어 심지어 어떤 반정은 결정편을 이룬다. 기상참기 알칼리 유문암은 f_5 단열곡을 따라 사행상으로 분포되어 있다. 1:3.5만 항공사진에서 관찰한 결과 기상참 분화구를 중심으로 분출된 기상참기 알칼리 유문암과 흑요암이 대부분이며 사면을 따라 북쪽으로 흐르고 남쪽에는 아주 적게 존재한다.

f_6 단층은 장백호텔 동쪽에 있으며 남북 방향 절벽을 따라 분포되어 있다. 이는 길이가 6.5km이고 경사방향이 서쪽이며 경사각이 80°~90° 내외이다. 이 단층의 서쪽 U자형 계곡에는 이와 평행하게 여러 개의 단층들이 달리고 있다. 이들은 경사각이 서쪽으로 35°이며 서쪽 부분이 내려앉은 정단층을 나타낸다. 이 단층은 백산기 알칼리 조면암을 자르고 빙장기의 각력암, 용결응회암과 응회암 등에 의해 피복되어 있다.

f_7 단층은 장백호텔 서쪽 절벽을 따라 분포되어 있다. 길이가 6.5km이며 경사방향이 동쪽이고 경사각이 80°~90° 정도로 거의 수직이다. 백두산기 알칼리 조면암 및 2142고지 용암도옴을 절단하고 장백산 소천지 분화구 등을 제어한 것으로 보인다. 온천 서쪽에는

현재 남아 있는 백산기 제3단계의 기저부층을 근거로 하면 함몰 낙차가 200m 내외이다.

f_7 단층은 f_6과 함께 같은 시기에 활동한 평행 단층이며, 이도백하 상류는 두 단층 사이가 함몰되어 형성된 하곡이다. 이 하곡은 후에 빙식작용 등으로 인하여 U자 곡을 이룬 것이다([그림 4-6]). 이 단층은 동서 방향의 환상 단열과 교차하는 곳에 온천을 이루고 있다. 이 온천은 수온이 $60°\sim80℃$ 범위이고 최고 $82℃$에 달한다.

f_8 단층은 f_7 단층의 서쪽에서 노호동 하곡을 따라 거의 남북 방향으로 놓인다. 이 단층은 길이가 $5㎞$ 이상이며 경사방향이 동쪽이고 경사각이 $80°\sim85°$ 내외이다. 이 단층에 의하여 노호동 분석구는 절반이 산봉으로 남고 다른 절반이 함몰되어 계곡을 이루고 있다.

f_9 단층은 기판봉 북쪽 $2㎞$ 떨어진 곳에서 북서 방향으로 놓인다. 이 단층은 길이가 $5㎞$ 이상이고 경사각이 수직이다. 이 단층은 백두산기 알칼리 조면암과 노호동 현무암을 절단하고 지금도 작용하고 있는 활단층에 속한다.

f_{10} 단층은 천지 서쪽에서 백운봉 남서쪽 계곡으로부터 송강하소산까지 동서 방향으로 놓이며 길이가 $20㎞$ 내외이고 경사각이 수직이다. 이 단열대는 서쪽으로 가면서 북서 방향의 작은 단열대로 갈라지고 구불구불한 복잡한 양상을 나타낸다. 이 때문에 이 단열대는 인장성 단층이라는 것을 지시한다. 이와 관련하여 백운봉 북쪽 사면의 남북 방향 절벽에는 폭 3m의 애지린 섬장암 암주가 관입되어 있다([그림 4-7]).

f_{11} 단층은 천지 남서쪽에서 5호 국경표지판으로부터 유동검사참까지 남서향으로 놓인다. 이의 길이는 $8㎞$ 내외이고 경사각은 수직이다. 이 단층은 두 개가 평행으로 나란히 놓이는 인장성 단층이다. 백두산기 알칼리 조면암과 팔괘모기 용결응회암을 자르며 육도구-천지-증봉산 북동향 압축성 전단 단열대와 중첩되고 현재 활동하는 활단층이다. 기자산 화산군의 여러 분화구 형성을 규제하였으며, 이 단열대에서 북동단의 제운봉 아래에는 온도 $60℃$의 금강 온천이 솟고 있다.

f_{12} 단층은 천지 동쪽의 6호 국경표지판에서 북동향으로 달리고 있다. 이 단층은 노출은 좋지 않지만 길이가 약 $15㎞$로 긴 편이다. 6호 국경표지판에서 이 단층은 경사방향이 남쪽이고 경사각이 $87°$로 거의 수직이다. 이 단층도 f_{11} 단층과 마찬가지로 역시 육도구-천지-증봉산 북동향 단열대와 중첩되는 압축성 전단 단열대이며, 팔괘모기 등의 분출암을 절단하고 노방자소산 화산군을 규제하였던 것으로 현재 활동하는 단층이다.

나. 망천아 칼데라

이 칼데라는 장백현 북서쪽에 놓이며 백두산 천지에서 남서쪽으로 35㎞ 떨어져 있다. 이 칼데라는 망천아 순상화산의 중앙부에 환상단열이 형성되어 그 정부가 함몰되어 형성된 것이다. 이 칼데라는 장축이 북서 방향(335°)으로 약 20㎞이고 단축이 8~10㎞ 정도인 타원형을 이룬다. 칼데라 벽은 상대 높이가 대개 500~600m이며 최대 800m에 달한다.

이 칼데라 내와 환상단열대 주변은 망천아기 현무암 및 조면안산암으로 구성된다. 그리고 망천아봉과 환상단열대 사이에는 중기 쥬라기 사도구층군의 유문암과 연산기 알칼리장석 화강암이 노출되어 있다.

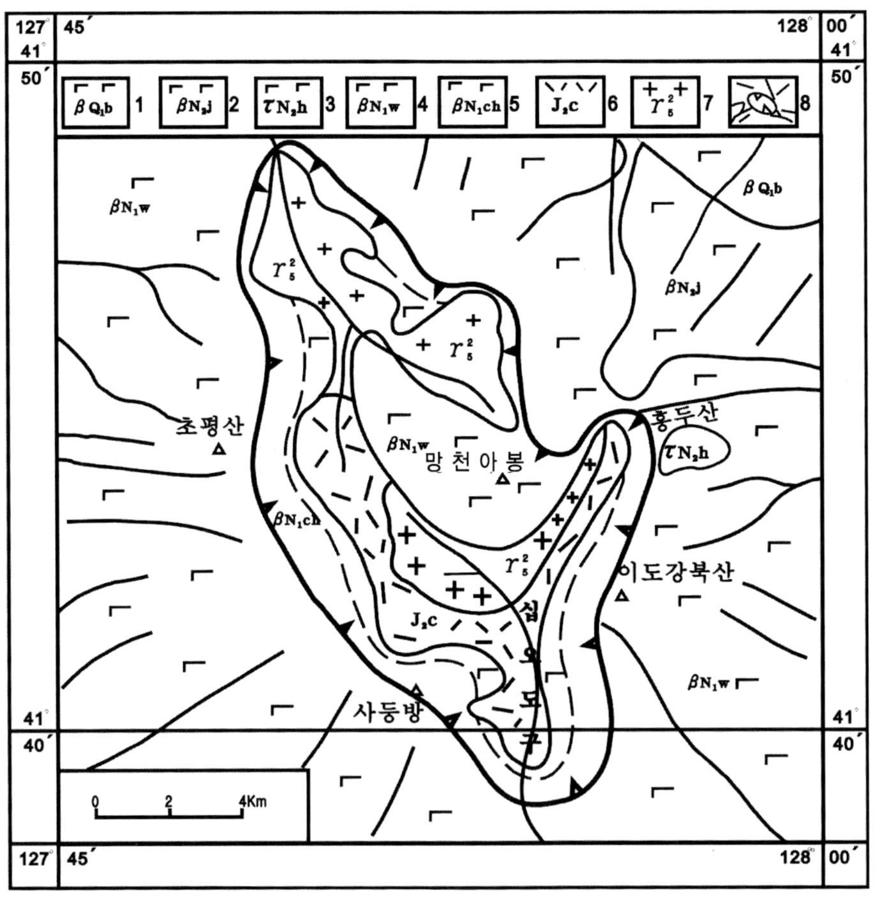

1. 백산기 현무암, 2. 군함산기 현무암, 3. 홍두산기 안산조면암과 알칼리 유문암, 4. 망천아기 현무암, 5. 장백 현무암, 6. 쥬라기 장백층군의 유문암, 7. 연산기 화강암, 8. 환상, 방사상 단열대와 하천

[그림 5-23] 망천아 칼데라 주변의 지질과 단열대 분포

칼데라 중앙부는 융기가 심하게 일어나 중심 지역에는 방사상 단열대가 발달되어 있다. 이 단열대는 삭박작용이 심하게 일어나 보통 200~300m 깊이의 V자형 협곡을 이루고 있다. 그 중에서 십오도구의 북북서향 협곡은 600~800m 깊이까지 침식되어 있다([그림 5-23]).

3. 용암대지와 단열대

화룡시 이림장-석인구 지역과 두만강 중·상류의 송강-대황구 하곡, 적봉산-노령 북서향 단열대, 그리고 압록강 상류 하곡에는 열극분출에 의한 현무암 용암이 하곡을 따라 대지상으로 분포되어 있다.

가. 적봉-양강 용암대지

안도현 남부와 백두산 천지 화산의 동부 지역에는 적봉-양강 북서향 단열대의 영향을 받아 열극을 따라 현무암이 분출되어 용암대지를 이루고 있다. 이는 열극분출에 의한 것이며 그 분출시대는 전기 마이오세의 내두산기이다. 열극분출은 단열대의 열극을 따라서 일정한 간격을 두고 차례로 분출되는 염주상 화구를 가질 수 있으며 일시에 커튼상으로 분출되는 암맥상 화구가 있을 수 있다.

나. 이림장-석인구 지역의 단열하곡 용암대지

이 용암대지는 화룡시 남부에 분포되며 대개 동서 40km이고 남북으로 20km 범위 내에 분포된다. 이 용암은 백일평-숭선홍기하 단열대와 안도현 송강의 북서 방향 단열하곡에도 분포되는데 용암류의 간격이 10km이며 단열하곡 내에서 길이가 15~22km이고 너비가 1~2km이다. 북동 방향의 삼합툰 단열하곡과 마록구 단열하곡을 따라 분포되는 용암류는 길이가 10~15km이고 너비가 2~3km이며 서로 13km의 간격을 두고 두 줄기가 분포되어 있다. 이 용암대지는 현무암으로 구성되고 단열대의 열극을 따라 분출하였기 때문에 분화구는 발견되지 않는다.

다. 두만강 상류 하곡 용암대지

백두산 천지 화산의 동부에서 북동 방향 두만강 단열하곡을 따라 분포되며 이 용암류는 길이가 약 100km이고 너비가 1~2km이며 국부적으로 3km 되는 곳도 있다. 이 용암대지는 단열대의 열극을 따라 분출되었던 현무암 용암류로 구성되며 그 분출시대가 다른 전기 플라이오세 평정촌기 현무암, 전기 플라이스토세 두만강 현무암, 후기 플라이스토세 광평(남평) 현무암 등으로 형성되었다.

라. 압록강 상류 하곡 용암대지

백두산 천지 화산의 남서부에서 압록강 단열대를 따라 분포되어 있다. 길이가 약 50㎞이고 너비가 1~2㎞ 내외이다. 이 용암대지도 단열대의 열극을 따라 분출되었으며, 그 분출시대가 다른 플라이오세 연강촌기 현무암, 전기 플라이스토세 영광탑 현무암 등으로 구성된다.

4. 복식화산

백두산 천지 화산은 이 지역에서 규모가 매우 큰 복식화산이다. 두서 화산과 망천아 화산 등도 복식화산에 속한다. 아래에서 백두산 천지 복식화산을 중점으로 서술한다.

장성량의 보고에 의하면 백두산 분화구에서 분출된 애지린 섬장암의 암편으로부터 측정된 K-Ar 연대는 2.85±0.05Ma이다. 이는 백두산 분화구의 화도에는 중기 플라이오세의 두서기 알칼리 유문암 분출과 관입상이 있다는 것을 설명한다.

백두산 천지 복식화산은 전기 플라이오세 말엽부터 시작하여 중기 플라이오세의 천양기 현무암, 두서기 알칼리 유문암, 중·후기 플라이오세의 군함산기 현무암, 그리고 플라이스토세의 백산기 현무암, 백두산기 조면안산암-조면암-알칼리 유문암, 기상참기 알칼리 유문암 및 흑요암, 빙장기 조면암질 용결응회암 및 화산회층, 백운봉기 부석층, 팔괘모기 용결응회암 및 화산회층까지의 전 과정을 포함한다. 전체적으로 백두산 천지 화산은 용암대지→순상화산→분석구→성층화산→부석구 등으로 중첩되는 복식화산이며 말기에 칼데라를 형성하였다. 분출 기간은 450만 년 전부터 현재까지 계속된다. 주요 분출 시기의 화산 유형을 아래와 같이 간략하게 서술한다.

가. 군함산기 용암대지

이 구역에서 용암대지는 백두산 천지를 중심하여 북서쪽으로 대체로 큰 초승달 모양으로 분포되는 현무암 대지이다. 이 용암대지의 분포 범위는 북서 방향으로 천양까지 66㎞

이고 너비가 30㎞이며, 북쪽으로는 두도백하진까지 65㎞이고 너비는 25㎞이다. 그리고 동쪽으로는 군함산까지 75㎞이고 남쪽으로는 홍두산까지 30㎞이다. 그리고 이 용암대지는 그 남부와 남서부에서 순상화산에 의해 덮인다.

천지 남부지역이 지세가 높기 때문에 현무암 용암류는 주로 북서·북동 방향으로 방사상으로 흘러 용암대지를 형성했던 것으로 보인다. 분포 고도는 해발 750~1,000m 범위이고 사면 경사는 1°~2°이다. 형성 시기는 2.77~2.12Ma 범위이다.

나. 백산기 순상화산

백두산 천지를 중심하여 대체로 용암대지 안쪽에 북쪽으로 초승달 모양으로 분포되는 방패형 화산으로 그 남부를 제외한 일부만 노출되어 있다. 그 분포 범위는 서쪽으로 만강진까지 40㎞ 내외이고 북쪽으로 홍토산자 및 삼도백하까지 40~65㎞ 범위이며 동쪽으로 광평까지 약 60㎞이고 남쪽으로 백산림장까지 25㎞ 내외이다. 그리고 남쪽으로는 백두산 천지의 성층화산에 의해 덮여 노출되지 않는다.

현무암 용암류는 천지 중심화구에서 사방에 방사상으로 흘러 완만한 순상화산을 형성하였던 것으로 보인다. 그러나 천지 남부의 지세가 높았기 때문에 많은 용암류는 북쪽으로 흘러갔을 것으로 짐작된다. 분포 고도는 해발 800~1,700m이며 사면경사는 2°~3°으로 완만하지만, 해발 1,000~1,700m 사이는 사면경사가 4°~5° 되는 약간의 지형 변화를 보여준다. 그 형성 시기는 1.60~1.43Ma 범위이다.

다. 노호동 분석구

천지 북쪽 노호동 등지에는 분석구가 분포되어 있다. 이는 천지-홍토정자 북북서향 단열대의 영향으로 형성된 것이다. 이 분석구는 현무암질 스코리아, 스패터, 화산탄과 용암류 등으로 구성된다.

라. 백두산기 성층화산

백두산에서 성층화산은 천지 분화구를 중심으로 하여 원추형으로 놓인다. 그 장축은 북서 방향으로 약 30㎞ 뻗히고 단축은 15㎞ 내외이고 25㎞ 되는 곳도 있다. 분포 고도는 해발 1,700~2,700m 범위이며 해발 1,200m까지 분포하는 곳도 나타난다. 사면경사는 10°~15°이지만 고도가 높아짐에 따라 점점 커지며 해발 2,200~2,700m 사이에서 40°~50°로

커진다.

제1단계 분출은 천지 분화구에서 분출된 것 외에도 천지 남쪽에 여러 곳의 분화구에서 동시에 분출이 있은 것으로 짐작된다. 제2, 3, 4단계는 모두 천지 분화구에서 분출되었다. 분출과정은 조면암질 라필리응회암, 각력암 등의 화성쇄설암이 먼저 폭발하고 뒤이어 용암이 분류되는 분출윤회를 따랐다. 이러한 벌카니언 분출윤회가 수없이 반복되어 성층화산을 이루었던 것이다. 제4단계 분출이 마지막으로 일어나 근본적으로 천지 화산의 주체가 완성되었다고 할 수 있다. 이때 천지 화산체의 정부에는 환상 단열대와 방사상 단열대가 발달되면서 특히 두 개 단열이 만나는 곳에서 기생 분화구가 여러 군데 형성되었다. 기상참기 알칼리 유문암, 흑요암은 이런 기생 분화구에서 분출되어 화산체의 사면을 따라 사행상으로 흘러 퇴적된 것이다.

마. 빙장기~팔괘모기 회류구

환상 단열대와 방사상 단열대의 교차점에 분포되어 있다. 이미 알고 있는 천지 주변의 팔괘모, 남구, 빙장, 1812고지 등지의 회류구는 이 유형에 속한다. 암석은 주로 조면암질 용결 각력암, 라필리응회암, 응회암 등으로 구성된다. 이 화산체는 직경이 100~300m이고 상대높이가 40~100m이며 사면경사가 $20°~30°$ 범위이다.

바. 백운봉기 부석구

천지 분화구를 중심하여 플리니언 분출에 의해 부석들이 사면에 낙하 퇴적되었으며 분출 당시에 강력한 남서풍이 불었기에 부석들은 천지 북동 방향에 많이 분포되어 있다. 백운봉기, 팔괘모기에는 서풍이 강하게 불었기 때문에 분출물은 대부분 천지 동쪽에 퇴적되어 있다[그림 3−15]. 그러므로 이 부석들에 의해 형성된 화산체는 명확하게 나타나지 않는다. 이 시기에 천지 분화구가 함몰되면서 주봉이 침하되었고 천지물이 고이게 되었다. 천지 주변의 16개 산봉이 연결된 환상 산령에는 부석층이 지금도 남아 있다.

사. 천지 칼데라

백두산기 조면안산암−조면암−알칼리 유문암이 분출된 후 백두산 천지 화산의 기본 화산체가 이루어졌다. 백두산기 제4단계 말엽에 회색 부석이 대량으로 폭발되어 지하 천부에 있는 마그마챔버 상부에 빈 공간이 생겨 그 지붕이 자체 중력 및 압력에 의하여 함몰되었다.

　이때 칼데라 주변에 환상 단열대가 생김과 동시에 방사상 단열대도 형성되어 환상 단열대와 방사상 단열대가 만나는 곳에서 기생 분화구가 생겨 기상참기 알칼리 유문암 및 화성쇄설암이 분출되었다. 홀로세에 들어와서 천지 칼데라는 여러 차례 함몰과 폭발이 있었는데 백운봉기 폭발과 칼데라 함몰의 규모가 가장 큰 것으로 짐작된다. 팔괘모기 후에도 수차례 폭발활동이 있었지만 그 규모는 크지 않았다.

제4절 최신 성과와 과제

1. 최신 성과

가. 화산암 지대에서 망상단열대에 관한 새로운 인식

　백두산 구역에서 단열대는 지표층 단열대, 상부지각 단열대, 중부지각 단열대, 하부지각 단열대, 암권 단열대 및 초암권 단열대 등의 6등급으로 나눌 수 있다.

　지표층 단열대는 신생대 화산암층에서만 발생된 단열대인데 단열심도는 0.1~1.5㎞에 달하는 곳도 있다. 상부지각 단열대는 변성암층과 화강암층 사이 단열대로서 심도는 10㎞ 내외이다. 중부지각 단열대는 화강암층과 현무암층 사이를 자른 단열대이며 심도는 약 20㎞이다. 하부지각 단열대는 현무암질 시마층 상·하 경계면을 자르는 단열대이며 심도는 30㎞ 내외이다. 암권 단열대는 모호면을 자르는 단열대를 말하며 심도는 45㎞ 내외이다. 초암권 단열대는 상부 맨틀 중의 연약층 상부를 자르는 단열대이고 심도는 70~100여 ㎞이다. 이 구역에서 초암권 단열대는 육도구-천지-증봉산 북동향 단열대, 압록강 상류-두만강 북동향 단열대 및 백산진-천지-김책 북서향 단열대가 이에 속한다. 암권 단열대는 송산-천지-광평 북서서-동서향 단열대, 만강-백산 북서향 단열대, 마이하-삼도백하 북동향 단열대가 이에 속한다. 이 구역에서 넓게 분포되는 망상단열대는 대부분 지각단열대 등급에 속한다. 백두산 화산 분포구역에는 망상단열구조가 분포되어 있는 곳이 많다. 오랫동안 내려오면서 많은 학자들은 망상단열구조가 광역응력장에서 형성되고 분화구 형성과 화산 분포를 제어한다고 인식해 왔다. 백두산 화산구역에서의 망상단열대를 연구하면서 얻은 최신인식은 공액단열망이 발달되는 곳에는 융기상태에 있는 마그마챔버가 있을 수 있다는 것이다. 즉 원형 혹은 타원형 마그마챔버가 암권－초암권 단열대의 교차주를 따라 상승할 때 챔버 지붕의 지각에서는 공액단열이 발생되고 서로 교차되어 망상단열대를 이룬다.

이 구역에서 주요 화산군들은 망상단열대의 분포특성도 서로 같지 않다. <표 5-2>에서 보다시피 천양기와 두서기의 망상단열대의 두 공액단열의 방향은 N59°~63°E와 N33°~39°W으로서 비교적 접근된 특성을 나타낸다. 그리고 백두산 천지 화산에서의 화산군들의 망상단열대는 각 분출기의 특성이 서로 유사하여 NE 방향은 대개 52°~55°이고 NW 방향은 대체로 55°~60°이다.

이상의 망상 단열구조의 특성과 분포에 의하면 두서기 조면안산암－알칼리 유문암의 마그마챔버는 두서－동토정자 분화구를 중심하여 북서쪽 지하에 잠복되어 있고 천지 화산체의 조면안산암－조면암－알칼리 유문암의 마그마챔버는 천지 칼데라를 중심으로 하여 북쪽 지하에 잠복되어 있음을 예측할 수 있다.

〈표 5-2〉 주요 화산군의 망상 단열대에서 두 방향성

지질시대	분출시대	화산군	NE 방향 편각	NW 방향 편각
플라이오세	천양기	북강 화산군	63°	39°
플라이오세	두서기	두서 화산군	59°	33°
플라이오세	군함산기	개봉 화산군	53°	55°
플라이스토세	백산기	홍토산자 화산군	45°	51°
플라이스토세	백두산기	기자산 화산군	52°	60°
플라이스토세	백두산기	쌍봉 화산군	55°	57°

나. 망천아 화산과 백두산 천지 화산의 홀로세 화산활동 차이

망천아와 백두산에서의 홀로세 화산활동은 각각 서로 다른 점이 있다. 중력부게 이상도에서 백두산 천지 지역은 $-95(10\times10^{-2}\text{mgl/km})$이고 망천아봉 지역은 $-110.00(10\times10^{-2}\text{mgl/km})$이다. 잔류중력 이상도에서 백두산 천지 지역은 $-16.00(10\times10^{-2}\text{mgl/km})$이고 망천아봉 지역은 $-32(10\times10^{-2}\text{mgl/km})$이다. 이는 망천아봉 지역의 질량 결핍이 백두산 천지 지역보다 배나 결핍되어 융기 속도가 더 빠른 것을 설명한다. 그리고 광역적으로 볼 때 질량결핍이 가장 현저한 곳은 망천아봉과 천지이다. 이 두 곳의 연결방향이 북북동향이다.

이는 백두산 구역에서 화산활동은 북북동, 북동향이 계속 활동하고 있음을 설명한다. 백두산 천지 지역은 비록 망천아봉 지역보다 융기 속도가 늦다고 하더라도 화산의 분출 규모와 분출량이 대단히 클 것으로 생각된다.

다. 천지 화산에서 최근 대폭발

백두산 천지 화산에서 최근 대폭발은 그 시기가 기원 1199~1200년대로 모아지는데 이는 최근에 얻은 성과 중에 있어서 가장 중요한 것이다 이에 대한 대폭발 모델을 다음과 같이 간략하여 소개한다([그림 5-24]).

마그마챔버는 풍부한 휘발성 물질과 수분을 대량 포함하고 있었기 때문에 압력이 약한 천지 분화구 화도를 따라 올라오면서 조면암-알칼리 유문암질 액상 마그마가 용리면(exsolution level)과 쇄설화면(fragmentation level)을 경과하면서 기체와 고체상 화성쇄설물로 전환되어 대량의 응력을 집중시켜 거대한 폭발을 할 수 있는 동력으로 전환되었다. 이리하여 천지 분화구 위에 분연주(erution column)가 형성되었다.

여러 학자들의 개략적 계산에 의하면 대체로 분연주 높이(HB)는 20~25㎞이고 우산운 높이(HT)는 30~35㎞이었다. 폭발 당시 바람의 방향은 120° 내외이고 풍속은 30m/s이었다. 분연주 아래의 기층부(gas thrust part) 높이(HM)는 3㎞이고 폭발할 때 초기 마그마 온도는 780℃이었다. 분화구에서 화성쇄설물이 올라가는 속도는 300m/s이었다. 마그마 중에 기체 함량은 1wt%이고 암편질 화성쇄설물 함량은 8.5%이었다. 분화구 반경은 200m 내외이고 분연주 너비는 26㎞ 내외였다. 우산운(umbrella cloud)의 저부에서 온도는 $-50℃$이고 화성쇄설물이 상승하는 속도는 2.5m/s이었다. 마그마의 질량 방출률은 $10^{8.36}$kg/s이고 체적 방출률은 $10^{4.95}$m³/s이었다. 해방에너지는 1.3436×10^{19}J이고 이 중에 동력에너지는 8%이다. 우산운이 밖으로 확산되는 속도는 분출중심으로부터 확산거리에 관계된다. 즉 25㎞ 거리에서 확산속도는 250m/s이고 100㎞ 거리에서의 속도는 60m/s로 감소되었다.

2. 문제점

(1) 백두산 구역에 분포되는 분화구에 대한 통계는 항공사진과 원격사진을 해석하여 얻어진 자료이다. 20여 개는 야외에서 관찰하였지만 대부분은 현지답사를 못하여 분화구의 구체적 특성을 파악하지 못하였다.

(2) AD1199~1200년 대폭발에 대한 정량적인 수치는 아직도 걸음마 단계에 불과하다. 이 수치들은 홀로세의 분출 시대, 분출물 특징과 분출량을 정확하게 조사한 후에야 정확성을 높일 수 있을 것이다.

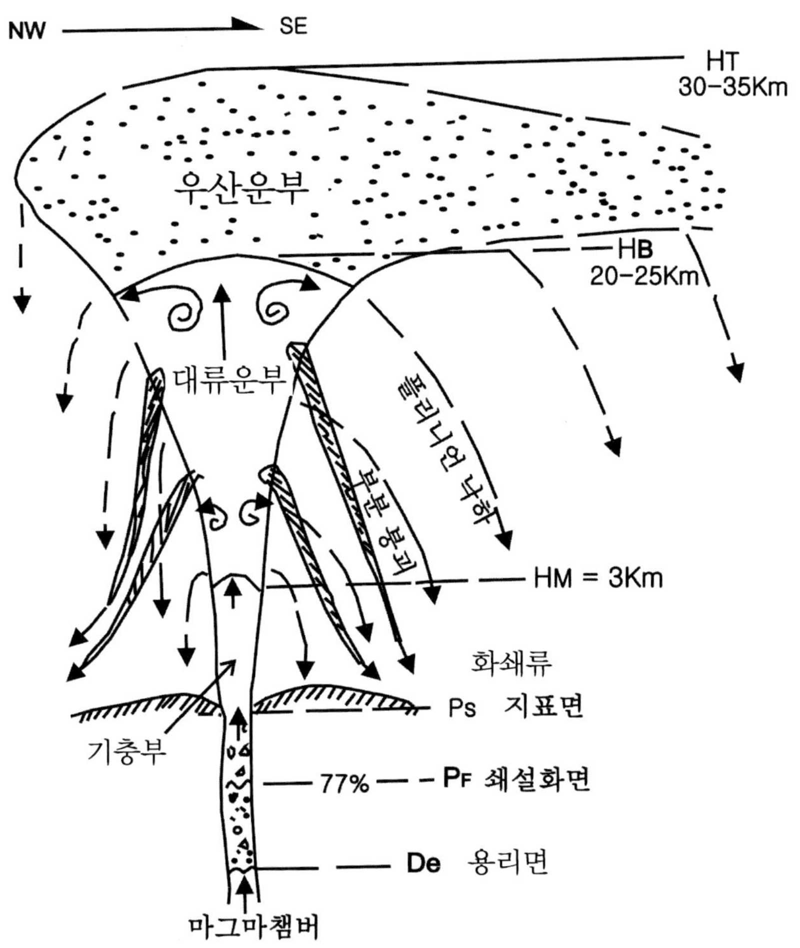

[그림 5-24] 백두산 천지 화산에서 AD1199~1200년의 폭발 모식도

제6장
암석학적 특성

제1절 화산암류의 분류

　　화산암류의 분류는 그 방법이 비교적 많지만 지금도 통일되지 못하고 있다. 국제지질
과학연합회(IUGS)의 화성암분류 분과위원회는 제28회 국제지질대회에서 QAPF 쌍삼각도
분류안을 건의하였다. 절차는 먼저 CIPW법으로 20개 내외의 노음광물을 계산한 다음
QAPF 4성분의 백분비를 계산한다. 구체적인 순서는 다음과 같다.

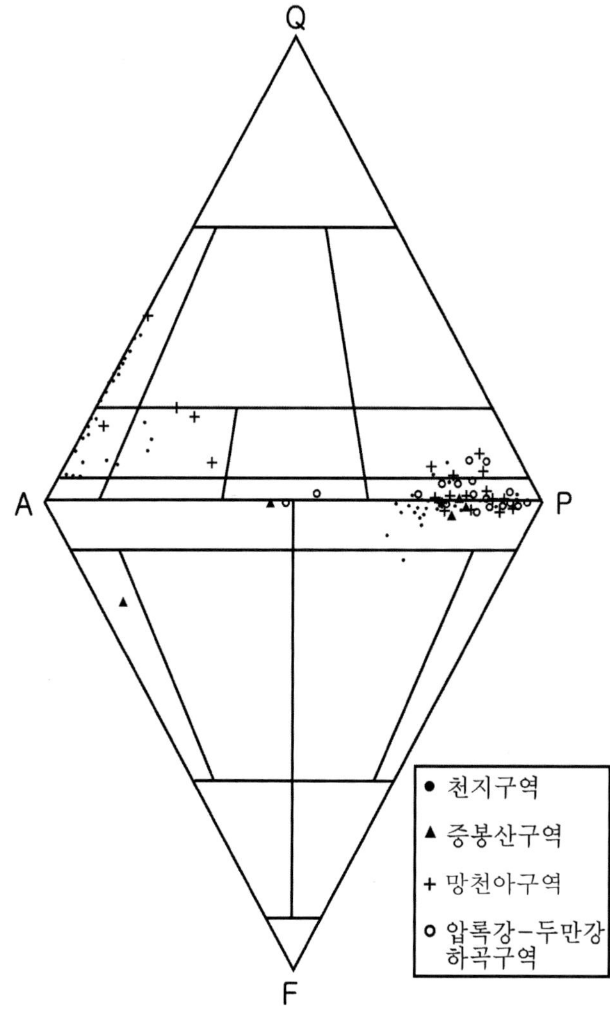

[그림 6−1] 백두산 구역 화산암의 조성 분포도

1. $SiO_2 > 53\%$일 때

$$A = Or \cdot T, \ P = An \cdot T$$

$$T = \frac{Or + Ab + An}{Or + An}$$

2. $SiO_2 < 53\%$일 때

$$A = Or, \ P = Ab + An$$

　　마지막에 계산한 결과를 QAPF
쌍삼각도에 도시한다. 그 결과는
두 가지 암석 유형으로 나타남을
발견할 수 있다. 하나는 대다수 시
료가 QAP 삼각도에서 현무암−조
면안산암−석영 조면안산암−석영
조면암−알칼리장석 조면암−석영
알칼리장석 조면암−알칼리장석 유
문암 영역 내에 도시된다. 다른 하

나는 소량의 시료가 APF 삼각도에서 현무암-함준장석 조면안산암-포놀라이트(phonolite)
영역 내에 도시된다[그림 6-1].

화산암류는 실제광물을 완전하게 감정할 수 없기 때문에 TAS(알칼리-SiO₂)도에 분석
치를 도시한다. 그 결과 천지 지역에서 나온 시료는 대부분 바사나이트(basanite)-현무암-
조면현무암-현무암질 안산암-현무암질 조면안산암-조면안산암-조면암-유문암 영역에
도시된다[그림 6-2]. 조면암과 유문암의 보조도에 도시하면 이 지역은 대부분 코멘다이트
질 조면암, 코멘다이트(comendite)이고 판텔러라이트질 유문암, 판텔러라이트(pantellerite)는
적은 경향이다[그림 6-3].

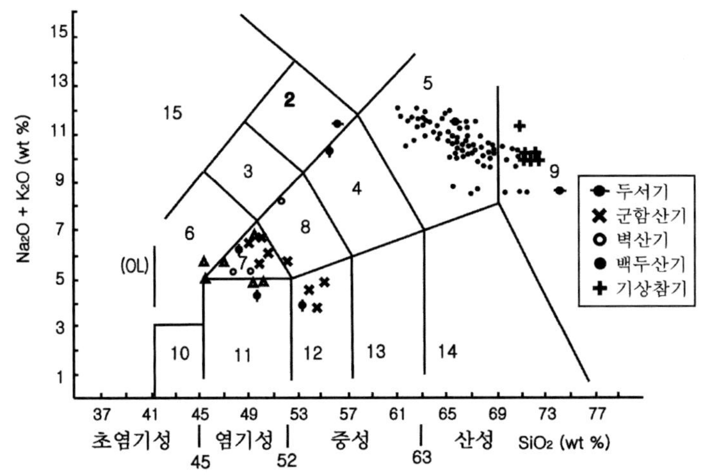

1. 포놀라이트, 2. 테프리포놀라이트, 3. 포노테프라이트, 4. 조면안산암, 5. 조면암(Q⟨20%⟩, 조면데사이
트(Q)20%), 6. 바사나이트(OI)10%), 테프라이트(OI⟨10%⟩, 7. 조면현무암, 8. 현무암질 조면안산암, 9.
유문암, 10. 피크로현무암, 11. 현무암, 12. 현무암질 안산암, 13. 안산암, 14. 데사이트, 15. 준장석암

[그림 6-2] 백두산 천지 지역에서 신생대 화산암류의 TAS 분류도

망천아 지역의 화산암류는 현무암-조면현무암 및 현무암질 조면안산암-조면암-유
문암 영역에 도시된다[그림 6-4]. 유문암과 조면암의 보조도에서는 거의 전부가 판텔러
라이트질 조면암 및 판텔러라이트질 유문암 영역에 도시된다[그림 6-5].

(a) 조면현무암, 현무암질 조면안산암, 조면안산암의 구분

구 분　／　암석명	조면현무암	현무암질 조면안산암	조면안산암
$Na_2O - 2.0 > K_2O$	하와이아이트	뮤져라이트	벤모레라이트
$Na_2O - 2.0 < K_2O$	조면현무암	쇼쇼나이트	라타이트

(b) 조면암과 유문암

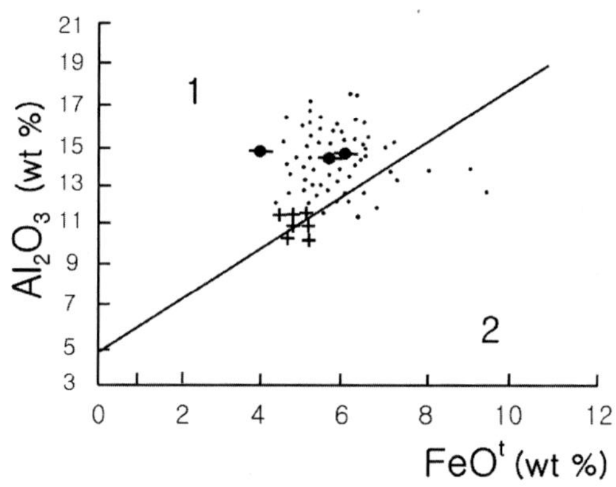

1. 코멘타이트질 조면암, 코멘타이트질 유문암(=코멘타이트)
2. 판텔러라이트질 조면암, 판텔러라이트질 유문암(=판텔러라이트)

[그림 6-3] 백두산 천지 지역에서 조면암과 유문암의 성격.

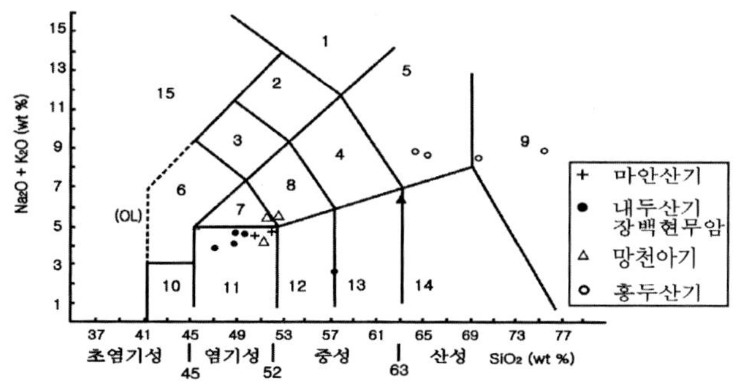

1. 포놀라이트, 2. 테프리포놀라이트, 3. 포노테프라이트, 4. 조면안산암, 5. 조면암
(Q<20%), 조면데사이트(Q)20%), 6. 바사나이트(Ol)10%), 테프라이트(Ol<10%), 7. 조면현
무암, 8. 현무암질 조면안산암, 9. 유문암, 10. 피크로현무암, 11. 현무암, 12. 현무암질 안
산암, 13. 안산암, 14. 데사이트, 15. 준장석암

[그림 6-4] 망천아 지역에서 신생대 화산암류의 TAS 분류도

(a) 조면현무암, 현무암질 조면안산암, 조면안산암의 구분

구분＼암석명	조면현무암	현무암질 조면안산암	조면안산암
$Na_2O - 2.0 > K_2O$	하와이아이트	감람석 조면안산암	사장석 안산조면암
$Na_2O - 2.0 < K_2O$	조면현무암	현무암질 조면안산암	안산조면암

(b) 유문암과 조면암

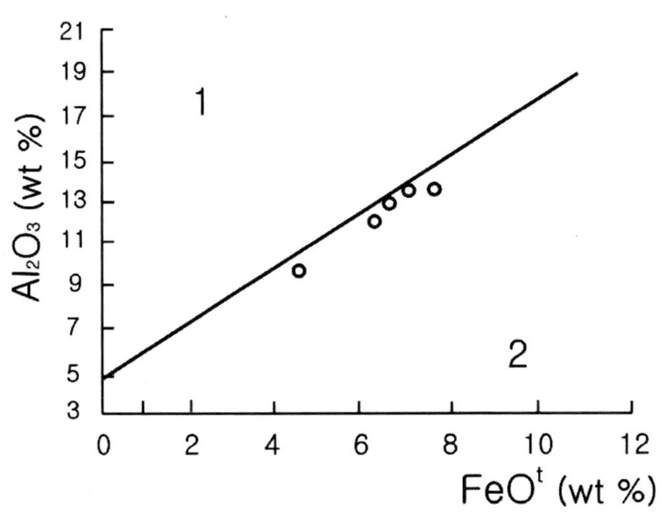

1. 코멘타이트질 조면암, 코멘타이트질 유문암(＝코멘타이트)
2. 판텔러라이트질 조면암, 판텔러라이트질 유문암(＝판텔러라이트)

[그림 6-5] 망천아 지역에서 조면암과 유문암의 성격

압록강-두만강 하곡 지역의 시료는 현무암과 조면현무암-현무암질 조면안산암 영역에 도시된다. 증봉산 지역의 시료는 바사나이트-조면현무암-포노테프라이트-포놀라이트 영역에 도시된다.

위의 방법으로 현무암류와 조면암류을 분류하는 것은 비교적 조잡하고 분류기준은 엄밀치 못한 것 같다. 그렇기 때문에 이 책에서는 위 분류방법의 기초하에서 중국지질대학 정광처 등이 제출한 현무암류 분류안과 리조나이 등(1984)이 제안한 조면암류 분류안을 사용하였다.

1. 현무암류의 분류안

    ① 석영 쏠리아이트 $Hy>3\%,\ Q>0$

    ② 감람석 쏠리아이트 $Hy>3\%,\ 0<Ol<25\%$

    ③ 피크라이트질 쏠리아이트 $Hy>3\%,\ 25\%<Ol<40\%$

    ④ 피크라이트 $Hy>0,\ Ol>40\%$

    ⑤ 감람석 현무암 $Q=Ne=0,\ Hy<3\%,\ 0<Ol<25\%$

    ⑥ 피크라이트질 현무암 $Q=Ne=0,\ Hy<3\%,\ 25\%<Ol<40\%$

    ⑦ 알칼리 감람석 현무암 $0<Ne<5\%,\ Ol<25\%$

    ⑧ 테프라이트 $Ne>5\%,\ Ol<5\%$

    ⑨ 바사나이트 $Ne>5\%,\ 5\%<Ol<25\%$

    ⑩ 알칼리 피크라이트질 현무암 $Ne>0,\ 25\%<Ol<40\%$

    ⑪ 알칼리 피크라이트 $Ne>0,\ Ol>40\%$

이 방안으로 구분하면 백두산 구역의 현무암류는 알칼리 감람석 현무암, 바사나이트, 감람암, 감람석 쏠리아이트, 석영 쏠리아이트와 감람석 현무암 등의 5개 암종에 속한다.

2. 조면암류의 분류안

리조나이 등(1984)이 제안한 조면암류의 분류방안은 $Na_2O+K_2O-SiO_2$ 화산암 분류도에 도시하여 명명하는 방안이다. 이 방법에 의하면 본 구역 주요 조면암류는 망천아 지역에서 데사이트－조면안산암－석영 조면안산암－유문암의 영역에 속하고, 백두산 천지 지역에서 함준장석 조면안산암－석영 조면안산암－함준장석 조면암－조면암－석영 조면암－알칼리장석 조면암－석영 알칼리장석 조면암－유문암의 영역에 속한다([그림 6－6]).

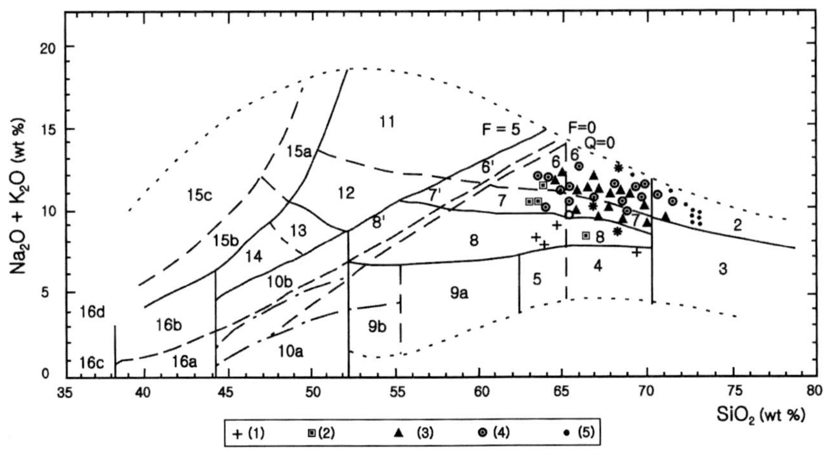

(1) 백두산기 제1단계 안산조면암 - 석영 안산조면암 - 조면암, (2) 백두산기 제2단계 석영 안산조면암 - 조면암 - 알칼리장석 조면암, (3) 백두산기 제3단계 석영 조면암 - 알칼리장석 조면암 - 석영 알칼리장석 조면암, (4) 백두산기 제4단계 조면암 - 알칼리장석 조면암 - 석영 알칼리장석 조면암 - 알칼리 유문암, (5) 기상참기 알칼리 유문암 및 흑요암, 2. 알칼리장석 유문암, 3. 유문암, 4. 데사이트, 6. 석영 알칼리장석 조면암, 6'. 알칼리장석 조면암, 7. 석영 조면암, 7'. 조면암, 8. 안산조면암, 8'. 석영 안산조면

[그림 6-6] 백두산 천지 지역에서 화산암류의 화학적 분류도(이조라이 등, 1984)

제2절 주요 암석 유형

1. 백두산 천지 지역

가. 내두산기 알칼리감람석 현무암과 바사나이트

(1) 알칼리 감람석 현무암(Hb16)

황송포 북쪽으로 2.4㎞ 떨어진 곳에서 채취한 시료이다. 이 현무암은 심부 내포체를 대량 함유하고 있는 현무암이다. 암회색을 띠고 반상조직을 나타내며 행인상 구조를 가진다.

반정은 감람석, 사장석, 휘석으로 구성된다. 감람석 반정은 함량이 5% 내외이고 입도가 0.2~0.5㎜ 범위이며 결정 열극 중에는 이딩사이트화되어 있다. 2V(+)=87°이고 Fo=86이며 크리솔라이트(chrysolite)에 속한다. 사장석 반정은 함량이 1% 내외이고 외연부에 좁은 누대구조를 가지며 주상 길이가 0.5~1.5㎜ 범위이다. 대부분 성분이 An=73 내외이며 비토나이트(bytownite)에 속한다. 휘석 반정은 1.0〜1.5㎜이고 Ng∧c＝39°이며 단사휘석에 속한다. 휘석 속에 감람석이 반정으로 포함되어 있으며 유리 포유물을 가지는 경우도 있다.

석기는 주로 작은 판주상(lath-like) 사장석(0.2〜0.4㎜)으로 구성되고 이 사이에 휘석(15%), 자철석(10%±), 유리질(15〜20%), 감람석(이딩사이트<1%), 인회석, 소량 티탄철석 등으로 채워져 있다.

행인은 1〜2%를 차지하고 형태가 타원형이며 장축이 0.5〜1.0㎜ 정도이다. 이 행인은 대부분 불석으로 충전되어 있고 간혹 녹니석이 채워 있다. 감람암 내포체도 관찰되는데 형태가 원형이고 직경이 0.35㎜ 정도이다.

CIPW법에 의해 계산된 노옴광물은 Or 15.07%, Ab 21.07%, An 11.43%, Ne 1.6%, Ol 15.48%, Fo 14.43%, Fa 1.05%이다.

(2) 바사나이트(nb15)

내두산 채석장에서 채취한 시료이다. 회색을 띠고 반상조직을 나타낸다. 석기는 간립조직이며 치밀괴상 구조를 가진다.

반정은 대부분 감람석, 사장석, 휘석 등으로 구성된다. 감람석은 2V≈90°, Fo＝85〜95으로서 크리솔라이트에 속한다. 사장석은 소량으로 나타나고 길이가 4㎜ 내외이며, An＝70이고 비토나이트(bytownite)에 속한다. 휘석은 연황색이고 입경이 0.5㎜±이며, 보통휘석으로 단사휘석에 속한다.

석기는 사장석, 보통휘석, 감람석 등으로 구성된다. 사장석은 입경이 0.1㎜ 내외이고 모양이 자형을 나타내며, (010)∧Np′＝36.2°이고 연합 쌍정법으로 측정하면 An＝68이다. 단사휘석은 연황색이고 모양이 드물게 자형이며 2V(＋)＝60° 내외이고 간혹 열개에 적갈색 타형 흑운모가 충진되어 있다. 감람석은 무색이고 2V≈90°, Fo≈85으로서 크리솔라이트에 속한다. 파리장석(sanidine)은 사장석 사이에 타형으로 결정화되어 있고 함량이 5% 내외이다.

암석 중에는 간혹 직경이 1〜2.5㎜ 되는 휘석 감람암 내포체가 들어 있다. 휘석, 감람석은 현무암 중의 감람석과 휘석의 특성과 같다. 감람석은 2V＝90°, Fo＝85으로서 역시 크리솔라이트에 속한다. 휘석은 연황색이고 2V＝60° 내외이며 감람석과 반응 성장하여 반응연으로 나타난다. 휘석의 큰 입자 중에는 같은 방향으로 배열된 유충상 감람석이 포함되어 있다. 이 내포체는 마그마의 초기 결정분화 산물이기 때문에 맨틀 내포체와는 차이가 있다. 이 감람암 내포체 중에서 휘석과 감람석은 연정을 나타낸다(사진 6-1).

사진 6-1. 감람암 내포체 내의 휘석과 감람석의 연정. 25×10(+)

나. 천양기 현무암질 조면안산암(Xb17)

천양진에서 북동쪽으로 7㎞ 떨어진 채석장에서 채취된 시료이다. 회색을 띠고 반상조직을 나타낸다. 석기는 간립상 조직이고 괴상구조를 보여 준다.

반정은 감람석, 휘석, 사장석 등으로 구성된다. 감람석은 함량이 1% 내외이고 입경이 0.5~1.0㎜이며 2V(−)는 72°~78°, Fo는 30~57, Fa는 43~60으로서 하이알로시데라이트(hyalosiderite)에 속한다. 휘석은 길이가 1.0~1.5㎜이며 사방휘석에 속한다. 자철석은 함량이 1%이고 타형이며, 입경이 0.4~0.6㎜이고 인회석이 간정으로 끼여 있다. 인회석은 함량이 1% 이하이고 길이가 0.4~1.0㎜이다.

석기는 사장석, 감람석, 휘석, 자철석, 인회석, 유리질 등으로 구성된다. 사장석은 함량이 75% 내외이고 판주상이며 길이가 0.1~0.3㎜이고 정누대 구조를 나타낸다(사진 6-2). 중심부에서 굴절률이 발삼보다 높고 외연부가 발삼보다 낮다. 감람석은 함량이 15% 내외이고 입경이 0.05~0.2㎜이다. 휘석은 함량이 1~2%이고 길이가 0.1㎜ 이하이다. 자철석은 함량이 3~4%이고 타형을 보여 주며 입경이 0.1㎜ 이하이다. 인회석은 함량이 1%이고 침상으로 나타난다.

CIPW법으로 계산된 노옴광물은 Or 32.61%, Ab 33.88%, An 7.55%, Ne 1.86%, Ol 6.94%, Fo 2.08%, Fa 4.8%로 나타난다.

사진 6-2. **석기 사장석의 누대구조.** 10×10(+)

다. 두서기 조면안산암과 알칼리 유문암

(1) 조면안산암(db37)

암자색을 띠고 반상조직을 나타내며 석기는 조면상 조직이고 괴상구조를 나타낸다. 반정은 사장석이 20%를 차지하고 0.2~6.0㎜ 크기를 나타낸다.

석기는 불규칙 용식작용을 많이 받았으며 누대구조를 보이는 것도 있다(사진 6-3). 석기는 사장석, 알칼리장석, 감람석, 자철석, 인회석 등으로 이루어지며, 약 70% 정도를 차지한다. 사장석은 석기 중에 35% 내외를 점하고 주로 반자형 결정이며 길이가 0.01~0.15㎜이다. 알칼리장석은 함량이 20% 내외이고, 타형결정 형태로서 사장석 입자 사이에 충진되어 있다. 감람석은 함량이 15%이고 반자형 결정이며 길이가 0.01~0.15㎜이다. 기타 유색광물은 녹리석화, 흑운모화 등으로 변질된 상태로 존재하며, 또한 자철석, 인회석 등이 미량으로 산재된다.

계산된 노옴광물은 Or 39.72%, Ab 40.36%, An 8.40%, Ne 0.47%, Ol 1.07% 등으로 나타난다.

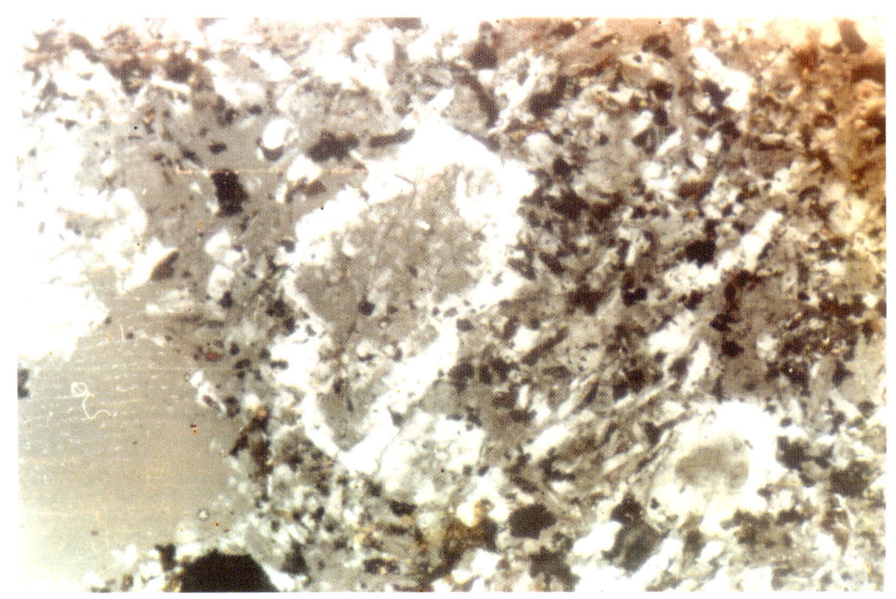

사진 6-3. 차기 사장석 반정의 과성장 구조. 10×10(+)

(2) 이지린 알칼리 유문암(db36)

두서짐사창에서 동쪽으로 1km 떨어진 채석장에서 채취한 시료이다. 회백색을 띠고 조면상 조직을 보여 주며 괴상구조를 나타낸다.

반정으로는 파리장석이 반정과 미반정으로 나타난다. 이 파리장석 반정은 직경이 1.0~2.5mm이고 함량이 1% 내외이다. 파동소광(010)을 나타내고 벽개가 심하게 휘어지고 간혹 열개되어 있다(사진 6-4). 어떤 미반정은 심하게 변형되어 열극을 나타낸다. 그러나 어떤 미반정은 입경이 0.2mm로서 완전한 결정을 이루고 파동소광과 열개현상도 없다.

석기에는 파리장석이 가장 많이 포함된다. 이 파리장석은 칼스밴드 쌍정을 나타내며 가끔 열극이 벽개에 대해 가로로 생겨 있다. 이 외에 이지린은 5~10% 함량으로 집합체로 나타나고 주상의 직경이 0.01~0.05mm이며, 강한 다색성을 띠고 주면에 평행한 면에서 황색, 황갈색을 나타낸다. 그리고 각섬석이 5%±, 석영이 10%, 인회석, 자철석 등도 볼 수 있다.

그리고 노음광물은 Q 34.12%, Or 24.69%, Ab 33.91% 등으로 계산된다.

사진 6-4. 파리장석 반정의 파열상과 파동소광. 2.5×10(+)

라. 군함산기 감람석 쏠리아이트

(1) 감람석 쏠리아이트(Hb14)

화평영자에서 남쪽으로 약 1㎞ 떨어진 지점에서 채취한 시료이다. 암회색을 띠고 비반상 조직으로 간립상 조직을 보여주며 드물게 기공을 가진다.

암석은 사장석과 그 사이에 충전되어 있는 휘석, 감람석, 자철석과 소량의 인회석 등으로 구성된다. 사장석은 함량이 65% 내외이고 길이가 0.2∼1.0㎜이며, An＝53으로서 래브라도라이트(labradorite)에 속한다. 사장석은 자형 결정도가 높고 간혹 휘석 결정 속에 포유되는 경우도 있다. 휘석은 함량이 20% 내외이고 Ng∧c＝30°∼43°이며 자갈색을 띠고 사장석 결정 사이에 끼여 있다. 감람석은 함량이 10% 내외이고 입경이 0.05∼0.2㎜이며, 결정 외연부가 이딩사이트로 변질되어 있고 자철석화를 볼 수 있다. 자철석은 함량이 5% 내외이고 여러 형태로 나타나며 감람석과 휘석 결정 사이에 끼여 있다.

CIPW법에 의한 계산 결과 노옴광물은 Ol 5.06%, Fo 3.27%, Fa 1.76%, Hy 5.80%, Or 13.74%, Ab 31.98%, An 17.01%이다.

(2) 감람석 쏠리아이트(Hb11)

홍두산 북쪽의 방화림 초소 근처의 노두에서 채취한 시료이다. 회색를 띠고 반상조직을 가지며, 석기는 간립상 조직을 보이고 치밀괴상 구조를 나타낸다.

반정은 사장석, 휘석, 감람석 등으로 구성된다. 사장석은 함량이 15% 내외이고 반정과 미반정이 있다. 사장석의 입경은 반정이 1.0~1.5㎜이고 미반정이 0.3~1.3㎜이다. An=63, 2V(−)=76°로서 래브라도라이트에 속한다. 가끔 결정 내에 석기를 구성하는 것과 같은 휘석, 자철석을 포유하고 있다(사진 6-5). 또한 사장석은 누대구조가 발달되어 있으며 굴절률이 외연부에서 높고 중앙부로 가면서 낮아지는 역누대 특성을 갖는다. 휘석은 함량이 적고 길이가 0.5~1.2㎜이며, Ng∧c는 38°~40°이고 단사휘석에 속한다. 휘석 결정 내에는 매우 작은 자철석, 사장석 등이 포함되어 있다(사진 6-6). 감람석은 함량이 1% 내외이고 입경이 0.3~0.5㎜이며, 2V(−)는 76°, Fo는 50%로 나타난다. 운모는 함량이 1% 정도이고, 엽편의 길이가 0.2~0.4㎜이고 용식현상이 나타난다.

석기는 사장석과 그 사이에 끼여 있는 휘석(20%±), 자철석(7~8%), 감람석(3~4%), 소량의 흑운모, 인회석 등으로 구성된다.

노옴광물은 계산하면 Or 14.27%, Ab 34.06%, An 20.58%, Hy 5.91%, Ol 5.83%, Fo 2.08%, Fa 2.95%로 나타난다.

사진 6-5. 후생 사장석 반정 내에 휘석, 자철석과 사장석들이 포함되어 있음. 10×10(+)

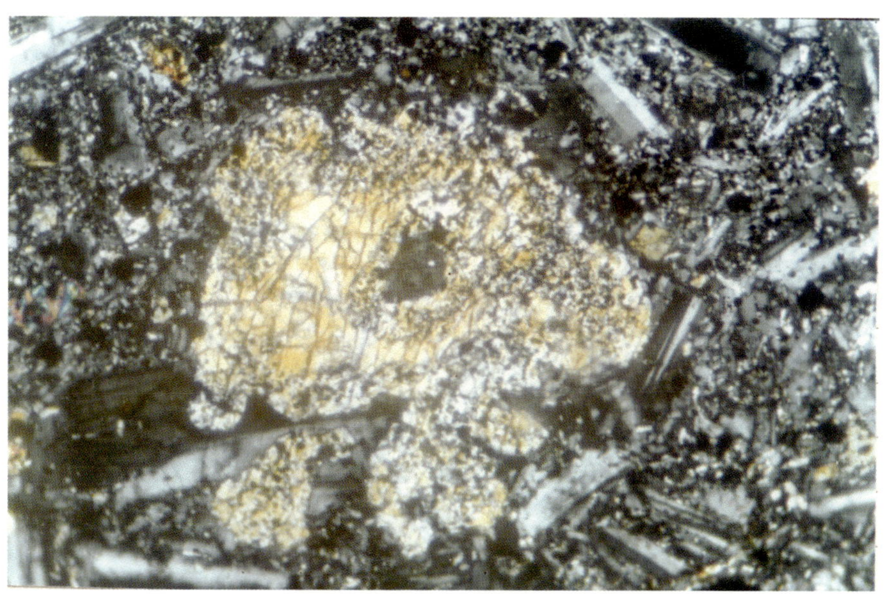

사진 6-6. 불규칙한 후생 휘석 반정 중에 세립질 휘석, 자철석과 사장석이 포함되어 있음. 10×10(+)

마. 백산기 감람석 쏠리아이트와 알칼리 현무암

(1) 감람석 쏠리아이트(Xb14)

천지 남부의 백산관리참에서 북쪽으로 3㎞ 떨어진 노두에서 채취된 시료이다. 암회색을 띠고 반상조직을 가지며, 석기는 간립상 조직을 보이고 치밀괴상 구조를 나타낸다.

반정은 사장석, 각섬석, 감람석, 자철석 등으로 구성된다. 사장석은 함량 1% 이하이고 입경이 0.5~1.0㎜이며 An=60으로서 래브라도라이트에 속한다. 각섬석은 평행소광을 하고 홍갈색을 나타내며 석기의 용식작용을 받아 복잡한 만곡상을 보여 준다. 감람석은 함량이 1% 이하이고 입경이 0.3~0.7㎜이며 이딩사이트화되어 있다. 자철석은 함량이 1% 정도이고 자형과 반자형으로 나타나며 입경이 0.3~0.5㎜ 범위이다.

석기는 0.1~0.2㎜ 길이의 사장석들이 일정한 방향으로 배열되고 그 사이에 휘석 (20%±), 램프로볼라이트(lamprobolite, 길이 0.05~0.1㎜), 감람석(2~3%), 자철석(5~6%), 흑운모 (2%±), 소량의 침상 인회석 등으로 구성되어 있다.

CIPW법으로 계산한 노옴광물은 Ol 2.57%, Fo 2.03%, Fa 0.72%, Hy 3.50%, Or 18.35%, Ab 38.03%, An 11.30% 등이 포함된다.

(2) 알칼리 감람석 현무암(db35)

노수하진 역전 동쪽에 있는 채석장에서 채취한 시료이다. 회색을 띠고 반상조직을 나타내며, 석기는 간진상 내지 간립상 조직을 보이고 괴상구조를 나타낸다.

반정은 사장석, 감람석 등으로 구성된다. 사장석은 함량이 5% 내외이고 길이가 1.0∼1.5㎜이다. An＝52이고 2V(＋)＝75°이어서 래브라도라이트에 속한다. 어떤 결정은 미세한 열극이 많고 파동소광을 한다. 결정의 외연부가 용식작용을 받아 불규칙한 모양을 이루고 심지어 석기의 감람석, 휘석이 그 사이에 끼어 들어가 있다(사진 6-7). 감람석은 용식작용을 받아 아원상을 이루고 사장석이 감람석 안으로 들어간 상태로 연정을 이룬다(사진 6-8).

석기는 어느 정도 일정한 방향으로 배열된 사장석과 그 사이에 단사휘석(15%±), 감람석(5%±), 자철석(8%±), 유리질, 소량의 인회석, 흑운모 등으로 구성된다. 석기는 전체적으로 입도가 비교적 조립질이다. 그 중에 사장석은 0.3∼0.6㎜ 길이를 가지고 간혹 휘석 속에 포유물로 들어간 것도 크기가 0.05∼0.15㎜에 달한다.

노옴광물은 계산하면 Or 17.35%, Ab 32.49%, An 14.52%, Ne 0.49% Ol 8.06%, Fo 4.36%, Fa 3.70% 등으로 나타난다.

각 분출기의 현무암류에서 감람석, 휘석, 사장석 등에 대한 광학적 특성을 <표 6-1>에 요약하여 나타낸다.

사진 6-7. 사장석 반정 주변부에 감람석과 휘석이 에워싸고 있음. 10×10(＋)

사진 6-8. 감람석 반정이 용식을 받아 아원상을 이루고 그 속에 작은 사장석이 숨어 있음. 10×10(+)

〈표 6-1〉 백두산 천지 지역의 각 분출기 현무암류 내의 주요 광물의 광학적 특성

분출시대	시료번호	암석명	감람석			휘석				사장석		
			2V	Fo(%)	광물명	Ng∧c	A₁∧c	2V	광물명	Np∧(010)	An(%)	광물명
내두산기	Hb16	알칼리 감람석 현무암	+87°	86	크리솔라이트	39°			보통휘석		73	래브라도라이트
	Hb15	바사나이트	+90°	85	크리솔라이트			+60°	보통휘석	36.2°, 37.7°	70~68	래브라도라이트
천양기	Xb17	현무암질 조면안산암	−72~ −79°	30~57	볼토나이트 hyalosiderite							
군함산기	Hb14	감람석 쏠리아이트			hyalosiderite 볼토나이트	30~43°					53	래브라도라이트
	Hb11	감람석 쏠리아이트	−76°	50	볼토나이트	38~40°			보통휘석		63	래브라도라이트
	Cb15	알칼리 현무암	−76°	50	볼토나이트	45°	19.5°	+51°	보통휘석	31°	50	래브라도라이트
	Cc35	감람석 쏠리아이트	−82°	63	볼토나이트	54°	12°	+39°	엔스타타이트	33.5°	57	래브라도라이트
	Co58'	알칼리 감람석 현무암	−80°	60	볼토나이트	52°	16°	+42°	보통휘석	30°	45	래브라도라이트
	Co58⁻¹	알칼리 감람석 현무암	−84°	69	볼토나이트	58°	13°	+42°	투휘석 malcoite	35.5°	64	래브라도라이트
백산기	Xb14	감람석 쏠리아이트									60	래브라도라이트
	Lb35	알칼리 감람석 현무암									52	래브라도라이트
쌍봉	Sb26	알칼리 감람석 현무암	+90°	85	볼토나이트	45°		+70°	CaFe 휘석		55	래브라도라이트
노호동	Lb28	알칼리 감람석 현무암	+78°		크리솔라이트	43°		+42°	보통휘석		63	래브라도라이트

바. 백두산기 제1단계 조면안산암과 조면암

(1) 조면안산암(bb21)

천지 남부의 2065고지 동쪽의 도로 서측부 노두에서 채취한 시료이다. 암회색을 띠고 반상조직을 나타내며, 석기는 조면상 조직이고 치밀괴상 구조를 보여 준다.

반정은 파리장석 혹은 왜장석, 사장석, 각섬석으로 소량 구성된다. 알칼리장석은 함량이 1% 이하이고 길이가 1.0~1.5mm이며, $2V(-)=65°$, $Ng \wedge \perp (001)=85°$이고 안데신(andesine)에 속한다. 어떤 결정은 그 외연부가 과성장으로 주위에 있는 휘석을 포함하고 있다(사진6-9). 사장석도 함량이 1% 이하이고 길이가 1.0~1.5mm이며 누대구조와 페리클린 쌍정을 이룬다. 이 결정은 흔히 그 속에 작은 각섬석이 포유되어 있으며 가끔 쌍정에 가로로 열극이 발달되고 알칼리장석이 줄무늬 모양으로 교대된 현상도 보인다. 각섬석은 함량이 1%내외이고 길이가 1.0~1.5mm이며 $2V(-)=85°$, $Ng \wedge c=28°~35°$이다.

석기는 사장석과 알칼리장석으로 구성되며 이 두 장석이 모두 70~75%를 차지한다. 사장석이 50~55%이고 알칼리장석이 20~25%를 차지한다. 사장석은 불규칙하게 알칼리장석 속에 남아 있다. 각섬석은 10% 내외이고 길이가 0.1~0.2mm이며 부분적으로 녹니석화 되어 있다. 흑운모는 10% 내외로 포함되고 엽편상을 나타내며 길이가 0.05~0.15mm이고

사진 6-9. 파리장석 반정이 용식을 받은 후에 과성장되고 그 속에 미정질 휘석 잔류물이 포함되어 있음. 10×10(+)

녹니석으로 교대 변질되어 있다. 석영은 5% 내외이며 장석 사이에 끼여 있다. 그리고 자철석, 인회석, 금홍석 등의 부수광물이 나타났다.

노옴광물은 계산하면 Q 7.10%, Or 35.66%, An 43.59%, Ac 2.08% 등으로 구성되어 있다.

(2) 휘석 조면암(bb23)

천지 남쪽의 해발 1,850m 고도에서 채취하였다. 회색을 띠고 반상조직을 나타내며 석기는 조면상 조직을 가지고 괴상 구조를 나타낸다.

반정으로 알칼리장석과 휘석으로 구성된다. 알칼리장석은 함량이 10% 내외이고 판주상으로 나타난다. 길이가 1.0~3.0mm이고 $Ng \wedge \perp(001)=90°$, $Ng \wedge \perp(010)=1.5°$, $2V(-)=50°$이며 격자상 쌍정으로서 미사장석에 속한다. 또한 응력작용을 받아 광학성질에서도 변화가 일어난다. 즉 $Ng \wedge Nm=75°$로 변함과 동시에 열극이 생기고 강한 파동소광이 일어난다. 휘석은 1% 정도로 나타나고 단주상이며 그 길이가 0.3~1.0mm이고 $Ng \wedge c=50°$, $2V(+)=58°$로서 CaFe 휘석에 속한다. 미반정으로 감람석이 1% 이하로 나타나며 그 입경이 0.3~0.5mm이고 철이딩사이트로 교대되어 있다(사진 6-10). 자철석은 1%이고 입경이 0.1~0.3mm이다.

석기는 일정한 방향으로 배열된 알칼리장석, 휘석(10%±), 감람석(1%±), 자철석(2%±)과 소량의 흑운모, 인회석 등으로 구성된다.

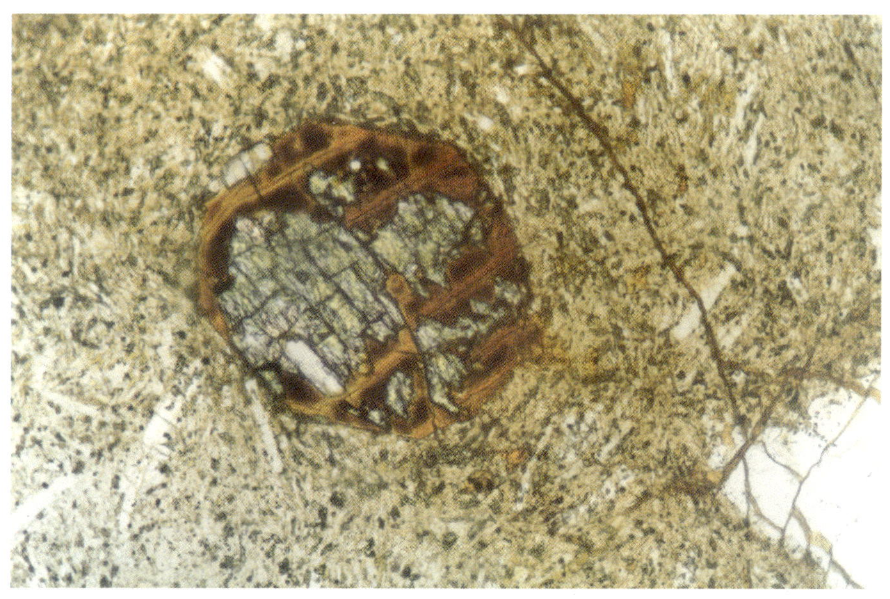

사진 6-10. 이딩사이트화된 자형 감람석 반정. 10×10(-)

노옴광물은 계산하면 Q 11.35%, Or 35.87%, Ab 43.65%, An 1.63%, Hy 1.49% 등으로 구성되어 있다.

사. 쌍봉 알칼리 현무암

노방자소산의 쌍봉 채석장에서 채취한 시료(Sb26)이다. 반상조직이고 석기는 간립상 조직이며 다공상 구조이다.

반정은 사장석, 휘석, 감람석 등으로 구성된다. 사장석은 5% 내외로 함유되고 그 길이가 1.0~2.5㎜이다. 일부분은 누대구조를 가지며 내부에서 외연부로 가면서 성분이 파상으로 변화된다. 즉 내부환이 An=55, 중간환이 An=57, 외연환이 An=54로서 평균 An=55이며 래브라도라이트에 속한다. 가끔 큰 반정의 내부는 용식작용으로 그 후에 결정화되어 불균형적인 소광을 나타낸다. 휘석은 함량이 4% 내외이고 단주상을 나타낸다. 길이가 1.0~2.0㎜이고 Ng∧c=45°이며 Ng 방향에서 연분홍색을 나타내는데 이는 함Ti 보통휘석 결정 중에 열극이 발달된 데 연유된 것으로 보인다. 그러나 열극은 석기 안에는 연장되지 않았다. 감람석은 1% 정도 포함되고 모양이 단주상이며 길이가 0.5~1.0㎜이다. 2V(+)=90°, Fo=85, Fa=15로서 볼토나이트(boltonite)와 크리솔라이트의 중간형에 속한다.

석기는 일정한 방향으로 배열된 사장석(0.05~0.2㎜)과 그사이에 끼여 있는 유색광물, 자철석, 인회석 등으로 구성된다.

CIPW법으로 계산된 노옴광물은 Or 17.26%, Ab 26.33%, An 16.93%, Ne 2.96%, Ol 8.85%, Fo 6.42%, Fa 2.43% 등으로 구성된다.

아. 백두산기 제2단계 석영 안산조면암과 석영 조면암

(1) 석영 안산조면암(TK01)

장백폭포 단면의 하부층에서 채취한 시료이다. 회색 내지 적회색을 띠고 반상조직을 보여 주며 석기는 조면상 조직을 나타내고 괴상구조를 보인다.

반정은 정장석과 왜장석이 25%를 차지한다. 정장석은 무색 투명하고 자형이며 용식을 받아 만곡상을 나타낸다. 페리클린 쌍정 혹은 칼스배드 쌍정을 이루고 2V(+)=85° 내외이다. 왜장석은 자형 결정이고 정장석 보다 신선하며 칼스배드 쌍정을 갖고 있다. 격자상 쌍정도 있으며 파동소광이 나타난다. 2V(-)=50° 내외이고 왜장석 내에는 작은 정장석이 포유되어 있는 경우도 있다. 정장석과 왜장석의 굴절률은 현저한 차이가 나며 정장석의 굴절률이 왜장석보다 크다. 정장석 반정의 열극 혹은 벽개를 따라 왜장석이 교대로 들어가 있다.

보통휘석은 일반적으로 연녹색 혹은 연적색을 나타내며 벽개가 발달되어 있다. 소광각은 $Ng \wedge c = 39°$이고 용식현상을 볼 수 있다. 감람석은 미량으로 존재하지만 대부분 갈철석으로 변질되어 있으며 내핵부에 감람석의 잔여체로 남아 있다. 잔여체로 보존된 감람석은 연황색이고 철 조성이 비교적 높은 철감람석이다. 그리고 티탄자철석, 인회석 등이 부수광물로 수반된다.

노옴광물은 CIPW법으로 계산하면 Q 11.86%, Ab 26.99%, An 48.08%, Hy 3.06% 등으로 구성된다.

(2) 이지린 석영 조면암(Bb19)

장백호텔 부근의 절벽 아래에서 채취한 시료이다. 회색을 띠고 반상조직을 가지며 석기는 조면상 조직을 보이고 괴상구조를 나타낸다.

반정은 왜장석과 휘석으로 구성된다. 왜장석은 함량이 15% 내외이고 판주상을 나타내며, 그 길이가 1.5~3.0㎜이고 무색 투명한 자형결정이다. (001)벽개가 발달되고 가끔 (010) 벽개도 존재하며 흔히 칼스배드 쌍정을 나타내고 어떤 것은 드물게 파쇄되어 결정편으로 존재한다. 이 암석은 응력작용을 받아 광학성질이 변화되는 양상으로 나타난다. 예를 들면 $Ng \wedge Np$ 사이각은 90°가 아니고 변화 범위가 10°~17°에 달한다. $Ng \wedge (010) = 7.5°~8.0°$(보통 5°±), $Ng \wedge (001) = 83°~86°$(보통 85°±), $2V(-) = 37°~47°$ 등으로 변하였다. 이지린 휘석은 1~2%이고 단주상으로 나타나고 길이가 0.5~0.7㎜이다. 어떤 것은 누대구조를 보여 주기도 하며 외부환은 진록색이고 내부환은 황록색이다. 광학성질은 마찬가지로 변화되는 양상이다. 즉 $Ng \wedge c = 78°$, $Np \wedge c = 44°~49°$이며 기준치보다 14°~15° 더 크다.

석기는 일정한 방향으로 배열된 왜장석(장축 0.1~0.3㎜), 이지린 휘석(20%, 장축 0.05~0.01㎜), Ti각섬석(5%±, 장축 0.02~0.05㎜), 석영(10%), 소량의 인회석, 자철석 등으로 구성된다.

노옴광물은 계산하면 Q 12.23%, Or 35.78%, Ab 35.27%, Hy 3.93%, Ac 6.67% 등으로 나타난다.

자. 백두산기 제3단계 석영 조면암과 알칼리 유문암

(1) 이지린 석영 조면암(Tk02, Tb215, Tb229, Tb240)

회색, 황회색 혹은 회록색을 띠고 반상조직을 가지며 석기는 조면상 조직과 괴상구조를 나타낸다.

반정은 왜장석과 이지린 휘석으로 구성된다. 왜장석은 15%를 차지하고 무색 투명한 자형 결정으로 나타난다. (001)벽개가 발달되고 칼스배드 쌍정을 갖는다. 2V(−)=40°~42°이고 광축면은 (010)면과 거의 수직되며 Ng는 b축과 평행되며 (010)절단면에서 Np′∧(001)=8.9°~9°이다. 굴절률 Nm=1.529 내외이다. 일부 반정은 후기에 생성되었기 때문에 석기의 휘석과 왜장석 흔적을 많이 포함하고 있다(사진 6-11). 이지린 휘석은 입경이 0.1㎜±이고 종종 1.7㎜인 것도 있으며 함량이 3%를 초과하지 않는다. 연록색 내지 황록색이고 다색성이 명확하지 않다. 자형 결정이고 (110)과 (010)벽개가 발달된다. 내부에서 2V(+)=60°~70°, A∧c=14°~16°, Np∧c=38°~46°이며 CaFe 휘석에 속한다. 굴절률은 Nm=1.723이다.

석기에서 감람석은 몇 개 시료 중에 희소하게 볼 수 있다. 연황색을 가지며 자형결정이고 용식현상이 보편적이다. 벽개와 외연부에는 이딩사이트화되어 있고 입도가 작은 것은 전체가 변질되었다. 2V(−)=55° 내외로서 고철감람석(ferrifayalite)에 속한다. 이는 자형결

사진 6-11. 차기 사장석 반정 중에 석기 휘석과 사장석이 들어 있음. 10×10(+)

정이고 뚜렷한 다색성을 나타낸다. 석영은 보통 타형으로 광물사이에 충진되어 나타나며 5% 함량을 가진다. 그리고 티탄자철석, 인회석 등이 부수광물로 나타난다.

노옴광물은 계산하면 Q 16.27%, Ab 26.42%, An 45.13%, Hy 3.01% 등으로 구성되어 있다.

(2) 알칼리 유문암(H14)

천문봉 단면의 중부층에 나타나는 시료를 채취한 것이다. 회록색 내지 회색을 띠고 반상조직과 괴상구조로 나타난다.

반정은 대부분 왜장석과 이지린 휘석으로 구성되며 알프베드소나이트(arfvedsonite)와 감람석도 미량으로 관찰되고 간혹 석영도 반정으로 관찰된다.

석기는 대부분 유리질이고 유상 구조 혹은 진주상 구조가 발달되어 있다. 상세한 내용은 다음 단계의 알칼리 유문암에서 서술하겠다.

노옴광물은 계산할 때 Q 18.26%, Or 28.02%, An 41.06%, Hy 1.16%, Ac 5.36% 등으로 구성된다.

차. 노호동 알칼리 감람석 현무암

노호동 분석구에서 채취한 시료(Lb28)는 다음과 같이 기재할 수 있다. 암회색을 띠고 반상조직을 보이며 석기는 간립상 조직과 괴상구조를 나타낸다.

반정은 사장석과 휘석으로 되어 있다. 사장석은 함량이 5% 내외이고 판주상 혹은 장주상을 나타내며 그 길이가 0.5~1.0mm이다. An=63, 2V(+)=78°로서 래브라도라이트에 속한다. 사장석은 일정한 방향으로 배열되어 있으며 가끔 사장석 결정에 열극이 생겨 있고 그 속으로 석기가 충진되어 있다. 감람석은 1% 정도로 포함되고 등경상 혹은 단주상을 나타낸다. 그 길이가 0.1~0.3mm이고 결정 외부에는 보통 용식현상이 나타난다. 휘석은 매우 드물게 반정으로 나타나며 황갈색을 띠고 Ng∧c=43°, 2V(+)=42°를 보여 보통휘석에 속한다.

석기는 일정한 방향으로 배열된 사장석과 그 사이에 끼여 있는 휘석(10%±, 입도 0.1mm 이하), 감람석(10%±, 입도 0.1mm 이하), 자철석(15%, 입도 0.07mm), 인회석(<1%, 침상) 등으로 구성되어 있다.

노옴광물은 계산하면 Or 13.05%, Ab 29.95%, An 18.42%, Ol 7.73%, Fo 4.67%, Fa 3.06%, Ne 1.70% 등으로 구성된다.

천지 서쪽에 있는 송강하소산 분석구에서 채취한 시료(Xb16호)는 다음과 같다. 반상조직을 보이고 석기는 간립상 조직과 괴상구조를 나타낸다.

반정은 사장석, 감람석, 휘석으로 구성된다. 사장석은 5% 내외를 차지하고 주상 혹은 판주상을 나타내며 그 길이가 1.0~3.0㎜이다. 반정의 내부가 래브라도라이트(An=56)에 속하고 외부 혹은 소반정은 보통 안데신(An=41~45)에 속한다. 일부 결정은 용식되여 그 속에 석기가 채워져 있다. 감람석은 1% 정도로 포함되고 입경이 0.3~0.5㎜이며 2V(+)=85°, Fo=100이다. 어떤 자형 감람석 반정은 용식작용으로 만곡되어 있고 그 속에 자형 사장석이 채우고 있다(사진 6-12). 휘석은 1% 이하로 포함되고 단주상을 나타낸다. 그 길이가 0.3~0.5㎜이고 2V(+)=55°, Ng∧c=35°으로 보통휘석에 속한다.

석기는 일정한 방향으로 배열된 사장석과 그 사이에 채운 휘석(15%±), 감람석(5%±), 자철광(3~4%), 인회석(<1%) 등으로 구성된다.

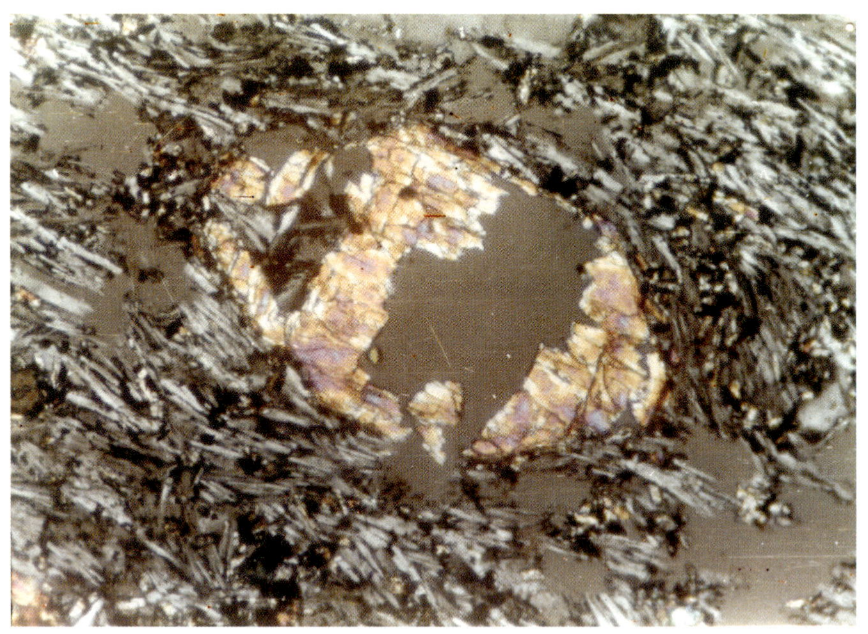

사진 6-12. 자형 감람석 반정이 용식 을 받은 후에 그 내부에 자형 사장석이 형성되었음. 10×10(+)

카. 백두산기 제4단계 알칼리 조면암과 알칼리 유문암

(1) 이지린 알칼리장석 조면암(Bb20)

노호동에서 남쪽으로 약 1㎞ 떨어진 곳에서 채취한 시료이다. 회색 내지 녹회색을 띠고 반상조직을 나타내며 석기는 조면상 조직과 괴상구조를 보인다.

반정으로 왜장석은 함량이 5% 내외이고 판주상을 나타낸다. 그 길이가 0.5∼1.0㎜이며 자형결정이다. 가끔 내부 응력작용으로 파쇄상 흔적을 나타낸다. 결정 외연부에는 이지린 휘석이 둘러싸여 있는데 이는 한 결정이 두 차례에 걸쳐 성장되었다는 것을 설명한다. 현미경으로 측정한 $Ng \wedge (001) = 83°$, $Ng \wedge (010) = 8°$, $2V(-) = 44°$이다(사진 6-13). 리정시(1988)는 흑풍구 남쪽에서 채취한 알칼리 석영 조면암에서 분리한 왜장석 반정에 대해 상세하게 측정하였다. $Np' \wedge (001) = (4°∼9°)±0.5°$, (001)면 중의 $Np \wedge (010) = (0°∼5°)±0.5°$, 주 광축각 $2V_{Np} = (41°∼44°)±1°$, $Nm = 1.528∼1.531$ 등이다. 화학성분으로 계산한 노옴광물은 Or 36%, Ab 59%, An 5% Or 36.5%, Ab 58%와 An 5.5%이다(<표 6-2>, <표 6-3> 참조). 알칼리 장석 $2\theta_{201}$성분관계도와 삼봉법으로 측정한 알칼리장석 조직상태 성분도 위에 도시한 결과는 천지 알칼리장석은 왜장석 계열에 속하고 파리장석이 아닌 것을 증명하였다. 이지린 휘석은 1% 정도이고 단주상으로 나타난다. 그 길이가 0.2∼0.5㎜이고 $Ng \wedge c = 30°$,

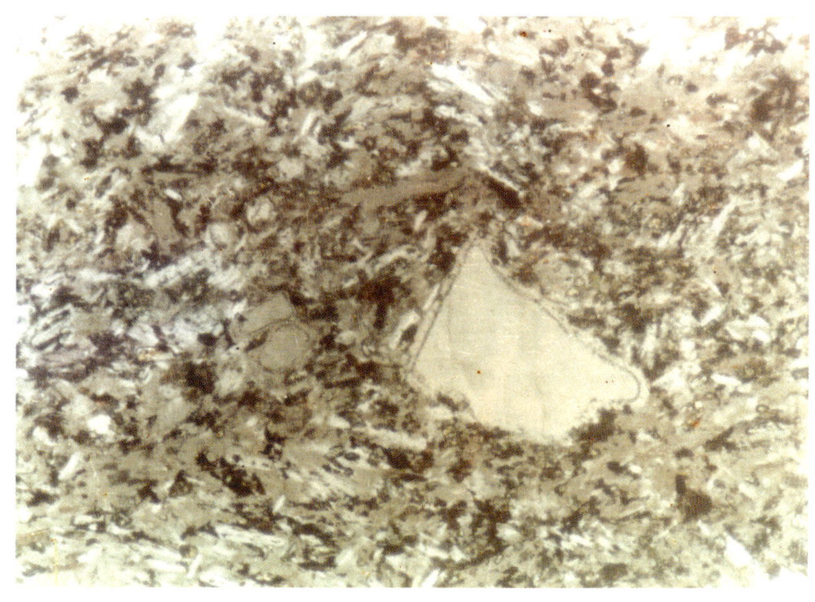

사진 6-13. 왜장석 반정 주변에 이지린 휘석이 과성장됨. 10×10(+)

<표 6-2> 알칼리 장석 조면암에서 왜장석 반정의 화학조성

시료번호	SiO_2	Al_2O_3	Fe_2O_3	FeO	MgO	CaO	K_2O	Na_2O	H_2O^+	H_2O^-	합계
Tz-1	66.69	19.02			0.09	0.10	6.64	7.42	0.04	0.09	100.09
Tz-2	66.87	18.81			0.12	0.09	6.68	7.21	0.04	0.08	100.05

<표 6-3> 알칼리 장석 조면암에서 왜장석 반정의 결정삼수

시료번호	a(A)	b(A)	c(A)	α	β	γ
Tz-1	8.290±0.004	12.996±0.002	7.146±0.002	$91°18'±5'$	$116°18'±5'$	$90°14'±5'$
Tz-2	8.304±0.003	12.968±0.002	7.145±0.001	$90°55'±5'$	$116°11'±5'$	$90°16'±5'$

$2V(+)=52°$이며 다색성을 갖는다. 결정 외연부는 각섬석으로 이루어진 반응연이 발달되어 있다.

석기는 일정한 방향으로 배열된 왜장석과 그 사이에 있는 이지린 휘석(20%±. 입경 0.1㎜ 이하), 각섬석(6~7%, 입경 0.1㎜ 이하), 석영(3~4%, 왜장석 사이에 존재), 자철석(2%±, 입경 0.1㎜ 이하), 인회석(1% 미만, 침상) 등으로 구성된다.

현미경에서 세립질 휘석암의 작은 내포체가 관찰된다. 형태가 구형이고 입경이 1㎜ 정도이다. 주로 사장석(75%±), 휘석(20%±), 흑운모(3%±), 자철석(2%±) 및 소량의 인회석 등으로 구성된다.

화학조성으로 계산한 노옴광물은 Q 9.5%, Or 34.46%, Ab 42.00%, Hy 2.49%, Ac 4.96% 등으로 구성된다.

(2) 알칼리 유문암(H17, Tb243 등)

천지~천문봉 단면의 상부층에서 채취한 시료이다. 녹회색 내지 회색을 띠고 반상 조직과 유상 구조를 발달시킨다.

반정은 왜장석, 이지린이 대부분이고 감람석, 간혹 석영 등도 나타난다. 석기는 대부분 유리질이며 유상 구조 혹은 진주상 구조가 발달되며 방사상 결정 집합체에 의한 구과상 구조도 흔히 볼 수 있다.

왜장석은 함량이 15%이고 무색 투명하며 자형 결정으로 칼스배드 쌍정을 갖는다. Nm=1.529, $2V(-)=46°$, 광물의 화학조성과 X선회절 결과 등이 알칼리 석영 조면암 중의 왜장석의 반정과 근본적으로 일치된다. 상세한 것을 <표 6-4>와 <표 6-5>에 표시하였다.

<표 6-4> 백두산기~팔괘모기 알칼리 화산암류에서 왜장석 반정의 측정표(정상성, 1981)

시료 번호	분출시대	암석명	광학성		X선회절법					뢴트겐분광법			
			Nm	2V	$2\Theta_{201}$	$2\Theta_{060}$	$2\Theta_{204}$	성분 $O_\gamma\%$	질서도	흡수봉 1(cm)	흡수봉 2(cm)	ΔV (1-2)	$\Delta=0.05$ x(ΔV-90)
Tb215	백두산기 제3단계	석영 알칼 리장석 조면암	1.5295	$-42°$	21.610	41.762	51.029	38.04	0.30	639	545	94	0.20
Tb229	백두산기 제3단계	석영 알칼 리장석 조면암	1.529	$-40°$	21.606	41.722	51.025	38.41	0.27	638	544.5	93.5	0.175
Tb243	백두산기 제4단계	알칼리 유문암	1.529	$-46°$	21.675	41.789	51.042	32.05	0.33	639	545	94	0.20
Tb236	기상참기	알칼리 유문암	1.530	$-43°$	21.655	41.765	51.045	33.89	0.31	639	544	95	0.25
Tb224	기상참기	흑요암	1.530	$-43°$	21.721	41.862	51.020	27.87	0.39	637.5	543.5	94	0.20
Tb255	팔괘모기	회색 부석	1.531	$-47°$	21.545	41.756	50.946	39.42	0.24				

<표 6-5> 백두산기~팔괘모기 화산암류에서 왜장석 반정의 화학조성(정상성, 1981)

분출시대	백두산기 제3단계		기상참기			팔괘모기
시료번호	Tb215	Tb229	Tb236	Tb251	Tb251	Tb255
SiO_2	67.41	69.18	68.08	66.70	66.97	68.49
TiO_2	0.02	0.06	0.02	−	−	0.05
Al_2O_3	17.86	15.60	16.60	19.00	18.87	17.67
Fe_2O_3	tr	0.74	0.98	−	−	tr
FeO	0.09	−	−	−	−	0.02
MnO	0.29	0.02	0.02	−	−	0.26
MgO	tr	0.19	0.20	0.73	0.84	tr
CaO	tr	0.53	0.20	0.10	0.09	tr
Na_2O	7.13	7.66	7.50	7.47	6.93	6.55
K_2O	7.65	6.73	6.70	6.86	6.98	7.49
합계	100.50	100.74	100.30	100.86	100.68	100.53
Si	12.858	12.336	12.191	11.872	11.919	12.189
Ti	0.003	0.009	0.003	−		0.006
Al	3.772	3.277	3.493	3.985	3.957	3.705
Fe	−	0.099	0.131	−		−
	15.86	15.72	15.82	15.86	15.88	15.90
Fe	0.014	−	−	−	−	0.033
Mn	0.044	0.003	0.003	−	−	0.040
Mg	−	0.050	0.054	0.193	0.222	−
Ca	−	0.102	0.039	0.019	0.017	−
Na	2.476	2.648	2.623	2.576	2.390	2.292
K	1.748	1.529	1.529	1.556	1.584	1.699
	4.281	4.23	4.24	4.34	4.21	4.06
Or:Ab;An	41:59:0	35.5:61:3.5	36:62:2	36:59:5	37.5:57:5.5	43:57:0

<표 6-6> 백두산기와 기상참기 알칼리 화산암류에서 이지린 휘석의 광학성과 화학조성

시료 번호	분출시대	암석명	2V(+)	Np∧c	A₁∧c	함이지린 분자수	Nm	함이지린 분자수	휘석명
Tb206	백두산기 제3단계	석영 알칼리장석 조면암	70°	39°	16°	15	—	—	함이지린 CaFe 휘석
Tk04	백두산기 제3단계	석영 알칼리장석 조면암	72°	37°	17°	18	—	—	〃
Tb215	백두산기 제4단계	석영 알칼리장석 조면암	72°	35°	19°	17	1.731	21	〃
Tb242	백두산기 제4단계	알칼리 유문암	84°	24°	24°	27	—	—	〃
Tb243	백두산기 제4단계	알칼리 유문암	80°	23°	24°	28725	1.725	17	〃
Tb245	백두산기 제4단계	석영 알칼리장석 조면암	84°	25°	23°	26	—	—	〃
Tb236	기상참기	알칼리 유문암	82°	27°	22°	25	—	—	〃
Tb224	기상참기	흑요암	74°	31°	21°	22	—	—	〃
Tb249	기상참기	알칼리 유문암	78°	28.5°	22.5°	22	—	—	〃
Tb251	기상참기	알칼리 유문암	74°	34°	19°	18	—	—	〃
Tb258	기상참기	알칼리 유문암	64°	42°	16°	8	—	—	〃
Tb259	기상참기	용결응회암	82°	30°	18°	20	—	—	〃
Tb262	기상참기	조면암질 응회암	80°	30°	20°	20	—	—	〃

이지린은 녹색이고 반자형 내지 자형을 이룬다. 외연부에서 $Np∧c=21°$이고 이지린에 필요한 알칼리 함량이 더 많아지며 내핵부에서 $Np∧c=31°$이고 알칼리 함량이 적어지는 경향이다. 따라서 결정 외연부에서 비교적 이지린에 더 접근하기 때문에 진한 색변화를 나타낸다. 광학적 특성을 <표 6-6>에 기입하고 화학조성은 <표 6-7>에 표시하였다. 표에서 보다시피 알칼리 유문암의 왜장석 주요특성은 석영 알칼리 조면암 중의 왜장석의 특성과 아주 유사하다.

감람석은 철감람석이며 연황색이고 투명하다. 용식작용으로 아원상 형태를 나타내는 경우가 많다. 변질로 인해 선홍색 이딩사이트 혹은 철질을 농집하였다. 석영은 다수가 타형 결정이고 가끔 반정으로도 나타난다.

유리질 석기는 유상 구조 혹은 진주상 구조를 이룬다. 대부분 연황색, 연갈색을 띠고 담녹색, 암녹색을 띨 때도 있다. 탈파리화(devitrification)로 하여금 대개 축열상(axiolitic) 혹은 방사상 집합체로 결정화되어 있다. 유색광물로서 티탄자철석, 인회석 등이 포함된다.

화학조성으로부터 계산한 노옴광물은 Q 20.19%, Or 30.64%, Ab 33.74%, Hy 3.61%, Ac 5.65% 등으로 구성된다.

〈표 6-7〉 백두산기와 기상참기 이지린 휘석의 화학조성

분출시대	백두산기 제4단계			백두산기 제3단계		기상참기	
시료번호	TK04	TK04-1	TK04-2	Tb229-1	Tb229-2	Tb236	Tb251
휘석형	저FeCaFe 휘석	이지린 휘석	CaFe 휘석	저FeCaFe 휘석	저FeCaFe 휘석	CaFe 휘석	CaFe 휘석
SiO_2	48.80	49.77	48.61	47.53	48.48	49.69	50.04
TiO_2	0.10	0.89	0.42	0.31	0.25	0.98	0.68
Al_2O_3	0.52	0.00	0.00	0.45	1.83	–	–
Cr_2O_3	0.00	0.00	0.00	0.17	0.88	0.51	0.60
Fe_2O_3	tr	–	–	–	–	–	–
FeO	27.13	36.15	27.36	28.91	27.09	25.09	25.58
MnO	0.95	0.57	1.09	1.01	1.16	1.53	–
MgO	2.93	0.58	2.85	2.64	1.57	0.95	0.33
CaO	17.66	2.90	20.59	15.69	15.67	19.04	20.88
Na_2O	2.11	8.01	0.74	0.67	0.67	1.75	2.27
K_2O	tr	1.42	0.00	0.04	0.09	–	0.14
합계	100.02	100.29	101.66	97.42	97.69	99.54	100.52
Si	1.958	1.965	1.953	1.986	1.997	2.001	1.995
Al	0.025	–	–	0.014	0.003	–	–
Ti	0.003	0.026	0.013	–	–	–	0.005
Fe	0.014	0.009	0.034	–	–	–	
소계	2.00	2.00	2.00	2.00	2.00	2.00	2.00
Al	–	–	–	0.008	0.086	0.030	–
Ti	–	–	–	0.010	0.008	0.136	0.015
Fe	0.150	0.604	0.023	0.054	0.053	0.016	0.175
Cr	–	–	–	0.006	0.029	0.711	0.019
Fe	0.745	0.850	0.860	0.955	0.878	0.052	0.676
Mn	0.032	0.019	0.037	0.036	0.041	0.057	–
Mg	0.175	0.034	0.171	0.164	0.096	0.821	0.020
Ca	0.759	0.123	0.886	0.702	0.691	0.136	0.891
Na	0.164	0.613	0.057	0.054	0.053	–	0.175
K	–	0.072	–	0.002	0.004		0.001
소계	2.02	2.03	2.03	1.99	1.94	1.97	1.99
Mg	10	2	9	9	6	3	2
Ca	40	9	44	37	40	48	50
TFe	50	89	47	54	54	49	48

타. 기상참기~홀로세 알칼리 유문암, 흑요암 및 부석층, 용결응회암과 화산회층

(1) 알칼리 유문암(Tb236, Tb249, Tb251)

기상참 북동쪽에서 채취한 시료이다. 녹회색 파리반상 조직이고 괴상구조 및 유상구조

등을 나타낸다. 석기는 대부분 유리질이다.

반정은 왜장석, 이지린, 감람석으로 구성된다. 왜장석은 함량이 12~14.1%이고, 2V(−)=43°~47°, Nm=1.530이며 무색 투명하다. 자형 결정 및 칼스베트 쌍정을 이룬다. 이지린 휘석은 1.0~1.4%이고 2V(+)=74°~82°, Np∧c=27°~34°, A_1∧c=19°~22.5°이고 이지린 분자 함량은 18~25%이며 이지린을 포함하는 CaFe 휘석에 속한다. 감람석은 미량이고 2V(−)=52~54°, F_0=4~6%인 철감람석에 속한다. 이의 특징은 상술한 Tb243, H17 등과 근본적으로 일치한다.

노옴광물은 화학조성으로 계산하면 Q 24.32~28.27%, Or 31.20~27.82%, Ab 28.19~26.23%, Hy 3.15~3.31%, Ac 7.80~7.21% 등으로 구성된다.

(2) 흑요암

알칼리 유문암과 호층을 이루며 두께가 수 ㎝ 내지 수십 ㎝로 얇다. 흑색을 띠고 유리 광택을 보이며 치밀 단단한 패각상 단구를 보이고 역청상을 나타낸다.

소량이지만 왜장석과 유색광물을 반정으로 포함하고 있다. 왜장석은 Nm=1.530, 2V(−)=43°, X선회절법으로 측정한 수치는 $2\theta_{201}$=21.721, $2\theta_{060}$=41.862, $2\theta_{204}$=51.020이며, 질서 도는 0.39이다. 이지린 휘석은 2V(+)=74°, Np∧c=31°, Al∧c=21°, 이지린 분자가 22% 포함되어 있는 함이지린 CaFe 휘석에 속한다.

(3) 알칼리 유문암질 부석(TK_{14})

천문봉에서 채취한 시료이다. 연황색을 띠며 매우 가벼운 해면상 조직을 가지고 심한 다 공상 구조를 나타낸다. 대부분 유리질이고 기공이 환상으로 헝클어진 머리카락처럼 뭉쳐 진 모양을 나타낸다. 화학조성이 알칼리 유문암과 거의 같으며. 비중이 2.3g/㎤ 내외이다.

대부분 유리질 속에 소량이지만 왜장석, 이지린 및 감람석을 반정으로 포함한다. 감람석은 암회색이고 불투명하며 패각상 단구를 보인다. 입경이 0.1~0.05㎜이고 두 방향 벽개가 완전 하며 어떤 결정은 내핵부까지도 용식을 받았고 외관의 형태가 불규칙하게 아원상을 이룬다. Nm=1.531, 2V(−)=47°이며 X선회절법으로 측정하면 $2\theta_{201}$=21.595, $2\theta_{060}$=41.756, $2\theta_{204}$=50.946이고 질서도가 0.24이다. X선회절법으로 분석해 보면 a=4.886Å, b=10.280Å, c=5.874 Å, β≈90°로서 단사정계에 속한다. EPMA 분석에서 SiO_2 26.01%, CaO 0.68%, MnO 4.93%, FeO 68.75%이며, 이 특성에 의하면 감람석은 Caihunite에 속한다(조량초와 위쇄신, 1982).

(4) 용결응회암(nb33, CM2 등)

천지 남서쪽에 놓이는 남구 화산과 팔괘모 화산에서 채취한 시료이다. 남구 화산에서 라필리가 약 45% 포함되고 주로 피아메, 조면암편으로 구성된다. 결정편은 5% 내외이고 알칼리장석 외에 휘석, 자철석 등으로 구성된다. 교결물로서 파리질 샤아드가 50% 내외를 차지하며 방사상 결정집합체로 탈파리화된 경우도 있다. 라필리의 암종 변화를 보면 이 암석은 여러 차례의 화산분출 과정을 걸쳐 형성된 것으로 보인다.

2. 망천아 지역

가. 마안산기 석영 쏠리아이트(mb01, mb02)

마안산 제3기분지에 있는 제3층의 현무암에서 채취한 시료이다. 암회색을 띠고 반상조직을 보이며 석기는 간립상 조직과 괴상구조를 나타낸다.

반정은 대부분 사장석이고 감람석도 포함된다. 사장석은 함량이 15%이고 $An=61$, $2V(+)=81°$로서 래브라도라이트에 속한다. 질서도 $ST=0.1$이고 쌍정은 면율이 [$T \cdot A \llcorner (010)$], $E_1=-E_2$이다. 일부 사장석은 6개 둘레로 누대구조가 발달되어 있으며 외연부에서 휘석, 감람석, 자철석, 침철석 등의 미정과 접촉한다(사진 6-14). 사장석은 모양이 판주상이고 길이가 2.0~5.0㎜이다. 가끔 중심부가 타원형이고 외연부가 자형으로 둘러싸이는 과성장 반정도 관찰된다(사진 6-15). 그리고 감람석은 드물지만 원주상으로 나타나고 $2V(-)=84.5°$, $Fo=68.5$, $Fa=31.5$ 등으로서 하이알로시데라이트에 속한다.

석기는 사장석이 45%를 차지하고 그 길이가 0.5~1.0㎜이다. 휘석은 25% 내외이고 주상(0.3~0.5㎜) 혹은 등경상이며 사장석 격자 중에 끼여 있다. $2V(+)=50°$, $Ng \wedge c=38°~50°$(대부분 44°~45°) 등의 특성에 의하면 보통휘석과 투휘석에 속한다. 감람석은 10% 내외를 차지하고 등경상(0.2~0.5㎜)으로 나타나며 사장석 결정 사이에 끼여 있고 일부가 이딩사이트화되어 있다. 침철석은 3% 내외이고 침상으로 기타 광물 사이에 끼여 있다. 자철석은 1%이고 등경상으로 나타내며 인회석은 1% 이하이며 미립상이다.

작은 감람암 내포체도 관찰된다. 이 감람암은 대부분 감람석으로 구성되며 그 결정 중에 기타 결정질 혹은 유리-기체 포유물이 존재한다. 암석 중에 불규칙한 기공에는 녹니석이 충진되어 있다.

사진 6-14. 사장석 반정의 누대구조와 만곡구조. 2.5×10(+)

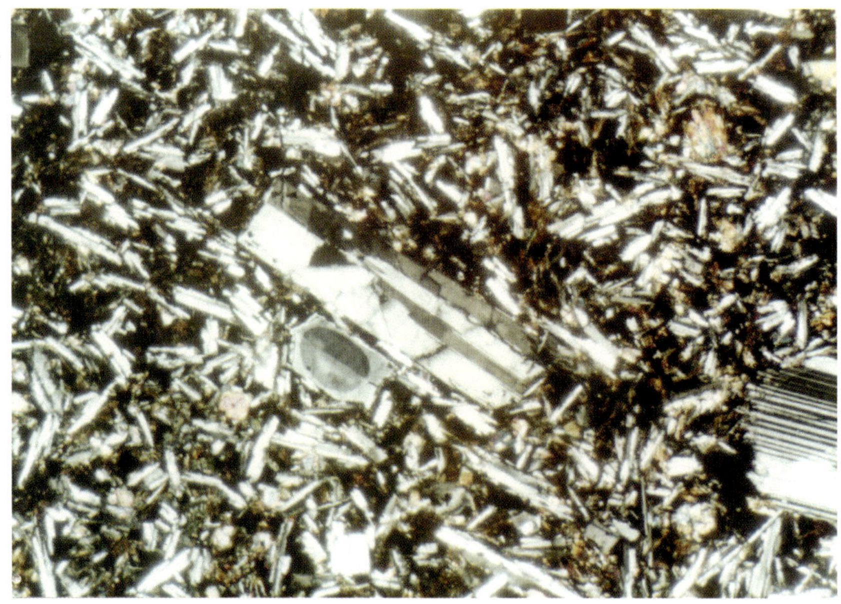

사진 6-15. 용식을 받은 타원상 사장석 반정의 외부에 사장석이 자형으로 과성장됨.
2.5×10(+)

노옴광물은 화학조성으로 계산하면 Q 1.09%, Or 7.03%, Ab 30.63%, An 20.81%, Hy 13.71% 등으로 구성된다.

사진 6-16. 아원상으로 용식된 사장석 반정의 주변부가 석기 사장석과 휘석 등과 톱니상으로 맞닿아 있음. 2.5×10(+)

나. 내두산기 감람석 쏠리아이트와 조면안산암

(1) 감람석 쏠리아이트(cb6)

장백현 십오도구 삼남리에 노출되는 현무암의 기저부에서 채취한 시료이다. 암회색을 띠고 반상조직을 보이며 석기는 간진상 내지 간립상 조직과 괴상구조를 나타낸다.

반정은 대부분 사장석이다. 사장석은 함량이 1% 정도이며 형태가 아원상 내지 렌즈상이고 길이가 1.5~3.0mm이다. 외연부가 용식작용으로 불규칙하게 톱니상 혹은 만곡상을 보여 준다(사진 6-16). 광학적으로 2V(+)=76°, An=58, ST=0이다.

석기는 일정한 방향으로 배열된 사장석(0.1~0.3mm), 단사휘석(15%±, 담적색), 감람석(5%±, 입경 0.05~0.15mm), 유리질(15±, 녹니석으로 변질), 자철석(5%±), 인회석(2%±, 침상) 등으로 구성된다.

노옴광물은 화학조성으로 계산하면 Or 5.45%, Ab 26.93%, Hy 15.22%, An 23.17%, Ol 9.50%, Fa 3.12%, Fo 6.38% 등으로 구성된다.

(2) 조면안산암(cb4)

장백현 이십이도구의 원보도에서 채취한 시료이다. 자회색을 띠고 반상조직을 보이며 석기는 간립상 조직과 괴상구조를 나타낸다.

반정은 소량으로 사장석과 휘석으로 구성된다. 사장석은 3% 내외 차지하고 판주상 혹은 타형을 나타내며 입경이 1.0~2.0㎜이다. 모든 결정 내부에는 용식작용으로 벌집 모양의 채망(sieve)구조를 보이지만 그 외연부에는 그대로 보존되어 있다(사진 6-17). 2V(−)=70°, An=46이다. 휘석은 2% 내외로 포함되고 그 길이가 0.5~1.0㎜이며 고동휘석에 속하는 사방휘석(Ng∧c=11°, 2V(−)=64°)과 단사휘석(Ng∧c=32°)으로 이루어진다. 어떤 결정은 내부가 용식작용이 있고 벽개의 수직방향을 따라 반정 상태의 광물이 용식된 곳을 채우며, 결정의 외연부도 역시 불규칙으로 톱니상을 이룬다.

석기는 미립 사장석, 휘석(입경 0.1~0.2㎜), 알칼리장석, 자철석 등으로 구성되며 드물지만 침상 인회석과 석영도 포함된다. 그 중에 휘석이 10% 내외이고 알칼리 장석이 40~45%이다.

노옴광물은 화학성분으로부터 Q 15.11%, Or 23.89%, Ab 31.63%, An 7.79%, Hy 7.54%, Ol 1.29% 등으로 계산된다.

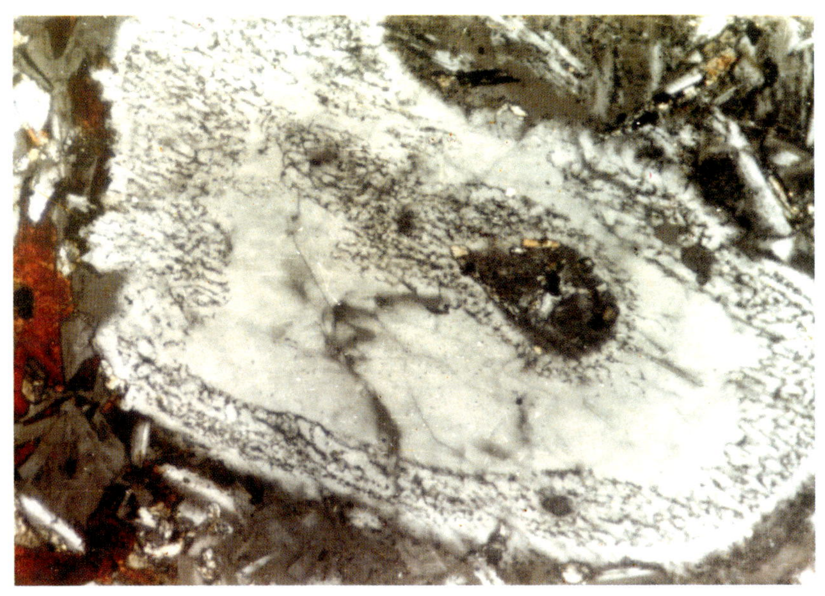

사진 6-17. 사장석 반정의 누대구조와 채망(sieve)구조. 10×10(+)

다. 망천아기 석영 쏠리아이트와 조면안산암

(1) 석영 쏠리아이트(Wb7)

장백현 십구도구에 있는 3종점과 2종점 사이의 노두에서 채취된 시료이다. 회색을 띠고 반상조직을 보이며 석기는 쏠리아이트 조직과 괴상구조를 나타낸다.

반정은 소량으로 사장석과 감람석이 있다. 사장석은 3% 내외이고 판주상을 나타내며 길이가 0.3~5.0㎜이다. 2V(+)=87°, An=59, ST=0.1이다. 누대구조가 발달되는 것도 있다. 벽개를 따라 충진된 것은 석기 광물과 비슷하다. 즉 자철석, 휘석, 감람석이 누대 경계선을 따르거나 원형으로 생긴 열극을 따라 충진한다. 감람석은 1% 내외를 차지하고 입경이 2.5㎜이며 이딩사이트, 철질물 혹은 녹니석으로 교대되었다. 그래서 결정의 외연부에는 철질물로 어둡게 농집되어 있다.

석기는 일정한 방향으로 배열되어 있는 사장석(0.1~0.3㎜), 휘석(적색 단사휘석, 15%±), 감람석(2~3%), 자철석(7~8%), 유리질(15%±, 일부가 녹니석로 변질)과 소량의 인회석 등으로 구성되었다.

노옴광물은 화학조성으로 계산하면 Q 6.0%, Or 11.28%, Ab 30.98%, An 16.09%, Hy 3.36% 등으로 구성된다.

(2) 감람석 조면안산암(Wb9)

장백현 십구도구 상류에 있는 홍두산 아래의 도로 단면의 기저부에서 채취한 시료이다. 자회색을 띠고 반상조직을 보이며 석기는 간진상 내지 간립상 조직과 괴상구조를 나타낸다.

반정은 사장석과 소량의 감람석과 단사휘석으로 구성된다. 그리고 파리장석, 자철광 등도 적게 나타난다. 사장석은 함량이 10% 내외이고 판주상이며 입경이 0.2~2.0㎜ 범위이고 최고 7.5㎜이다. 이 사장석은 (010)∧Np'=24°, An=35이고 누대구조를 가지는 안데신에 속한다. 감람석은 함량이 1% 정도이고 입경이 0.2~0.6㎜이며 흑운모로 변질된 것도 있다. 단사휘석(보통휘석)은 1% 정도 포함되고 단주상을 나타내며 그 길이가 0.2~0.5㎜이다. 대부분은 불규칙적으로 용식되어 있다.

석기는 일정한 방향으로 배열한 장석, 유리질(25~30%), 휘석(20%), 감람석(10%) 및 소량의 자철석, 인회석 등으로 구성된다. 장석은 입경이 0.05㎜의 파리장석 미정과 소량의 사장석 미정이다.

노옴광물은 화학조성으로 계산하면 Q 21.37%, Or 16.16%, Ab 33.33%, An 13.04%, Hy 3.72% 등으로 이루어진다.

라. 홍두산기 안산조면암과 알칼리 유문암

(1) 안산조면암(Wb8, Wb2-6)

장백현 홍두산 아래 도로 단면의 상부에서 채취한 것이다. 회색, 자회색을 띠고 반상조직을 보이며 석기는 조면상 조직과 괴상구조를 나타낸다.

반정은 사장석이 10% 내외이고 주상을 나타내며 주상길이는 1.0~2.0㎜이다. 초기에 결정된 사장석은 래브라도라이트이고, 용식현상이 일반적이며 좁게 열개되어 있고, 파동소광이 강하게 일어난다(사진 6-18). 후기에 결정된 사장석은 An=40, 2V(+)=87°, ST=0.3으로서 안데신의 특성을 가지고 깨끗하게 나타나며 가끔 초기 사장석의 열개를 따라 충진되어 있다. 감람석은 함량이 1% 정도이고 입경이 0.3~0.5㎜이며, 녹니석 교대를 받았고 인회석, 산화철을 포이킬리틱 포유물로 갖고 있다. 휘석은 1% 정도이고 단주상을 나타내며 길이가 0.3~0.5㎜이다. Ng∧c=37°, 2V(+)=35° 등의 특성을 갖는다. 휘석은 사장석 반정 중에 혹은 사장석과 연정으로 존재하며 사장석, 자철석 등과 취반정을 이루기도 한다(사진 6-19).

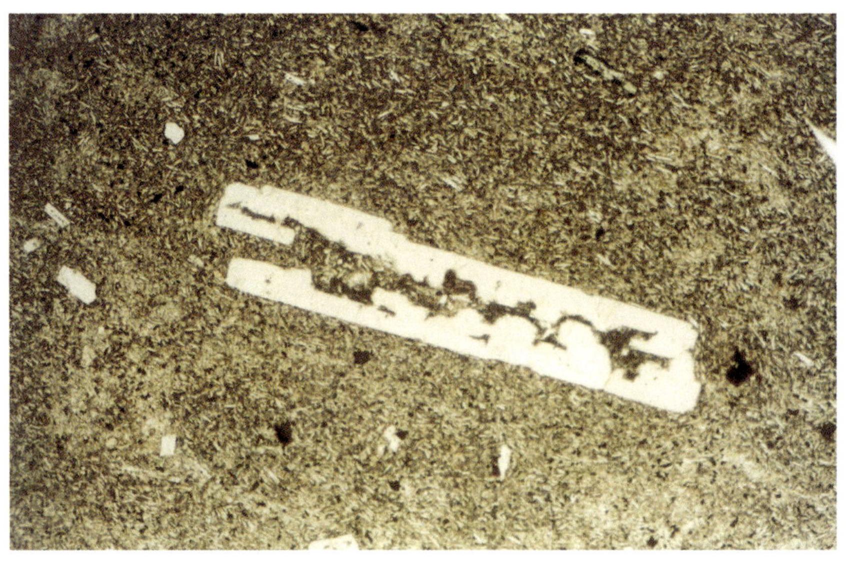

사진 6-18. 용식을 받은 사장석 반정. 10×10(-)

사진 6-19. 휘석, 사장석과 자철석의 취반정. 2.5×10(+)

석기는 일정한 방향으로 배열된 작은 주상 사장석, 유리질(20~30%), 휘석(2%±), 감람석(1%) 및 소량의 인회석 등으로 구성된다. 녹니석은 감람석을 교대하고 일부 유리질을 교대하여 변질물로 존재한다.

노옴광물은 화학조성으로부터 Q 13.75%, Or 24.62%, Ab 39.59%, An 1.34%, Hy 1.48% 등으로 계산된다.

(2) 알칼리 유문암

홍두산 용암구에서 산출되는 암석이다. 회색을 띠고 반상조직을 나타내며 석기는 괴상구조를 보여 준다.

반정은 파리장석이 10~20%이고 무색으로 투명하며 그 입도가 1~4mm이다. 그리고 소량의 유색광물 반정도 나타난다.

석기는 파리장석, 석영, 이지린 휘석 및 소량의 리베카이트 등으로 구성되어 있다. 노옴광물은 화학조성으로 계산하면 Q 35.71%, Or 26.32%, Ab 25.60%, Hy 5.42% 등으로 구성된다.

3. 증봉산 지역

(1) 감람석 현무암(Cz54)

화룡시 증봉산 단면의 두꺼운 감람석 현무암에서 채취한 시료이다. 암회색을 띠고 세립질 내지 은정질 조직이며 석기는 쏠리아이트 조직과 괴상구조를 나타낸다. 반정은 감람석, 휘석과 사장석으로 구성된다. 감람석은 10%이고 무색 내지 담황색으로 투명하며 반자형으로 등경상을 나타낸다. 광학적으로 2V(−)=72°, Fo=41로서 고철 감람석에 속한다. 간혹 열개 혹은 결정면을 따라 선홍색 이딩사이트로 변질되어 있고 갈철석이 함께 농집될 때도 있다. 휘석은 5%를 차지하고 담녹색, 연갈색을 띠며 벽개가 발달된다. c축에 평행하게 쌍정을 이루며 단사휘석에 속한다. 사장석은 소량 포함되고 판주상 혹은 장주상이며 누대구조를 가지고 알바이트 쌍정을 발달시킨다. 최대 소광각법으로 측정할 때 Np'∧(010)=33.5°, Np'∧(010)=32.5∼33.5°이고 An=55∼58이기 때문에 래브라도라이트에 속한다.

석기는 자형 사장석 미정(60%), 감람석, 휘석, 유리질(10%±), 자철석 및 인회석 등으로 구성된다. 그리고 노옴광물은 화학조성으로 계산하면 Or 11.17%, Ab 30.20%, An 27.16%, Hy 1.20%, Ol 12.76%, Fo 7.37%, Fa 5.39% 등으로 구성된다.

(2) 감람석 쏠리아이트(Σ1, Σ2)

증봉산 단면의 중부에서 채취한 시료이다. 흑색을 띠고 반상조직이며 석기는 간립상 조직이며 괴상구조를 나타낸다.

반정은 감람석이 10%±이고 사장석과 단사휘석이 소량 포함된다. 사장석은 (010)∧Np'=32.5°, An=50으로서 래브라도라이트에 속한다. 단사휘석은 3% 내외이고 입경이 0.3∼0.4㎜이다.

석기는 일정한 방향으로 배열된 사장석(>70%, 입경 0.05∼0.15㎜), 감람석, 휘석(1%±, 입경 0.05㎜), 자철석(10%±)과 인회석 등으로 구성된다.

노옴광물은 화학조성으로 계산할 때 Or 13.93%, Ab 34.50%, An 20.15%, Hy 4.40%, Ol 7.15%, Fo 4.73%, Fa 2.42% 등으로 이루어진다.

(3) 포놀라이트(XXⅢ10)

증봉산 단면의 상부에서 채취한 것이다. 암회색을 띠는 치밀괴상 용암 중에 파리장석이 포함되어 있다. 이 포놀라이트는 화학분석 결과를 CIPW법으로 계산하여 얻어진 암석명이다. 여기서 노옴광물은 Or 32.74%, Ab 31.54%, An 1.55%, Di 8.01%, Ne 18.63%, Ol 1.18%, Fo 0.28%, Fa 0.9% 등으로 포함된다.

4. 압록강-두만강 하곡 지역

가. 연강촌기 평정촌 감람석 쏠리아이트와-석영 쏠리아이트

(1) 감람석 쏠리아이트(Cb09, Cs23)

두만강 평정촌 산정과 삼합촌 초평에서 두꺼운 암석을 채취한 것이다. 암회색을 띠고 반상조직이며 석기는 쏠리아이트 조직이며 괴상구조를 나타낸다.

반정은 감람석, 휘석과 사장석으로 이루어진다. 감람석은 10% 내외를 차지하고 $2V(-)=-66°, -84°$, Fo=29, 68로서 각각 호토놀라이트(hortonolite)와 하이알로시데라이트에 속한다. 휘석은 함량이 5% 내외이고 연록색, 연갈색을 띠며 $2V(+)=47°\sim52°$, $Ng\wedge c=41°\sim45°$, $A1\wedge c=18°\sim19°$로서 보통휘석에 속한다. 사장석은 소량 포함되며 흔히 누대구조를 가진다. $Np'\wedge(010)=33.5°$이고 (010)에 직각인 결정대에서의 최대 소광각이 $Np'\wedge c(010)=34°$이다. 따라서 An=57~58이기 때문에 래브라도라이트에 속한다.

석기는 자형의 사장석 미정(60%), 감람석, 휘석, 현무암질 유리(10%), 자철광(3%)과 인회석 등으로 구성되어 있다. 유리질은 대부분 탈파리화로 인해 결정화되어 침상, 방사상 결정의 집합체를 이룬다.

노옴광물은 화학조성을 CIPW법으로 계산할 때 Q 1.80%, Ab 27.87%, An 30.29%, Hy 17.14%, Ol 6.95% 등으로 구성된다.

(2) 석영 쏠리아이트(Yb9)

압록강 변에 있는 연강촌 동쪽의 노두에서 시료를 채취한 것이다. 회색을 띠고 행인상 구조와 반상조직을 가진다. 석기는 쏠리아이트 조직과 괴상구조를 나타낸다.

반정은 소량으로 사장석, 휘석과 감람석으로 이루어진다. 사장석은 함량이 2~3%이고 길이가 1.0~1.5㎜이며 An=60, $2V(+)=74°$, ST=0.0이다. 사장석 중에는 소량의 석기성분이 포유물로 포함되어 있다. 휘석은 사방휘석이고 소량 포함되며 길이가 4.0㎜ 내외로서 원래의 큰 입자 형태를 그대로 보존하고 있다. 가끔 사방휘석들이 모여 집합체를 구성하고 이들 사이에 석기 광물로서의 사장석, 단사휘석, 자철석 등으로 충진되어 있다. 그리고

사진 6-20. 자형 감람석 반정이 용식을 받은 후에 그 내부에 사장석 석기가 형성됨. 10×10(+)

감람석 반정은 그 내부에 작은 사장석이 포유물로 들어가 있다(사진 6-20).

석기는 불규칙하게 배열한 사장석(길이 0.3~1.0㎜)과 그 사이에 채워진 휘석(20%±, Ng ∧c＝31°, 2V(＋)＝46°), 감람석(10%±), 자철석(2%±), 유리질(10%±)과 인회석 등으로 구성된다. 반정과 석기의 입도차는 크지 않기 때문에 거의 반상조직을 나타낸다고 볼 수도 있다.

노옴광물은 화학조성을 CIPW법으로 계산할 때 Q 5.34%, Or 3.87%, Ab 21.83%, An 25.26%, Hy 22.41% 등으로 구성된다.

나. 군함산기 감람석 쏠리아이트와 석영 쏠리아이트

(1) 감람석 쏠리아이트(TJ－1, J14－2)

화룡시 종선에 있는 군함산 단면의 기저부에서 채취한 것이다. 이 노두는 감람석 현무암이라고 하는 암층이며 암회색 내지 회색을 띠고 반상조직을 이룬다. 석기는 대부분 간립상 조직이고 쏠리아이트 조직도 나타나며 괴상구조이다.

반정은 사장석, 감람석과 휘석으로 되어 있다. 사장석은 함량이 5% 내외이고 입도가 세립이며 용식작용을 받았다. 알바이트 쌍정 혹은 칼스배드－알바이트 복합쌍정이 발달된다. 최대 소광각이 Np'∧(010)＝33°이고 An＝57로서 래브라도라이트에 속한다. 감람석은 10% 내외

포함되고 무색 내지 연록색이며 반자형 내지 타형으로 등경상이다. 가끔 반정은 용식작용을 받아 아원상을 이루었고 이딩사이트로 변질된 것도 있다. 2V(-)=82°, Fo=63으로서 하이알로시데라이트에 속한다. 휘석은 적게 포함되고 연록색 혹은 담갈색이며 벽개가 발달되어 있다. c축에 평행한 단순한 쌍정을 볼 수 있고 2V(+)=54°, Ng∧c=39°, A1∧c=12° 등이다.

석기는 미립의 사장석, 휘석, 감람석, 자철석, 인회석, 유리질 등으로 구성되어 있다. 석기의 사장석은 An=62이며 래브라도라이트에 속한다. 휘석은 사장석을 포유물로 갖고 있는 포이킬리틱 조직을 나타낸다. 그러나 대부분 휘석은 사장석 중에 타형 결정으로 포유되어 있으며, 광학적으로 2V(+)=54°, Ng∧c=39°, A1∧c=12°이다.

노옴광물은 화학조성을 CIPW법으로 계산할 때 Or 19.82%, Ab 31.81%, An 18.64%, Hy 9.82%, Ol 1.93%, Fo 1.21% Fa 0.72% 등으로 이루어져 있다.

(2) 석영 쏠리아이트(Cb14)

군함산 단면의 상부에서 채취한 시료이다. 회색을 띠고 반상조직을 보이며 석기는 간립상 조직과 괴상구조를 나타낸다.

반정은 사장석, 감람석 휘석으로 구성된다. 사장석은 함량이 10% 내외이고 판주상을 나타낸다. 그 길이가 0.3∼20㎜이고 큰 것은 35㎜ 되는 큰 반정도 있으며 누대구조가 현저하다. a축에 직각인 Np'∧(010)=31°, 최대소광각 Np'∧(010)=31.5°, An=50으로서 래브라도라이트에 속한다. 감람석은 5% 내외이고 연록색을 띠며 반자형 혹은 타형으로서 등경상을 가진다. 광학적으로 2V(-)=76°, Fo=50으로서 호토놀라이트에 속한다. 간혹 용식작용을 받은 것도 있으며 결정면 및 벽개를 따라 이딩사이트로 변질되었다. 휘석은 적게 포함되고 연록색 내지 연갈색이고 2V(+)=51°, Ng∧c=45°, A1∧c=19.5°로서 보통휘석에 속한다.

석기는 미립의 사장석, 감람석, 휘석, 유리질, 자철석, 인회석 등으로 구성된다. 노옴광물은 화학조성을 CIPW법으로 계산할 때 Q 1.20%, Or 16.51%, Ab 31.38%, An 18.19% Hy 13.23% 등으로 구성된다.

다. 백산기 두만강 알칼리 감람석 현무암, 감람석 쏠리아이트와 석영 쏠리아이트

(1) 알칼리 감람석 현무암(Y4, Cb5)

압록강 상류에 있는 장백현 영광탑의 노두에서 시료를 채취한 것이다. 암회색을 띠고

사진 6-21. 용식된 감람석이 사장석으로 채워지고 이딩사이트화됨. 10×10(−)

사진 6-22. 자형 사장석 반정의 반응연. 2.5×10(+)

반상조직을 보이며 석기는 간립상 조직과 괴상구조를 나타낸다.

반정은 사장석과 감람석으로 되어 있다. 사장석은 함량이 5% 내외이며 An=42, 2V(+)

＝80°, 질서도 ST＝0.0이고 일부는 파동소광이 명확하다. 깨끗한 결정의 내부가 용식교대를 받았고 심지어 그 자리에 석기 성분이 보충되는 보정 구조가 일어났다. 감람석 반정은 용식작용을 받았고 그 자리에 사장석이 채워져 있으며(사진 6-21), 자형 사장석 반정의 외연부가 차후에 결정화된 과성장 흔적도 볼 수 있다(사진 6-22).

석기는 등경상 사장석, 감람석(10%±), 휘석(20~25%), 자철광(3~5%)과 인회석 등으로 구성된다. 노옴광물은 화학조성으로부터 계산할 때 Or 13.86%, Ab 33.51%, An 20.19%, Ol 8.65%, Fo 4.73%, Fa 3.92% 등으로 이루어진다.

(2) 감람석 쏠리아이트(Cn 47)

화룡시 남평의 두만강 변 노두에서 채취한 시료이다. 암회색을 띠고 심한 반상조직이며 석기는 간립상 조직 혹은 쏠리아이트 조직과 괴상구조를 나타낸다.

반정은 다량의 사장석, 감람석과 휘석으로 구성된다. 사장석은 함량이 20~25%이고 무색 투명한 자형 결정이다. 입경은 3.0~10.0mm이고 큰 것은 30mm 되는 것도 있으며 알바이트 쌍정 혹은 칼스배드－알바이트 복합쌍정을 이룬다. 반정은 용식작용을 받아 흔히 채망(sieve) 구조를 나타나고 파동상 누대구조를 갖는다. a축에 직각인 Np'∧(010)＝34°, An＝58로서 래브라도라이트에 속한다. 반정의 화학성분은 SiO_2 54.08%, TiO_2 0.11%, Al_2O_3 29.05%, Fe_2O_3 1.55%, Cr_2O_3 0.04%, MnO 0.02%, MgO 0.19%, CaO 9.51%, Na_2O 4.16%, K_2O 0.54%로 분석되었다. 감람석은 함량이 10% 내외이고 무색 투명하며 반자형 내지 타형 결정이다. 간혹 열개가 발달되어 있으며 그 열개를 따라 이딩사이트로 변질되어 있다. 광학적으로 2V(－)＝68°, Fo＝33으로서 호토놀라이트에 속한다. 휘석은 함량이 약 10%이고 연갈색 자형 혹은 반자형 결정이다. 벽개가 발달되고 포이킬리틱 조직이 흔하며 2V(＋)＝52°, Ng∧c＝45°, A1∧c＝19°로서 보통휘석에 속한다.

석기는 미립 사장석(An＝50 알바이트 쌍정이 발달되고, 감람석, 휘석, 유리질(30%) 및 자철석(3%) 등으로 구성된다. 노옴광물은 화학조성으로부터 계산하면 Q 8.05%, Ab 32.02%, An 25.12%, Hy 1.69%, Ol 7.17%, Fo 3.74%, Fa 3.43% 등으로 구성된다.

(3) 석영 쏠리아이트(Cc30)

화룡시 광평촌의 동산에서 채취한 시료이다. 회색 반상조직을 나타내고 석기는 간립상 조직, 쏠리아이트 조직과 괴상구조를 보여 준다.

반정은 다량의 사장석, 감람석과 휘석으로 구성된다. 사장석은 25% 내외를 차지하고 무색 투명한 자형 결정이며 큰 것은 30㎜에 달한다. 알바이트 쌍정 혹은 칼스배드－알바이트 복합쌍정을 이루고 용식현상도 보편적으로 나타난다. 반정의 외연부에서 An＝48이고 중간부에서 An＝74이며 중심부에서 An＝64이다. Np'∧(010)＝36°, 최대소광각 Np'∧(010)＝35°이고 An＝64로서 래브라도라이트에 속한다. 감람석은 함량이 10% 내외이고 무색 투명하며 반자형 혹은 타형을 이룬다. 열개를 따라 선홍색 이딩사이트로 변질되어 있으며 2V(－)＝84°, Fo＝69로서 호토놀라이트에 속한다. 휘석은 미정으로 10% 내외를 포함하고 자형 내지 반자형 결정을 이룬다. 연갈색을 띠고 흔히 벽개가 발달되어 있으며 포이킬리틱 조직을 가진다. 광학적으로 2V(＋)＝60°, Ng∧c＝46°, A₁∧c＝16°로서 바이칼라이트(baicalite)에 속한다.

석기는 작은 판주상 사장석, 감람석, 휘석, 유리질, 자철석, 인회석 등으로 구성된다. 노옴광물은 화학조성을 CIPW법으로 계산할 때 Q 0.47%, Or 7.39%, Ab 30.64%, An 29.55%, Hy 10.79% 등으로 구성된다.

라. 광평기 감람석 쏠리아이트와 석영 쏠리아이트

(1) 감람석 쏠리아이트(Tg1)

화룡시 종선의 홍기하와 두만강 합류점에서 시료를 채취한 것이다. 보통 암회색을 띠고 반상조직을 나타내고 석기는 간립상 내지 쏠리아이트 조직과 괴상구조를 흔하게 보여준다.

반정은 사장석, 휘석과 감람석으로 구성된다. 사장석은 함량이 20% 내외이고 입경이 1.0∼6.0㎜이다. 광학적으로 a축에 수직인 Np'∧(010)＝37°, An＝66로서 래브라도라이트에 속한다. 휘석은 5% 내외로 포함되고 2V(＋)＝52°, Ng∧c＝42°, A₁∧c＝16°로서 보통 휘석에 속한다. 감람석은 함량이 2% 내외이고 입경이 1∼2㎜이다. 2V(－)＝80°, Fo＝60으로서 하이알로시데라이트에 속한다.

석기는 미립의 사장석, 감람석, 휘석, 자철석 및 인회석 등으로 구성된다. 노옴광물은 화학조성을 CIPW법으로 계산할 때 Or 7.71%, Ab 33.13%, An 25.89%, Hy 6.48%, Ol 5.47%, Fo 3.64%, Fa 1.83% 등으로 이루어진다.

(2) 석영 쏠리아이트(Tg6)

화룡시 종선의 홍기하와 두만강 합류점에 있는 현무암이라고 하는 상부층에서 시료를 채취한 것이다. 암회색을 띠고 반상조직을 나타내며 석기는 흔히 간립상 내지 쏠리아이트 조직과 괴상구조를 보인다.

반정은 사장석, 감람석(3~5%), 휘석(2~3%) 등으로 되어 있다. 사장석은 함량이 10% 내외이고 입경이 2㎜ 내외이다. 사장석은 a축에 수직인 $Np'∧(010)=36.5°$이고 $An=60$으로서 래브라도라이트에 속한다. 휘석은 $2V(+)=52°$, $Ng∧c=45°$, $A_1∧c=19°$로서 보통휘석에 속한다.

석기는 미립의 사장석, 휘석, 감람석, 자철석, 유리질, 인회석 등으로 구성된다. 노옴광물은 화학조성으로부터 계산하면 Q 6.83%, Or 3.86%, Ab 28.04%, An 23.35%, Hy 18.70% 등으로 구성된다.

망천아 지역과 압록강-두만강 하곡 지역의 각 분출기 화산암류의 주요 광물에 대해 측정한 광학성 각각 <표 6-8>과 <표 6-9>에 나타냈다.

<표 6-8> 망천아 지역 현무암류와 조면암류의 주요 광물에 대한 광학적 특성

분출 시대	시료번호	암석명	감람석			휘 석				사장석			
			2V	Fo(%)	광물형	Ng∧c	A_1∧c	2V	광물형	a⊥Np' ∧(010)	(010)⊥N p'∧(010)	An(%)	광물형
마안 산기	mb01-02	석영 쏠리아 이트	-84.5	68.5	하이알로시 데라이트	38~50°		+50°	보통휘석 투휘석			61	래브라 도라이 트
내두 산기	Cb6	감람석 쏠리 아이트							보통휘석			58	〃
	Cb4	조면안산암				32°			Ti 휘석			46	안데신
망천 아기	Wb7	석영 쏠리아 이트										59	래브라 도라이 트
	Wb9	감람석 조 면안산암							보통휘석	24°		35	안데신

<표 6-9> 압록강-두만강 하곡 지역 현무암류의 주요 광물에 대한 광학적 특성

분출시대	시료번호	암석명	감람석			휘석				사장석			
			2V	Fo(%)	광물형	$Ng\wedge c$	$A_1\wedge c$	2V	광물형	$a\perp Np'\wedge(010)$	$(010)\perp Np'\wedge(010)$	An(%)	광물형
연강촌기	Cb09	감람석 쏠리아이트	−66°	29	호토놀라이트	41°	18°	+47°	보통휘석	33.5°	34°	57	래브라도라이트
	Cs23		−84°	68	하이알로시데라이트	45°	19°	+52°				58	〃
	Yb9	석영 쏠리아이트				31°		+46°	보통휘석			60	래브라도라이트
군함산기	TJ7	감람석 쏠리아이트		63	하이알로시데라이트		12°	+54°	엔스타타이트			57	래브라도라이트
	J14−2		−82°			39°				33.5°	33°	58	〃
	Cb14	석영 쏠리아이트	−76°	50	호토놀라이트	+45°	19.5°	+51°	보통휘석	31°	31.5°	60	래브라도라이트
백산기	Cb5	알칼리 감람석 현무암										57	래브라도라이트
	Cn47	감람석 쏠리아이트	−68°	33	호토놀라이트						34°	42	래브라도라이트
	Cc30	석영 쏠리아이트	−84°	69	하이알로시데라이트	46°	16	+60°	바이칼라이트	36°	35°	64	래브라도라이트
광평기	Tg1	감람석 쏠리아이트	−80°	60	하이알로시데라이트	42°	16	+52°	보통휘석	37°		66	래브라도라이트
	Tg6	석영 쏠리아이트	−68°	33	호토놀라이트	45°	19	+52°	보통휘석	36.5°		60	래브라도라이트

제3절 암석과 광물성인

1. 반정 유형

현무암류, 조면암류는 세 유형의 반정을 갖고 있다. 즉 초기 자형 반정, 후기 반자형 내지 타형 반정과 외래 잔류반정 등이 있다. 초기 반정은 액상선 광물이고, 후기 반정은 석기 정출단계의 광물이며, 사장석, 감람석과 단사휘석 등이 대부분이다. 외래 반정은 감람석, 사장석 등이며 대부분 선기 현무암 중의 반정 혹은 취반정이다. 감람석, 휘석, 사장석 등과 자철석은 흔히 공생 관계를 나타내고 있다. 감람석은 보통 초기에 정출되고 사장석과 휘석은 초기부터 후기까지 근본적으로 동시에 결정된다.

2. 광물의 정출순서

백두산 구역에서 화산이 형성되면서 그 분출과정에 따라 광물의 정출순서는 아래와 같이 4개 단계로 나눌 수 있다.

제1단계: 초기 반정들로서 정출순서는 감람석→사장석→자철석 순이다.

제2단계: 초기 반정과 외래 반정이 용식을 받았다.

제3단계: 후기 반정의 형성과 용식을 받은 초기 반정의 후기 과성장이 형성되었다.

제4단계: 후기 반정과 초기 반정의 외연부가 석기에 의해 용식을 받았다.

이상의 4개 단계를 개괄하여 다음과 같은 순서로 표시할 수 있다. 즉 초기 반정→초기 석기→후기 반정→말기 석기의 정출순서이다.

3. 암석 유형과 진화순서

백두산 구역에서도 각 지역마다 화산암의 유형이 상당히 다르고 마그마 진화도 다른 특성을 갖고 있다.

백두산 천지 지역은 알칼리 감람석 현무암→바사나이트→알칼리 감람석 현무암→감람석 쏠리아이트→석영 쏠리아이트→조면안산암→안산조면암→석영 안산조면암→조면암→알칼리장석 조면암→석영 알칼리장석 조면암→알칼리 유문암의 진화순서를 가진다.

증봉산 지역은 감람석 현무암→감람석 쏠리아이트→포놀라이트의 진화순서를 밟는다. 망천아 지역은 감람석 쏠리아이트→석영 쏠리아이트→조면안산암→안산조면암→조면암→알칼리 유문암의 진화순서를 나타낸다. 그리고 압록강－두만강 하곡 지역은 감람석 쏠리아이트→석영 쏠리아이트의 진화순서를 가지며 알칼리 감람석 현무암이 나타난 곳도 있다.

4. 주요 조암광물의 생성순서

조암광물로 산출되는 광물은 감람석, 휘석, 장석 등이며 이들의 중요 광물은 마그마 분화과정에 따라 각기 다음과 같은 생성순서로 전환된다.

감람석은 현무암에서 알칼리 유문암까지의 진화하면서 볼토나이트(boltonite) 혹은 크리솔라이트(chrysolite)→호토놀라이트(hortonolite)→하이알로시데라이트(hyalosiderite)→파이알라이트(fayalite)→페리파이알라이트(ferrifayalite) 순으로 전환되는 순서로 나타난다.

휘석은 보통휘석(augite)→투휘석(diopside)→엔스타타이트(enstatite)→헤덴버자이트(hedenbergite)→이지린 휘석(aegirine augite)→이지린(aegirine) 순으로 전환되어 나갔다.

장석은 비토나이트(bytownite)→래브라도라이트(labradorite→안데신(andesine)→올리고클레이즈(oligoclase)→파리장석(sanidine)→왜장석(anorthoclase) 순으로 전환된 것으로 볼 수 있다.

화산암을 심도 있게 연구하자면 우선 먼저 정확하고 과학적인 화산암 분류방안이 되어야 한다. 백두산에서 신생대 화산암에 대한 분류방안은 지금도 완벽하게 해결되지 못하고 있다. 이 문제에 대해 학자들마다 견해가 서로 다르기 때문에 백두산 구역의 화산암에 대한 암석명이 편의에 따라 일시적으로 다르게 붙여지는 경향이 있는 것이다. 앞으로 이 문제에 대하여 더 고심을 하여 논쟁을 통일할 필요가 있다.

제7장
암석화학적 특성

제1절 주원소 화학조성

1. 주원소 화학조성과 변화

본 구역의 화산암류는 크게 현무암류와 조면암류로 나뉜다. 현무암류는 정광저 등 (1984)의 분류안에 의하여 알칼리 감람석 현무암(10개), 바사나이트(1개), 감람석 현무암(2개), 감람석 쏠리아이트(26개), 석영 쏠리아이트(33개) 등으로 나뉜다. 분석 시료는 석영 쏠리아이트가 현무암류의 전 시료(73개) 가운데 45%를 차지하고 감람석 쏠리아이트가 35%를 차지하며 알칼리 감람석 현무암이 15%를 차지한다. 바사나이트와 감람석 현무암은 대부분 백두산 천지 지역에서 분출되었다.

본 구역에서 알칼리 감람석 현무암의 주원소 함량은 각 분출시대마다 다르다. SiO_2 함량은 내두산기에 45.3%~47.57%이다가 군함산기와 백산기로 가면서 48.77%~49.25%로 약간 증가되고 중기 플라이스토세 쌍봉, 노호동 현무암에서 49.97%~50.14%로 더 증가된다. 이 구역에서 평균값은 48.39%이다(<표 7-1>).

<표 7-1> 백두산 구역 현무암류의 주원소 평균조성

암석명	알칼리 감람석 현무암		바사나이트		감람석 쏠리아이트		석영 쏠리아이트		감람석 현무암		현무암		쏠리아이트	
구역	백두산 구역	중국 동부	백두산 구역	중국 동부	백두산 구역	중국 동부	백두산 구역	중국 동부	백두산 구역	중국 동부	본 구역	세계 평균	본 구역	대륙 구역
시료 수	11	80	1	95	26	81	33	84	2	34	73	330	59	144
SiO_2	48.39	45.64	49.54	43.96	49.92	48.04	51.68	51.30	47.53	48.81	50.49	49.20	50.90	50.70
TiO_2	2.39	2.43	1.38	2.46	1.70	2.36	1.98	1.79	2.18	2.09	1.94	1.84	1.85	2.00
Al_2O_3	15.15	13.82	13.89	13.48	16.17	14.06	15.41	14.85	15.84	14.74	15.63	15.74	15.74	14.40
Fe_2O_3	4.08	5.01	2.25	4.88	3.60	4.36	4.27	3.49	7.06	4.58	4.05	3.79	3.97	3.20
FeO	7.89	7.17	6.56	7.48	7.57	7.09	7.53	7.15	6.17	6.45	7.55	7.13	7.54	9.80
MnO	0.15	0.20	0.19	0.20	0.15	0.17	0.15	0.15	0.19	0.16	0.15	0.20	0.15	0.20
MgO	5.54	8.63	10.75	9.60	5.37	7.33	4.97	6.47	3.64	6.88	5.24	6.73	5.15	6.20
CaO	7.86	8.82	7.12	8.86	7.46	8.29	8.08	9.10	6.84	8.21	7.78	9.47	7.81	9.40
Na_2O	3.50	3.23	4.40	3.85	3.77	2.93	3.39	2.85	3.58	3.63	3.56	2.91	3.56	2.60
K_2O	2.26	1.54	2.30	1.71	1.94	1.66	1.34	0.81	2.48	1.69	1.74	1.10	1.60	1.00
P_2O_5	0.51	0.73	0.56	0.92	0.53	0.55	0.36	0.35	0.31	0.57	0.44	0.35	0.43	
H_2O	1.36	2.44	1.25	2.01	1.24	2.64	0.88	1.76	4.14	1.62	1.17	1.38	1.04	
합계	99.08	99.66	100.19	99.41	99.43	99.48	100.04	100.07	99.96	99.53	99.75	99.95	99.74	99.50
참고		츠지상 (1988)		츠지상 (1988)		츠지상 (1988)		츠지상 (1988)		츠지상 (1988)	LeMaitre (1979)		Hyndman (1972)	

중국 동부 구역에서 같은 종류의 현무암 평균값보다 2.75% 더 높다.

Al_2O_3 함량은 내두산기에 14.01% 내외이고 군함산기부터 중기 플라이스토세 노호동 현무암까지 가면서 15.12~15.45%로 증가된다. 이 구역의 평균값은 15.15%이며 중국 동부 구역보다 1.33% 더 높다.

Fe_2O_3＋FeO 함량은 내두산기에 11.80% 내외이고 군함산기에 11.87%이며 쌍봉, 노호동 현무암에서 각각 10.75%, 10.51%이다. 이 구역의 평균값은 11.97%이며 중국 동부 구역보다 0.21% 낮다. 이는 함철량이 거의 변화가 없다는 것을 설명한다.

MgO 함량은 내두산기에 9.66~10.61%이고 군함산기와 백산기에 3.68~3.90%이며 쌍봉, 노호동 현무암에서 8.22~8.83%로 더 높아진다. 이 구역의 평균값은 5.54%로서 중국 동부 구역보다 3.09% 낮다.

Na_2O＋K_2O 함량은 내두산기에 4.99~5.59%이고 군함산기에 6.26~6.80%이며 쌍봉, 노호동 현무암에서 6.10~6.64%이다. 이 구역의 평균값은 5.76%이며 중국 동부 구역보다 0.99% 증가된다.

그러므로 이 구역의 알칼리 감람석 현무암에서 SiO_2, Al_2O_3, K_2O＋Na_2O 함량은 중국 동부 구역보다 현저히 높은 것을 설명하고, Fe_2O_3＋FeO와 MgO 함량은 중국 동부 구역보다 낮다. 다시 말하면 이 구역은 Si, Al과 Na, K이 높고 Fe, Mg이 낮은 특성을 갖고 있다.

감람석 쏠리아이트와 석영 쏠리아이트는 주로 압록강－두만강 하곡 지역에 분포하지만, 기타 지역에도 적게 분포되어 있다. 각 지역에서 감람석 쏠리아이트와 석영 쏠리아이트의 SiO_2 함량은 50% 내외이고 평균값은 각각 49.92%, 51.68%이며 중국 동부 구역보다 각각 1.88%, 0.38% 높다. Al_2O_3 평균값은 각각 16.17%, 15.41%로서 중국 동부 구역보다 각각 2.11%, 0.56% 높다. Fe_2O_3＋FeO 평균값은 각각 11.7%, 11.8%로서 전자는 중국 동부 구역보다 0.28% 낮지만 후자는 오히려 1.16% 더 높다. MgO 함량 변화는 비교적 큰 편이다. 내두산기, 연강촌기, 백산기, 광평기에는 함량이 6.50~9.40% 변화범위로 높고 기타 분출 시기에는 3~5%로 낮아진다. 이 구역의 평균값은 각각 5.37%, 4.97%이며 중국 동부 구역보다 각각 1.96%, 1.50% 낮다. Na_2O＋K_2O 함량도 역시 변화가 큰 셈이다. 압록강－두만강 하곡 지역은 3.4~5.2%이고 국지적으로 6.40% 되는 곳도 있으며 천지 지역은 4.80~6.86%이다. 망천아 지역은 4.03~5.60%이고 증봉산 지역은 6.28~8.05%로 높아진다. 이 구역의 평균값은 각각 5.71%, 4.73%로서 중국 동부 구역보다 각각 1.12%, 1.37% 높다. 이는 이 구역의 현무암이 상대적으로 Si, Al, Na＋K이 풍부하고 Mg이 적은 현무암에 속함을 설명한다.

　조면암류는 조면안산암, 안산조면암, 알칼리장석 조면암, 석영 안산조면암, 석영 조면암 및 알칼리 유문암 등으로 나누고 포놀라이트도 산출된다. 조면안산암은 주로 백두산기 장백 현무암의 상부, 망천아기와 천양기 현무암의 상부 등에서 산출된다.

　조면암류의 주원소 평균값은 SiO_2 60.75%, Al_2O_3 14.43%, Fe_2O_3 +FeO 8.43%, MgO 1.61%, CaO 4.27%, Na_2O +K_2O 7.97% 등이다. Lemaitre(1976)가 통계를 낸 평균값을 이 구역의 같은 유형 암석과 비교하면 SiO_2, Fe_2O_3 +FeO, Na_2O +K_2O 등의 함량은 각각 2.60%, 0.96%, 0.41% 더 높고 Al_2O_3, MgO, CaO 함량은 각각 2.27%, 0.96%, 0.69% 더 낮다. 이는 이 구역의 조면안산암은 상대적으로 Si, Fe, Na, K이 풍부하고 Al, Mg, Ca이 적은 암석에 속함을 설명한다(<표 7-2>).

〈표 7-2〉 백두산 구역 조면암류의 주원소 평균조성

암석명	조면안산암	안산조면암	조면암	알칼리장석조면암	석영안산조면암	석영조면암	석영알칼리장석조면암	알칼리유문암	포놀라이트	조면안산암	안산조면암	조면암	포놀라이트
시료 수	3	3	3	10	2	17	25	11	1				
SiO_2	60.75	64.17	63.26	63.96	67.61	67.38	67.61	72.33	55.63	58.15	61.25	61.21	56.19
TiO_2	1.20	0.63	0.40	0.56	0.50	0.33	0.34	0.23	0.32	1.08	0.81	0.70	0.62
Al_2O_3	14.43	13.80	17.07	15.68	15.15	14.92	13.78	11.42	19.34	16.70	16.01	16.96	19.04
Fe_2O_3	2.94	4.17	4.23	3.61	4.16	2.95	3.15	2.27	3.36	3.26	3.28	2.99	2.79
FeO	5.49	2.89	1.40	2.36	2.44	2.68	2.34	2.40	3.88	3.26	2.07	2.29	2.03
MnO	0.12	0.15	0.12	0.12	0.07	0.13	0.13	0.09	0.20	0.16	0.09	0.15	0.17
MgO	1.61	0.92	0.84	0.39	0.33	0.29	0.28	0.27	2.58	2.57	2.22	0.93	1.07
CaO	4.27	2.42	1.55	1.46	1.51	0.93	0.75	0.38	2.54	4.96	4.34	2.34	2.72
Na_2O	4.00	4.88	4.95	5.54	3.62	5.58	5.65	5.18	7.79	4.35	3.71	5.47	7.79
K_2O	3.97	4.89	5.43	6.02	4.19	4.81	4.98	4.65	5.30	3.21	3.87	4.98	5.24
P_2O_5	0.55	0.22	0.02	0.15	0.16	0.06	0.07	0.04		0.41	0.33	0.21	0.18
H_2O	0.81	0.98			0.69	0.70	0.72	0.56		1.83	1.66	1.62	1.94
합계	100.14	99.14	99.59	99.85	100.43	100.76	99.80	99.82	99.96	99.89	99.64	99.85	99.78
참고	①	②	③	④	⑤	⑥	⑥	⑦	⑧	⑨			

주: ① 망천아기, 내두산기 장백 현무암, 천양기 각 1개. ② 홍두산기 2개, 백두산기 제1단계 1개. ③ 백두산기 제1, 3단계 각 1개. ④ 백두산기 9개, 두서기와 홍두산기 각 1개. ⑤ 홍두산기, 백두산기 제1단계 각 1개. ⑥ 백두산기. ⑦ 백두산기 9개, 두서기와 홍두산기 각 1개. ⑧ 내두산기 증봉산 현무암. ⑨ Lemaitre(1976) 계산한 세계 평균조성

　안산조면암은 주로 홍두산기 기저부와 백두산기 제1단계에 많이 산출된다. 주요 주원소 평균값은 SiO_2 64.17%, Al_2O_3 13.80%, Fe_2O_3 +FeO 7.06%, MgO 0.92%, CaO 2.42%, Na_2O +

K$_2$O 9.77% 등이다. 세계 평균값과 비교해 보면 SiO$_2$, Fe$_2$O$_3$+FeO, Na$_2$O+K$_2$O 함량이 각각 2.92%, 1.17%, 2.19% 더 높고, Al$_2$O$_3$, MgO, CaO 함량은 각각 2.21%, 1.30%, 1.92% 더 낮다. 이는 상대적으로 Si, Fe, Na, K이 풍부하고 Al, Mg, Ca이 적은 안산조면암 특성을 나타낸다.

조면암에서의 주원소 평균값은 SiO$_2$ 63.26%, Al$_2$O$_3$ 17.07%, Fe$_2$O$_3$+FeO 5.63%, MgO 0.84%, CaO 1.55%, Na$_2$O+K$_2$O 10.38% 등이다. 세계 평균값과 비교하면 SiO$_2$, Al$_2$O$_3$, Fe$_2$O$_3$+FeO 함량은 각각 2.05%, 0.11%, 0.35% 더 높고 MgO, CaO, Na$_2$O+K$_2$O 함량은 각각 0.09%, 0.79%, 0.07% 더 낮다. 따라서 이는 상대적으로 SiO$_2$ 함량이 다소 높지만 기타 성분은 근본적으로 거의 같은 조면암에 속한다.

천지 지역에서 조면암, 석영 안산조면암, 석영 조면암, 석영 알칼리장석 조면암, 알칼리 유문암 등은 대부분 성층화산체를 구성한다. 그 중에서 망천아 지역의 홍두산기 알칼리 유문암은 SiO$_2$ 함량이 최고 75.33%에 달하고 Al$_2$O$_3$은 9.68%, Fe$_2$O$_3$+FeO은 4.40%, MgO 0.33%, Na$_2$O+K$_2$O 8.48% 등이다. 천지 지역에서 두서기 알칼리 유문암은 SiO$_2$ 73.67%, Al$_2$O$_3$ 14.49%, Fe$_2$O$_3$+FeO 3.30%, MgO 0.01%, Na$_2$O+K$_2$O 8.14% 등이다. 천지 지역에서 기상참기 알칼리 유문암은 SiO$_2$ 함량이 최고 72.60%이고, Al$_2$O$_3$ 11.32%, Fe$_2$O$_3$+FeO 3.56%, MgO 0.56%, Na$_2$O+K$_2$O 9.31%를 나타낸다. 전 구역의 평균값은 SiO$_2$ 72.33%, Al$_2$O$_3$ 11.42%, Fe$_2$O$_3$+FeO 9.83% 등이다.

포놀라이트는 증봉산 지역에서 주로 산출되며, SiO$_2$ 55.63%, Al$_2$O$_3$ 19.34%, Fe$_2$O$_3$+FeO 7.24%, MgO 2.58%, CaO 2.54%, Na$_2$O+K$_2$O 13.09%이다. 세계 평균값과 비교하면 Al$_2$O$_2$, Fe$_2$O$_3$+FeO, MgO, Na$_2$O+K$_2$O 함량이 각각 0.30%, 2.42%, 1.51%, 0.06%로 더 증가되고, SiO$_2$, CaO 함량이 각각 0.56%, 0.18%로 더 낮아져 상대적으로 Fe, Mg이 많은 포놀라이트에 속한다.

2. 각 지역 현무암류의 주원소 화학조성과 변화

백두산 구역의 현무암류는 73개 시료를 분석하여 주원소 조성에 대해 각 지역에서 분출 시기에 대한 평균값을 <표 7-3>에 제시하였다.

천지 지역에서 SiO$_2$ 평균값은 50.24%이며 그 중에서 내두산기가 47.76%이고 평균값보다 현저히 낮다. 기타 분출기의 SiO$_2$ 평균값은 보통 50% 내외이다.

망천아 지역에서 SiO$_2$ 평균값은 50.37%이며 마안산기를 제외하고 내두산기 장백 현무암부터 망천아기까지 SiO$_2$ 함량이 48.84%에서 51.69%로 증가된다.

압록강-두만강 하곡 지역에서 연강촌기 현무암의 SiO_2 함량이 47.07%이고 기타 분출 시기에는 49.83~52.22% 범위이다.

전체 변화 경향은 시간이 흐름에 따라 분출시대가 젊어질수록 SiO_2 함량이 높아지는 추세이다. 백두산 전 구역에서 SiO_2 평균값은 50.49%인데 이는 세계 평균값보다 현저하게 높은 것이다. 그 중에서 증봉산 지역에서 SiO_2 함량은 48.62%로서 세계 평균값보다 낮은 편이다.

<표 7-3> 백두산 구역에서 현무암류의 주원소 조성과 지역 평균값

지역	천지 지역						정봉산 지역	망천아 지역			압록강-두만강 하곡 지역						각 지역 평균값			
분출 시대	내두산기	천양기	군함산기	백산기 백산현무암	쌍봉현무암	노호동현무암	정봉산현무암	마안산기	내두산기 장백현무암	망천아기	평정촌현무암	연강촌기	군함산기	영광탑현무암	두만강현무암	광평기	천지지역	정봉산지역	망천아지역	압록강-두만강 하곡지역
시료수	6	4	9	4	2	4	4	2	4	3	7	3	6	3	6	7	29	4	9	32
SiO_2	47.76	51.78	51.53	49.15	51.15	50.60	48.62	51.48	48.84	51.69	50.62	47.07	51.57	49.83	51.46	52.22	50.24	48.62	50.37	50.90
TiO_2	1.81	1.63	2.11	3.25	1.99	2.78	2.05	2.80	1.97	2.70	1.08	1.10	1.95	1.65	1.89	1.61	2.22	2.05	2.39	1.56
Al_2O_3	13.80	16.15	15.41	15.31	15.69	15.97	17.18	15.74	15.57	15.38	16.44	14.55	15.59	16.00	16.39	17.58	15.26	17.18	15.54	16.30
Fe_2O_3	3.39	2.57	3.65	5.23	6.47	4.42	6.59	1.62	3.5	5.01	3.35	5.16	4.02	2.56	4.69	3.44	3.96	6.59	3.60	3.84
FeO	6.99	8.27	7.61	7.98	4.72	6.03	5.20	9.08	8.02	6.62	8.37	7.01	7.46	8.64	6.60	7.54	7.21	5.20	7.79	7.58
MnO	0.17	0.17	0.16	0.14	0.17	0.12	0.17	0.17	0.15	0.16	0.17	0.15	0.16	0.14	0.15	0.14	0.15	0.17	0.16	0.15
MgO	9.95	5.11	4.62	3.78	5.00	4.45	3.77	3.66	5.49	3.37	6.87	8.47	4.62	5.91	4.51	5.68	5.68	3.77	4.38	5.81
CaO	7.83	7.08	7.60	6.24	7.19	8.74	5.84	8.91	8.68	8.31	8.54	8.27	7.14	8.49	8.76	8.23	7.52	5.84	8.61	8.22
Na_2O	3.19	3.37	3.69	3.62	3.91	3.67	4.05	3.58	3.10	3.50	3.28	2.78	3.44	3.36	3.48	3.40	3.57	4.05	3.34	3.33
K_2O	2.22	2.47	1.98	2.67	2.84	2.07	2.66	1.42	1.28	1.58	0.43	0.66	2.18	1.44	1.65	0.91	2.26	2.66	1.41	1.21
P_2O_5	0.49	0.76	0.41	0.51	0.32	0.56	0.59	0.55	0.22	0.51	0.21	0.11	0.32	0.39	0.40	0.18	0.50	0.59	0.39	0.27
H_2O	2.09	0.47	0.39	1.14	0.46	0.28	3.49	0.51	3.84	0.88	0.85		1.34	1.09	1.27	0.71	0.84	3.49	2.11	1.03
합계	99.69	100.03	99.16	99.02	99.91	99.69	100.21	99.52	100.70	99.71	100.21		99.79	99.52	101.25	101.64	99.41	100.21	100.09	100.20

백두산 전 구역에서 Al_2O_3 평균값은 15.63%인데 이는 세계 평균값 15.74%에 비하면 차이가 별로 없다. 그 중에서 증봉산 지역에서는 Al_2O_3 함량이 17.18%이고 압록강-두만강 하곡 지역에서는 16.30%이다. 천지 지역에서는 Al_2O_3 함량이 분출시대가 젊어짐에 따라 13.80%에서 15.97%로 증가되고 반대로 망천아 지역에서는 15.74%에서 15.38%로 감소된다. 압록강-두만강 하곡 지역에서는 연강촌기 평정촌 현무암을 제외하고는 Al_2O_3 함량이 14.55%에서 17.58%로 증가된다.

<표 7-4> 백두산 천지 지역에서 각 분출기 화산암류의 주원소 조성과 노움광물

분출시대	내 두 산 기					천 양 기				
순서	1	2	3	4	5	6	7	8	9	10
시료번호	X-25	HY16	TN-1	TK-17	X-38	X-34	F-341	F2075-3	F48-3	Xy-17
암석명	알칼리감람석현무암	알칼리감람석현무암	알칼리감람석현무암	바사나이트	감람석쏠리아이트	감람석쏠리아이트	알칼리감람석현무암	감람석쏠리아이트	석영쏠리아이트	조면안산암
SiO_2	45.3	47.57	45.36	49.54	49.10	49.7	48.91	49.93	53.04	55.25
TiO_2	2.47	2.00	2.44	1.38	1.28	1.27	2.80	1.40	1.16	1.50
Al_2O_3	14.10	11.76	14.01	13.89	14.40	14.7	16.51	16.18	15.91	16.02
Fe_2O_3		3.89	4.05	2.25			3.78	1.68	2.44	2.37
FeO	11.80	7.02	7.40	6.56	9.00	9.11	8.05	9.51	8.20	7.31
MnO	0.15	0.25	0.16	0.19	0.15	0.15	0.16	0.17	0.15	0.20
MgO	9.66	10.61	10.24	10.75	9.22	9.23	4.82	7.11	6.73	1.77
CaO	7.47	7.27	7.16	7.12	9.02	8.97	7.15	8.92	7.70	4.58
Na_2O	2.52	3.91	3.00	4.40	2.64	2.67	3.46	3.36	3.08	4.40
K_2O	2.44	1.68	2.58	2.30	2.18	2.12	2.80	1.00	0.60	5.50
P_2O_5	0.58	0.72	0.32	0.56	0.37	0.37				0.76
H_2O		2.34	2.70	1.25					0.41	0.54
n. n. n	2.39	0.27			1.47	1.31	1.01	0.45		0.36
합 계	98.78	99.46	99.42	100.19	98.83	99.60	99.52	99.79	99.42	100.56
Q									1.55	
Or	15.07	10.89	15.76	13.74	13.32	12.83	16.80	5.95	3.48	32.61
Ab	21.07	33.29	17.61	23.63	23.09	23.13	27.70	28.64	25.54	33.88
An	20.86	10.51	17.73	11.46	21.71	22.39	21.57	26.31	35.30	7.75
Di	11.43	19.13	13.59	16.74	17.78	16.70	11.76	15.00	1.76	8.96
Hy					3.98	6.18		3.39	26.75	
Wo										
Wo_1	5.98	10.19	7.12	8.73	9.31	8.75	6.03	7.63	0.09	4.41
Den	4.23	8.23	5.15	6.11	6.70	6.29	3.56	4.11	0.51	1.46
Dfs	1.22	0.55	1.32	1.89	1.76	1.67	2.17	3.27	0.35	3.10
Ol	19.30	15.48	19.05	19.67	12.55	11.20	10.12	15.57		6.94
Fo	14.66	14.43	14.87	14.68	9.73	8.67	6.05	8.30		2.08
Fa	4.66	1.05	4.18	4.99	2.82	2.54	4.07	7.27		4.86
Ne	0.65	1.60	4.63	7.51			1.08			1.86
Ap	1.32	1.73	0.72	1.24	0.84	0.83				1.67
Il	4.90	4.17	4.97	2.65			5.40	2.68		
Mt	5.35	3.19	6.07	3.30			5.56	2.45		
출처	세광훈	저자	탠벙		세광훈			무송도폭		저자

〈표 7-4〉 백두산 천지 지역에서 각 분출기 화산암류의 주원소 조성과 노옴광물 (계속)

분출시대	두서기		군함산기							
순서	11	12	13	14	15	16	17	18	19	20
시료번호	dy37	dy36	L3069-2	4HF-3	L3070-5	Hy11	Hy12	F300-3	F300-4	Hy-14
암석명	알칼리 장석 현무암	이지린 알칼리 현무암	알칼리 감람석 현무암	감람석 쏠리 아이트	감람석 쏠리 아이트	감람석 쏠리 아이트	감람석 쏠리 아이트	석영 쏠리 아이트	석영 쏠리 아이트	감람석 쏠리 아이트
SiO_2	56.15	73.67	48.77	49.64	49.71	51.97	51.25	53.55	54.34	50.71
TiO_2	0.95	0.10	2.54	2.66	2.16	1.90	2.00	1.90	1.40	2.70
Al_2O_3	18.21	14.49	15.12	14.46	14.66	16.67	16.60	16.19	15.75	14.81
Fe_2O_3	5.04	1.94	6.18	3.10	6.60	2.93	3.03	2.44	2.31	3.18
FeO	2.68	1.36	7.76	8.77	6.78	7.74	7.72	7.19	7.54	7.17
MnO	0.04	0.05	0.12	0.16	0.15	0.25	0.15	0.15	0.14	0.25
MgO	0.12	0.01	3.68	5.32	2.46	3.90	4.10	4.80	5.55	5.30
CaO	2.48	0.02	7.58	8.40	6.66	7.16	7.27	8.01	7.70	7.99
Na_2O	4.75	4.00	3.66	3.50	3.76	4.00	4.00	3.58	3.58	3.74
K_2O	6.55	4.17	2.60	3.20	3.17	2.40	2.30	1.09	0.94	2.30
P_2O_5	0.70	0.04	0.04	0.89	0.03	0.40	0.60			0.80
H_2O	3.22	0.26				0.94	0.12	0.90	0.52	0.58
n. n. n			1.78	0.72	3.43	0.20	0.20			0.33
합계	100.77	100.11	99.38	99.81	99.57	100.46	99.34	100.24	99.76	99.29
Q		34.12						3.69	3.71	
Or	39.72	24.69	15.68	13.12	19.50	14.27	13.73	6.51	5.60	13.74
Ab	40.36	33.91	30.23	29.88	33.12	34.06	34.18	30.62	30.52	31.98
An	8.40	0.24	17.50	17.41	14.33	20.58	20.76	25.17	24.32	17.01
Di			16.87	15.84	16.44	10.57	9.96	12.28	11.60	14.81
Hy		1.09		4.05	1.49	5.91	5.30	14.50	18.21	5.80
Wo										
Wo_1			8.61	8.08	8.30	5.35	5.05	6.27	5.92	7.64
Den			4.87	4.53	4.11	2.71	2.66	3.54	3.31	4.79
Dfs			3.38	3.23	4.02	2.52	2.25	2.47	2.37	2.38
Ol	1.07		5.54	8.11	2.20	5.83	6.49		5.92	5.06
Fo			3.14	4.54	1.06	2.88	3.35		3.31	3.27
Fa	1.07		2.40	3.57	1.14	2.95	3.13		2.37	1.29
Ne	0.47		0.73							
Ap	1.57	0.09	0.09		0.07	0.88	1.32			1.77
Il	1.85	0.19				3.63	3.84		2.68	5.18
Mt	6.24	2.67				4.28	4.44		3.37	4.66
출처	저자		백두산도폭	6소	백두산도폭	저자		무송도폭	저 자	

분출시대	군함산기	백 산 기				쌍봉 현무암		노호동 현무암			
순서	21	22	23	24	25	26	27	28	29	30	31
시료번호	TK16	Xy14	dy35	10H3-1	10H3-2	Sy26	IV 497′	Ly28	G3	샹-32	샹-33
암석명	석영쏠리아이트	석영쏠리아이트	알칼리감람석현무암	석영쏠리아이트	감람석쏠리아이트	알칼리감람석현무암	감람석쏠리아이트	알칼리감람석현무암	석영쏠리아이트	석영쏠리아이트	감람석쏠리아이트
SiO_2	53.80	51.57	49.25	47.46	48.32	49.97	52.34	50.14	50.78	51.12	50.36
TiO_2	1.73	2.40	3.50	3.75	3.35	1.90	2.09	3.00	2.96	2.40	2.75
Al_2O_3	14.47	14.61	14.81	16.29	15.52	15.45	15.94	15.52	15.40	16.54	16.44
Fe_2O_3	3.06	5.08	3.94	8.18	3.72	8.61	4.34	2.73	4.25	6.61	4.11
FeO	7.79	5.80	8.89	7.36	9.79	2.14	7.29	7.78	6.43	3.61	6.30
MnO	0.09	0.10	0.10	0.25	0.10	0.20	0.14	0.10	0.13	0.13	0.13
MgO	6.49	3.94	3.90	3.09	4.20	6.03	3.97	4.90	4.64	4.28	4.00
CaO	7.65	6.20	6.88	5.25	6.62	8.22	6.17	8.83	8.75	8.66	8.73
Na_2O	3.45	4.40	3.90	2.95	3.22	3.74	4.08	3.90	3.68	3.46	3.63
K_2O	0.84	3.04	2.90	2.31	2.42	2.90	2.78	2.20	1.85	2.08	2.14
P_2O_5	0.10	0.76	0.70	0.40	0.20	0.56	0.08	0.52	0.58	0.65	0.50
H_2O	0.12	1.22	1.06			0.46		0.28			
n. n. n		0.32	0.15	2.78	2.20	0.36		0.46		0.94	0.61
합 계	99.59	99.45	99.98	100.07	99.56	100.54	99.22	100.36	99.45	100.47	99.60
Q	4.80			3.50					0.76	1.23	
Or	4.96	18.35	17.50	14.07	14.69	17.26	16.56	13.05	10.99	12.38	12.76
Ab	29.16	38.03	32.49	25.72	27.98	26.36	34.79	29.95	31.31	29.49	30.99
An	21.50	11.38	14.52	24.42	21.31	16.93	17.11	18.42	20.15	23.64	22.45
Di	9.80	12.39	13.02		9.24	16.70	10.84	18.30	16.06	12.71	14.71
Hy	20.46	3.50		15.22	9.93		7.12		7.61	8.86	6.61
Wo											
Wo1	5.04	6.46	6.63		4.68	8.70	5.54	9.39	8.38	6.60	7.64
Den	3.05	4.48	3.61		2.41	5.96	3.17	5.59	5.84	4.39	5.09
Dfs	1.17	1.45	2.78		2.16	2.05	2.12	3.32	1.84	1.73	1.98
Ol		2.75	8.06		4.31	8.85	3.07	7.73			0.50
Fo		2.03	4.36		2.17	6.42	1.77	4.67			0.35
Fa		0.72	3.70		2.14	2.43	1.30	6.03			0.15
Ne			0.49			2.96		1.70			
Ap	1.62	1.70	1.55	0.90	0.45	1.23	0.18	1.14	1.27	1.43	1.10
Il	3.28	4.66	6.73	7.34	6.53	3.63	4.00	5.72	5.65	4.59	5.27
Mt	4.43	7.23	5.78	8.58	5.54	6.03	6.34	3.97	6.20	5.66	6.01
출처	유쟈치	세광훈	저자	4 소		저자	장백도폭	저자	지진사무실	유 상	

분출시대	백두산기 제1단계								
순서	32	33	34	35	36	37	38	39	40
시료번호	by-23	b-24	b-25	b-26	b-27	b-28	by-22	by-21	IV 491′
암석명칭	석영 알칼리 장석 조면암	석영 안산조면암	조면암	조면암	알칼리 조면암	알칼리 조면암	알칼리 장석 조면암	안산 조면암	석영 조면암
SiO_2	65.31	66.12	63.40	62.80	63.56	63.64	63.67	63.43	64.93
TiO_2	0.50	0.40	0.40	0.40	0.60	0.85	0.50	0.50	0.31
Al_2O_3	15.69	16.12	17.04	17.10	13.30	13.66	16.08	14.92	16.05
Fe_2O_3	4.25	3.09	5.49	2.98	5.14	5.36	2.64	4.51	2.50
FeO	0.95	3.08	0.65	2.94	2.55	3.36	3.75	2.59	3.14
MnO	0.05	0.08	0.16	0.08	0.16	0.16	0.05	0.20	0.17
MgO	0.28	0.59	1.06	1.06	1.70	0.81	0.00	0.20	0.14
CaO	0.61	1.32	1.48	1.97	1.28	1.28	1.40	1.48	1.18
Na_2O	5.10	3.54	4.35	4.55	4.30	4.70	5.60	5.40	6.05
K_2O	6.00	4.90	6.00	5.50	7.20	6.70	6.00	6.50	4.78
P_2O_5	0.24				0.15	0.14	0.20	0.24	0.05
H_2O	0.97						0.28	0.70	
n. n. n									0.26
합계	99.95						100.17	100.67	99.56
Q	11.35	22.06	9.55	8.43	7.57	8.41	4.87	7.10	7.95
Or	35.87	29.18	35.53	32.71	42.60	39.35	35.50	35.66	28.45
Ab	43.65	30.18	36.87	38.73	28.36	32.76	47.43	43.59	51.55
An	1.63	6.60	7.36	9.83			1.03		2.54
Di							4.24	5.06	2.68
Hy	1.49	4.09	4.53	5.10	5.46	2.66	1.72		2.47
Wo					2.29	2.29		0.05	
Wo_1							1.98		1.28
Den					1.22	0.93			0.13
Dfs					0.99	1.38	2.25		1.28
Ol									
Fo									
Fa									
Ac					7.10	5.95		2.08	
Ns									
Ne									
Ap	0.53				0.33	0.30	0.44	0.53	0.11
출처	저자	조선					저자		장백도폭

분출시대	백두산기 제2단계							백두산기 제3단계		
순서	41	42	43	44	45	46	47	48	49	50
시료번호	By19	F−1318	샹−39	TK01	N_1	샹−35	X−17	Tb206	TK02	샹−30
암석명	석영알칼리조면암	석영조면암	알칼리장석조면암	석영조면암	알칼리조면암	석영알칼리장석 조면암	석영알칼리장석 조면암	알칼리장석조면암	석영조면암	석영알칼리장석 조면암
SiO_2	66.19	67.28	63.64	65.04	64.88	67.08	66.60	64.09	66.47	67.36
TiO_2	0.45	0.35	0.54	0.40	0.44	0.36	0.50	0.54	0.30	0.34
Al_2O_3	13.20	13.57	16.67	15.84	16.92	13.33	13.78	15.79	14.88	13.29
Fe_2O_3	2.27	2.28	2.88	2.82	1.65	2.47	2.88	3.13	2.94	4.60
FeO	3.39	4.01	1.95	2.50	2.63	4.33	3.52	2.88	2.59	1.80
MnO	0.25	0.15	0.10	0.13	0.12	0.18	0.12	0.17	0.13	0.17
MgO	0.00	0.09	0.40	0.47	0.17	0.36	0.07	0.33	0.37	0.70
CaO	0.12	0.75	1.57	1.10	1.32	1.34	0.84	1.42	0.95	0.05
Na_2O	5.40	5.92	5.85	5.60	5.66	5.81	5.68	5.78	5.25	5.75
K_2O	5.96	4.61	5.91	4.50	5.65	4.82	4.77	5.58	4.40	4.91
P_2O_5	0.20		0.20	0.13	0.16	0.05		0.24	0.17	0.08
H_2O	1.86			0.71	0.54		0.50	0.06	0.55	
n. n. n		0.56	0.37	0.85		0.57		0.24	0.79	0.42
합계	100.29	99.57	100.08	100.09	100.14	100.70	99.26	100.25	99.79	99.47
Q	12.23	12.72	4.37	11.86	6.67	11.20	13.31	6.30	16.27	14.44
Or	35.78	27.52	35.03	26.99	33.52	28.45	28.54	32.99	26.42	29.32
Ab	35.27	44.58	49.64	48.08	48.08	41.68	44.88	48.93	45.13	41.46
An			1.78	4.76	4.10			0.67	3.77	
Di	3.97	3.33	3.10		1.34	5.56	3.74	4.24		−0.19
Hy	3.93	5.21		3.06	2.70	5.49	2.67	0.78	3.01	5.39
Wo			0.43							
Wo_1	1.86	1.57	1.60		0.64	2.65	1.76	2.08		−0.09
Den	0.00	0.06	1.00		0.09	0.31	0.08	0.60		−0.03
Dfs	2.11	1.71	0.50		0.61	2.60	1.90	1.56		−0.06
Ol										
Fo										
Fa										
Ac	6.67	5.29				6.53	3.33			6.78
Ns	0.83									
Ne										
Ap	0.44		0.44	0.29	0.35	0.11		0.52	0.38	0.18
출처	저자	무송도폭	유샹	유쟈치	탕더핑	유샹	세광훈	정상성	유쟈치	유 샹

<표 7-4> 백두산 천지 지역에서 각 분출기 화산암류의 주원소 조성과 노움광물 (계속)

분출시대	백두산기 제3단계									
순서	51	52	53	54	55	56	57	58	59	60
시료번호	샹-29	N3	IX-4	H03	H07	IX 8	H08	XXI-3	XXI-6	F1319
암석명	석영조면암	석영알칼리장석조면암	석영조면암	석영조면암	석영알칼리장석조면암	석영알칼리장석조면암	석영알칼리장석조면암	알칼리조면암	석영조면암	석영조면암
SiO_2	66.62	66.80	69.69	66.86	67.48	68.35	68.07	65.43	68.08	68.14
TiO_2	0.34	0.38	0.24	0.38	0.28	0.24	0.28	0.30	0.22	0.30
Al_2O_3	14.08	15.63	12.01	14.21	14.99	13.69	14.97	15.04	12.32	14.70
Fe_2O_3	2.51	1.59	3.53	2.94	2.35	4.04	2.58	6.53	4.96	2.34
FeO	3.48	3.01	2.63	3.41	2.08	0.70	1.73	0.83	1.24	3.38
MnO	0.17	0.15	0.10	0.19	0.14	0.10	0.13	0.06	0.13	0.12
MgO	0.58	0.00	0.26	0.08	0.06	0.03	0.00	0.27	0.29	0.59
CaO	0.80	1.23	0.73	0.82	0.96	0.73	0.77	0.31	1.01	0.59
Na_2O	5.97	5.60	5.10	5.72	5.43	5.22	5.60	5.85	4.45	5.92
K_2O	4.87	5.46	4.46	4.86	5.17	5.14	5.21	5.17	4.15	4.65
P_2O_5	0.06	0.11	0.04	0.01	0.05	0.08	0.05	0.00	0.00	
H_2O		0.24			0.77		0.70			
n. n. n	0.10		0.68			0.95		0.51	2.88	0.22
합 계	99.58	100.20	99.47	99.48	99.76	99.27	100.00	100.20	99.73	100.19
Q	10.41	10.10	22.51	12.72	14.16	17.63	14.41	10.20	24.21	13.16
Or	28.93	32.28	26.78	28.87	30.87	30.94	30.98	30.69	25.37	27.39
Ab	45.55	47.40	37.54	46.28	46.41	42.58	47.67	48.80	38.94	49.56
An		1.39			1.28		0.33		1.44	
Di	3.13	3.63	1.41	3.57	2.85	2.84	1.67	1.33	3.22	2.56
Hy	5.24	1.94	3.24	2.49	0.35	0.43			2.06	1.58	3.24
Wo							0.56			
Wo_1	1.52	1.70	0.68	1.68	1.35	1.34	0.78	0.65	1.56	1.22
Den	0.34		0.12	0.09	0.12	0.06		0.17	0.38	0.15
Dfs	1.27	1.93	0.61	1.80	1.37	1.44	0.89	0.51	1.27	1.19
Ol										
Fo										
Fa										
Ac	4.60		5.55	2.09		2.12		0.81		0.31
Ns										
Ne										
Ap	0.13	0.24	0.09	0.02	0.11	0.18	0.11			
출처	유샹	탕더핑	백두산도폭	탕더핑	탕더핑	탕더핑	백두산도폭	탕더핑	백두산도폭	무송도폭

<표 7-4> 백두산 천지 지역에서 각 분출기 화산암류의 주원소 조성과 노움광물 (계속)

분출시대	백두산기 제3단계									
순서	61	62	63	64	65	66	67	68	69	70
시료번호	By21	F-1323	H12	Ⅸ-12	Ⅹ-16	Ⅹ-15	Tb240	Tb229	Tb215	H-14
암석명	용결응회암	알칼리유문암	석영조면암	석영조면암	알칼리조면암	석영조면암	석영조면암	석영조면암	석영조면암	석영조면암
SiO_2	67.27	70.76	67.56	66.95	64.90	65.90	67.54	68.31	68.01	69.42
TiO_2	0.42	0.30	0.34	0.30	0.51	0.48	0.31	0.29	0.38	0.33
Al_2O_3	13.80	11.05	14.75	13.79	15.80	14.70	11.91	13.83	13.81	13.11
Fe_2O_3	4.60	5.37	2.75	3.75	5.39	5.82	1.66	2.53	2.45	3.52
FeO	0.59	1.26	2.46	1.87			3.10	2.20	2.13	2.46
MnO	0.10	0.11	0.13	0.10	0.16	0.15	0.12	0.12	0.11	0.11
MgO	0.00	0.13	0.05	0.09	0.29	0.20	0.31	0.59	0.32	0.00
CaO	0.50	0.34	0.93	1.21	1.25	1.06	0.88	0.55	0.93	0.70
Na_2O	5.60	5.10	5.44	5.22	6.27	6.16	5.43	5.90	5.55	5.57
K_2O	5.98	4.64	5.23	5.00	5.66	5.42	5.20	5.45	5.25	4.74
P_2O_5	0.28		0.06	0.08	0.09	0.07	0.04	0.06	0.09	0.00
H_2O	0.38		0.50				0.54	0.51	0.72	0.48
n. n. n		0.42		1.97		0.23				
합계	99.38	99.21	100.20	100.33	100.32	100.19	100.04	100.34	99.70	100.44
Q	12.48	23.65	14.00	15.86	5.09	8.29	18.83	20.19	24.32	18.26
Or	35.72	27.73	31.00	30.06	33.42	32.13	31.85	30.64	31.20	28.02
Ab	38.10	31.36	46.17	43.84	49.72	45.58	33.49	33.74	28.19	41.06
An			0.39							
Di	0.96	1.51	3.39	3.76	4.74	4.23	4.74	3.67	1.89	3.10
Hy	2.72	4.39	0.27			1.05	4.45	3.61	3.15	1.16
Wo				0.56	0.04					
Wo_1	0.45	0.71	1.51	1.79	2.32	2.03	1.79	1.74	0.89	1.45
Den		0.05		0.23	0.72	0.34	0.24	0.11	0.03	
Dfs	0.51	0.74	1.72	1.74	1.69	1.86	1.71	1.82	0.97	1.65
Ol										
Fo										
Fa										
Ac	8.62	10.79		0.95	2.89	5.90	4.98	5.65	7.80	5.36
Ns		0.01					1.97	1.75	2.87	
Ne										
Ap	0.53		0.13	0.18	0.20	0.15	0.09	0.09	0.04	
출처	저자	무송도폭	탕더핑	백두산도폭	세광훈		정샹성			텅더핑

분출시대	백두산기 제4단계									
순서	71	72	73	74	75	76	77	78	79	80
시료번호	상-27	IV483-2	X-1	상-20	N4	TK03	상-23	상-15	By20	IV485-1
암석명	알칼리장석조면암	조면암	알칼리장석조면암	알칼리장석조면암	석영알칼리장석 조면암	석영알칼리장석 조면암	석영알칼리장석 조면암	석영알칼리장석 조면암	석영알칼리장석 조면암	석영알칼리장석 조면암
SiO_2	64.14	63.42	63.50	63.58	67.36	67.59	66.66	67.84	66.19	67.33
TiO_2	0.50	0.65	0.53	0.54	0.31	0.28	0.34	0.30	0.50	0.32
Al_2O_3	15.70	17.45	16.70	16.18	14.63	14.56	13.26	14.11	14.40	14.08
Fe_2O_3	2.72	4.22	4.89	2.23	2.87	3.72	5.26	2.43	2.24	5.59
FeO	2.73	0.99		2.74	2.33	1.91	0.96	2.80	3.21	0.76
MnO	0.15	0.11	0.12	0.13	0.15	0.13	0.14	0.11	0.10	0.10
MgO	0.37	0.38	0.00	0.33	0.45	0.53	0.00	0.63		
CaO	1.84	1.36	1.49	1.78	0.97	0.74	0.45	0.76	1.23	0.50
Na_2O	5.84	5.45	5.81	5.62	5.64	5.60	6.16	5.69	5.60	5.45
K_2O	5.80	5.10	5.89	5.81	4.97	4.35	4.72	4.97	5.80	4.60
P_2O_5	0.08	0.02	0.10	0.10	0.05	0.15	0.06	0.07	0.20	0.07
H_2O					0.31	0.21				
n. n. n	0.05	1.39	0.23	0.15		0.27	1.01	0.03		0.59
합 계	99.83	100.77	99.63	99.27	100.00	99.84	99.47	99.64	99.67	100.02
Q	4.80	8.09	4.38	4.83	13.91	16.26	12.39	13.34	9.50	15.87
Or	34.35	30.40	35.10	34.64	29.58	25.90	28.38	29.49	34.46	27.40
Ab	48.58	46.51	49.56	47.97	47.93	47.73	42.66	45.09	42.00	46.47
An		6.69	2.12	1.78		1.76				0.38
Di	6.14		3.47	5.58	3.23	0.89	1.65	2.88	4.42	1.42
Hy		2.43		0.64		1.97	4.43	3.52	2.49	2.68
Wo										
Wo_1	2.98		1.76	2.73	1.51	0.44	0.80	1.41	2.07	0.71
Den	0.70		0.93	0.78		0.15	0.18	0.39		0.33
Dfs	2.46		0.78	2.07	1.72	0.29	0.67	1.08	2.35	0.38
Ol										
Fo										
Fa										
Ac	0.65				0.39		9.13	2.86	4.96	
Ns	0.83		0.22		0.12					
Ne										
Ap	0.18	0.04	0.22	0.22	0.11	0.33	0.13	0.15	0.44	0.15
출처	유샹	장백도폭	세광훈	유샹	탕더핑	유쟈치	유샹		저자	장백도폭

분출시대	백두산기 제4단계									
순서	81	82	83	84	85	86	87	88	89	90
시료번호	샹－11	ⅩⅫ－12	ⅩⅪ－9	ⅩⅩ－4	Ⅳ483－1	Ⅳ487	Ⅹ－4	K－1	Tb243	Ⅳ486－1
암석명	석영 알칼리장석 조면암	알칼리 유문암	석영 알칼리 조면암	석영 조면암	석영 알칼리 조면암	석영 알칼리 조면암	석영 알칼리 조면암	석영 알칼리 조면암	알칼리 유문암	용결 응회암
SiO_2	69.38	71.30	67.90	68.65	68.16	67.31	67.69	69.65	70.04	71.04
TiO_2	0.33	0.29	0.32	0.34	0.30	0.32	0.49	0.27	0.34	0.28
Al_2O_3	12.56	10.98	11.43	13.05	14.01	14.28	15.18	11.72	12.04	11.27
Fe_2O_3	3.01	3.84	6.47	2.81	2.07	2.20	3.79	1.57	1.44	5.51
FeO	2.28	2.51	2.95	2.94	3.52	3.37	0.28	2.41	3.01	0.60
MnO	0.12	0.16	0.15	0.15	0.11	0.12	0.08	0.09	0.12	0.11
MgO	0.64	0.52	0.69	0.85	0.33	0.80	0.07	0.06	0.13	0.50
CaO	0.36	0.38	0.53	0.73	0.77	0.96	1.21	0.43	0.88	0.25
Na_2O	5.75	5.90	5.90	5.55	5.40	5.75	5.86	5.80	5.60	5.40
K_2O	4.89	4.52	4.48	4.12	5.00	4.47	4.80	5.06	5.15	4.20
P_2O_5	0.06	0.01	0.04	0.14	0.02	0.07		0.01	0.04	0.02
H_2O							0.28	1.76	0.64	
n. n. n		0.35		0.14	0.29	0.05				0.40
합 계	99.38	100.76	100.86	99.36	99.98	99.70	99.73	98.83	99.43	99.58
Q	17.36	22.75	15.48	17.78	14.51	12.83	13.47	22.73	20.19	23.39
Or	29.08	26.60	26.28	24.54	29.64	26.51	28.57	30.91	30.64	25.08
Ab	37.62	31.19	33.60	44.54	44.37	48.74	49.93	33.08	33.74	34.95
An							0.95			
Di	1.23	1.57	2.05	2.92	3.24	3.70	1.44	1.89	3.67	0.98
Hy	4.87	4.96	7.14	4.18	3.98	4.22		3.42	3.61	5.26
Wo							1.43			
Wo_1	0.60	0.76	0.99	1.45	1.55	1.82	0.70	0.97	1.74	0.47
Den	0.18	0.18	0.22	0.56	0.24	0.62	0.18	0.03	0.11	0.11
Dfs	0.44	0.63	0.84	0.92	1.44	1.26	0.56	0.97	1.82	0.39
Ol										
Fo										
Fa										
Ac	8.76	10.94	14.05	2.45	1.29	0.07		4.68	5.65	9.71
Ns	0.32	1.42						2.83	1.75	0.04
Ne										
Ap	0.13	0.02	0.09	0.07	0.04	0.15		0.02	0.09	0.04
출처	유상	백두산도폭					세광훈		정상성	장백도폭

분출시대	백두산기 제4단계				기상참기					
순서	91	92	93	94	95	96	97	98	99	100
시료번호	XⅫ-14-7	H17	H19	백-b-2	샹-5	샹-4	Tb236	TK13	CT11	Tb249
암석명	석영알칼리조면암	석영알칼리조면암	석영알칼리조면암	알칼리유문암	알칼리유문암	알칼리유문암	알칼리유문암	알칼리유문암	알칼리유문암	알칼리유문암
SiO_2	69.24	69.68	69.45	72.18	72.40	72.60	71.07	72.67	72.22	72.12
TiO_2	0.29	0.34	0.35	0.24	0.22	0.23	0.28	0.21	0.23	0.15
Al_2O_3	10.81	12.70	13.24	11.34	11.32	11.32	11.09	10.42	12.17	10.70
Fe_2O_3	3.99	3.06	2.79	2.62	2.17	2.57	2.67	1.83	1.89	2.46
FeO	3.59	2.77	2.94	2.32	2.63	1.99	2.28	2.75	2.33	2.41
MnO	0.08	0.16	0.13	0.08	0.07	0.06	0.14	0.05	0.10	0.10
MgO	0.68	0.03	0.00	0.49	0.58	0.56	0.05		0.04	0.28
CaO	0.46	0.65	0.72	0.00	0.00	0.05	0.45	0.88	0.38	0.82
Na_2O	6.55	5.19	5.46	5.15	5.19	4.09	5.78	5.55	5.42	5.70
K_2O	4.33	4.79	4.73	4.48	4.54	4.72	5.23	4.75	4.52	4.65
P_2O_5	0.02	0.04	0.00	0.05	0.06	0.07	0.02	0.02	0.03	0.02
H_2O		0.48	0.54				0.66	0.86	0.53	0.43
n. n. n	0.62									
합계	100.66	99.89	100.35	98.95	99.18	98.76	99.52	99.99	99.86	99.84
Q	19.43	21.40	18.03	25.73	26.00	27.60	24.32	28.64	28.50	28.28
Or	25.58	28.98	28.06	26.76	27.05	28.24	31.20	28.32	28.15	27.82
Ab	31.49	36.26	41.93	33.74	33.23	32.35	28.16	27.39	26.86	26.63
An										
Di	1.87	2.72	3.20	-0.26	-0.31	-0.14	1.89	3.82	1.82	3.49
Hy	6.99	3.57	2.42	5.42	6.25	4.52	3.15	2.81	4.31	3.31
Wo										
Wo_1	0.90	1.28	1.50	-0.12	-0.15	-0.07	0.89	1.79	0.87	1.67
Den	0.20	0.02		-0.03	-0.04	-0.02	0.03		0.14	0.25
Dfs	0.76	1.42	1.70	-0.10	-0.12	-0.05	0.97	2.03	0.81	1.57
Ol										
Fo										
Fa										
Ac	11.54	6.10	3.91	7.66	6.33	6.14	7.80	5.34	6.39	7.21
Ns	2.52	0.23		0.37	0.90		2.87	3.24	3.47	3.35
Ne										
Ap	0.04	0.09		0.11	0.13	0.15	0.04	0.04	0.04	0.04
출처	장백도폭	탕더핑		유상			정상성	유쟈치	탠벙	정상성

<표 7-4> 백두산 천지 지역에서 각 분출기 화산암류의 주원소 조성과 노옴광물 (계속)

분출시대	빙 장 기				백 운 봉 기					
순서	101	102	103	104	105	106	107	108	109	110
시료번호	L6097	Tb257	상-71	상-1	TK28	Tb259	TK-14	G-6	Tb258	H1201
암석명	조면암질 용결 응회암	흑색 조면암질 부석	조면암질 각력암	흑색 조면암질 부석	알칼리 유문암질 부석	알칼리 유문암질 부석	알칼리 유문암질 부석	알칼리 유문암질 부석	알칼리 유문암질 부석	알칼리 유문암질 석
SiO_2	66.14	67.62	65.10	67.84	72.80	72.22	70.87	69.57	72.16	70.58
TiO_2	0.30	0.27	0.34	0.32	0.44	0.23	0.24	0.41	0.21	0.17
Al_2O_3	15.50	11.05	15.63	11.85	11.28	12.17	11.33	11.58	10.96	11.71
Fe_2O_3	2.23	5.41	1.93	5.21	2.39	1.89	1.60	4.48	2.39	1.24
FeO	2.61	0.41	2.68	1.91	3.19	2.33	2.26	0.47	2.37	2.81
MnO	0.14	0.07	0.11	0.09	0.09	0.10	0.05	0.11	0.05	0.10
MgO	0.14	0.41	0.38	0.81		0.04	0.21	0.40	0.10	0.12
CaO	1.45	0.44	1.34	0.09	0.33	0.38	0.59	0.62	0.59	0.57
Na_2O	5.82	5.85	5.68	4.55	4.75	5.42	5.22	5.08	5.90	5.74
K_2O	4.62	4.98	5.64	4.56	3.90	4.52	4.80	4.32	4.98	4.84
P_2O_5	0.12	0.02	0.06	0.05	1.00	0.03	0.03	0.03	0.02	0.05
H_2O	0.31	3.55	0.85	3.75		0.53	2.33	2.74	0.59	1.76
합 계	99.38	100.08	99.78	99.71	100.17	99.86	99.57	99.81	99.59	99.69
Q	12.70	20.42	7.17	22.62	30.04	23.96	25.61	23.27	25.72	23.48
Or	24.91	30.56	33.71	27.74	23.01	26.89	29.18	26.35	29.51	29.21
Ab	49.88	30.23	48.59	36.62	36.25	37.69	32.47	36.66	28.73	33.99
An	3.94		0.51							
Di	2.28	1.85	5.03	0.13	−3.78	1.53	2.48	2.57	2.49	2.29
Hy	2.17	4.30	1.38	5.14	6.30	3.40	3.20	2.96	3.05	4.27
Ac		9.70		2.65	3.41	5.51	4.76	6.79	6.93	3.66
Ns		2.36				0.52	1.76		3.13	2.66
Ap	0.27	0.05	0.13	0.11	2.18	0.07	0.07	0.07	0.04	0.11
Il	0.58	0.53	0.65	0.63	0.83	0.44	0.47	0.80	0.40	0.33
Mt	3.28		2.83	4.36	1.75			0.54		
Wo	1.10	0.90	2.45	0.07	−1.77	0.72	1.18	1.25	1.18	1.08
Den	0.21	0.19	0.62	0.03		0.02	0.15	0.32	0.08	0.07
Dfs	0.97	0.76	1.96	0.04	−2.01	0.79	1.14	1.00	1.24	1.14
출처	백두산 도폭	정상성	유 상		유쟈치	정상성	유쟈치	지진사 무실	정상성	6 소

분출시대	백운봉기			팔괘모기						
순서	111	112	113	114	115	116	117	118	119	120
시료번호	H0201	적1-1	HQ12/7	L3253	G-1	G-2	G-8	CMz	H20	Sy46
암석명	알칼리 유문암질 부석	알칼리 유문암질부석	알칼리 유문암질 부석	조면암질 용결 응회암	조면암질 용결 응회암	조면암질 용결 응회암	조면암질 용결 응회암	조면암질 용결 응회암	조면암질 용결 응회암	조면암질 용결 응회암
SiO_2	71.21	70.75	71.42	65.42	66.18	64.02	67.44	64.34	67.18	68.10
TiO_2	0.15	0.30	0.25	0.40	0.47	0.54	0.39	0.50	0.32	0.30
Al_2O_3	10.62	11.09	11.59	15.56	15.05	15.78	14.75	17.74	12.44	15.65
Fe_2O_3	1.95	2.02	2.60	1.95	3.02	2.16	3.63	2.16	5.20	3.22
FeO	2.59	2.57	2.67	2.38	2.16	2.48	0.75	2.58	0.85	1.72
MnO	0.11	0.07	0.15	0.11	0.12	0.13	0.10	0.12	0.13	0.05
MgO	0.21	0.32	0.21	0.74	0.55	0.52	0.48	0.29	0.00	0.00
CaO	0.51	0.69	0.74	1.45	1.17	1.62	0.95	1.42	0.65	1.27
Na_2O	5.60	5.30	4.46	5.80	5.72	5.56	5.72	5.55	5.29	4.00
K_2O	4.80	4.18	4.25	5.86	5.14	5.66	5.41	5.72	4.67	4.70
P_2O_5	0.04	0.05	0.01	0.08	0.07	0.06	0.05	0.09	0.01	0.04
H_2O	2.04	2.36	1.78	0.40	0.32	0.78	0.32			0.15
합계	99.83	99.70	100.13	100.15	99.97	99.31	99.99	100.22	100.19	99.20
Q	26.86	25.53	27.59	5.86	10.83	6.42	11.83	6.19	18.46	13.05
Or	29.01	25.38	25.54	34.72	30.48	33.95	32.11	33.83	28.59	35.29
Ab	28.54	34.70	36.56	47.53	48.56	47.74	45.96	47.00	39.35	38.13
An					0.22	1.41		4.97		
Di	2.06	2.80	3.20	5.65	4.24	5.37	3.69	1.33	2.92	0.49
Hy	4.28	3.84	1.99	1.74	0.22	0.76	0.74	2.39	2.05	5.38
Ac	5.77	6.00	1.59	1.46			2.34		6.17	
Ns	3.11	1.06								
Ap	0.09	0.11	0.02	0.18	0.15	0.13	0.11	0.20	0.02	0.09
Il	0.29	0.59	0.48	0.76	0.90	1.04	0.74	0.95	0.63	0.58
Mt			3.04	2.10	4.39	3.18	2.48	3.13	1.81	3.88
Wo	0.98	1.34	1.53	2.81	2.17	2.67	1.85	0.65	1.37	
Den	0.11	0.22	0.24	1.15	1.24	1.03	0.86	0.16		
Dfs	0.97	1.23	1.42	1.69	0.83	1.68	0.98	0.52	1.56	
출처	6소	백두산도폭	6소	백두산도폭	지진사무실			탕더핑	6소	저 자

전 구역에서 Fe_2O_3+FeO 평균값은 11.60%이고 세계 평균값은 10.92%인데 이는 이 구역의 철산화물이 다소 높은 것을 설명한다. 그리고 각 지역에서 Fe_2O_3+FeO 함량은 10.17~11.29% 사이에서 변화를 나타낸다.

전 구역에서 MgO 평균값은 5.24%인데 이는 세계 평균값 6.73%보다 낮게 나타난다. 지역에 따라서 압록강-두만강 하곡 지역과 천지 지역에서 함량이 약간 높은 편이며 망천아 지역과 증봉산 지역에서 낮은 편이다.

전 구역에서 Na_2O+K_2O 평균값은 5.30%이고 세계 평균값은 4.01%이므로 백두산 구역은 알칼리가 높은 지역에 속한다. 각 지역 중에서 증봉산 지역은 Na_2O+K_2O 함량이 6.71%로 최고에 달하고 다음으로 천지 지역이 5.83%이며 압록강-두만강 하곡 지역이 4.54%로서 가장 낮다.

백두산 구역에서 화산암류의 화학조성과 CIPW법으로 계산한 노옴광물 결과는 <표 7-4>, <표 7-5> 및 <표 7-6>에 나타냈다.

3. 분출시대 간의 주원소 변화

신제3기 혹은 제4기 각 분출기 암층 간에는 각 주원소 조성이 함께 높아지거나 혹은 함께 낮아지는 추세가 있다. 백두산 천지 지역의 각 분출기 암층 간에서의 주원소 조성변화를 살펴본다([그림 7-1]).

내두산기 현무암 중에서 SiO_2와 Na_2O 간의 함량 변화는 같은 보조로 증가하고 감소하는 정의 상관관계를 가지고 SiO_2와 Al_2O_3, Fe_2O_3+FeO과의 함량 변화는 부의 상관관계를 나타낸다.

천양기부터 두서기의 현무암-알칼리 유문암 중에서도 SiO_2와 K_2O 간의 함량 변화는 함께 증가하는 정의 상관관계를 갖는다. 그러나 알칼리 유문암 중의 K_2O와 SiO_2 사이의 함량 변화는 부의 상관관계에 속하고 Fe_2O_3+FeO와 MgO, CaO 사이는 함께 감소하는 정의 상관관계를 나타낸다.

군함산기부터 팔괘모기까지의 현무암 중의 SiO_2와 CaO, MgO 간의 함량 변화는 역시 정의 상관관계에 속하지만, 반면에 백두산기 조면암류부터 부의 상관관계를 나타낸다. 그리고 SiO_2와 Fe_2O_3+FeO 사이의 함량 변화는 현무암 및 조면암 중에서 모두 정의 상관관계를 나타낸다. 그러나 Al_2O_3 함량은 시대가 젊어짐에 따라 감소하는 경향이지만 감소폭은 작은 편이다.

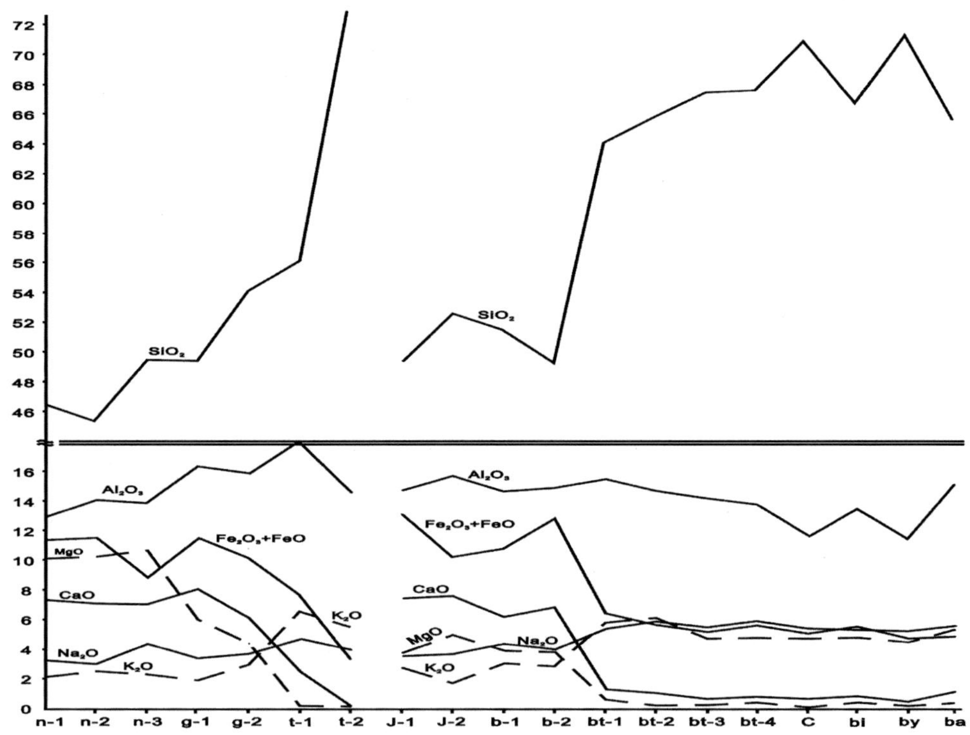

n-1, n-2, n-3: 내두산기 하, 중, 상부층, q-1, q-2: 천양기 하, 상부층, t-1, t-2: 두서기 하, 상부층, J-1, J-2: 군함산기 하, 상부층, b-1, b-2: 백산기 하,상부층, bt-1, bt-2, bt-3, bt-4: 백두산기 제1, 2, 3, 4단계

[그림 7-1] 백두산 천지 지역에서 신생대 화산암층 간의 주원소 조성변화도.

기상참기부터 Al_2O_3와 SiO_2 간의 함량 변화는 부의 상관관계를 나타낸다. 그리고 K_2O와 Na_2O 사이에는 정의 상관관계를 보여 주고 K_2O 함량은 모두 Na_2O 함량보다 적은 것이 특징이다. 그러나 백두산기 제1, 2단계에서는 다만 K_2O 함량이 Na_2O 함량보다 높을 때도 있다.

분출시대	마안산기		내두산기 장백 현무암					망천아기		
순서	1	2	3	4	5	6	7	8	9	10
시료번호	mbo1	mbo2	Cy6	Ⅳ1019	RS08	CB1	CY4	Ⅳ3058-1	Ⅳ3058-3	WY7
암석명	석영쏠리아이트	석영쏠리아이트	감람석쏠리아이트	감람석쏠리아이트	감람석쏠리아이트	석영쏠리아이트	조면 안산암	석영쏠리아이트	석영쏠리아이트	석영쏠리아이트
SiO_2	50.39	52.58	47.75	48.98	48.83	49.81	63.26	51.79	51.19	52.09
TiO_2	3.10	2.50	1.55	1.09	1.98	3.25	1.10	2.60	2.50	3.00
Al_2O_3	14.62	16.86	14.25	19.88	15.02	13.12	13.24	13.90	18.39	13.84
Fe_2O_3	2.07	1.24	3.23	3.08	2.31	5.53	2.45	4.51	3.97	6.56
FeO	10.22	7.94	8.10	5.32	9.68	8.99	4.09	8.59	5.64	5.62
MnO	0.15	0.20	0.10	0.16	0.16	0.19	0.10	0.20	0.12	0.15
MgO	3.74	3.58	8.88	4.82	5.31	4.76	2.93	3.75	3.48	2.89
CaO	8.72	9.11	7.43	10.43	8.45	8.40	3.80	7.00	9.76	8.16
Na_2O	3.56	3.60	3.04	3.03	3.13	3.21	3.70	3.80	3.10	3.60
K_2O	1.17	1.68	0.88	1.00	1.74	1.50	4.00	1.80	0.98	1.96
P_2O_5	0.60	0.50	0.30	0.21	0.25	0.11	0.30	0.56	0.36	0.60
H_2O	0.60	0.42	3.84				0.62			0.88
n. n. n	0.39	0.24	0.33	2.02	1.40	0.47	0.27	1.62	1.09	0.47
합계	100.02	98.26	99.33	99.86	99.12	100.58	99.85			
Q	1.09	0.91				2.66	15.11	3.41	5.14	6.00
Or	7.03	9.95	5.45	6.03	10.62	8.97	23.89	10.80	5.82	11.78
Ab	30.63	30.52	26.93	26.16	27.34	27.47	31.63	32.64	26.37	30.98
An	20.81	24.94	23.71	38.47	22.51	17.16	7.79	15.80	33.56	16.09
Di	16.36	14.45	10.53	10.58	15.92	19.79	7.69	13.27	10.52	17.52
Hy	13.71	11.57	15.22	8.10	6.32	9.36	7.54	11.19	7.84	3.36
Ne										
Ap	1.33	1.09	0.69	0.47	0.56	0.24	0.66	1.24	0.79	1.33
Il	5.99	4.76	3.08	2.11	3.88	6.24	2.11	5.01	4.77	5.80
Mt	3.05	1.80	4.90	4.53	3.46	8.11	3.59	6.64	5.19	7.13
Wo										
Wo_1	8.18	7.27	5.45	5.46	8.04	10.16	3.96	6.73	5.43	8.98
Den	3.54	3.42	3.52	3.45	3.99	6.08	2.44	3.50	3.43	5.26
Dfs	4.64	3.76	1.56	1.66	3.89	3.55	1.29	3.05	1.66	3.29
Ol			9.50	3.57	9.40					
Fo			6.38	2.33	4.53					
Fa			3.12	1.24	4.87					
출처	저자		장백도폭	유상		저자		장백도폭		저 자

분출시대	망천아기	홍두산기				내두산기 증봉산 현무암				
순서	11	12	13	14	15	16	17	18	19	20
시료번호	Wy9	Wy10	WyB	WG1	HT1	Cz54	Tz8	Σ1	Σ2	XXIII
암석명	조면안산암	석영안산조면암	안산조면암	안산조면암	알칼리유문암	감람석현무암	감람석쏠리아이트	감람석쏠리아이트	감람석쏠리아이트	포놀라이트
SiO_2	63.75	69.09	64.38	64.69	75.33	45.36	50.88	48.97	49.28	55.63
TiO_2	1.00	0.60	0.90	0.50	0.18	2.21	1.25	2.60	2.15	0.32
Al_2O_3	14.04	14.17	12.86	13.63	9.68	17.02	17.52	16.24	17.93	19.34
Fe_2O_3	4.00	5.22	3.38	4.61	1.55	7.51	6.16	4.33	8.37	3.36
FeO	5.06	1.80	3.29	2.79	2.85	5.65	4.50	7.13	3.53	3.88
MnO	0.07	0.06	0.15	0.10	0.05	0.24	0.23	0.10	0.13	0.20
MgO	0.12	0.06	1.53	1.03	0.33	4.83	2.14	4.69	3.42	0.58
CaO	4.44	1.70	3.19	2.59	0.29	7.03	4.15	6.49	5.72	2.54
Na_2O	3.89	3.69	4.74	4.50	4.08	3.40	4.00	3.98	4.80	7.79
K_2O	2.70	3.48	4.22	3.95	4.40	1.80	4.05	2.30	2.50	5.51
P_2O_5	0.60	0.16	0.36	0.04	0.06	0.59	0.04	0.76	1.00	0.30
H_2O	1.26	0.69	1.26			4.14	2.85			
n. n. n			0.26	1.06		0.09				0.59
합계	100.93	100.72	100.52	99.49	98.80	99.87	99.58	97.59	98.83	99.96
Q	21.37	30.01	13.75	17.08	35.71					
Or	16.16	20.61	24.62	23.73	26.32	11.17	25.25	13.93	14.95	32.74
Ab	33.33	31.28	39.59	38.71	25.60	30.20	35.70	34.50	38.44	31.54
An	13.04	7.51	1.34	5.42		27.16	18.91	20.15	20.24	1.55
Di	5.04		9.97	6.13	0.96	4.75	2.12	6.68	2.05	8.01
Hy	3.72	2.48	1.48	2.23	5.42	1.20	3.42	4.40		
Ne										18.63
Ap	1.33	0.35	0.78	0.09	0.13	1.35	0.09	1.70	2.21	0.66
Il	0.13	1.14	1.69	0.97	0.35	4.41	2.50	5.06	4.80	0.61
Mt	5.87	5.03	6.78	5.64		7.02	7.30	6.43	7.12	4.90
Wo										
Wo_1	2.38		5.09	3.09	0.46	2.43	1.07	3.45	1.06	3.90
Den	0.13		2.89	1.50	0.07	1.39	0.54	2.21	0.56	1.05
Dfs	2.53		1.99	1.54	0.43	0.93	0.51	1.02	0.34	3.05
Ol						12.76	4.71	7.15	8.75	1.18
Fo						7.37	2.32	4.73	5.58	0.28
Fa						5.39	2.39	2.42	3.17	0.90
출처		작가		유상		유자치		6소		백두산도폭

<표 7-6> 백두산 압록강-두만강 하곡 지역 화산암류의 주원소 조성과 노음광물

분출시대	연강촌기									
	평정촌 현무암						연강촌 현무암			
순서	1	2	3	4	5	6	7	8	9	10
시료번호	Cb09	Cs23	Tp-2	Tp-5	ⅩⅥ3	X-41	YJ-3	YJ-10	YY9	L3081-5
암석명	감람석 쏠리아이트	감람석 쏠리아이트	감람석 쏠리아이트	석영 쏠리아이트	감람석 쏠리아이트	석영 쏠리아이트	석영 쏠리아이트	감람석 쏠리아이트	감람석 쏠리아이트	석영 쏠리아이트
SiO_2	49.16	49.41	49.70	51.86	51.34	51.30	51.60	47.15	47.53	46.53
TiO_2	0.87	0.60	1.08	1.29	0.90	1.42	1.40	1.00	0.80	1.50
Al_2O_3	16.62	16.15	15.95	16.52	17.36	16.10	16.40	14.52	14.80	14.32
Fe_2O_3	3.60	4.86	3.30	3.05	1.96			4.77	5.10	5.60
FeO	9.10	8.25	8.59	7.25	8.67	11.40	11.20	7.42	7.16	6.45
MnO	0.20	0.19	0.21	0.17	0.16	0.15	0.15	0.16	0.15	0.13
MgO	7.17	7.44	7.29	6.62	6.67	6.50	6.40	8.93	8.46	8.04
CaO	8.28	7.97	9.40	8.37	8.59	8.82	8.89	8.20	8.25	8.38
Na_2O	3.25	3.03	3.30	3.55	3.30	3.28	3.45	2.90	3.85	2.60
K_2O	0.30	0.40	0.20	0.68	0.27	0.63	0.56	0.73	0.60	0.66
P_2O_5	0.11	0.16	0.13	0.20	0.47	0.20	0.21	0.05	0.06	0.22
H_2O	1.15	1.15	0.64	0.99	0.32					
n. n. n	0.35	0.28			0.13		-0.15	2.95	3.03	5.31
합계	100.16	98.89	99.81	100.52	100.49	99.80	100.50	98.78	98.79	99.74
Q				0.08		1.28	0.99			5.34
Or	1.80	2.40	1.19	4.04	1.60	3.76	3.33	4.50	3.71	3.87
Ab	27.87	26.04	28.15	30.17	28.01	28.03	29.34	25.62	25.20	21.83
An	30.29	29.76	28.36	27.26	31.86	27.63	27.76	25.53	26.99	25.26
Di	8.75	7.70	14.59	10.77	6.66	12.46	12.42	13.43	12.48	11.85
Hy	17.14	24.28	13.99	20.35	25.55	18.64	18.04	10.85	15.47	22.41
Wo										
Wo_1	4.47	3.95	7.47	5.54	3.39	6.42	6.40	6.95	6.44	6.14
Den	2.51	2.34	4.34	3.39	1.83	4.00	4.01	4.50	4.06	4.03
Dfs	1.78	1.41	2.78	1.84	1.44	2.04	2.01	1.98	1.98	1.68
Ol	6.95	1.53	6.50		0.73			11.64	8.15	
Fo	3.90	0.92	3.81		0.30			7.84	5.30	
Fa	3.05	0.61	2.69		0.34			3.80	2.85	
Ne										
Ap	0.24	0.36	0.29		1.03	0.44	0.46	0.11	0.14	0.48
Il	1.67	1.16	2.07		1.71	2.72	2.67	1.98	1.59	2.83
Mt	5.29	6.78	4.87		2.85	5.04	4.99	6.33	6.27	6.12
출처	유쟈치			탠벙		백두산도폭	세광훈		유상		저 자

<표 7-6> 백두산 압록강-두만강 하곡 지역 화산암류의 주원소 조성과 노움광물 (계속)

분출시대	군함산기	백산기				쌍봉 현무암		노호동 현무암			
순서	11	12	13	14	15	16	17	18	19	20	21
시료번호	L3081-5	Cc34	TJ-1	TJ-7	J14-2	Cb14	Y-4	Cy5	Y-6	Cn47	광-2
암석명	석영 쏠리아 이트	석영 쏠리아 이트	석영 쏠리아 이트	감람석 쏠리아 이트	감람석 쏠리아 이트	석영 쏠리아 이트	감람석 쏠리아 이트	감람석 쏠리아 이트	석영 쏠리아 이트	감람석 쏠리아 이트	감람석 쏠리아 이트
SiO_2	51.74	51.40	50.50	52.18	51.72	51.89	47.64	49.48	52.43	49.59	51.73
TiO_2	2.12	1.92	2.26	2.32	1.38	1.70	1.70	2.60	0.67	2.40	1.10
Al_2O_3	14.14	15.33	15.49	16.38	16.42	15.54	17.09	16.16	14.76	16.75	18.29
Fe_2O_3	4.17	6.47	3.35	3.43	2.29	4.41	3.20	2.76	1.73	3.02	0.81
FeO	8.55	5.71	8.40	6.44	8.10	7.56	8.84	7.58	9.51	8.10	6.99
MnO	0.15	0.18	0.12	0.22	0.14	0.17	0.16	0.01	0.16	0.17	0.10
MgO	5.41	4.75	4.81	4.19	4.82	3.79	6.49	4.02	7.21	4.21	5.05
CaO	8.11	7.39	7.95	5.96	7.08	6.37	8.91	8.16	8.42	9.37	9.77
Na_2O	3.12	3.25	3.30	3.70	3.60	3.65	3.15	3.90	3.03	3.75	3.23
K_2O	1.34	1.55	1.50	3.30	2.65	2.75	1.45	3.30	0.58	1.35	1.53
P_2O_5	0.01	0.50	0.45	0.30	0.10	0.58	0.16	1.00	0.03	0.37	0.04
H_2O		1.70	1.28	0.58		1.79		1.32		1.09	
n. n. n		0.33			0.20	0.28		0.22		0.08	
합계	99.13	100.48	99.41	99.50	98.50	100.48	98.79	99.60	98.53	100.25	98.64
Q	3.04	3.35	1.34			1.02			0.54		
Or	7.99	9.15	9.03	19.82	15.93	16.51	8.67	13.86	3.48	8.05	9.17
Ab	26.63	27.46	28.45	31.81	30.98	31.38	25.54	33.51	26.02	32.02	27.70
An	21.55	22.64	23.47	18.64	21.18	18.19	28.56	20.19	25.34	25.12	31.32
Di	15.50	9.04	11.51	7.80	11.51	8.60	12.45	12.37	13.89	16.12	14.46
Hy	15.10	16.06	15.88	9.82	4.28	13.23			26.83	1.69	7.47
Wo											
Wo_1	7.93	4.61	5.86	4.01	5.83	4.37	6.36	6.30	7.05	8.18	7.34
Den	4.54	2.56	3.20	2.47	2.97	2.32	3.61	3.46	3.70	4.33	3.87
Dfs	3.03	1.88	2.45	1.32	2.71	1.91	2.48	2.61	3.14	3.61	3.25
Ol				1.93	9.85		15.68	8.65		7.17	6.49
Fo				1.21	4.91		8.93	4.73		3.74	3.37
Fa				0.72	4.94		6.75	3.92		3.43	3.12
Ne							0.77	0.08			
Ap	0.02	1.09	1.00	0.67	0.22	1.29	0.35	2.23	0.07	0.82	0.09
Il	4.06	3.64	4.37	4.48	2.67	3.28	3.27	5.04	1.29	4.60	2.12
Mt	6.10	7.57	4.95	5.05	3.38	6.50	4.70	4.08	2.55	4.42	1.19
출처	백두산 도폭	유쟈치	탠벙		유샹	유쟈치	유샹	저자	유샹	유쟈치	유샹

분출시대	백산기 두만강 현무암				광평기						
순서	22	23	24	25	26	27	28	29	30	31	32
시료번호	Cs21	Cc30	송-1	X-44	TG1	L3070-9	Cc41	홍2-1-2	홍5-1-1	TG6	L3077-4
암석명	석영쏠리아이트	석영쏠리아이트	석영쏠리아이트	석영쏠리아이트	감람석쏠리아이트	석영쏠리아이트	석영쏠리아이트	석영쏠리아이트	석영쏠리아이트	석영쏠리아이트	석영쏠리아이트
SiO_2	50.47	51.46	52.14	53.40	50.46	51.23	50.64	51.74	53.32	55.10	53.08
TiO_2	2.64	1.66	1.46	2.09	2.44	0.60	2.10	1.90	1.35	1.76	1.10
Al_2O_3	14.63	18.13	15.27	15.30	17.27	13.52	16.93	15.76	14.93	14.65	14.72
Fe_2O_3	5.49	3.61	4.31	11.20	3.38	4.87	5.63	1.95	2.09	1.74	4.45
FeO	5.92	5.74	6.26		6.90	8.05	5.88	8.36	8.36	8.25	7.22
MnO	0.18	0.13	0.14	0.16	0.13	0.16	0.16	0.12	0.14	0.14	0.13
MgO	2.75	4.62	6.42	4.04	5.35	6.24	4.92	5.07	6.54	5.46	6.18
CaO	8.24	9.37	9.12	6.74	8.25	8.95	7.64	8.80	7.67	8.13	8.21
Na_2O	3.70	3.62	3.20	3.41	3.90	3.00	3.50	3.45	3.35	3.30	3.15
K_2O	2.23	1.25	0.83	2.70	1.30	0.69	1.35	1.20	0.66	0.65	0.53
P_2O_5	0.90	0.36	0.20	0.53	0.21	0.02	0.48	0.15	0.14	0.29	0.01
H_2O	2.17	0.56			0.31		0.69			1.13	
n. n. n	0.09	0.10	0.69	0.16		2.06	0.25				
합계	100.31	100.61	100.04	99.73	99.80	99.39	100.17	98.58	98.55	100.70	99.38
Q	3.07	0.47	2.88	4.35		2.98	1.70	0.18	3.13	6.83	5.77
Or	13.58	7.39	4.94	16.14	7.71	4.19	8.05	7.20	3.96	3.86	3.17
Ab	32.25	30.64	27.26	29.18	33.13	26.08	29.88	29.63	28.76	28.04	26.98
An	17.24	29.55	25.03	18.68	25.89	21.98	26.74	24.34	24.11	23.55	24.77
Di	15.85	11.98	15.59	9.72	11.28	19.22	7.01	15.71	11.19	12.70	13.31
Hy	3.92	10.79	15.29	10.74	6.48	17.31	15.16	16.07	22.87	18.70	17.47
Wo											
Wo_1	8.11	6.20	8.08	5.01	5.83	9.82	3.61	7.97	5.71	6.45	6.85
Den	4.68	4.01	5.30	3.10	3.74	5.62	2.26	4.17	3.19	3.42	4.21
Dfs	3.06	1.76	2.21	1.61	1.71	3.77	1.13	3.57	2.29	2.83	2.25
Ol					5.47						
Fo					3.64						
Fa					1.83						
Ne											
Ap	2.03	0.79	0.44	1.17	0.46	0.04	1.06	0.33	0.31	0.64	0.02
Il	5.17	3.15	2.79	4.02	4.65	1.17	4.02	3.66	2.60	3.36	2.12
Mt	6.90	5.24	5.78	6.00	4.92	7.03	6.37	2.87	3.07	2.53	6.39
출처	유쟈치		유상	세광훈	탠벙	백두산 도폭	유쟈치	유상		탠벙	백두산 도폭

<h1 style="text-align:center">제2절 화학적 특성</h1>

1. 암석계열 특성

암석계열은 크게 알칼리 계열과 비알칼리 계열로 나누고 비알칼리 계열은 다시 쏠리아이트 계열과 칼크알칼리 계열로 나눈다. 미야시로(1978)는 '알칼리 계열 암석에서 K_2O+Na_2O 함량이 같은 SiO_2 함량에서 비알칼리 계열 암석에서보다 높다'고 하였다. 화산암류는 주로 $(Na_2O+K_2O)-SiO_2$도를 이용하여 알칼리와 비알칼리 두 계열로 나눈다([그림 7-2]).

그림에서 A-B선은 두 계열의 분계선이다. 이 선은 SiO_2, K_2O+Na_2O가 P_1(45%, 2.11%), P_2(55%, 5.90%), P_3(60%, 6.9%), P_4(75%, 8.3%)인 4점을 연결한 것이다. 백두산 구역에서 암석의 화학분석 자료를 도시한 결과 대부분 시료(74%)는 알칼리 계열에 도시되고 일부 시

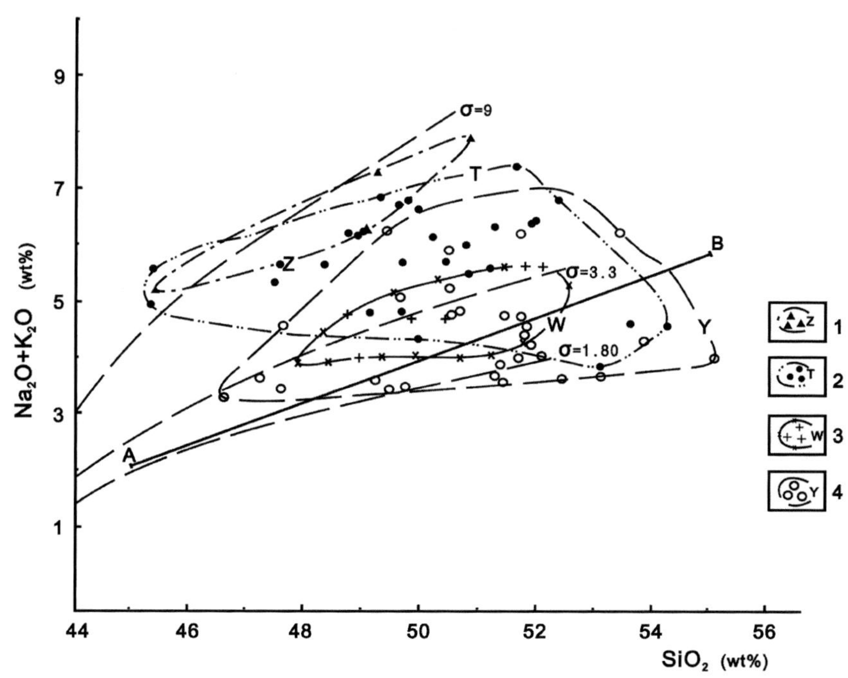

1. 증봉산 지역, 2. 천지 지역, 3. 망천아 지역, 4. 압록강-두만강 하곡 지역

[그림 7-2] 백두산 구역에서 신생대 현무암의 $(Na_2O+K_2O)-SiO_2$ 분류도

료(26%)가 비알칼리 계열에 도시된다([그림 7-2]). 증봉산 지역 현무암류는 알칼리 계열이고 리트만지수(Rittmann index)는 δ=9 내외이다. 망천아 지역 현무암은 대부분 δ=2~4 범위에 도시되어 알칼리 계열과 비알칼리 계열의 중간 성격을 지닌다. 천지 지역 현무암은 대부분 δ=10~3.3 범위의 알칼리 계열이고 소수는 δ=1.8 내외의 비알칼리 계열에 도시된다. 압록강-두만강 하곡 지역 현무암은 대개 분산되지만 δ=7~1 범위로서 비알칼리 계열보다 알칼리 계열이 더 우세하다.

Si-Na·K 분류도(취쟈샹, 1982)에 도시하면 망천아 지역의 현무암-알칼리 유문암은 δ=3 곡선을 따라 도시되고 증봉산 지역의 현무암은 δ=9 곡선을 따라 도시된다([그림 7-3]).

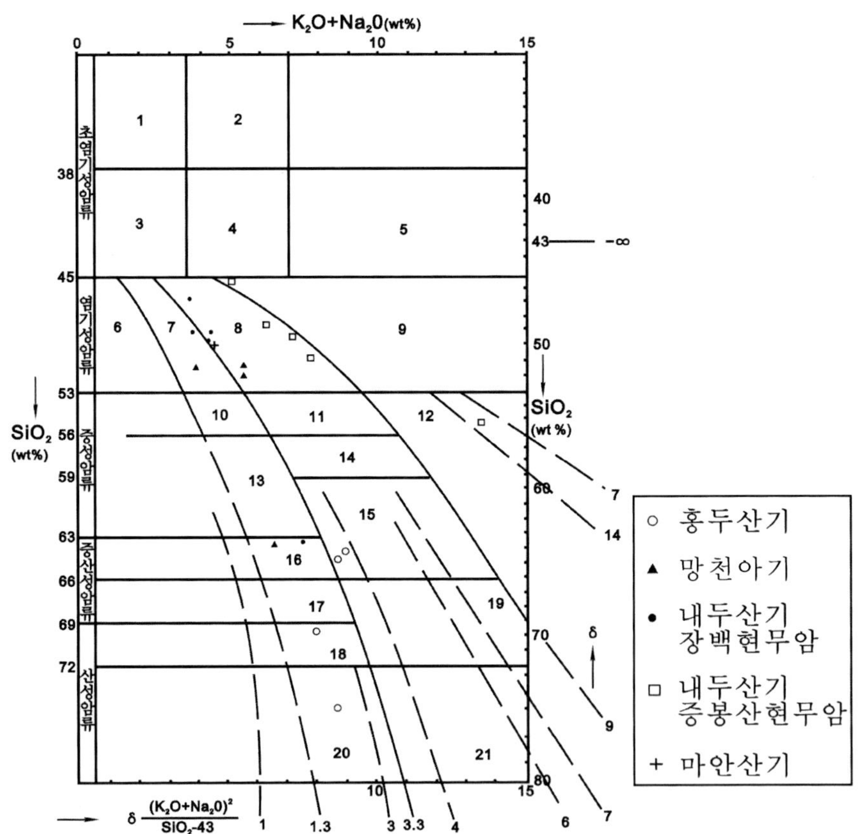

6. 쏠리아이트, 7. 현무암, 8. 알칼리 현무암, 9. 백류석 현무암, 10. 현무암질 안산암, 11. 현무암질 조면안산암, 12. 포놀라이트, 13. 안산암, 14. 조면안산암, 15. 조면암, 16. 석영안산암, 17. 데사이트, 18. 유문데사이트, 19. 알칼리 유문암, 20. 유문암, 21. 알칼리 유문암

[그림 7-3] 망천아와 증봉산 지역 화산암류의 Si-Na·K 분류도

현무암류는 대부분 알칼리 현무암이고 현무암도 나타난다. 천지 지역의 현무암류는 대부분 $\delta = 10{\sim}6$ 범위이고 소량이 $\delta = 4$ 내외로서 염기성에 속하며, 조면암류(천양기, 두서기)는 대부분 중성 암석 범위에 속한다([그림 7-4]). 여기서 천지 지역의 현무암류는 대부분 알칼리 현무암이고 극소수가 백류석 현무암으로 나타난다. 조면암류는 주로 조면암, 알칼리 유문암, 유문암 등이고 이들의 분포가 리트만 곡선과 약 $40°$로 교차한다.

Middlemost(1975)은 화산암을 Na형, K형 및 고K형의 3대 유형으로 나누었다([그림 7-5]). 이 그림에서 A선 좌표는 $K_2O = 0.85\%$일 때 $Na_2O = 2.0\%$이고 $K_2O = 2.98\%$일 때 $Na_2O = 5.0\%$이다. B선 좌표는 $K_2O = 1\%$일 때 $Na_2O = 0\%$이고 $K_2O = 5\%$일 때 $Na_2O = 5.5\%$이다. 본 구역의 현무암류는 65% 내외가 Na형에 속하고 그 외 나머지가 K형에 해당된다. 조면암류는 K형과 고K형에 속하는데 각각 절반을 차지한다.

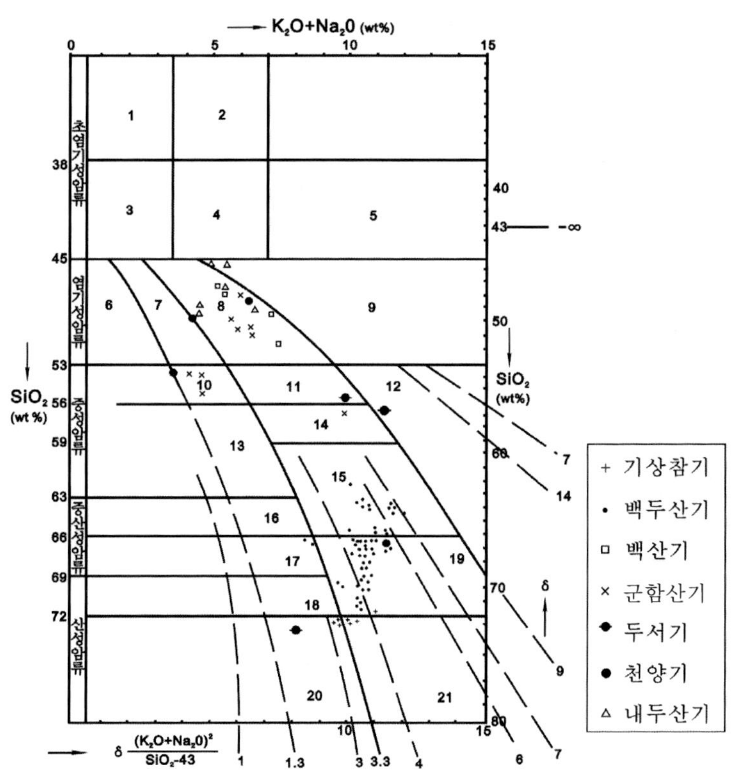

6. 쏠리아이트, 7. 현무암, 8. 알칼리 현무암, 9. 백류석 현무암, 10. 현무암질 안산암, 11. 현무암질 조면안산암, 12. 포놀라이트, 13. 안산암, 14. 조면안산암, 15. 조면암, 16. 석영 안산암, 17. 데사이트, 18. 유문데사이트, 19. 알칼리 유문암, 20. 유문암, 21. 알칼리 유문암

[그림 7-4] 백두산 천지 지역 화산암류의 Si-Na·K 분류도

증봉산 지역의 현무암은 K$_2$O＝1.8～2.5%, Na$_2$O＝3.3～4.8% 범위이고 포놀라이트는 K$_2$O＝5.51%, Na$_2$O＝7.79%로서 K형과 Na형 영역 사이의 A선 부근에 도시된다.

천지 지역의 현무암류는 K$_2$O＝0.7～0.3%, Na$_2$O＝2.95～4.40% 범위이며 대부분 A선 부근의 Na형 혹은 K형 영역에 속한다. 망천아 지역의 현무암은 K$_2$O＝1.0～1.8%, Na$_2$O＝3.2～3.8% 범위로서 거의 전부 Na형 영역에 도시되며, 조면안산암－알칼리 유문암은 B선 부근의 K형 혹은 고K형 영역에 도시된다.

압록강－두만강 하곡 지역의 현무암은 대부분 Na형 영역의 K$_2$O＝0.2～1.5%, Na$_2$O＝2.5～3.8% 범위에 도시되고 일부가 K형 영역의 K$_2$O＝2.3～2.7%, Na$_2$O＝3.3～3.8% 범위에 도시된다.

백두산 구역에서 모든 현무암류가 집중적으로 도시되는 범위는 중국 동북에 있는 요녕성 관전, 길림성 용강 및 산동성 산왕 등지의 구역에서 현무암류가 집중되는 범위와 근본적으로 일치된다.

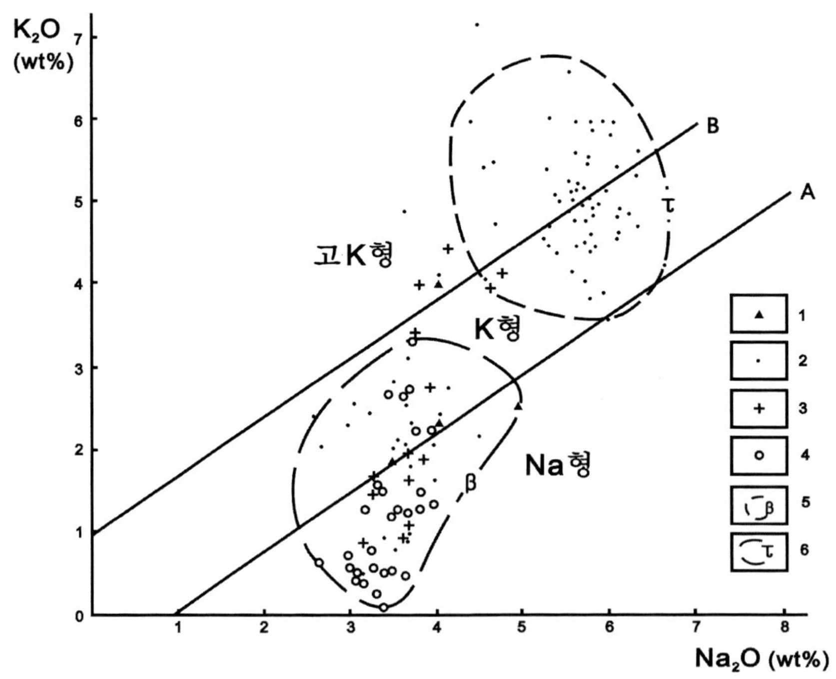

A. Na형과 K형의 분계선(Middlemost, 1975), B. 고K형과 K형의 경계선(왕텐징 등). 1. 증봉산 지역, 2. 천지 지역, 3. 망천아 지역, 4. 압록강－두만강 하곡 지역, 5. 현무암류, 6. 조면암류

[그림 7－5] 백두산 구역에서 알칼리 계열 화산암류의 K$_2$O－Na$_2$O 분류도

2. 알칼리도

저해버 등(1990)은 산−알칼리 전자 이론과 산−알칼리 이론 프로그램에 의하여 마그마의 종합알칼리지수(CAI)를 계산하는 공식을 제시하였다.

$$CAI = 0.98 \times TiO_2 + 3.6 \times Al_2O_3 + 2.95 \times Fe_2O_3 + 6.54 \times FeO + 4.9 \times MnO + 7.11 \times MgO + 8.32 \times CaO + 12.07 \times Na_2O + 13.05 \times K_2O.$$ 이 식에서 주원소 앞의 수치는 몰수이다.

CAI−SiO$_2$도에서 보면 본 구역에서 현무암류는 종합알칼리지수가 3.4~2.6 범위이고 조면암류는 2.1~1.4 범위이다([그림 7−6]). 그 중에서 천지 지역에서의 현무암은 종합알칼리지수가 3.4~2.6 범위이고 증봉산 지역에서 현무암은 3.3~2.5 범위이다. 망천아 지역에서 현무암은 종합알칼리지수가 3.2~2.1 범위이고 조면안산암−안산조면암은 2.1 내외이며 알칼리 유문암은 1.4 내외이다. 압록강−두만강 하곡 지역에서 현무암의 종합알칼리지수가 3.1~2.7 범위이다.

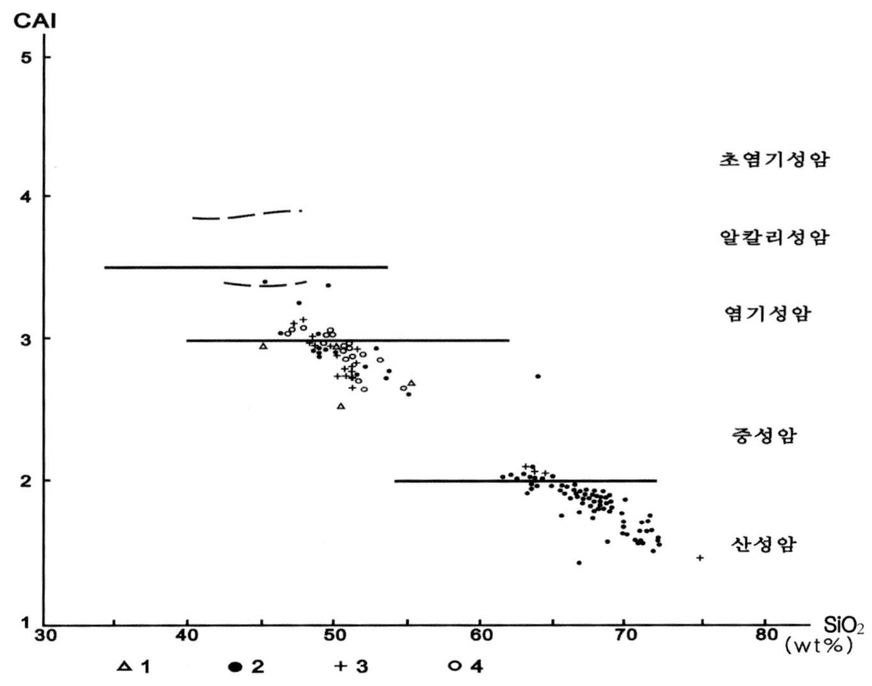

1. 증봉산 지역, 2. 천지 지역, 3. 망천아 지역, 4. 압록강−두만강 하곡 지역

[그림 7−6] 백두산 구역 화산암류의 CAI−SiO$_2$ 관계도

전 구역에서 현무암류는 리트만지수(δ)가 5.37이고 조면암류는 4.46이다(<표 7-7>). 천지 지역에서 현무암류는 리트만지수가 5.61이고 조면암류는 4.74이다. 그 중에서 백두산기 제1단계부터 제4단계까지는 리트만지수가 각각 5.5, 5.11, 4.69, 4.62이고 기상참기는 3.47로 낮아진다. 망천아기에 현무암류는 리트만지수가 3.21, 조면안산암은 3.34이며 알칼리 유문암은 2.22이다. 증봉산 지역에서 현무암은 리트만지수가 9.84이고 포놀라이트가 14.01이다. 압록강-두만강 하곡 지역에서 현무암류는 리트만지수가 2.83으로 낮아진다.

〈표 7-7〉 백두산 구역에서 각 지역의 평균 리트만지수

지역	천지 지역	망천아 지역	증봉산 지역	압록강-두만강 하곡 지역	전구역 평균
현무암류	5.61	3.21	9.84	2.83	5.37
조면암류	4.74	3.34, 2.22	14.01		4.46

전 구역에서 화산암류는 대부분 리트만지수가 4 이상이어서 알칼리 화산암에 속하는 것이 많다. 그러나 망천아 지역, 압록강-두만강 하곡 지역에서는 리트만지수가 4 이하로서 칼크알칼리 암석에 속한다.

증봉산 지역의 현무암은 모두 알칼리 영역에 도시되고 천지 지역의 현무암은 대부분 알칼리 영역이고 소수가 칼크알칼리 영역에 도시되며 조면암류는 알칼리 영역과 경계선 부분에 도시된다[그림 7-7]. 증봉산 지역의 현무암은 전부 알칼리 영역에 도시되고 망천아 지역의 현무암은 대부분 알칼리와 칼크알칼리 영역의 경계선 부근에 도시되고 조면안산암, 안산조면암과 알칼리 유문암 등은 알칼리 영역에 도시된다. 압록강-두만강 하곡 지역의 현무암은 대부분 칼크알칼리 영역에 도시되고 소량이 알칼리 영역에 도시된다.

각 지역에서 화산암류의 알칼리지수(AI)는 분출시대의 순서에 따라 규칙성 있는 변화를 보여 준다(<표 7-8>). 천지 지역에서 알칼리지수는 0.56에서 1.00으로 증가하고 기상참기는 최고 1.25에 달한다. 망천아 지역에서 알칼리지수는 0.47에서 1.00으로 증가되고 압록강-두만강 하곡 지역에서는 0.37에서 0.42로 증가된다. 리트만지수(δ)는 천지 지역에서 4.28~5.38 범위이고 망천아 지역에서는 2.97~3.08 범위로 증가되며 압록강-두만강 하곡 지역은 1.85~2.14 범위이다.

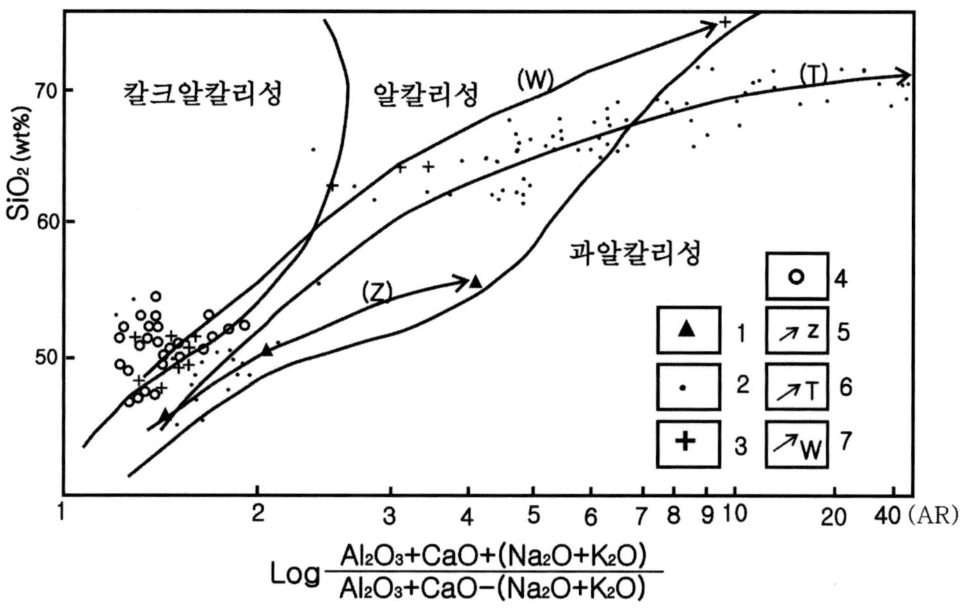

1. 증봉산 지역, 2. 천지 지역, 3. 망천아 지역, 4. 압록강-두만강 하곡 지역, 5. 증봉산 지역 화산암류의 진화 곡선, 6. 천지 지역 화산암류의 진화 곡선, 7. 망천아 지역 화산암류의 진화 곡선

[그림 7-7] 백두산 구역에서 현무암-알칼리 유문암의 SiO₂-AR 분류도

규장질지수(FL)는 망천아 지역에서 35.93부터 82.32까지 증가되고 천지 지역에서 42.56~90.24 범위이며 그 중에서 기상참기 알칼리 유문암이 96.66으로 가장 높은 편이다. 압록강-두만강 하곡 지역에서는 30.28~34.17 범위이다.

이들에 의하면 압록강-두만강 하곡 지역의 화산암류는 정상적 태평양형 칼크알칼리 계열에 속하고 천지 지역, 망천아 지역의 화산암류는 태평양-대서양과 같은 칼크알칼리-알칼리 계열에 속한다. 그리고 증봉산 지역의 화산암류는 알칼리 계열에 속한다는 것을 알 수 있다.

〈표 7-8〉 백두산 구역 화산암류의 주요 산·알칼리 지수

지역	분출시대	시료 수	AI	σ	AR	AK	FL	CAI
증봉산 지역	증봉산 현무암	3	0.68	11.23	2.61	87.34	64.15	2.7277
망천아 지역	마안산기	2	0.47	2.97	1.51	35.44	35.93	2.8682
	장백 현무암	5	0.50	3.24	1.67	36.75	40.37	2.8445
	망천아기	3	0.50	3.00	1.58	33.43	38.15	2.7190
	홍두산기	3	1.00	3.08	5.57	129.59	82.32	1.7973
천지 지역	내두산기	6	0.56	7.47	1.69	26.94	40.88	3.1891
	천양기	2	0.56	4.67	1.90	54.82	50.35	2.7628
	두서기							
	군함산기	9	0.54	4.28	1.66	35.99	42.56	2.8605
	백산기	4	0.58	6.51	1.84	37.73	50.08	2.8193
	백두산기 제1단계	9	0.93	5.54	3.83	153.58	88.91	1.9587
	쌍봉 현무암	2	0.60	5.12	1.78	41.77	46.75	2.9054
	백두산기 제2단계	7	1.01	5.11	5.34	184.72	90.78	1.9578
	노호동 현무암	4	0.52	4.64	1.63	38.48	40.55	2.8701
	백두산기 제3단계	23	1.05	4.69	6.40	188.66	92.87	1.8262
	백두산기 제4단계	23	1.09	4.62	10.14	182.91	92.81	1.8449
	기상참기	7	1.25	3.47	20.99	202.78	96.66	1.6356
	빙장기	4	1.07	4.55	4.32	178.01	92.97	1.8276
	백운봉기	8	1.07	3.03	6.76	180.61	94.38	1.6300
	팔괘모기	6	1.00	5.38	2.55	207.96	90.24	1.9464
압록강– 두만강 하곡지역	평정촌 현무암	7	0.37	1.85	1.35	20.43	30.28	2.9264
	연강촌 현무암	3	0.36	2.94	1.36	16.69	29.39	3.1251
	군함산기	6	0.52	3.75	1.67	35.08	43.92	2.8158
	영광탑 현무암	3	0.44	3.96	1.49	29.19	35.75	3.0325
	두만강 현무암	6	0.46	3.24	1.53	35.14	37.04	2.8179
	광평기	7	0.42	2.14	1.44	25.98	34.17	2.8519

주: AI(알칼리지수)$=\dfrac{Na_2O+K_2O}{Al_2O_3}$; σ(리트만지수)$=\dfrac{(K_2O+Na_2O)}{SiO_2+43}$;

AR(알칼리도지수 로그값)$=\log\dfrac{Al_2O_3+CaO+(Na_2O+K_2O)}{Al_2O_3+CaO-(Na_2O+K_2O)}$, $1<\dfrac{K_2O}{Na_2O}>2.5$일 때

(Na_2O+K_2O)를 $2Na_2O$로 대치함. AK(알칼리도지수)$=\dfrac{100\times(Na_2O+K_2O)}{MgO+FeO+Fe_2O_3}$, FL(규장질지수)$=\dfrac{100(Na_2O+K_2O)}{Na_2O+K_2O=CaO)}$,

CAI(종합알칼리지수)$=0.98\times TiO_2+3.62\times Al_2O_3+2.95\times FeO+4.96\times MnO+7.11\times MgO+8.32\times CaO+12.07\times Na_2O+13.05\times K_2O$

제3절 암석 유형의 시공간적 변화

　　신제3기 마이오세 초엽에 와서 백두산 구역에는 규모가 크지 않지만 호성분지가 북북동 방향으로 여러 곳에 형성되어 있었다. 주요 분지는 마안산 분지, 삼도백하 분지, 이명 분지, 연강촌 분지, 장흥령 분지, 증봉산 분지와 신둔자 분지 등이다. 그 중에서 마안산 분지는 그 상부에 3매의 현무암이 피복하고 있다. 이 현무암은 화학적으로 석영 쏠리아이트에 속하며 고기로부터 신기로 가면서 규칙적 변화를 나타내는 것을 볼 수 있다. 백두산 구역의 각 지역에서 분출시대에 따른 암석 유형의 시간적 변화순서를 <표 7-9>에 나타낸다.

〈표 7-9〉 백두산 구역의 각 지역에서 암석 유형의 시간적 변화

지역	분출시대	암석 유형의 시간적 변화순서
천지 지역	내두산기	알칼리 감람석 현무암→바사나이트→감람석 쏠리아이트
	천양기-두서기	알칼리 감람석 현무암→석영 쏠리아이트→현무암질 조면안산암→안산조면암→알칼리 유문암
	군함산기-백산기	알칼리 감람석 현무암→감람석 쏠리아이트→석영 쏠리아이트
	백두산기 제1단계	안산조면암→알칼리장석 조면암→석영 안산조면암→조면암→석영 조면암
	쌍봉 현무암	알칼리 감람석 현무암→감람석 쏠리아이트
	백두산기 제2단계	알칼리장석 조면암→석영 조면암
	노호동 현무암	알칼리 감람석 현무암→감람석 쏠리아이트→석영 쏠리아이트
	백두산기 제3단계	알칼리장석 조면암→석영 조면암→석영 알칼리장석 조면암
	백두산기 제4단계	조면암→알칼리장석 조면암→석영 조면암→석영 알칼리장석 조면암→알칼리 유문암
	기상참기	알칼리 유문암과 흑요암
	빙장기	조면암질 용결응회암→부석 및 화산회
	백운봉기	알칼리 유문암질 부석 및 화산회
	팔괘모기	조면암질 용결응회암→암회색 화산회 및 부석
망천아 지역	내두산기	감람석 쏠리아이트→석영 쏠리아이트→조면안산암
	망천아기	석영 쏠리아이트→조면안산암
	홍두산기	안산조면암→알칼리 유문암
압록강 ∣ 두만강 하곡 지역	연강촌기	감람석 쏠리아이트→석영 쏠리아이트
	군함산기	석영 쏠리아이트→감람석 쏠리아이트→석영 쏠리아이트
	백산기 영광탑 현무암	알칼리 감람석 현무암→석영 쏠리아이트
	백산기 두만강 현무암	알칼리 쏠리아이트→석영 쏠리아이트
	광평기	감람석 쏠리아이트→석영 쏠리아이트
	내두산기	감람석 현무암→감람석 쏠리아이트→포놀라이트

각 지역에서 암석 유형의 시간적 변화순서는 서로 같지 않으며 이는 각 지역 암석의 알칼리도와 밀접한 관계를 가진다. 천지 지역에서 현무암류의 암석 유형은 분출시대에 따라 알칼리 감람석 현무암→바사나이트→감람석 쏠리아이트→감람석 현무암→감람석 쏠리아이트→석영 쏠리아이트 순으로 변해 간다. 조면암류는 조면안산암→안산조면암→석영 안산조면암→조면암→알칼리장석 조면암→석영 조면암→석영 알칼리장석 조면암→알칼리 유문암 순으로 변화순서를 밟는다.

망천아 지역에서 암석 유형은 분출 후기로 가면서 감람석 쏠리아이트→석영 쏠리아이트→조면안산암→안산조면암→알칼리 유문암 순으로 변해 간다. 압록강−두만강 하곡 지역에서 암석 유형의 변화순서는 감람석 쏠리아이트→석영 쏠리아이트 순이고 알칼리 감람석 쏠리아이트→석영 쏠리아이트 순으로 분출된 곳도 있다. 증봉산 지역에서 암석 유형의 변화순서는 감람석 현무암→ 감람석 쏠리아이트→포놀라이트 순이다.

종합한다면 본 구역에서 각 분출기 암석의 유형 변화는 대체로 알칼리 계열이 점차 비알칼리 계열로 변해 간다. 조면암류는 알칼리 계열에서 과알칼리 계열로 변화하는 특성을 보인다.

본 구역에서 신생대 현무암류의 화학조성 평균값을 <표 7−10>에 시대순으로 나열하여 나타냈다.

<표 7−10> 백두산 구역의 신제3기부터 제4기 현무암류의 주원소 조성변화

구역	시대	시료 수	SiO_2	TiO_2	Al_2O_3	Fe_2O_3	FeO	MnO	MgO	CaO	Na_2O	K_2O	P_2O_5	H_2O	합계
백두산 구역	N_1	17	48.74	2.02	15.35	3.98	7.64	0.16	6.57	7.74	3.41	1.83	0.44	2.29	100.17
	N_2	31	50.83	1.16	15.67	3.83	7.87	0.16	5.54	7.90	3.40	1.45	0.32	1.09	99.22
	Q_1	15	50.48	2.22	15.93	4.66	7.12	0.15	4.79	7.83	3.55	1.94	0.42	0.14	100.23
	Q_2	4	50.60	2.78	15.97	4.42	6.03	0.12	4.45	8.74	3.67	2.07	0.56	0.28	99.69
	Q_3	7	52.22	1.61	15.39	3.44	7.57	0.14	5.68	8.23	3.38	0.91	0.18	0.71	99.46
	N	48	50.09	1.46	15.56	3.88	7.79	0.16	5.90	7.84	3.40	1.58	0.36	1.52	99.54
	Q	26	50.96	2.14	15.79	4.29	7.07	0.14	4.98	8.08	3.52	1.68	0.38	1.05	100.08
중국 동부	E	26	49.75	1.62	14.88	6.51	4.60	0.16	7.33	8.39	2.96	0.97	0.43	1.08	99.88
	N	262	46.67.	1.83	13.86	4.35	7.13	0.17	8.44	8.81	3.13	1.44	2.66	2.65	99.13
	Q	207	46.60	2.27	14.10	4.21	7.41	0.16	8.48	8.15	3.87	2.47	0.87	0.77	99.36

마이오세부터 후기 플라이스토세로 가면서 SiO_2 함량은 48.74%에서 52.22%로 증가되고,

TiO_2 함량은 2.02%에서 1.61%로 감소된다. Al_2O_3, Fe_2O_3, FeO, MnO 함량은 변화가 크지 않고 규칙성을 별로 나타내지 않는다. MgO 함량은 6.57%에서 5.68%로 감소되고 CaO 함량은 7.74%에서 8.23%로 증가되며 알칼리 함량도 증가된다. 이 규칙적인 변화는 중국 동부 현무암류의 시·공간적 변화와는 비교적 현저한 차이를 나타낸다. 백두산 구역에서 신제3기 현무암류는 SiO_2 조성이 50.09%이고 제4기 현무암류는 50.96%로 증가되지만 중국 동부 구역에서 신제3기 현무암류는 SiO_2 함량이 46.67%이며 제4기 현무암류는 46.60%로서 약간 감소되는 셈이다. 이 때문에 이 두 구역은 조성차이가 있을 뿐만 아니라 서로 반대 방향으로 진화하는 특성을 갖고 있다. <표 7−10>에서 보다시피 Fe_2O_3, CaO, MgO, FeO 조성변화는 이 두 구역에서도 반대방향의 진화경향을 나타내고 있다. 본 지역에서 FeO, MgO 조성변화가 감소하는 경향을 보이지만 중국 동부 구역에서는 증가하는 경향을 나타낸다. 반면에 TiO_2, Al_2O_3, Na_2O+K_2O 조성은 이 두 구역이 다 같은 방향으로 진화되는 경향을 보여 준다.

제4절 암석계열 구분과 과제

1. 암석계열과 조성변화

백두산 구역에서 신생대 화산암류는 알칼리 계열과 비알칼리 계열로 나뉘는데 전자가 24%를 차지하고 후자가 26%를 점한다. 이 중에서 증봉산 지역은 전부 알칼리 계열에 속하며, 천지 지역은 대부분 알칼리 계열에 속하고 비알칼리 계열이 약간 포함된다. 망천아 지역은 하부가 알칼리 계열이고 상부로 가면서 점점 비알칼리 계열로 변화하고 압록강−두만강 하곡 지역은 대부분 비알칼리 계열에 속한다.

Middlemost 분류에 의하면 본 구역의 현무암류는 65% 내외가 Na형에 속하고 35% 내외가 K형에 속한다. 조면암류는 K형과 고K형에 속한다([그림 7−5]). 이 중에서 증봉산 지역은 K형과 Na형의 경계부에 도시되고 천지 지역의 현무암은 K형과 Na형에 도시된다. 망천아 지역과 압록강−두만강 하곡 지역의 현무암은 대부분 Na형에 속한다. 백두산 구역에서의 현무암류가 집중되는 도시범위([그림 7−5])는 요녕성 관전 및 길림성 용강, 산동성 산왕 구역에서 현무암류가 집중되는 도시범위와 근본적으로 거의 일치한다.

저해버 등이 제시한 마그마의 종합알칼리지수(CIA)로 계산한 본 구역 화산암류의 CIA 지수는 현무암류가 3.4∼2.6 범위이고 조면암류가 2.1∼1.4 범위이다 이 두 구역의 지수범위 간에는 2.5∼2.2 범위가 없는데 이는 백두산 구역의 신생대 화산암류가 쌍봉식 변화를 보인다는 것을 보여 준다. 본 구역에서 어떤 분출기의 암석들은 먼저 알칼리 계열이다가 후기에 약한 알칼리 계열 혹은 비알칼리 계열로 변화된다. 그리고 SiO_2 조성은 일정한 정도로 제한되어 있다. 즉 천지 지역에서 알칼리 유문암의 SiO_2는 72%±이고 망천아 지역에서 알칼리 유문암의 SiO_2는 75.33%이며 두서기 알칼리 유문암의 SiO_2는 73.67%이다.

백두산 구역에서 현무암류 중의 석영 쏠리아이트와 감람석 쏠리아이트는 전체의 80.8%를 차지하고 알칼리 감람석 현무암이 15.1%를 점한다. 본 구역의 쏠리아이트는 세계대륙의 쏠리아이트와 비교하여 보면 아래와 같은 특성을 나타낸다. Al_2O_3 함량은 1.34% 높고 Fe_2O_3+FeO 함량은 1.43% 낮다. MgO과 MgO 함량은 각각 1.8%, 1.59% 낮고 Na_2O+K_2O 함량은 1.56% 높다. 이는 본 지역의 쏠리아이트가 Al, Na, K이 높고 Fe, Mg, Ca이 낮은 쏠리아이트에 속함을 설명한다.

현무암류는 세계의 현무암류와 비교하여 보면 SiO_2, TiO_2, Al_2O_3, Fe_2O_3+FeO 등의 함량이 근본적으로 같고 MgO, CaO 함량이 각각 1.5%, 1.69% 낮고 Na_2O+K_2O 함량이 1.29% 높다. 역시 본 지역 현무암류는 Na, K가 높고 Mg, Ca가 낮은 현무암에 속함을 알 수 있다.

조면암류는 세계의 조면암류와 비교하면 아래와 같은 특성을 나타낸다. 조면안산암은 SiO_2, Fe_2O_3+FeO, Na_2O+K_2O가 높고 Al_2O_3, MgO, CaO가 낮다. 그리고 조면암은 SiO_2가 높고 포놀라이트는 Fe_2O_3+FeO, MgO가 높다.

2. 과제

홍두산기와 천양기−두서기의 대표적인 단면이 없고 노두가 거의 없기 때문에 암석 유형과 암석계열 등을 정확하게 해명하지 못하고 있다. 그리고 증봉산 화산의 암석계열도 체계성이 부족한 편이다. 앞으로 망천아봉, 동토정자−두서, 증봉산 등 대형화산의 분출기와 암석계열을 체계적으로 심도 있게 연구할 필요가 있다.

제8장
지구화학적 특성

제1절 희토류원소의 함량과 분배패턴

    암석성인의 유형이 달라짐에 따라 희토류원소(rare earth elements) 함량과 분배패턴도 달라진다. 아래에서 백두산 구역의 신생대 화산암류의 희토류원소 평균함량과 그 변화 특성에 대해 살펴본다. 먼저 백두산 구역의 화산암류에 대한 희토류원소의 함량과 지수를 <표 8-1>에 나타냈다.

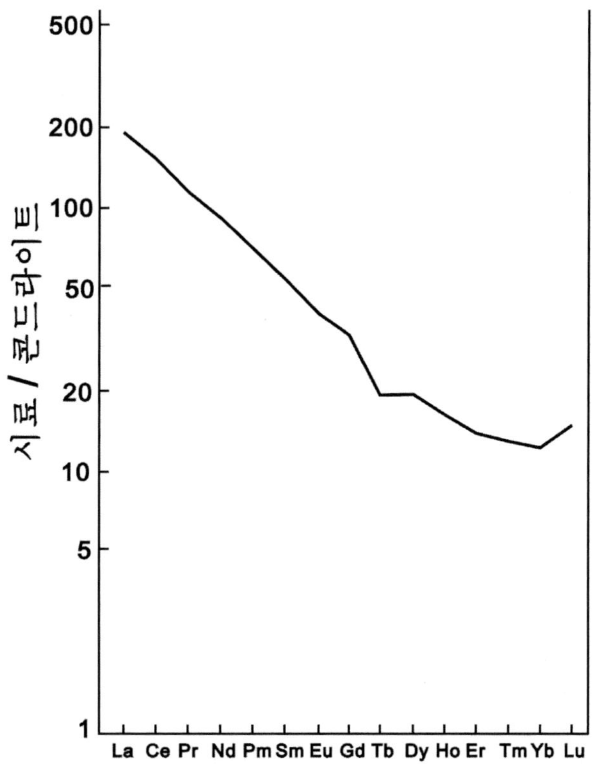

[그림 8-1] 증봉산 지역 화산암류의 희토류원소 분배패턴

1. 각 지역의 희토류원소 함량과 분배패턴

가. 증봉산 지역

이 지역에서 희토류원소 분석을 시도한 시료는 하나뿐이다. 이 시료에서 희토류원소 총량($\sum$REE)은 314.63ppm이고 Eu 이상도(δ_{Eu})는 1.10이며, La_N/Yb_N 비는 6.03이다. 경희토류 총량($\sum$LREE)은 264.81ppm이고 중희토류 총량($\sum$HLEE)은 49.82ppm이며, LREE/HREE 비는 5.32이고 La/Sm 비는 6.03이며 Gd/Yb 비는 3.26이다. 따라서 희토류 분배패턴은 우향 급경사를 가지는 경희토류 부화형을 나타낸다([그림 8-1]).

백두산 구역의 현무암 희토류 특성과 비교해 보면 희토류 총량이 높고 경·중희토류의 분별 정도가 매우 강하며 경희토류와 중희토류 간의 분별차이도 상당히 크다. 이는 전체적으로 알칼리 현무암에서 나타나는 희토류 특성과 비슷하다. $\sum$REE, La_N/Yb_N과 La/Sm 등의 높은 수치를 보면 마그마가 형성될 때의 부분용융 정도가 낮고 생성 심도가 같은 것으로 짐작된다.

나. 백두산 천지 지역

이 지역에서 현무암류는 희토류 총량이 247.35ppm이고 Eu 이상도가 1.09이며 La_N/Yb_N 비가 14.27이다. 이에 비하여 조면암류는 희토류 총량이 583.69ppm이고 Sm/Nd 비가 0.20이며 Eu 이상도가 0.21이다. 그리고 $(La/Yb)_N$ 비가 14.83이고 La/Sm 비가 7.37이며 Gd/Yb 비가 2.79이다.

백두산 구역에서 화산암류는 희토류 총량과 Eu 이상도 근거하면(<표 8-1>, <표 8-2>) 마그마 진화계열을 두 가지로 나눌 수 있다. 각 계열은 희토류 총량이 높고 Eu 이상도가 심하게 결핍된 것으로 봐서 진화의 마지막 단계에 접어든 것으로 보인다. 이에 대해 아래와 같이 나누어 서술한다.

내두산기-천양기-두서기 마그마 진화계열은 희토류원소의 여러 지수가 규칙성을 가지는 변화를 나타낸다. 희토류 총량은 각 분출시대에서 각각 216.66ppm, 332.22ppm, 501.88ppm이고 Eu 이상도는 1.16, 1.34, 1.09이며 La/Sm 비는 각각 5.57, 6.02, 6.89이고 Gd/Yb 비는 각각 4.18, 3.17, 2.89이다. 이와 같이 분출시대에 따른 지수의 변화는 비교적 규칙성을 나타낸다. 경희토류 간의 분별 정도는 점점 커지고 중희토류 간의 분별 정도는 감소되는 경향을 보인다.

<표 8-1> 백두산 구역에서 신생대 화산암류의 회토류원소와 미량원소 함량(ppm)과 지수

지역	망 천 아 지 역									
분출시대	마안산기		내두산기 장백 현무암				망천아기		홍두산기	
순서	1	2	3	4	5	6	7	8	9	10
시료번호	mu01	mu02	Cu06	Rs08	Ky6	Cu4	Wu7	Wu9	Wu10	Wu8
암석명	석영 쏠리아이트	석영 쏠리아이트	감람석 쏠리아이트	감람석 쏠리아이트	석영 쏠리아이트	조면 안산암	석영 쏠리아이트	조면 안산암	석영 안산조면암	안산 조면암
La	34.92	29.12	61.72	24.12	22.36	67.41	33.10	57.54	64.89	41.17
Ce	42.76	45.83	114.80	46.85	46.47	106.70	60.56	112.60	11.50	87.00
Pr	7.61	6.50	15.65	6.10	6.47	17.37	8.32	12.89	14.36	12.70
Nd	36.20	30.74	65.36	32.46	34.72	62.66	39.59	53.85	49.21	54.98
Sm	7.68	6.21	10.52	6.34	7.57	13.41	8.73	14.64	15.19	12.29
Eu	2.75	2.22	3.68	2.31	2.81	2.47	2.84	3.79	3.49	3.32
Gd	7.19	6.20	8.40	8.65	6.69	9.00	7.74	11.89	11.75	10.64
Tb	1.23	0.95	1.37	0.91	1.18	1.55	1.22	1.77	1.79	1.87
Dy	5.78	4.51	6.01	5.06	5.98	7.29	6.35	9.40	9.50	9.48
Ho	1.04	0.88	1.05	0.85	1.12	1.29	1.12	1.67	1.68	1.72
Er	2.76	2.38	2.79	2.20	2.72	3.31	2.92	4.48	4.60	4.57
Tm	0.43	0.36	0.43	0.31	0.40	0.53	0.48	0.74	0.74	0.73
Yb	1.95	1.76	1.87	1.58	2.09	2.48	2.28	4.29	4.59	4.06
Lu	0.27	0.24	0.25	0.23	0.34	0.33	0.31	0.48	0.53	0.55
Y	24.56	22.97	26.22	19.17	27.07	31.19	34.39	38.90	33.55	52.81
Sc	18.28	15.90	94.30			6.48	19.05			7.51
Ba	416.83	392.10	1,908.00			767.00	538.40			1,058.0
Co	15.30	22.30	71.40			18.00	49.20			5.10
Cr										
Rb	22.70	24.80	55.70			10.43	21.60			83.40
Cu										
Sr	478.00	468.00	1,268.00			275.70	496.90			297.30
Th	18.80	12.60	15.60			16.80	21.20			15.60
V	16.28	26.50	142.60			47.10	152.30			8.20
Zn	20.52	83.70	105.40			88.10	126.10			126.11
Nb	13.00	13.80	14.10			13.70	13.20			37.10
Zr	78.80	84.80	83.50			101.30	99.50			380.80
Ni	54.00	20.90	70.30			72.20	33.60			2.30
Ti	31,000	25,000	15,000			11,000	30,000			9,000
Mn	1.500	9,000	1.000			1.000	1.500			1.500
Fe	122,900	9,800	113,300			65,400	121,800			66,700
ΣREE	177.13	160.87	320.12	155.18	169.89	326.99	209.95	328.93	327.37	297.89
δEu	1.22	1.19	1.27	1.19	1.18	0.70	1.13	0.93	0.84	0.95
δCe	0.54	0.69	0.81	0.77	0.77	0.72	0.76	0.83	0.74	0.84
ΣCe/ΣY	2.91	2.30	2.61	3.20	2.43	4.74	2.70	3.47	3.11	2.45
La/Sm	4.55	4.69	5.86	3.80	2.95	5.02	3.79	3.93	4.27	3.39
Sm/Nd	0.21	0.21	0.16	0.19	0.22	0.21	0.22	0.27	0.31	0.22
(La/Yb)N	10.63	9.83	19.60	9.06	6.35	16.14	8.62	7.96	8.39	4.84
Gd/Yb	3.69	3.52	4.49	5.47	3.20	3.63	3.39	2.77	2.56	2.62
출처	저 자		유 상				저 자			

<표 8-1> 백두산 구역에서 신생대 화산암류의 희토류원소와 미량원소 함량(ppm)과 지수 (계속)

지역	망천아 지역		증봉산 지역	압록강-두만강 하곡 지역						
분출시대	홍두산기		내두산기	연강촌기			군함산기			
순서	11	12	13	14	15	16	17	18	19	20
시료번호	WG1	HT1	TZ-8	Tp-2	Tp-5	Yu-9	Tj-1	Tj-7	J-2	J-14-2
암석명	안산 조면암	알칼리 유문암	감람석 쏠리아이트	감람석 쏠리아이트	석영 쏠리아이트	석영 쏠리아이트	석영 쏠리아이트	감람석 쏠리아이트	감람석 쏠리아이트	감람석 쏠리아이트
La	51.01	49.27	60.05	4.73	12.45	20.92	23.53	29.99	28.33	24.88
Ce	106.20	62.99	124.70	11.65	25.82	30.54	54.62	59.75	55.98	43.02
Pr	13.95	13.49	13.96	1.54	3.30	3.97	7.35	7.87	7.84	5.44
Nd	62.61	60.29	54.16	8.84	14.36	14.83	33.96	34.79	36.57	29.02
Sm	12.16	12.76	9.96	2.88	3.55	4.07	8.72	7.43	8.08	6.11
Eu	3.43	1.45	2.88	1.07	1.52	1.18	2.71	4.51	2.66	3.64
Gd	10.71	12.16	8.29	3.83	3.90	3.59	7.97	6.84	7.87	6.98
Tb	1.85	1.82	0.91	0.63	0.54	0.67	1.01	0.75	1.06	0.89
Dy	10.23	9.58	6.23	3.52	3.43	3.76	6.02	4.95	5.97	4.51
Ho	1.80	1.87	1.15	0.73	0.70	0.71	1.18	0.93	1.04	0.85
Er	4.93	4.67	2.93	1.72	1.61	4.87	2.38	2.05	2.61	1.94
Tm	0.72	0.60	0.22	0.26	0.21	0.32	0.31	0.20	0.37	0.29
Yb	4.21	3.13	2.55	1.58	1.36	1.55	1.88	1.55	2.23	1.32
Lu	0.59	0.45	0.47	0.37	0.18	0.22	0.25	0.21	0.29	0.24
Y	51.21	45.03	27.07	15.87	15.17	10.19	23.30	19.81	27.06	15.54
Sc			4.56	17.59	11.41	14.99	17.16	10.50		
Ba		100	700.70	55.83	202.20	253.80	368.60	181.80		800
Co		1	13.48	43.99	38.59	98.30	35.92	28.88		100
Cr		100	5.74	157.9	145.80		91.92	65.63		150
Rb						11.30				
Cu		8	15.65	51.81	42.82		42.18	21.96		30
Sr			660.02	171.60	285.60	262.80	428.10	418.10		400
Th			6.63	3.30	5.20	12.60	6.66	5.95		
V		25	11.90	149.40	141.80	95.70	149.40	108.10		80
Zn		163	114.00	113.40	108.70	79.60	129.10	113.20		62
Nb		50	83.52	21.67	26.71	14.80	32.73	35.92		10
Zr		450	377.70	41.82	77.85	84.800	172.50	119.40		30
Ni		6	<4.00	127.80	79.50	243.20	70.49	46.20		100
Ti		1,800	12,500	10,800	12,900	15,000	22,600	23,200		13,800
Mn		500	2,300	2,100	1,700	1,300	1,200	2,200		1,400
Fe		116,300	106,600	118,900	102,500	120,500	117,500	98,700		103,900
ΣREE	335.43	279.56	314.63	59.22	88.10	101.29	175.19	181.63	187.78	144.67
δEu	0.99	0.39	1.10	1.10	1.37	1.01	1.07	2.09	1.11	1.88
δCe	0.86	0.53	0.95	0.84	0.87	0.72	0.89	0.84	0.80	0.73
ΣCe/ΣY	2.89	2.52	5.32	0.326	0.24	2.98	2.95	3.87	2.88	3.44
La/Sm	4.19	3.86	6.03	1.64	3.51	4.07	2.69	4.04	3.51	4.07
Sm/Nd	0.19	0.21	0.18	0.32	0.25	0.27	0.26	0.21	0.22	0.21
$(La/Yb)_N$	7.19	9.34	13.98	1.77	5.43	8.01	7.43	11.48	7.54	11.19
Gd/Yb	2.54	3.88	3.25	2.42	2.86	2.32	4.24	4.41	3.53	5.29
출처	유 상		탠 병			저 자	탠 병		유 상	

지역	압록강−두만강 하곡 지역									천지지역
분출시대	백산기					광평기				내두산기
순서	21	22	23	24	25	26	27	28	29	30
시료번호	Y−4	Cu5	Y−6	광−2	송−1	TG−1	홍−2−1	홍−5−1−1	TG5	Hu16
암석명	알칼리 감람석 현무암	알칼리 감람석 현무암	석영 쏠리아이트	감람석 쏠리아이트	석영 쏠리아이트	감람석 쏠리아이트	석영 쏠리아이트	석영 쏠리아이트	석영 쏠리아이트	알칼리 감람석 현무암
La	26.08	64.10	11.12	16.80	13.46	21.24	20.58	16.71	9.95	47.89
Ce	59.83	110.5	15.89	30.70	24.76	44.00	38.14	24.08	21.74	9.00
Pr	7.47	16.00	2.31	3.59	3.57	5.75	4.98	3.48	3.12	11.00
Nd	28.69	69.75	12.49	19.06	16.22	26.71	24.61	19.28	15.47	45.25
Sm	5.92	12.33	3.45	3.99	4.52	6.52	6.06	4.74	5.02	8.58
Eu	2.19	3.94	1.32	1.47	1.58	2.89	2.22	1.87	1.79	2.60
Gd	6.35	9.78	4.51	3.84	4.61	6.38	6.99	5.51	5.13	6.63
Tb	0.84	1.68	0.60	0.52	0.76	0.75	0.89	0.75	0.75	1.04
Dy	4.36	7.81	3.79	2.79	3.89	4.58	4.38	3.98	3.77	5.14
Ho	0.81	1.39	0.62	0.48	0.69	0.85	0.82	0.66	0.73	0.95
Er	1.81	3.83	1.83	1.27	1.84	1.87	1.87	1.79	1.39	2.60
Tm	0.30	0.59	0.25	0.17	0.28	0.22	0.30	0.26	0.18	0.40
Yb	1.30	2.58	1.39	0.93	1.48	1.42	1.31	1.46	1.09	1.62
Lu	0.23	0.34	0.19	0.12	0.21	0.20	0.23	0.18	0.25	0.26
Y	23.11	31.96	15.83	12.46	18.08	18.68	17.44	19.23	13.87	27.77
Sc		13.01				15.41			12.50	13.98
Ba	600	899.40		400		463.70	600		204.10	544.60
Co	150	26.80		150		38.06	150		40.13	36.30
Cr	180			180		88.94	100		167.50	
Rb		38.30								41.80
Cu	30			80		34.73	100		44.70	
Sr	400	841.50		150		570.60	150		344.80	1020.0
Th		15.60				6.51			5.29	17.40
V	80	130.50		100		140.80	70		133.80	100.00
Zn	62	97.60		25		111.50	44		123.20	23.60
Nb	10	14.30		10		31.81	10		22.24	14.60
Zr	30	103.60		30		114.10	40		79.70	96.40
Ni	100	19.80		150		63.05	150		116.00	155.30
Ti	13,800	26,000		11,000		20,900	19,000		17,600	20,000
Mn	1,400	1,000		1,000		1,300	1,200		1,400	2,500
Fe	103,900	103,400		78,000		102,800	103,100		99,900	109,100
∑REE	144.67	366.58	75.59	98.19	95.95	142.06	130.83	103.98	96.06	251.73
δEu	1.88	1.16	1.14	1.25	1.16	1.49	1.15	1.24	1.17	1.11
δCe	0.73	0.74	0.61	0.78	0.76	0.84	0.77	0.61	0.81	0.85
∑Ce/∑Y	3.44	4.61	1.60	3.25	0.01	3.06	2.82	2.07	1.46	4.42
La/Sm	4.07	5.20	3.22	4.21	2.98	3.26	3.39	3.52	1.98	5.58
Sm/Nd	0.21	0.19	0.28	0.21	0.28	0.24	0.25	0.24	0.32	0.19
(La/Yb)N	11.19	14.75	4.75	10.23	5.40	8.62	9.33	6.80		17.54
Gd/Yb	4.88	3.78	3.24	4.12	3.11	4.49	5.33	3.77	3.69	4.09
출처	유 상	저 자	유 상			탠 벙	유 상		탠 벙	저 자

<표 8-1> 백두산 구역에서 신생대 화산암류의 회토류원소와 미량원소 함량(ppm)과 지수 (계속)

지역	천 지 지 역									
분출시대	내두산기	천양기	두서기		군함산기			백산기		쌍봉현무암
순서	31	32	33	34	35	36	37	38	39	40
시료번호	TN-1	Xu17	du37	du36	Hu11	Hu12	Hu14	Xu14	du35	Su26
암석명	알칼리 감람석 현무암	알칼리 감람석 현무암	알칼리 장석 조면암	이지린 알칼리 유문암	감람석 쏠리아이트	감람석 쏠리아이트	감람석 쏠리아이트	석영 쏠리아이트	알칼리 감람석 현무암	알칼리 감람석 현무암
La	32.18	68.05	89.62	139.40	58.39	60.02	32.54	61.53	47.30	54.14
Ce	67.79	123.30	127.80	318.20	93.52	90.44	61.81	122.70	87.77	89.26
Pr	7.80	15.37	16.50	26.51	10.02	9.74	7.56	14.24	10.97	10.51
Nd	30.70	60.05	53.17	74.94	37.86	39.68	48.53	52.48	34.52	43.48
Sm	5.78	11.29	12.74	20.46	6.98	7.13	7.06	11.58	8.96	8.26
Eu	2.01	4.01	3.93	0.49	2.07	2.10	2.30	3.24	2.72	2.84
Gd	5.09	7.83	8.43	14.25	5.74	5.83	5.80	8.58	7.45	6.55
Tb	0.43	1.34	1.28	2.25	0.92	0.91	0.90	1.40	1.10	1.08
Dy	3.63	6.85	5.81	10.97	5.18	5.24	4.63	7.41	6.18	5.41
Ho	0.63	1.21	0.96	1.87	0.93	0.95	0.77	1.28	1.12	1.00
Er	1.50	3.29	2.46	4.84	2.85	2.70	2.09	3.55	2.95	2.75
Tm	0.13	0.51	0.35	0.87	0.44	0.43	0.34	0.54	0.49	0.45
Yb	1.18	2.47	2.28	5.57	2.02	2.19	1.45	2.70	2.38	1.96
Lu	0.25	0.35	0.27	0.69	0.31	0.30	0.21	0.37	0.34	0.29
Y	14.58	24.30	19.99	36.91	27.23	28.71	21.12	31.01	32.95	28.72
Sc	7.78	12.09			15.10	14.56	14.06	11.40	12.88	14.99
Ba	355.60	242.10			958.70	814.80	596.40	766.20	732.00	986.80
Co	43.79	9.60			19.30	31.60	69.70	22.30	44.80	37.20
Cr	256.60									
Rb		80.50			77.60	76.10	38.00	55.40	49.10	42.90
Cu	38.04									
Sr	930.50	478.00			472.90	445.14	625.50	729.60	576.70	686.70
Th	7.49	15.00			14.40	18.80	21.20	13.80	13.80	17.40
V	149.70	13.70			89.60	102.30	159.20	127.60	130.50	166.40
Zn	211.30	113.80			927.00	105.40	92.70	116.80	97.60	73.60
Nb	35.64	14.60			13.50	13.50	13.30	14.20	13.50	13.90
Zr	217.20	129.20			83.50	82.50	81.80	90.50	100.05	84.80
Ni	211.90	3.70			14.80	17.80	89.20	5.30	32.70	47.30
Ti	24,400	15,000			19,000	20,000	27,000	24,000	35,000	19,000
Mn	1,600	20,000			2,500	1,500	2,500	1,000	1,000	2,000
Fe	114,500	96,800			106,700	107,500	103,500	108,800	128,300	107,500
ΣREE	173.68	322.22	345.59	657.73	254.46	256.37	322.79	322.79	247.20	256.70
δEu	1.22	1.34	1.18	0.09	1.06	1.06	1.09	1.09	1.08	1.25
δCe	0.95	0.84	0.65	1.03	0.81	0.76	0.93	0.93	0.91	0.79
ΣCe/ΣY	0.19	5.62	7.26	7.46	4.45	4.42	4.68	4.68	3.50	4.32
La/Sm	5.56	6.03	7.03	6.81	8.36	8.42	4.61	5.31	5.28	6.55
Sm/Nd	0.19	0.19	0.24	0.27	0.19	0.18	0.15	0.22	0.26	0.19
(La/Yb)N	16.19	16.36	23.33	14.86	17.17	16.27	13.53	13.53	11.79	16.39
Gd/Yb	4.31	3.17	3.69	2.56	2.84	2.66	4.00	3.18	3.13	3.34
출처	탠 병	저 자								

지역	천 지 지 역									
분출시대	노호동 현무암		백두산기 제1단계			백두산기 제2단계			백두산기 제3단계	
순서	41	42	43	44	45	46	47	48	49	50
시료번호	Lu28	상－33	bu－23	bu－22	bu－21	Bu19	상－39	N－1	상－29	N3
암석명	알칼리 감람석 현무암	석영 쏠리아이트	석영 알칼리장석 조면암	알칼리 장석 조면암	안산 조면암	석영 알칼리 조면암	알칼리 장석 조면암	알칼리 장석 조면암	석영 조면암	석영 알칼리장석 조면암
La	34.47	36.99	78.88	48.32	82.43	113.90	67.37	80.55	93.77	99.71
Ce	69.02	73.53	127.00	141.10	130.10	223.50	110.73	160.60	231.91	198.10
Pr	8.65	9.17	16.92	13.78	17.44	26.74	16.69	17.26	21.49	19.72
Nd	38.57	38.39	63.99	56.58	66.93	105.40	61.75	61.97	70.96	74.62
Sm	7.68	8.17	9.90	8.46	11.21	16.99	12.72	11.98	13.95	14.55
Eu	2.69	2.75	1.42	1.52	1.35	0.66	1.70	0.98	0.34	0.92
Gd	6.53	6.55	7.11	6.90	8.48	13.58	9.18	10.90	9.40	13.48
Tb	1.00	1.02	1.12	1.19	1.44	2.39	1.53	1.72	1.66	1.97
Dy	4.73	4.71	5.95	5.32	7.43	11.08	7.44	8.77	7.82	10.99
Ho	0.87	0.88	1.04	1.13	1.39	2.19	1.31	1.70	1.42	1.79
Er	2.25	2.07	3.13	3.56	4.18	6.44	3.36	4.03	3.99	5.26
Tm	0.32	0.33	0.52	0.58	0.75	0.93	0.51	0.60	0.67	0.69
Yb	1.47	1.53	2.48	3.68	3.65	4.84	2.92	3.69	4.26	4.84
Lu	0.21	0.22	0.35	0.59	0.51	0.72	0.39	0.63	0.66	0.59
Y	25.02	21.95	30.31	29.95	42.31	63.00	30.93	36.82	34.13	47.76
Sc	19.09		9.12	129.91	15.30	2.85		6.90		7.74
Ba	568.10		223.90	201.40	91.80	26.50		94.57		34.64
Co	28.10		2.60	2.90	3.30	3.90		1.76		1.51
Cr								5.38		<4
Rb	36.00		140.90	131.40	128.50	196.90				
Cu								6.91		6.35
Sr	583.20		42.60	31.20	25.90	12.50		20.52		8.44
Th	18.80		15.60	22.00	15.60	31.20		8.22		10.51
V	149.00		4.70	5.50	11.70	4.20		2.22		1.81
Zn	75.50		92.70	132.70	113.80	167.20		125.5		150.60
Nb	14.40		73.90	75.90	70.00			78.89		98.65
Zr	95.50		591.3	933.60	669.20			842.10		848.60
Ni	35.40		2.70	3.50	3.00			<4		<4
Ti	30,000									
Mn	1,000									
Fe	105,100									
$\sum$REE	203.48	208.26	350.12	322.66	379.60	592.36	328.53	402.20	496.43	485.99
δEu	1.24	1.22	0.54	0.65	0.44	0.14	0.50	0.28	0.09	0.22
δCe	0.85	0.87	0.77	1.22	0.75	0.89	0.75	0.96	1.20	0.97
$\sum$Ce/$\sum$Y	3.80	4.30	5.73	5.10	4.41	4.63	4.71	4.85	6.75	4.56
La/Sm	4.49	4.53	7.97	5.71	7.35	6.70	5.29	6.72	6.72	6.85
Sm/Nd	0.20	0.21	0.15	0.15	0.17	0.16	0.21	0.19	0.19	0.19
(La/Yb)$_N$	13.92	14.36	18.89	7.79	13.40	13.18	13.69	12.96	13.07	12.23
Gd/Yb	4.42	4.28	2.86	1.87	2.32	2.80	3.14	2.95	2.21	2.78
출처	저 자	유 상	저 자				유 상	탕더핑	유 상	탕더핑

지역	천 지 지 역									
분출시대	백두산기 제3단계				백두산기 제4단계					
순서	51	52	53	54	55	56	57	58	59	60
시료번호	H07	H08	H12	H14	상−20	N4	상−15	Bu20	상−11	H17
암석명	석영 알칼리장석 조면암	석영 알칼리장석 조면암	석영 조면암	석영 조면암	알칼리 장석 조면암	석영 알칼리 조면암	석영 알칼리장석 조면암	석영 알칼리장석 조면암	석영 알칼리장석 조면암	석영 알칼리장석 조면암
La	137.30	132.50	132.1	156.80	55.94	147.30	132.82	68.08	154.44	181.60
Ce	269.60	262.80	261.20	310.40	106.77	284.00	255.61	197.00	302.57	357.30
Pr	26.51	25.41	26.10	31.20	12.49	28.50	27.00	17.15	32.46	35.40
Nd	97.68	93.44	98.56	117.70	46.36	104.50	31.89	65.75	110.00	130.50
Sm	18.95	18.04	19.75	23.93	9.61	20.36	18.49	11.93	22.41	26.10
Eu	0.84	0.77	1.02	1.16	1.07	0.85	0.47	0.73	0.53	1.33
Gd	16.75	15.66	19.21	23.23	4.46	18.04	13.99	9.14	16.67	25.18
Tb	2.38	2.19	2.69	3.73	1.24	2.00	2.45	1.60	2.90	3.79
Dy	14.42	13.11	15.92	19.55	6.36	14.14	12.79	7.71	15.14	20.82
Ho	2.33	2.17	2.64	3.10	1.17	2.20	2.37	1.41	2.83	3.34
Er	6.86	5.85	7.80	8.93	3.10	6.09	6.55	4.12	7.99	9.52
Tm	0.95	0.85	1.16	1.23	0.48	0.80	0.99	0.64	1.23	1.31
Yb	6.00	5.09	7.03	7.39	2.79	4.97	6.07	3.42	7.73	8.42
Lu	0.88	0.71	1.17	1.10	0.40	0.60	0.87	0.56	1.11	1.39
Y	62.88	53.81	74.06	86.34	30.92	55.33	63.68	38.40	70.31	89.31
Sc	6.47	5.74	8.09	7.16		5.91		4.84		8.98
Ba	7.45	8.28	11.37	8.03		6.99		135		7.34
Co	1.21	8.25	<1	1.00		<1		5.5		1.45
Cr	4.84	23.58	4.13	4.91		4.78				4.15
Rb								168.6		83
Cu	7.01	12.86	6.57	10.23		7.47				11.53
Sr	2.94	3.21	3.06	2.64		2.84		35.90		2.26
Th	17.50	44.72	14.52	17.41		17.44		22.40		21.86
V	<1.5	<1.5	<1.5	<1.5		<1.5		9.40		<1.5
Zn	171.2	168.6	205.6	259.9		232.50		110.90		260.20
Nb	134.1	134.1	134.1	147.1		150.1		109.40		182.60
Zr	9.7	782.8	1417	1362		1299		1098		185
Ni	<4	<4	<4	<4		<4		4.4		<4
Ti										
Mn										
Fe										
ΣREE	664.33	631.90	668.51	795.79	283.16	690.58	576.04	427.74	748.32	895.31
δEu	0.15	0.15	0.17	0.16	0.47	0.15	0.09	0.22	0.09	0.17
δCe	0.97	0.98	0.96	0.96	0.90	0.95	1.16	1.30	0.97	0.97
ΣCe/ΣY	4.86	5.35	5.57	4.15	4.56	5.57	4.25	5.38	4.94	0.49
La/Sm	7.24	7.34	6.69	6.56	5.82	7.23	7.18	5.71	6.89	6.96
Sm/Nd	0.19	0.19	0.20	0.20	0.21	0.19	0.58	0.18	0.20	0.20
(La/Yb)N	13.59	15.46	11.16	12.60	11.91	17.59	12.99	11.82	11.86	12.80
Gd/Yb	2.79	3.07	2.73	3.14	1.59	3.63	2.30	2.67	2.15	2.99
출처	탕 터 핑				유 샹	탕터핑	유 샹	저 자	유 샹	탕터핑

<표 8-1> 백두산 구역에서 신생대 화산암류의 회토류원소와 미량원소 함량(ppm)과 지수 (계속)

지역	천 지 지 역								
분출시대	백두산기 4	기상참기			빙장기		백운봉기	팔괘모기	
순서	61	62	63	64	65	66	67	68	69
시료번호	H19	샹-5	샹-4	CT11	샹-71	샹-1	bu47	nu34	Su46
암석명	석영 알칼리장석 조면암	알칼리 유문암	알칼리 유문암	알칼리 유문암	조면암질 각력암	흑색 조면암질 부석	알칼리 유문암질 부석	흑색 조면암질 부석	흑색 조면암질 부석
La	186.40	165.89	65.93	155.00	86.90	200.80	172.20	118.60	113.70
Ce	295.80	315.81	155.37	321.40	159.72	362.18	323.90	228.10	207.00
Pr	35.25	36.24	16.47	31.91	18.23	40.70	29.46	20.78	19.48
Nd	131.80	162.84	53.76	119.10	64.35	139.83	96.11	66.45	68.43
Sm	25.44	27.95	12.17	20.48	12.63	28.91	23.20	16.21	15.89
Eu	1.25	0.49	0.22	0.96	0.65	0.62	0.73	0.72	0.85
Gd	23.24	22.30	8.48	24.96	0.65	22.90	16.05	11.79	11.22
Tb	3.63	4.01	1.61	3.75	1.61	3.94	2.78	1.88	1.80
Dy	19.18	21.94	9.06	20.60	7.96	21.20	13.49	9.05	9.20
Ho	3.07	4.11	1.64	3.40	1.46	9.93	2.69	1.77	1.66
Er	8.91	11.65	4.89	9.23	4.04	10.93	7.18	4.30	4.53
Tm	1.20	1.72	0.81	1.33	0.63	0.28	1.27	0.82	0.85
Yb	7.50	10.45	5.53	7.73	3.68	1.48	7.63	5.08	4.67
Lu	1.93	1.43	0.76	1.10	0.54	0.21	0.91	0.62	0.54
Y	81.03	112.42	32.47	86.62	38.59	106.22	7.52	48.30	45.24
Sc	8.17			6.45					
Ba	155.60			22.22					
Co	<1			<1					
Cr	4.92			4.52					
Rb									
Cu	22.69			9.43					
Sr	2.97			5.09					
Th	21.22			31.38					
V	<1.5			<1.5					
Zn	266.70			251.70					
Nb	177.60			202.10					
Zr	1846			1783					
Ni	<4			<4					
Ti									
Mn									
Fe									
$\sum$REE	824.67	899.25	369.17	810.61	410.35	931.05	772.92	534.47	505.02
δEu	0.17	0.06	0.07	0.13	0.19	0.08	0.12	0.16	0.20
δCe	0.79	0.85	1.12	1.00	0.90	0.90	0.68	0.89	0.85
$\sum$Ce/$\sum$Y	4.51	3.73	4.66	4.11	5.05	4.89	5.07	5.39	13.66
La/Sm	7.33	5.93	5.42	7.43	6.88	6.94	7.42	7.31	7.15
Sm/Nd	0.19	69.31	0.23	0.19	0.17	0.21	0.24	0.24	0.23
(La/Yb)N	14.68	9.43	7.08	11.90	14.02	80.55	13.39	13.86	14.46
Gd/Yb	3.09	2.11	1.53	3.22	2.54	1.54	2.10	2.32	2.40
출처	탕 더 핑	유 샹		탠 벙	유 샹		저 자		

<표 8-2> 백두산 구역에서 각 분출시대 화산암류의 희토류원소 함량과 특성

지역	망 천 아 지 역				정봉산 지역	압록강-두만강 하곡 지역					천 지 지 역						
분출시대	마안산기	내두산기	망천아기	홍두산기	내두산기	연강촌기	군함산기	백산기	백산기	광평기	내두산기	천양기	두서기	군함산기	백산기	백두산기 제1단계	쌍봉현무암
시료수	2	3	2	4	1	3	4	3	2	4	2	1	2	3	3	3	1
La	32.02	37.96	45.32	51.58	60.05	12.70	26.68	33.76	15.13	17.12	40.03	68.05	114.51	50.31	54.41	69.88	54.14
Ce	44.07	66.66	86.58	66.92	124.70	22.67	53.34	62.07	27.73	31.99	78.89	123.30	223.00	81.92	105.23	132.70	89.26
Pr	7.05	8.93	10.61	13.62	13.96	2.94	7.12	8.59	3.58	4.33	9.40	15.37	21.50	9.11	12.60	16.04	10.51
Nd	33.47	43.29	46.72	56.77	54.16	12.67	33.58	36.97	17.64	21.54	37.97	60.05	64.05	42.02	43.50	62.50	43.48
Sm	6.94	9.20	11.68	13.09	9.96	3.50	7.58	7.23	4.25	5.58	7.18	11.29	16.60	7.06	10.27	9.85	8.26
Eu	2.48	2.53	3.31	2.92	2.88	1.26	3.38	2.48	1.52	2.19	2.30	4.01	2.21	2.16	2.99	1.43	2.84
Gd	6.69	8.10	9.81	11.30	8.29	3.77	7.41	6.88	4.22	6.00	5.86	7.83	11.34	5.79	8.01	7.49	6.85
Tb	1.09	1.21	1.49	1.83	0.91	0.61	0.91	1.04	0.64	0.78	0.73	1.34	1.76	0.91	1.25	1.25	1.08
Dy	5.14	6.10	7.87	9.69	6.23	3.57	5.31	5.32	3.34	4.17	4.38	6.85	8.39	5.01	6.79	6.23	5.41
Ho	0.96	1.09	1.39	1.77	1.15	0.71	1.00	0.94	0.58	0.76	0.79	1.21	1.41	0.88	1.20	1.18	1.00
Er	2.57	2.73	3.70	4.69	2.93	2.73	2.24	2.49	1.55	1.73	2.05	3.29	3.65	2.55	3.25	3.62	2.75
Tm	0.39	0.42	0.61	0.69	0.22	0.26	0.29	0.38	0.22	0.24	0.26	0.51	0.61	0.40	0.51	0.61	0.45
Yb	1.85	2.05	3.28	3.99	2.55	1.49	1.74	1.75	1.21	1.32	1.40	2.47	3.92	1.88	2.54	3.27	1.96
Lu	0.25	0.30	0.39	0.53	0.47	0.26	0.24	0.25	0.16	0.21	0.25	0.35	0.48	0.27	0.35	0.48	0.29
Y	24.26	25.80	36.64	46.65	27.07	13.74	21.42	23.63	15.27	17.30	21.17	26.30	28.45	25.68	31.98	34.29	
ΣREE	169.23	212.68	269.40	296.04	314.63	69.14	172.23	196.82	95.83	115.26	212.66	332.72	501.88	235.95	284.88	350.82	256.70
δEu	1.20	1.02	1.03	0.79	1.10	1.16	1.53	1.16	1.20	1.26	1.16	1.34	0.09	1.07	1.08	0.54	1.25
Sm/Nd	0.21	0.21	0.25	0.23	0.18	0.27	0.23	0.19	0.24	0.26	0.19	0.19	0.26	0.17	0.23	0.15	0.19
(La/Tb)N	10.23	10.51	8.29	7.44	13.98	5.07	9.41	10.47	7.81	8.25	16.86	16.36	17.34	15.65	12.66	13.36	16.39
La/Sm	4.61	4.10	3.88	3.94	6.03	3.60	3.52	4.67	3.56	3.07	5.57	6.02	6.89	7.13	5.29		
Gd/Yb	3.61	3.95	2.99	2.80	3.25	2.50	4.25	3.93	3.48	4.54	4.18	3.17	2.89	3.08	3.15		

지역	천 지 지 역								현 무 암 류				조 면 암 류		전 지 역	
분출시대	백두산기 제2단계	노호동 현무암	백두산기 제3단계	백두산기 제4단계	기상참기	빙장기	백운봉기	팔괘모기	망천아기	증봉산기	압록강-두만강 하곡지역	천지지역	천지지역	망천아지역	현무암류	조면암류
시료수	3	2	6	7	3	2	1	2	5	1	16	8	30	6	37	36
La	87.27	35.75	125.36	112.91	174.33	143.45	172.20	116.15	37.78	60.05	21.55	49.27	127.41	55.21	33.74	114.51
Ce	164.94	71.18	255.66	231.02	324.83	260.95	323.90	217.25	48.39	124.70	40.68	89.90	228.93	81.16	59.41	223.00
Pr	20.21	8.91	25.07	24.33	34.18	58.93	29.66	20.13	6.37	13.96	5.47	10.49	25.92	14.13	7.44	21.50
Nd	76.37	38.48	92.16	82.16	127.13	102.09	96.11	67.44	34.74	54.16	25.29	41.56	84.98	57.26	33.03	64.05
Sm	13.89	7.92	18.19	17.56	24.00	20.77	23.20	16.05	7.30	9.96	5.83	8.29	17.21	13.40	6.97	16.60
Eu	1.11	2.72	0.84	0.62	1.18	0.63	0.73	0.78	2.58	2.88	2.28	2.44	1.08	2.99	2.42	2.21
Gd	11.22	6.54	16.28	13.29	24.46	16.12	16.05	11.50	7.29	8.29	5.87	6.64	14.06	11.02	6.41	11.34
Tb	1.88	1.01	2.43	2.26	3.72	2.77	2.78	1.84	1.09	0.91	0.81	0.99	2.23	1.77	0.91	1.76
Dy	9.09	4.72	15.09	12.45	20.20	14.58	13.49	9.12	5.53	6.23	4.45	5.52	12.12	9.25	4.97	8.39
Ho	1.73	0.87	2.24	2.25	3.27	5.69	2.69	1.71	1.00	1.15	0.82	0.98	2.34	1.67	0.91	1.41
Er	4.61	2.16	6.40	6.34	9.22	7.48	7.18	4.41	2.59	2.93	2.05	2.68	5.82	4.43	2.34	3.65
Tm	0.68	0.32	0.92	0.95	1.28	0.45	1.27	0.81	0.39	0.22	0.28	0.41	0.83	0.67	0.33	0.61
Yb	3.82	1.50	5.76	5.85	7.88	2.58	7.63	4.87	1.93	2.55	1.52	2.00	5.04	3.79	1.74	3.92
Lu	0.58	0.21	0.85	0.82	1.47	0.37	0.91	0.58	0.27	0.47	0.23	0.29	0.75	0.49	0.26	0.48
Y	43.33	23.48	59.83	57.65	85.65	72.40	75.32	46.77	25.63	27.07	18.53	26.91	54.97	42.11	22.32	28.45
ΣREE	440.73	206.75	627.08	570.46	842.80	709.26	772.92	519.41	182.88	314.63	135.66	247.35	583.69	299.35	183.20	501.88
δEu	0.31	1.23	0.16	0.13	0.16	0.11	0.12	0.18	1.18	1.10	1.28	1.09	0.21	0.80	1.21	0.09
Sm/Nd	0.18	0.21	0.19	0.21	0.19	0.20	0.24	0.23	0.21	0.18	0.23	0.20	0.20	0.23	0.21	0.26
(La/Tb)N	17.34	13.27	14.27	13.02	11.46	13.13	33.01	13.39	14.16	8.89	13.98	8.29	14.83	14.27	8.97	10.74
La/Sm	6.28	4.51	6.89	6.43	7.26	9.61	7.42	7.23	5.17	6.03	3.69	5.94	7.37	4.12	4.84	6.89
Gd/Yb	2.94	4.36	2.83	2.27	3.10	6.24	2.10	2.36	3.77	3.25	3.86	3.32	2.79	2.91	3.68	2.89

이들의 분배패턴에서 살펴보면([그림 8-2(1)]) 내두산기 현무암의 희토류 분배패턴은 알칼리 현무암의 희토류 분배패턴과 유사하다. 내두산기-천양기-두서기 희토류 분배곡선 위치는 점점 높아지고 좌측의 경희토류 곡선은 점점 급해지며 두서기에서 강한 Eu 부이상을 나타낸다. 이는 현무암이 조면암을 거쳐 알칼리 유문암으로 진화할 때 희토류원소 함량은 증가되었으며 특히 경희토류가 더 부화되었다. 또한 Eu은 강한 결핍이 일어났으며 이는 사장석의 분별작용과 밀접한 관계가 있다.

군함산기에서 팔괘모기까지도 현무암-조면암-알칼리 유문암은 또 한 차례의 마그마 진화계열을 이룬다([그림 8-2(1)]). 군함산기 현무암과 백산기 현무암의 희토류 총량과 지수는 기본적으로 유사하며 백산기 현무암의 희토류 총량이 약간 더 높은 편이다([그림 8-2(1)]).

이들의 희토류 분배패턴을 함께 겹쳐서 살펴보면 그림에서 보다시피 백산기 현무암의 희토류 분배곡선 위치는 군함산기 현무암의 희토류 분배곡선보다 위에 있으며 서로 평행으로 나타난다([그림 8-3]). 이들의 분배패턴은 전체적으로 알칼리 현무암 분배패턴과 유사하다. 그리고 백두산기 제1단계에서 조면암은 Eu 결핍이 나타나기 시작되고 희토류 총량이 증가된다.

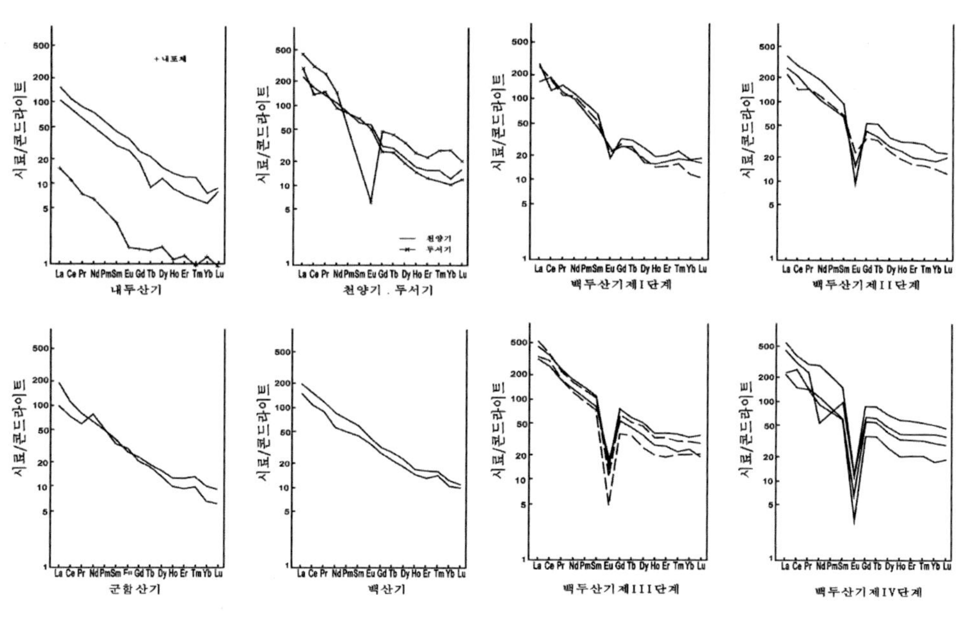

[그림 8-2(1)] 천지 지역에서 각 분출기 화산암류의 희토류 분배패턴

[그림 8-2(2)] 천지 지역에서 각 분출기 화산암류의 희토류 분배패턴

각 분출기의 희토류지수는 <표 8-2>에 나타냈고 그 분배패턴은 [그림 8-2(2)]와 [그림 8-2(3)]에 표시하였다. 백두산기 제1단계부터 시작하여 희토류 총량은 점점 높아지고 최고 84.28ppm에 도달되며 빙장기와 팔괘모기에서 감소 추세를 보인다. Eu 결핍은 점점 강한 경향을 보이다가 빙장기와 팔괘모기에 와서 약간 덜해지는 추세를 나타낸다. [그림 8-3]에서 보다시피 백두산기-팔괘모기의 조면암-알칼리 유문암의 희토류 분배패턴은 전체적으로 서로 유사하며 모두 희토류 총량이 비교적 높고 강한 Eu 결핍을 나타낸다. 군함산기-백두산기 제1단계-팔괘모기 조면암-알칼리 유문암의 희토류 분배패턴의 특징은 곡선 위치가 높아지는 경향이며 Eu가 정이상에서 현저한 부이상으로 진화된다[그림 8-3]). 이는 본 지역에서 현무암에서 알칼리 유문암으로 진화되면서 사장석의 결정분리작용에 의해 Eu 결핍이 일어났다는 것을 나타낸다. 9장에서 설명되는 La/Sm-La 관계도([그림 9-18])에서도 조면암-알칼리 유문암으로 진화에서 결정분리작용의 결과라는 것을 설명해 준다.

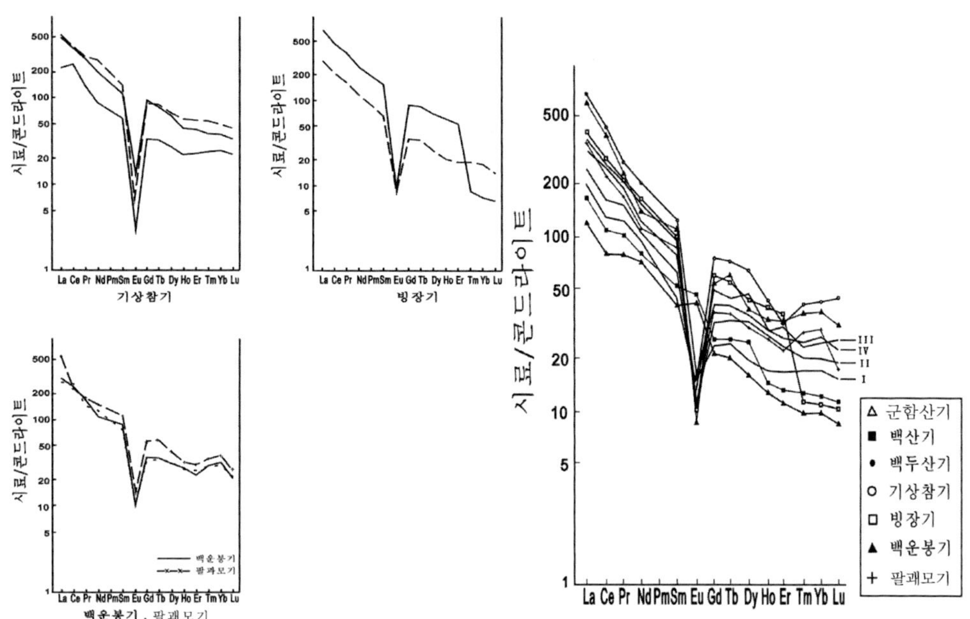

[그림 8-2(3)] **천지 지역에서 각 분출기 희토류 분배패턴**

[그림 8-3] **백두산 천지 지역 화산암류의 희토류 분배패턴**

〈표 8-3〉 백두산 천지 지역과 중국 기타 지구에서 산출되는 감람암 내포체의 희토류원소 함량(ppm)

지구	동북 지구				화북 지구	
	백두산 황송포	흑룡강 경박호	길림 왕청	길림 이통	산동 산왕	길림 휘남대기산
La	5.53	1.32	0.60	0.23	5.66	1.00
Ce	9.75		1.15		11.00	2.65
Pr	0.93		0.26		1.35	0.39
Nd	4.01		0.66		6.30	1.95
Sm	0.61	0.27	0.22	0.22	1.36	0.75
Eu	0.13	0.155	0.088	0.06	0.46	0.22
Gd	0.50		0.34		1.14	1.20
Tb	0.08	0.11	0.06	0.099	0.13	0.18
Dy	0.52		0.37		0.89	1.10
Hr	0.08		0.09		0.09	0.19
Er	0.26		0.28		0.30	0.54
Tm	0.03		0.05		0.05	0.08
Yb	0.23	0.37	0.24	0.29	0.07	0.49
Lu	0.03	0.056	0.04	0.038	0.04	0.05
출처	저 자	유쟈치(1986)	한룽 (1984)	유쟈치(1986)	츠지상(1988)	츠지상(1988)

황송포 알칼리 감람석 현무암 내에는 첨정석 러졸라이트 내포체가 대량 포함되어 있다. 이 내포체의 희토류원소 분석결과(〈표 8-3〉)로 계산된 주요 지수는 아래와 같다. $(La/Yb)_N$ 비는 24.04이고 La/Sm 비는 9.06이며 Gd/Yb 비는 2.17로서 경희토류와 중희토류 간의 분별이 심하다는 것을 가리킨다. 그리고 La 함량은 콘드라이트의 7.28배가 되고 Sm 함량은 콘드라이트의 3.05배이며 중희토류는 콘드라이트의 1.89배 된다.

동북 지구와 화북 지구의 상부 맨틀 내포체의 희토류원소 함량 비교표를 보면(〈표 8-3〉), 백두산 천지 지역에서 산출되는 상부 맨틀의 첨정석 러졸라이트의 희토류원소는 풍부한 부화형(Ⅰ형)에 속하고 그 분배패턴은 우측을 향해 급경사하는 패턴을 나타내며([그림 8-2(1)]) 화북 지구의 산동성 산왕 지역에서 산출되는 상부 맨틀 감람암의 희토류원소의 특성과 유사하다. 희토류 총량은 24.75ppm로서 동북 기타 지역에 비하면 확실히 높은 편이다. 예를 들면 길림성 왕청 지역에서 상부 맨틀의 감람암 내포체의 희토류 총량은 4.38ppm에 불과하기 때문이다.

본 지역에서 현무암의 희토류원소 중에는 일정한 상관성을 가지는 것도 있다. La와 Ce 간에는 뚜렷한 정의 상관성을 나타내고([그림 8-4A]) La와 Eu 간에는 상관성이 부족하다 ([그림 8-4B]). 암석 중의 La와 Eu의 함량이 클수록 상관선에서 더 현저하게 분산되는 양상이다.

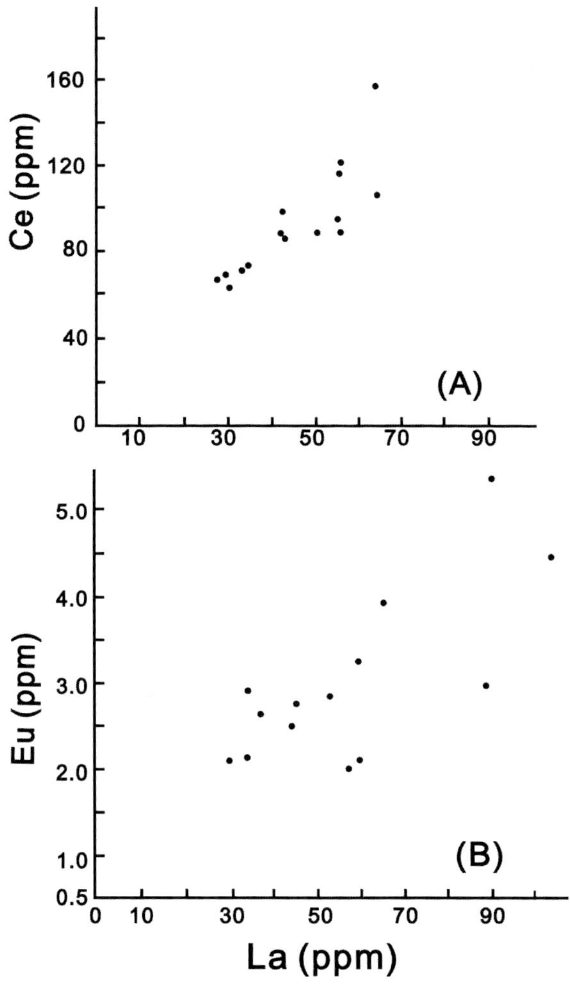

[그림 8-4] 백두산 천지 지역 현무암의 La-Ce 상관도(A)와 La
-Eu 상관도(B)

다. 망천아 지역

마안산기 현무암은 희토류 총량이 169.23ppm이며 (La/Yb)$_N$ 비가 10.23이고 La/Sm 비가 4.61이며 Gd/Yb 비가 3.61이다. 천지 지역의 내두산기 현무암과 비교하면 희토류 총량에서 희토류 곡선의 분별 정도와 경희토류와 중희토류 간의 분별차이가 낮은 편이다([그림 8-5]). 반면에 압록강-두만강 하곡 지역의 연강촌기 평정촌 현무암과 비교하면 보다 높은 지수를 갖는다.

구체적으로 내두산기 장백 현무암은 희토류 특성이 마안산기 현무암과 근본적으로 유

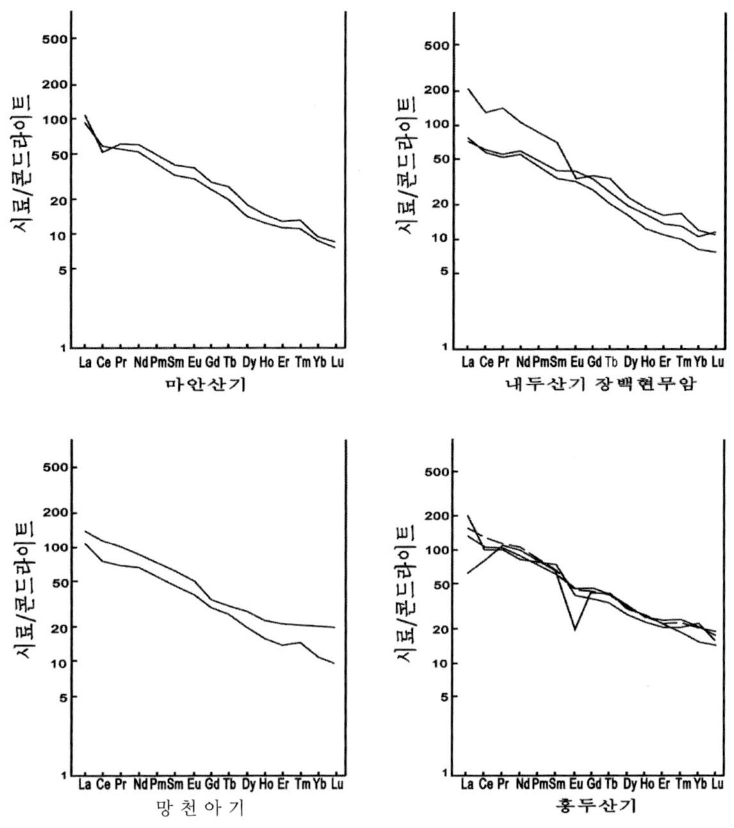

[그림 8-5] 망천아 지역 화산암류의 희토류 분배패턴

사하게 나타난다. 그러나 이 분출기의 Cu4 시료는 희토류 총량이 326.99ppm이고 Eu 이상도가 0.70이며, $(La/Yb)_N$ 비가 16.14이고 La/Sm 비가 5.02이며 Gd/Yb 비가 3.63이다. 따라서 희토류 총량이 높고 경·중희토류 분별 정도가 비교적 심하고 경희토류와 중희토류 간의 분별차이도 크며 Eu이 현저히 결핍된다([그림 8-5]). 이것은 이 시기에 분출된 현무암-조면안산암도 마그마의 진화가 진행됨에 따라 나타난 결과이다. 특히 Eu 결핍은 현무암 마그마 중에서 사장석이 결정분리되어 가면서 조면안산암 마그마를 형성한 결과이다.

망천아기 현무암은 희토류 특성이 내두산기 장백 현무암 특성과 기본적으로 유사하지만(<표 8-2>) 희토류 분배곡선 위치가 약간 더 높은 편이다([그림 8-5]).

홍두산기 안산조면암-알칼리 유문암은 희토류 특성이 주로 Eu의 부이상을 나타내며 이 시기의 Eu의 평균 이상도가 0.79이고 그 중에 알칼리 유문암의 Eu 이상도가 0.39로 가장 현저하여서 결정분리가 있었음을 나타낸다. 이런 특성은 La/Sm-La 관계도에서도 안산

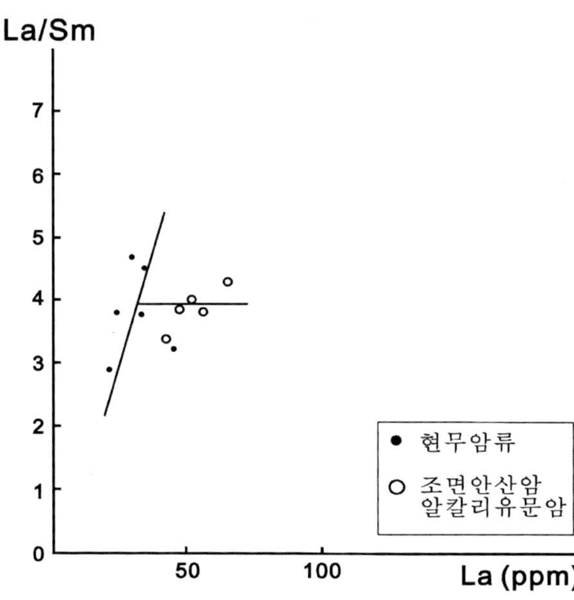

[그림 8-6] 망천아 지역 화산암류에 대한 La/Sm-La 관계도

조면암과 알칼리 유문암이 결정분리선 근처에 도시되므로서([그림 8-6]) 잘 반영된다고 볼 수 있다.

전체적으로 망천아 지역에서 희토류원소 특색은 초기 분출기부터 후기 분출기로 가면서 희토류 총량이 169.23→212.68→269.4→296.04ppm으로 점점 증가되고 경·중희토류의 전 분별 정도는 $(La/Yb)_N$은 10.23→10.51→8.29→7.44로 감소되므로 점점 약해지는 추세이다. 이러한 희토류원소 특성은 본 지역에도 한 차례의 마그마 진화계열이 있다는 것을 암시한다. 이는 홍두산기 안산조면암-알칼리 유문암이 망천아기의 현무암질 마그마에서 결정분리 분화작용으로 분화되는 마그마로부터 분출된 결과로 인식된다.

라. 압록강-두만강 하곡 지역

이 지역에서 산출되는 현무암류는 기본적으로 쏠리아이트 계열에 속한다. 연가촌기 현무암은 희토류 총량이 69.14ppm이고 $(La/Yb)_N$ 비가 5.07이며 백두산 구역에서 가장 낮은 수치이다. 평정촌 현무암(TP2)은 희토류 분배곡선이 하와이 쏠리아이트의 것보다 평탄한 편이다([그림 8-7]).

군함산기 현무암은 희토류 총량이 172.23ppm이고 $(La/Yb)_N$ 비가 9.14이고 Eu의 이상도가 1.53로서 정이상으로 나타나며 분배패턴에서 위로 볼록한 모양으로 나타난다([그림 8-7]).

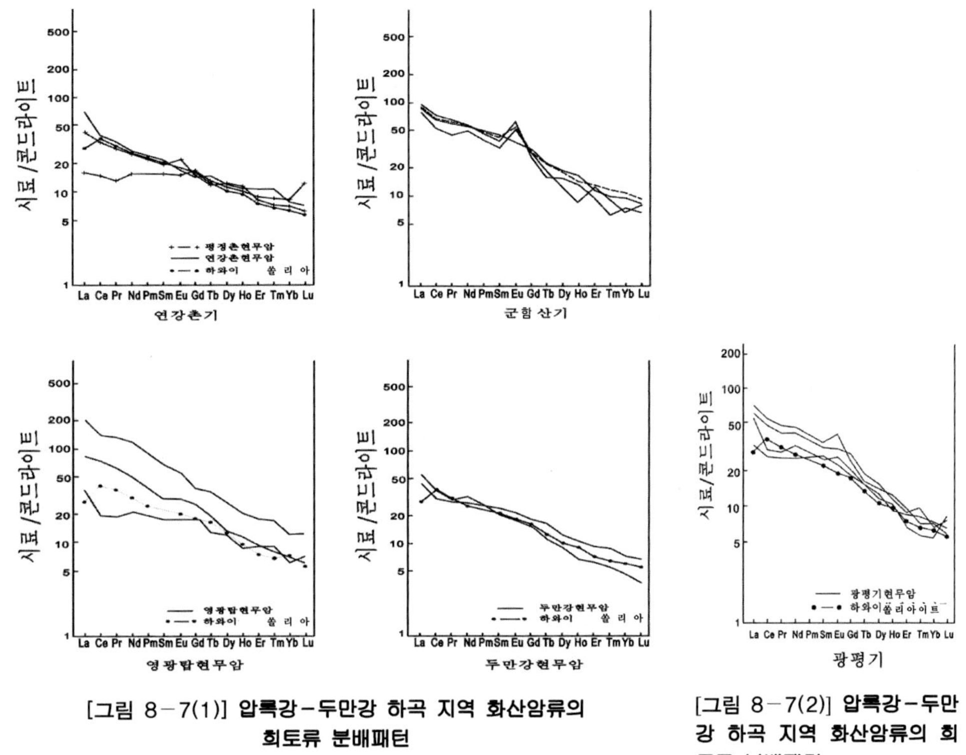

[그림 8-7(1)] 압록강-두만강 하곡 지역 화산암류의 희토류 분배패턴

[그림 8-7(2)] 압록강-두만 강 하곡 지역 화산암류의 희 토류 분배패턴

백산기 영광탑 현무암에는 알칼리 감람석 현무암과 석영 쏠리아이트 등의 두 유형이 있다. 이 두 현무암도 분배패턴이 약간의 차이를 보여 주고([그림 8-7]) 또한 서로 다른 지수 특성을 나타낸다. 즉 알칼리 감람석 현무암은 희토류 총량이 336.58ppm이고 $(La/Yb)_N$ 비가 14.75이지만 석영 쏠리아이트는 총량이 75.59ppm이고 $(La/Yb)_N$ 비가 4.75에 불과하다.

백산기 두만강 현무암의 희토류 분배곡선은 하와이 쏠리아이트의 희토류 분배곡선과 비슷하다([그림 8-7]). 광평기 현무암의 희토류 분배곡선은 하와이 쏠리아이트 분배곡선보다 좀 더 높은 특성을 보인다. 본 지역의 현무암 희토류 특성은 기타 지역의 현무암류와 비교하면 ΣREE치와 $(La/Yb)_N$ 비는 모두 낮다. 분배곡선은 평탄하고 하와이 쏠리아이트 희토류 특성과 유사하다.

마. 백두산 구역과 중국 동북 및 화북 지구와의 화산암류 희토류 특성 비교

백두산 각 지역의 신생대 현무암 희토류의 주요 지수를 <표 8-4>에 나타냈다. 압록강-두만강 하곡 지역, 망천아 지역, 천지 지역, 증봉산 지역 등지에서 산출되는 현무암은 일반적으로 제3기 또는 제4기를 막론하고 희토류의 전체적 변화가 규칙성을 가진다. 희토류 총량은 점점 증가되고 경·중희토류의 분별 정도도 점점 강해진다. 이러한 규칙적인 변화의 원인은 암석의 알칼리 정도의 변화와 부분용융 정도의 변화에 있다고 본다. 희토류원소 자체도 알칼리를 갖고 있으며 특히 경희토류원소는 더욱 강한 알칼리성을 갖는다. 이 때문에 알칼리 정도가 높은 암석들은 희토류 총량과 $(La/Yb)_N$ 비가 높게 나타난다. 이 특성은 압록강－두만강 하곡, 망천아, 천지, 증봉산 지역 등의 알칼리 정도가 점점 높아지는 현상에 부합된다.

〈표 8－4〉 백두산 각 지역의 현무암류 희토류 지수

시 대	지 수	압록강－두만강 하곡 지역	망천아 지역	천지 지역	증봉산 지역
N	개 수	3	5	3	1
	ΣREE	69.14	195.30	252.68	314.63
	La_N/Yb_N	5.07	10.39	16.69	13.98
Q	개수	13	1	6	
	ΣREE	151.01	209.95	260.42	
	La_N/Yb_N	9.03	8.62	14.15	

이런 변화의 규칙성을 일으키는 다른 하나의 원인은 부분용융 정도에서도 찾을 수 있다. 마그마 중의 희토류 함량은 맨틀암과 용융체 사이의 총분배계수 D에 관계된다. 경희토류원소는 D<1이기에 불호정성원소에 속하고 중희토류원소는 D>1이기에 호정성원소에 속한다. 맨틀의 부분용융 정도가 낮을 때 경희토류 원소는 먼저 용융체 중에 들어가기 때문에 $(La/Yb)_N$ 비가 크게 되는 것이다. 만약 부분용융 정도가 높을 때는 중희토류 등의 상용원소와 Cr, Co, Ni 등이 순서에 따라 용융체에 들어가므로 희토류원소 함량이 상대적으로 낮아지는 것이다. 이때 경희토류는 더 크게 낮아지기 때문에 희토류 총량과 $(La/Yb)_N$ 비가 낮아진 것이다. 부분용융 정도는 용융 당시의 용융심도와 관계된다. 때문에 압록강－두만강 하곡, 망천아, 천지, 증봉산 지역에서 형성된 현무암질 마그마는 부분용융 심도가 점점 깊어졌다. 이는 CIPW법 노옴광물을 이용하여 Poldewart(1964)에 의하여 계산한 마그마 형성심도와도 근본적으로 일치한다.

백두산 구역의 현무암과 중국 동북 및 화북 지구에서 산출되는 신생대 현무암의 희토류원소에 대한 지수를 비교하면 본 구역의 희토류원소의 주요 지수는 산동성 산왕의 임구 현무암류와 유사하다(<표 8-5>).

즉 희토류 총량은 각각 183.20ppm, 218ppm이고 (La/Yb)$_N$ 비는 10.74, 19.16이며 Eu 이상도는 각각 1.21, 1.10이며 Eu/Sm 비는 0.34, 0.31이다. 백두산 구역의 신생대 현무암류는 희토류 총량과 (La/Yb)$_N$ 비가 비교적 낮고 Eu 이상도가 높다. 이는 본 구역에서 쏠리아이트가 많이 산출되는 것이 그 원인이라고 짐작된다.

〈표 8-5〉 백두산 구역의 희토류 지수와 인접 지구와의 비교

지 구	동 북 지 구				화 북 지 구	
구 역	오대연 지고기	오대연 지신기	백두산	석맹	한요배	임구
시 료 수	9	7	33	9	7	7
ΣREE	329	409	183.20	229	279	218
La$_N$/Yb$_N$	35.27	39.14	10.74	21.80	31.13	19.16
δEu	0.73	0.89	1.21	1.07	0.94	1.10
Eu/Sm	0.28	0.26	0.34	0.31	0.34	0.31

2. 다른 암석유형의 희토류원소 특성

백두산 구역에서 현무암류는 대체로 알칼리 감람석 현무암, 감람석 쏠리아이트 및 석영 쏠리아이트로 나뉜다. 이들의 희토류원소 함량과 특성은 약간의 차이를 나타낸다(<표 8-6>). 알칼리 감람석 현무암은 희토류 총량이 234.00ppm이고 (La/Yb)$_N$ 비가 14.58이다. 석영 쏠리아이트는 희토류 총량이 149.89ppm이고 9.38이다. 감람석 쏠리아이트는 192.82ppm이고 (La/Yb)$_N$ 비가 12.16이며 알칼리 감람석 현무암과 석영 쏠리아이트의 중간 정도의 값을 나타낸다.

또한 희토류 분배패턴에서도 현무암의 유형을 구분할 수 있게 한다([그림 8-8]). 석영 쏠리아이트의 희토류 분배곡선은 하와이 쏠리아이트의 희토류곡선에 가장 가깝게 접근되고 알칼리 감람석 현무암의 희토류 분배곡선은 이 중에서 가장 높은 위치에 놓인다. 감람석 쏠리아이트의 희토류 분배곡선은 위의 석영 쏠리아이트와 알칼리 감람석 현무암 사이의 특성을 나타낸다.

〈표 8-6〉 백두산 구역 현무암류의 회토류원소 평균함량

암 석 명 (시료 수)	알칼리 감람석 현무암 (7개)	감람석 쏠리아이트 (12개)	석영 쏠리아이트 (14개)	암 석 명 (시료 수)	알칼리 감람석 현무암 (7개)	감람석 쏠리아이트 (12개)	석영 쏠리아이트 (14개)
La	43.73	35.23	27.46	Er	2.53	2.25	2.32
Ce	82.02	64.76	43.52	Tm	0.38	0.31	0.32
Pr	10.34	7.94	5.56	Yb	1.78	1.72	1.74
Nd	1.56	36.08	26.15	Lu	0.27	0.26	0.26
Sm	8.21	6.92	6.39	Y	26.30	21.57	20.97
Eu	2.71	2.63	2.09				
Gd	6.91	6.58	6.01	ΣREE	234.00	192.82	149.89
Tb	0.98	0.87	0.91	δEu	1.17	1.29	1.12
Dy	5.32	4.82	4.92	Sm/Nd	0.19	0.19	0.24
Ho	0.96	0.88	0.91	$(La/Yb)_N$	14.58	12.16	9.38

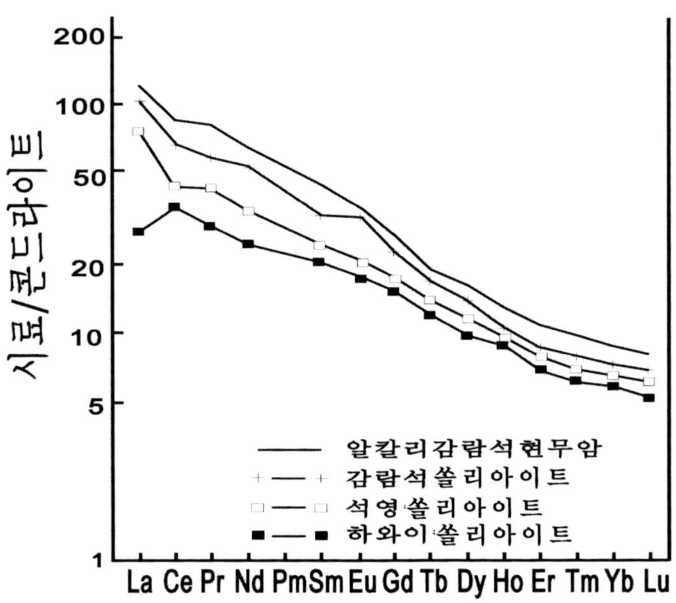

[그림 8-8] 백두산 구역에서 세 유형 현무암의 회토류원소 분배패턴

제2절 미량원소 특성

1. 친석원소

　백두산 구역에서 화산암류의 미량원소는 <표 8-1>에 나타나 있다. 백두산 구역 현무암에서 이온반경이 큰 Rb, Sr, Ba 등은 함량변화가 매우 크게 나타난다. 증봉산 지역 현무암은 Ba이 700.7ppm이고 Sr이 660.02ppm이다. 천지 지역 현무암은 Ba이 242.10~1,500ppm 범위이고 Rb이 36~80.5ppm 범위이며 Sr이 445.4~1,020ppm 범위이다. 망천아 지역 현무암은 Ba이 392.10~1,908ppm 범위이고 Rb이 21.60~55.70ppm 범위이며 Sr이 60~841.5ppm 범위이다. 이상의 함량변화를 보면 Ba, Rb, Sr은 함량변화가 매우 크고 최소와 최대함량 간에 차이가 수배를 나타낸다. 이렇게 규칙성이 없고 변화가 큰 것은 현무암 성인이 매우 복잡하다는 것을 의미한다. 이는 역시 대륙 현무암의 전형적 특성이라는 것을 암시한다.

　본 구역의 현무암류는 Sr과 Ba이 Sr-Ba 관계도에서 분산되지만 정의 상관관계를 나타내며([그림 8-9]), 이러한 특성은 현무암 성인이 역시 복잡하다는 것을 설명한다. 그 이유의 하나로 현무암 마그마가 지각을 통과하면서 어느 정도 혼합작용을 받은 영향으로 짐작된다.

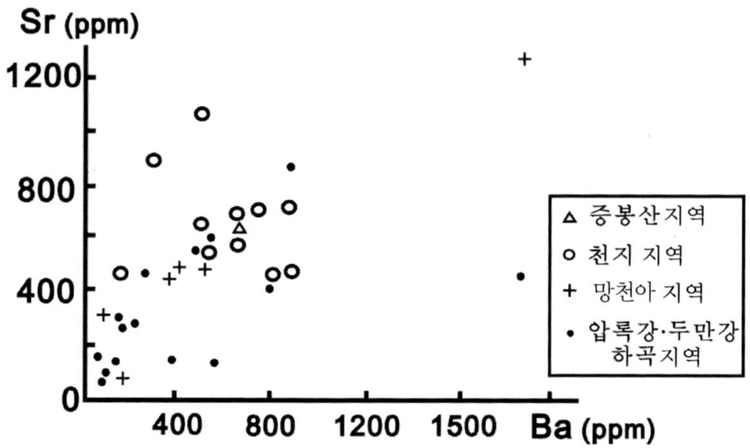

[그림 8-9] 백두산 구역 신생대 현무암류의 Sr-Ba 관계도

본 구역에서 현무암류는 어떤 원소들이 규칙성을 가진 변화를 나타내는데 이는 마그마 진화의 영향인 것으로 받아들여진다. 증봉산 지역에서 현무암은 하나의 시료뿐이고 압록강-두만강 하곡 지역 현무암은 진화가 불명확하기 때문에 논의에서 제쳐 두고 천지 지역과 망천아 지역의 현무암은 명확한 변화를 나타내기 때문에 이에 대한 어떤 원소들의 특성을 논의하여 마그마 진화 과정을 논의해 본다. 천지 지역에서는 비록 두서기의 안산조면암과 알칼리 유문암 사이의 시료가 나타나지 않았지만 군함산기-백산기-백두산기-팔괘모기의 마그마 진화 중에서 두 차례의 마그마 진화계열이 인지되는데 이에 대한 원소들의 함량변화를 서술한다. 현무암이 조면암-알칼리 유문암으로 변화해 갈 때 어떤 원소는 함량이 점점 증가되는 추세를 보여 준다. 예를 들면 특히 Rb, Nb, Zr, Y 등의 원소가 그 함량변화 추세를 잘 나타낸다. Rb은 76ppm에서 196.9ppm으로 증가되고 Nb은 13.5ppm에서 300ppm으로 증가되며, Zr은 82.5ppm에서 1,783ppm으로 Y은 27ppm에서 106ppm으로 증가된다. 이와 반대로 Sr은 445.4에서 미량으로 감소되는 추세이다. 그러나 어떤 원소는 층서에 따라 변화성을 보여 주지 않는다. 즉 Th은 현무암류에서나 혹은 조면암-알칼리 유문암을 막론하고 모두 10~30ppm의 미약한 변화만 보여 줄 뿐이다.

망천아 지역 화산암류는 원소변화의 규칙성이 천지 지역과 기본적으로 같게 나타난다. Rb, Nb, Zr, Y 등의 원소는 함량이 하부로부터 상부로 가면서 마그마 진화에 따라 점점 증가되는 추세이다. Rb은 55.7ppm에서 83.4ppm으로 증가되고 Nb은 14ppm에서 50ppm으로 증가되며, Zr은 83.5ppm에서 450ppm으로 증가된다. Y은 26ppm에서 51ppm으로 증가된다. 그러나 Sr은 1,268ppm에서 미량으로 감소된다. Th은 15ppm 내외에서 변화되며 그 변화폭이 천지 지역보다도 낮은 편이다. 망천아 지역은 Rb, Nb, Zr, Y이 하부층에서부터 상부층으로 가면서 각각 27.7ppm, 36ppm, 366.5ppm, 25ppm의 증가를 보이고 천지 지역은 Rb, Nb, Zr, Y이 각각 120.9ppm, 286.5ppm, 1,700.5ppm, 79ppm으로의 증가를 나타냄으로써 망천아 지역에 비하면 훨씬 높은 편이다.

Rb, Sr, Sm, Nd 등의 함량은 마그마 분화 과정에 있어서 중요한 원소이다. Rb, Sr, Sm, Nd 원소는 매 분출기의 평균함량을 계산하여 보면 변화규칙성이 더욱 명확히 나타난다 (<표 8-7>). 내두산기 장백 현무암은 Rb이 55.70ppm이고 조면안산암은 104.30ppm으로 증가된다. 장백 현무암은 Sr이 539.33ppm이고 조면안산암은 275.7ppm으로 감소된다. 망천아기 현무암은 Rb이 21.60ppm이고 안산조면암은 83.40ppm으로 증가되며 이 현무암은 Sr이 496.90ppm이고 안산조면암은 297.30ppm으로 감소된다. 천지 지역의 내두산기 현무암은 Rb이 51.51ppm이고 백두산기 조면암-알칼리 유문암은 211.23ppm으로 증가된다. 이 현무암은 Sr이 669.28ppm이지만 점점 감소되어 백두산기 조면암-알칼리 유문암은 5.09ppm으로 작아진다.

Sm 변화도 일정한 규칙성을 나타낸다. 천지 지역에서 군함산기 현무암은 Sm이 7.06ppm 이지만 점차 상부로 가면서 기상참기 알칼리 유문암은 20.48ppm으로 증가된다. 그러나 압록강-두만강 하곡 지역에서 각 분출기의 Rb, Sr, Sm 등은 함량변화가 현저하게 나타나지 않는다. 이는 현무암질 마그마의 분화작용이 약하거나 없기 때문인 것으로 보인다.

〈표 8-7〉 백두산 구역 신생대 화산암류의 Rb, Sr, Sm, Nd 평균함량

지역	분출시대	암석명	Rb (ppm)	Sr (ppm)	Sm (ppm)	Nd (ppm)
망천아 지역	마안산기	석영 쏠리아이트	23.75	473.00	6.95	33.47
	내두산기	감람석 쏠리아이트 조면암	55.7 104.3	539.33 275.70	8.14 13.41	44.18 39.59
	망천아기	석영 쏠리아이트	21.60	496.90	8.73	39.59
	홍두산기	안산조면암 알칼리 유문암	83.40	297.30	12.29 12.76	54.98 60.29
천지 지역	내두산기	알칼리 감람석 현무암	51.51	669.28	6.70	32.27
	천양기	현무암질 조면안산암	80.50	478.00	11.20	60.05
	두서기	알칼리 유문암			102.30	124.90
	군함산기	감람석 쏠리아이트	76.85	459.15	7.06	38.77
	백산기	석영 쏠리아이트	52.20	653.15	10.27	43.50
	백두산기 제1단계	조면암	133.60	33.23	9.76	62.50
	백두산기 제2단계	조면암	212.75	16.26	15.24	94.19
천지 지역	백두산기 제3단계	조면암—알칼리 조면암		4.06	18.20	92.16
	백두산기 제4단계	알칼리 조면암, 알칼리 유문암	211.23	23.79	17.01	76.75
	기상참기	알칼리 유문암		5.09	20.48	119.10
압록강 -두만강 하곡지역	연강촌기	감람석 쏠리아이트	19.56	287.16	4.36	16.72
	군함산기	감람석 쏠리아이트		415.43	7.59	33.59
	백산기	감람석 쏠리아이트	3.83	495.75	6.95	35.01
	광평기	감람석 쏠리아이트		303.85	5.59	21.52
증봉산 지역	내두산기	알칼리 현무암		660.02	9.96	54.16

2. 전이원소

본문에서 논하는 전이원소는 Sc, Ti, V, Cr, Co, Ni 등을 두고 말한다. 각 원소는 일정한 변화범위를 갖고 있다. 압록강-두만강 하곡 지역의 현무암은 Sc가 10.5~17.59ppm, Ti

6,700~23,200ppm, V 70~200ppm, Cr 85.94~157.90ppm, Co 38.59~150ppm, Ni 63.05~200ppm범위이다. 망천아 지역의 현무암은 Sc 15.9~19.05ppm, Ti 1,100~25,000ppm, V 16.28~200ppm, Cr 80~100ppm, Co 15.3~80ppm, Ni 20~100ppm범위이다. 천지 지역의 현무암은 Sc 7.78~19.09ppm, Ti 1,500~30,000ppm, V 13.7~166.4ppm, Cr 45~256.6ppm, Co 9.6~69.7ppm, Ni 3.7~155.3ppm범위이다. 증봉산 지역 현무암은 Sc 4.56ppm, Ti 12,500ppm, V 11.90ppm, Cr 5.74ppm, Co 13.48ppm, Ni 4.00ppm범위를 나타낸다. 이상의 함량변화는 지역마다 상이한 점을 가지고 있다.

각 지역 현무암의 형성과 진화는 각각 자체의 특색을 가지는 것으로 짐작된다. 증봉산 지역 현무암에서 Cr과 Ni이 낮은 원인은 맨틀의 부분용융 정도가 낮기 때문일 것이다.

본 구역의 현무암에서 전이원소의 콘드라이트 거미곡선도를 작성하였다([그림 8-10]). 이 곡선은 아래 위로 매우 날카롭게 뾰족한 W 자형을 나타낸다. 이 중에서 Ti과 Fe은 정이상을 보이고 Cr과 Ni은 부이상을 나타낸다. 이것은 전이원소 자체의 지구화학적 성질로부터 결정된다. [그림 8-10] 중에서 완만한 점선은 원시 맨틀의 전이원소 분배곡선을 나타낸다. 부분용융 정도가 작을수록 현무암 전이원소의 분배곡선은 더 뚜렷한 W 자형 분배패턴을 나타낸다.

그림에서 보다시피 천지-증봉산 지역 현무암은 전이원소의 분배곡선이 W 자형 패턴

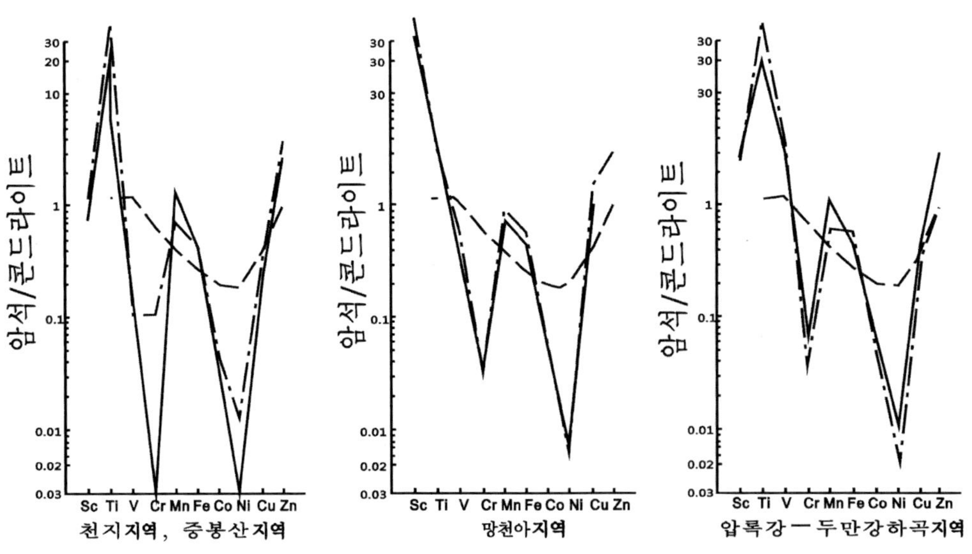

[그림 8-10] 백두산 구역 전이원소의 콘드라이트 거미곡선도

을 가장 뚜렷하게 나타낸다. 이는 천지-증봉산 지역 현무암의 용융 정도가 낮고 형성심도가 크다는 것을 예측하게 한다. 또한 원시 현무암질 마그마는 초기에 감람석과 휘석을 큰 반정으로 결정분리하였다고 해석할 수 있다.

원시 현무암질 마그마의 부분용융 정도는 $C1/C_o = 1/F + D(1-F)$ 용융공식에 의하여 계산할 수 있다. 이 식에서 C_o는 맨틀암의 미량원소 함량, $C1$은 원시 현무암질 마그마 내의 미량원소 함량, D는 전체 분배계수, F는 부분용융 정도이다. 내두산기 Hu16 시료에는 감람암 내포체가 많이 포함되어 있기에 원시 현무암으로 설정한다. 가정한다면 맨틀암의 광물조성은 Ol 50%, Opx 27%, Cpx 15%, Gt 8%일 때 <표 8-8> 중의 분배계수와 맨틀암 함량 그리고 Co를 응용하여 부분용융 정도를 계산한다.

<표 8-8> 미량원소의 분배계수와 맨틀암의 미량원소 함량(ppm)과 분배계수(Ferry and Prinz, 1978, Ferry et al., 1978)

미 량 원 소		Ni	Co	Sc	Cr
맨틀암에서 함량		2,000	110	20	3,000
분배계수 (K_D)	Ol/Liq	15	3.5	0.2	0.2
	Opx/Liq	6.2	3.3	1	2
	Cpx/Liq	2	1	3	10
	Sd/Liq	5			10
	Gt/Liq	0.8	2	6.5	2

C1 36.3, C_o 110, Dco: $3.5×0.5 + 3.3×0.27 + 1×0.15 + 2×0.08 = 2.95$. 부분용융 정도는 4.1%이다. 연강촌기 현무암 시료를 위의 방법에 의하여 계산하였다. 가정하면 쏠리아이트 마그마의 맨틀 광물조성은 1.50%, Op 30%, Cp 15%, Sp 5%로 정하고 $D^{Ni} = 10.41$, $Cl^{Ni} = 243.2$, $Co^{Ni} = 2,000$일 때 위 방정식을 응용하여 얻은 부분용융 정도는 23%이다. Yu9 시료는 원시 마그마로서 감람석 쏠리아이트 마그마를 대표한다. 이상의 계산은 이상적인 모델이지만 본 지역의 알칼리 현무암과 석영 쏠리아이트의 성인 환경을 어느 정도 설명할 수 있다. 알칼리 감람석 현무암이 형성되는 부분용융 정도는 작지만 그 심도가 깊다. 반대로 석영 쏠리아이트의 부분용융 정도는 비교적 크지만 형성심도는 얕다.

제3절 안정동위원소와 지질 특성

1. 수소와 산소 동위원소

타이러(1968)는 오염 없는 원시 현무암질 마그마의 δO^{18}는 5.9‰라고 제출하였다. 내두산기 증봉산 알칼리 현무암의 δO^{18}는 5.65‰로서 5.9%보다 0.25‰ 부족한 것이다. 군함산기 감람석 쏠리아이트의 δO^{18}은 5.33‰이며 원시 마그마에 비하면 0.57‰ 차이가 있다. 두 곳에서 분출된 상이한 현무암류는 원시 현무암이 아니고 진화된 현무암의 특성을 나타내고 있다. 두만강 하곡 지역에 있는 연강촌기 평정촌 감람석 쏠리아이트의 δO^{18}은 5.50‰이고 군함산기 석영 쏠리아이트의 δO^{18}은 6.14‰로서 원시 현무암 표준치를 초과하였다. 플라이스토세 광평기 석영 쏠리아이트는 4.46‰이다. 이와 같이 변화가 큰 것은 두만강 하곡에서 분출된 현무암은 원시 현무암질 마그마에 가까운 진화된 현무암질 마그마임을 설명한다. 또한 현무암질 마그마가 분출과정 중에 지각물질의 혼합영향을 받은 결과임을 반영한다. 천지 지역 군함산기 감람석 쏠리아이트의 δO^{18}은 5.33‰이고 백두산기 제2단계 알칼리 조면암 중의 왜장석의 δO^{18}은 4.87‰이고 백운봉기 알칼리 유문암질 부석 중의 δO^{18}는 5.13‰이고 심지어 팔괘모기 용결응회암 중의 흑요암 δO^{18}은 6.60‰로 증가된다. 현무암-조면암-알칼리 유문암의 분화 과정에 있어서 δO^{18}은 고→저→고의 규칙적 변화성을 설명해 준다(<표 8-9>).

<표 8-9> 백두산 천지 지역에서의 수소·산소 동위원소 측정값

시료번호	채집위치	δD‰	δO^{18}‰	T(Tu)	^{14}C 연령	채취자
TK28	팔괘모기 흑요암		6.60			유쟈치(1983)
TK14	백운봉기 왜장석		5.13			유쟈치(1983)
TK01	백두산기 왜장석		4.87			유쟈치(1983)
Ce34	군함산기 현무암		5.33			유쟈치(1983)
0	천지 호수물	−104.4	−13.56			유쟈치(1983)
1	천지 호수물	−96.8	−13.93	70±1		유쟈치(1983)
2	장백 온천수	−99.2	−14.25	10±1	22,842±571	장버부(1989)
3	금강 온천수	−98.6	−14.26	18±1	19,541±767	장버부(1989)
4	이도백하 광천수	−102.2	−14.49	<1	1,339±440	장버부(1989)

천지 호수물과 천지 주변의 환상단열과 방사상단열이 교차되는 곳에는 온천이 무리 지어 형성되어 있다. 이들 시료의 δD는 $-98 \sim -102‰$, δO^{18}은 $-13.93 \sim -14.26‰$ 범위로서 매우 유사하다. 이러한 범위는 천지 호수물이 대기강수에서 공급되었다는 것을 설명해 준다고 할 수 있다.

2. Sr, Nb, Pb 동위원소

내두산기 원시 현무암의 $^{87}SR/^{86}SR$ 초기비는 $0.70495\pm4\times10^{-4} \sim 0.705203\pm7.5\times10^{-4}$ 범위이고 평균비는 $0.7050766\pm7.5\times10^{-4}$이다. Rb/Sr 비는 0.2997로서 모두 높은 편인데 이는 상부지각의 물질로 혼염된 것으로 짐작된다. 군함산기 현무암의 Sr 초기비는 $0.705133\pm2.2\times10^{-4} \sim 0.7053\pm1\times10^{-4}$ 범위이고 평균비는 $0.7052515\pm2.2\times10^{-4}$이다. Rb/Sr 비는 $0.3074 \sim 0.14561$이고 평균비는 0.226505이다. 백두산기 알칼리 조면암의 Sr 초기비는 $0.705129\pm7.5\times10^{-4} \sim 0.710387\pm8.9\times10^{-4}$ 범위이고 평균비는 $0.7072742\pm7.5\times10^{-4}$이다. Rb/Sr 평균비는 151.72이다. 마지막으로 분출된 팔괘모기 용결응회암 중의 흑요암 Sr 초기비는 $0.70750\pm1.4\times10^{-4}$이고 $^{143}Nd/^{144}Nd$ 비는 $0.152503 \sim 0.512767$ 범위이며 εNd 변화범위는 $-2.3 \sim +2.9$범위이며 평균비는 0 내외이다(<표 8-10>).

이 수치는 Depaolo(1981)가 제시한 현대 대륙에서 분류한 현무암류의 εNd 평균값과 일치된다. 내두산기 원시 현무암의 εNd 값은 +2 내외이고 군함산기의 진화 현무암의 εNd 값은 -1.25이다. 이는 상부지각 물질의 동화 혼합작용이 있었다는 것을 설명한다고 할 수 있다.

Pb 동위원소의 변화는 크지 않다. 내두산기 원시 현무암의 $^{206}Pb/^{204}Pb$ 비는 $17.499 \sim 18.082$ 범위이고 $^{207}Pb/^{204}Pb$ 비는 $15.438 \sim 15.542$ 범위이며 $^{208}Pb/^{204}Pb$ 비는 $37.664 \sim 37.45$ 범위이다. 군함산기 진화 현무암의 $^{206}Pb/^{204}Pb$ 비는 17.486이고 $^{207}Pb/^{204}Pb$ 비는 15.459이며 $^{208}Pb/^{204}Pb$ 비는 37.578이다. 백두산기 조면암류의 $^{206}Pb/^{204}Pb$ 비는 $17.422 \sim 17.707$ 범위이고 $^{207}Pb/^{204}Pb$ 비는 $15.451 \sim 15.486$이며 $^{208}Pb/^{204}Pb$ 비는 $37.681 \sim 38.29$ 범위이다. 원시 현무암-진화 현무암-조면암의 Pb 동위원소 조성이 모두 비슷한 것은 이들이 성인적으로 같은 마그마 기원에 속함을 설명해 준다. 즉 군함산기-백두산기의 분출암은 모두 내두산기 원시 현무암 마그마에서 분화 진화된 것을 의미한다.

〈표 8-10〉 백두산 구역 신생대 화산암류의 Sr, Sm, Nd, Pb 동위원소비(세광훈과 왕보즈, 1988)

시료번호	분출시대	암석명	$^{87}Sr/^{86}Sr$	Rb/Sr	$^{87}Nd/^{88}Nd$	$^{143}Nd/^{144}Nd$	$^{147}Sm/^{144}Nd$	εNd	$^{206}Pb/^{204}Pb$	$^{207}Pb/^{204}Pb$	$^{208}Pb/^{204}Pb$
X-34	내두산기	감람석 쏠리아이트	0.7049505 ±4×10	0.1307	0.3794	0.512767±8	0.13534	+2.87	18.082 ±0.0011	15.438 ±0.0013	37.945 ±0.0030
X-38	내두산기	감람석 쏠리아이트	0.705203 ±7.5×10	0.0759	0.2200	0.512570±7	0.14469	−0.98	17.499 ±0.0152	15.542 ±0.0263	37.664 ±0.0790
X-40	연강촌기	석영 쏠리아이트	0.704951 ±5.6×10	0.0332	0.0961	0.512503±9	0.15683	−2.28	17.534 ±0.0017	15.460 ±0.015	37.704 ±0.0037
X-42	군함산기	석영 쏠리아이트	0.705133 ±2.2×10	0.1056	0.3074	0.512556±6	0.14647	−1.25	17.486 ±0.0020	15.459 ±0.0018	37.578 ±0.0048
X-17	백두산기 제2단계	석영 알칼리장석 조면암	0.710387 ±8.9×10	173.4370	502.0016	0.512584±0.1	0.09813	−0.70	17.707 ±0.0082	15.510 ±0.0083	37.935 ±0.0220
X-24	백두산기 제3단계	알칼리장석 조면암	0.7049505 ±4×10	14.1854	41.1854	0.512639±8	0.11465	+0.37	17.470 ±0.0118	15.486 ±0.0127	37.761 ±0.0361
X-1	백두산기 제4단계	알칼리장석 조면암	0.7049505 ±4×10	2.248	6.5099	0.512624±9	0.11473	+0.14	17.473 ±0.0052	15.471 ±0.00052	37.681 ±0.0015
K-1	백두산기 제4단계	석영 알칼리장석 조면암	0.7049505 ±4×10	67.7394	200.7454	0.512590±12	0.12738	−0.59	17.442 ±0.0978	15.451 ±0.1505	38.290 ±0.3198

제4절 최신 성과

1. 최신 자료

(1) 백두산 천지 지역의 현무암류의 Cr, Ni, Co 함량은 중국 동부 지구의 현무암류에 비하면 현저하게 낮은 편이다. 즉 천지 지역 현무암류의 Cr, Ni, Co 함량은 각각 $1×10^{-4}$, $1.5×10^{-4}$, $5×10^{-4}$ 이하이고 중국 동부 지구 현무암류의 Cr, Ni, Co 함량은 각각 $1×10^{-4}$, $1.5×10^{-4}$, $5×10^{-5}$보다 높다. 현무암류 중의 Cr, Ni, Co 결핍은 현무암질 마그마가 맨틀의

부분용융에 의한 것이라고 한다면 Cr, Ni, Co 등의 상용원소가 많이 부족한 원인은 어디에 있는가? 유요선 등(1998)은 백두산 현무암류의 전이 금속원소를 연구하고 천지 지역의 현무암질 마그마는 강한 결정분화작용을 겪었기 때문이라고 지적하고 상부 맨틀 중에 마그마쳄버가 있음을 예측하였다.

(2) 유요선 등(1998)이 백두산 천지 동쪽의 원지 채석장에서 알칼리 유문암질 부석과 현무암질 조면안산암 부석이 함께 퇴적된 단면을 발견하였다. 단면의 하부층은 회백색 알칼리 유문암질 부석(80%)과 현무암질 조면안산암 부석 등으로 구성되어 있다. 최대입경은 각각 7cm와 3cm이다. 이와 동시에 퇴적된 하부층의 두께는 30cm이고 이 위에는 70cm 되는 회백색 알칼리 유문암질 부석층이 피복되어 있다. 회백색 부석과 흑색 현무암질 스코리아가 단독으로 존재하는 것 외에도 서로 혼합되어 흑백 유대상 구조를 나타내는 것도 있고 혼합 정도가 미미한 것도 있다. 현무암질 부석의 화학조성은 <표 8−11>에 나타내었다. 천지 칼데라 서부의 5호 국경선 부근의 부석층 단면과 4호 국경선 부근의 부석층 단면에서도 유문암질 부석에 흑색 현무암질 스코리아가 소량으로 함께 있는 현상을 볼 수 있다. 이 혼합 부석층의 분출 시기는 1,215±15AD이다.

〈표 8−11〉 백운봉기 알칼리 유문암질 부석과 현무암질 부석의 화학조성(유요선 등, 1998)

시료 번호	암석명	SiO_2	TiO_2	Al_2O_3	Fe_2O_3	FeO	MnO	MgO	CaO	Na_2O	K_2O	P_2O_5	H_2O+	휘발 성분	합계
S95−27	회백색 알칼리 유문암	79.77	0.23	10.41	3.25	1.11	0.08	0.03	0.43	4.18	4.57	0.02	1.35	0.28	99.47
S95−28	흑색 현무암질 조면안산암 부석	53.06	1.90	17.56	1.33	6.76	0.11	4.42	7.95	3.64	2.24	0.44	0.21	0.08	99.70

(3) 상관즈관 등(1996, 1997)은 백두산 천지 호수물에 대한 지구화학 연구를 체계적으로 진행하여 아래와 같은 중요성과를 얻었다(<표 8−12>).

(가) 화산 지역에서 지하수의 화학특성으로 볼 때 화산 지역의 지하수는 Na/Ca 비가 높다. 통계에 의하면 심부 순환을 일으키는 지하열수의 Na/Ca 비는 5를 초과한다. 천지 주변의 지하열수의 Na/Ca 비는 6.2~10.2 범위이다. 그리고 Na/K 비도 그 변화범위가 아주 좁은 편이며 평균 19.97이다. 천지 칼데라 심부에는 지하열수 챔버 혹은 지하열함수층이 있을 것이라고 제시하고 그 온도가 164℃ 정도이며 심도가 5.5km 내외라고 하였다.

(나) 백두산 천지 화산지역은 규모가 거대한 지하열수 지대이다. 100여 개 지점에서 온

천과 기체가 방울로 솟고 있다.

〈표 8-12〉 천지 화산지역에서 지하함수층의 지구화학적 특성(상관즈관 등, 1997)

온천	지하함수층	수온(℃)	기체 솟는 강도	Rn $(Bq \cdot L^{-1})$	He (ppm)	Ar (%)	H_2 (%)	δD_{H_2O} (‰SMOW)	δD_{H_2O} (‰SMOW)	$\delta^{13}C_{CO_2}$ (% PDB)
장	1. 냉천	6.0~19.3	약함	150~250	60	0.27	0.30	−97.6 ~−99.9	−13.6 ~−13.8	−4.5~−6.4
백	2. Rn천	73.3~75.5	약~중	220	34	0.12	0.35 ~0.36	−100.7 ~−101.3	−13.9 ~−14.0	−3.5~−3.9
온	3. 고온 온천	77.3~81.3	중~강	12~15	0.6~5	0.07	0.72 ~0.95	−103.9 ~−104.1	−14.0	−3.7~−4.2
천	4. 무Rn천	71.5~72.3	강	10	0.2~6.0	0.06	1.37 ~2.0	−105.5 ~−106.4	−14.5	−2.8~−3.4
금강 온천	5. 온천	51.0~57.8	중~강	5~20	180	0.29	0.02 ~0.15	−104.1 ~−104.6	−13.9 ~−14.1	−4.5~−5.3

<표 8-12>에서 온천의 온도가 최고일 때 기체화 정도가 심하지 않고 δO^{18}도 그 변화폭이 크지 않다. Rn 함량도 낮은 편이다. 위의 지구화학적 특성 등을 근거로 하여 천지 화산지역에서 지하열수 함수층에 대한 조직모델을 작성하였다[그림 8-11].

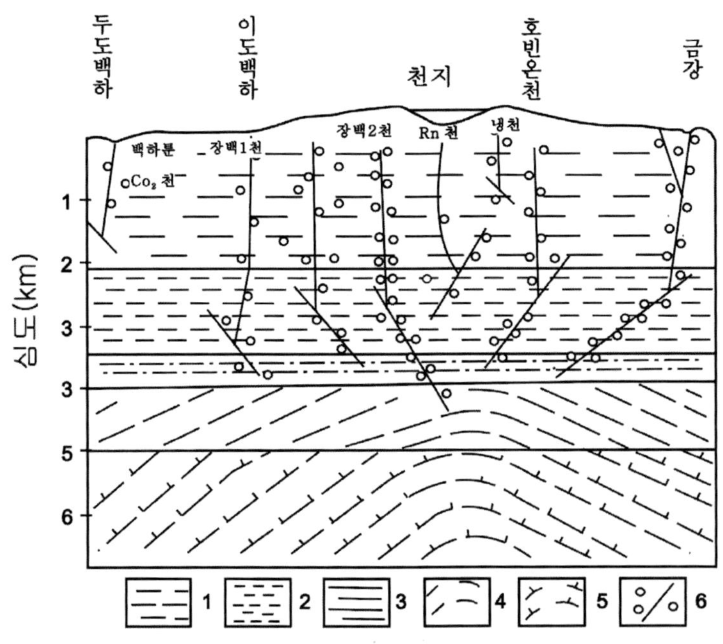

1. 냉수층, 2. 상부 열수층, 3. 중부 열수층, 4. 심부 열수층, 5. 열변성대, 6. 기체 이동대

[그림 8-11] 천지 화산지역에서 지하열수 조직적 모델(상관즈관 등, 1997).

천지 화산구역 지하열수 함수층은 4개 층으로 나뉜다. 2.2km 이상은 냉수층이며 장백냉천, 백하툰냉천이 이층에서 올라온다. 2.2~3.5km 사이는 상부 열수층이며 지표에서 가까운 층이기 때문에 Rn과 희유기체가 많이 솟아나온다. 3.5~3.9km 사이는 중부 열수층이며 장백 온천, 금강 온천이 이층에서 올라오고 77~81℃의 온도가 대표적이다. 4km 이하는 심부 열수층이며, 이층의 열수는 심부 마그마챔버 열원과 근접한 열변성대와 연계되기 때문에 대량의 심원 기체를 포함하고 있다.

(다) 천지 화산 지역에서 솟아나오는 심원 기체는 주로 CO_2(75~95%)와 N_2, H_2 등이다 (<표 8-13>). 여기서 H_2은 심원 기체원의 환경온도 특성을 나타내는 중요한 지수의 하나이다.

<표 8-13> 천지 화산 지역에서 솟아나오는 심원 기체(상관즈관 등, 1996)

온천위치	온천명	수온(℃)	주요 기 체 (%)					
			He	H_2	Ar	N_2	CH_4	CO_2
천지 화산 지역	장백 냉천	19.2	0.0130	0.2976	0.08	10.04	무	75.28
	장백 열천1	80.8	0.16×10^{-6}	0.9525	0.05	3.35	무	93.27
	장백 열천2	77.3	1.0×10^{-6}	0.7210	0.07	3.25	무	94.52
	장백 열천3	75.3	0.0034	0.3520	0.12	6.50	0.34	86.84
	장백 열천4	71.5	0.006	1.3690	0.06	5.20	0.34	76.03
	금강 열천1	58.4	0.0312	0.0203	0.09	3.86	1.25	84.28
	금강 열천2	57.8	0.0202	0.1490	0.25	11.15	2.02	70.03
	백하툰 냉천	7.5	0.0520	무	0.34	28.31	무	60.41
장백현	십팔도구 온천	37.5	1.7056	0.0640	1.33	87.52	0.44	7.90

H_2 방출위치가 높을수록 기체 발원지의 온도가 높아진다. 1992년 관측한 H_2는 2.0~2.56%이던 것이 1993년 측정에서 0.47%로 내려갔고 1994년에는 0.05%로 현저하게 감소되었다. 그러나 1995년 재차 측정에서는 H_2 함량이 1.37%로 올라갔다. H_2 함량변화가 심한 것은 천지 심원기체 발원지가 불안정한 상태에 있다는 것을 설명한다.

H_2, He, Ar은 희유기체로서 대부분 심부 마그마 기체에 속한다. 천지 화산 지역에서는 H_2, Ar 함량이 낮은데 이는 여러 차례 화산분출활동과 목전 계속되고 있는 고열상태와 관계된다. 최근 수년 동안 연속적으로 관측한 바에 의하면 희유기체 방출량은 점점 증가되는 추세이다. 금강 온천의 Ar 방출량과 장백냉천의 He 방출량은 현저하게 증가되었다.

CO_2 방출량과 동위원소 변화특성에 대해 더 자세하게 서술한다. 장백 온천과 금강 온

천에서 1994년과 1995년 관측에 의하면 온천에서 솟는 CO_2의 방출량은 낮아지는 추세이지만 도리어 CO_2 용해 총량은 증가되고 있다. 이에 상응하여 $\delta^{13}C$ 값도 낮아지고 온천에서 나오는 ^{13}C 값은 도리어 높아지고 있다. 이러한 지구화학적 특성은 아래 몇 가지 면으로 해석된다. ① CO_2 용해 총량의 증가는 심부 지하열체의 압력증가와 관계된다. 용해상태의 CO_2의 증가는 솟고 있는 기체 중에 CO_2 함량은 낮아진다. ② 용해상태의 CO_2의 $\delta^{13}C$가 낮아지는 것은 지하열수 중에 들어가는 심원 CO_2 기체가 높아진다. ③ 용해 CO_2가 낮아지는 동시에 솟아나오는 CO_2의 $\delta^{13}C$ 값이 높아진다. 이는 CO_2의 기체·액체 간의 탄소 동위원소 분배가 변화한다는 것이다. 분류치($\Delta = \delta^{13}C$ 용해 $CO_2 - \delta^{13}C$ 솟는 CO_2)는 기체 CO_2와 액체 CO_2의 탄소 동위원소 평형원 지역의 온도가 높아지는 표시이다. 이상의 CO_2 기체변화와 동위원소 특성은 천지 화산 지역에서 심부 기체원 지역의 온도가 높아지는 경향을 나타낸다.

2. 미량원소 분배패턴과 마그마 성인

(1) 백두산 각 지역에서 희토류원소 분배패턴은 각각 다르다. 증봉산 지역은 분배패턴이 우향 급경사 경희토류 농집형을 나타내고 백두산 천지 지역에서는 두 번의 강한 Eu 결핍을 가지는 패턴을 나타낸다. 즉 내두산기-천양기-두서기 희토류원소 함량의 진화 패턴을 보여 주고 군함산기-백산기-백두산기-기상참기-홀로세 각기의 우경사 Eu 결핍 패턴을 보여 준다. 이 두 양상은 마그마의 결정분화작용에 의하여 형성되는 패턴이다.

망천아 지역에서는 그리 현저하지 않지만 두 차례의 희토류원소 진화 패턴이 있다. 즉 내두산기 장백 현무암에서의 우경사 분배패턴과 망천아기-홍두산기에서의 우경사 분배패턴을 나타낸다. 이 두 차례의 패턴에서 Eu 결핍은 약하거나 중 정도를 나타낸다. 압록강-두만강 하곡 지역에서의 각 분출기 현무암은 평탄한 우경사 분배패턴을 나타낸다. 이는 하와이 쏠리아이트 분배패턴에 가장 밀접하게 접근하는 패턴이다.

(2) 황송포 첨정석 러졸라이트 내포체는 강한 농집형(Ⅰ형) 우향 급경사 분배패턴으로 강한 분화 특성을 나타낸다. 광역적으로 화북지구와 산동성 산왕의 석류석 감람암 희토류 분배패턴과 근본적으로 같다고 본다.

(3) 각 지역 현무암에서의 Ba, Rb, Sr는 함량변화가 크고 심지어 수십 배 차이가 생기며, Sr-Ba 상관도에서 분산상태를 나타낸다. 이는 현무암류의 성인이 복잡함을 암시하며 각기 다른

성인의 마그마가 형성되고 다른 진화를 겪었다고 인식된다. 압록강－두만강 하곡 지역의 현무암류는 진화가 현저하지 못한 미분화형에 속한다. 천지 지역 화산암류는 분화가 잘된 straddle－B형에 속하는 진화유형이고 망천아 지역의 화산암도 분화가 비교적 잘된 진화유형에 속한다. 그러므로 천지 지역은 ‘강분화형’ 화산암이고 망천아 지역은 ‘분화형’ 화산암이라고 할 수 있다.

(4) 전이원소를 콘드라이트로 표준화한 분배패턴을 살펴보면 증봉산 지역과 백두산 천지 지역은 현저한 W 자형 분배곡선을 보여 주지만 망천아 지역과 압록강－두만강 하곡 지역은 중 정도의 W 자형 분배곡선을 나타낸다. 이들에 의하면 알칼리 감람석 현무암은 원시 현무암질 마그마의 부분용융 정도가 작고 기원심도가 깊다는 것을 암시해 준다. 망천아 지역과 압록강－두만강 하곡 지역 쏠리아이트는 원시 마그마의 부분용융 정도가 크고 심도가 비교적 얕을 것으로 짐작한다.

제9장
마그마 기원과 진화

제1절 내포체와 거정

1. 내포체

본 구역에서 내포체는 적게 산출되지만 안도현 황송포로부터 내두산까지 남북향으로 분포되어 있는 내두산기 알칼리 감람석 현무암의 기저부에서 흔히 볼 수 있다. 순상화산의 분화구 부근에는 내포체가 다량 발견되고 현무암질 각력암 및 라필리응회암 중에는 더 많이 포함되어 있다. 내포체의 암형은 대부분 첨정석 러졸라이트(spinel lherzolite)이고 소량으로 하즈버자이트(harzburgite)와 순감람암(dunite) 등도 나타나며, 내두산 채석장에서는 휘석 감람암의 작은 내포체가 산출된다. 전자를 황송포 첨정석 러졸라이트 내포체라고 부르고 후자를 내두산 월라이트(wehrlite) 내포체라고 부른다. 이들의 주요 특징은 아래와 같다.

황송포 첨정석 러졸라이트 내포체: 이 내포체는 알칼리 감람석 현무암 중에 황록색 아원상, 각력상, 렌즈상, 원상 등의 형태로 다량 포함되어 있다. 직경이 대개 3~6cm이고 큰 것이 10~15cm이며 심지어 25cm인 것도 있다. 이 내포체는 함량이 5~10% 내외이고 주요 광물이 감람석, 휘석, 첨정석(spinel) 등으로 구성된다. 그 중에 감람석은 90% 내외를 차지하고 1.5~2.0mm의 입경을 가지며 등경상으로 나타나고 황록색을 띠며 2V(−)=88°, Fo=82, Fa=18로서 크리졸라이트(chrysolite)에 속한다. 열개 혹은 벽개를 따라 미립 정자 혹은 용융 유리질 물질이 채워져 있다. 휘석은 8% 내외로 산출되고 단주상, 등경상을 나타내며 입경이 1.5~2.5mm이고 Np∧c=0°, 2V(+)=86°로서 고동휘석(bronzite)에 속한다. 벽개 혹은 열개를 따라 정자 혹은 유리질 물질이 채워져 있다. 이 외에 엔스타타이트, 보통휘석(augite), 투휘석(diopside) 등의 휘석류도 포함된다. 첨정석은 함량이 2% 내외이고 등경상을 이루며, 입경은 0.5~1.0mm이다.

내두산 월라이트 내포체: 이 내포체는 알칼리 감람석 현무암의 기저부층에서 드물게 아원상으로 나타난다. 직경이 0.5~2.0cm이고, 간혹 4cm 되는 것도 있으며, 대부분 감람석과 휘석으로 구성된다. 감람석은 함량이 80~90%이고 입경이 1.0~2.5mm이며, 2V(+)=90°, Fo=85로서 크리솔라이트에 속하고 주인 알칼리 감람석 현무암 내의 감람석의 광학적 특성과 같다. 휘석은 2V(+)=60° 내외이고 연황색인 보통휘석에 속하며, 역시 주인 현무암 내의 휘석의 광학적 특성과 같다. 감람석과 휘석은 교생조직을 나타내며 휘석의 큰 입자 중에는 유충상으로 감람석이 포함되어 있다.

　이상의 특징으로 보면 본 구역의 내포체는 두 가지 성인을 생각할 수 있게 한다. 하나는 상부 맨틀에서 부분용융으로 생성된 주인 현무암질 마그마 중에 남은 잔류 내포체이다. 다른 하나는 알칼리 감람석 현무암질 마그마가 고압·고온 조건에서 초기에 결정 분화된 물질로부터 떨어져 나온 동원 내포체이다.

　백두산 구역의 내포체와 기타 구역의 내포체의 조성을 비교하여 보면 아래와 같다(<표 9-1>). 본 구역의 내포체는 SiO_2 함량이 44.68~45.94%(상부 맨틀암 SiO_2 함량이 45.16%)이고 TiO_2 함량이 0.15~0.30%(상부 맨틀암 0.71%)이며, MgO 함량이 37.65~38.70%(상부 맨틀암 37.47%)이다. Al_2O_3 함량이 3.55~4.35%(상부 맨틀암 3.54%)이고, CaO 함량이 2.68~3.01%(상부 맨틀암 3.08%)이며 Na_2O 함량이 0.35~0.54%(상부 맨틀암 0.57%)이다. K_2O 함량이 0.08~0.10%(상부 맨틀암 0.13%)이고, FeO 함량이 6.95~7.31%(상부 맨틀암 8.04%)이다.

〈표 9-1〉 백두산 구역 심원 내포체의 화학조성과 인접 구역 비교표

암석명	첨정석 러졸라이트				러졸라이트									하즈버자이트	순감람암	모델
산지	백두산 황송포				산동산왕	요녕관전	길림휘남	길림왕청	길림노모	흑룡강경백호	하와이	대륙	대양	길림왕청	길림휘남대기산	화한 상부 맨틀암
시료번호 개수	F-1	F-2	Hy-15	평균		10개	11개	8개	4개	2개	11개	301개	83개	2개	3개	
SiO_2	44.68	44.68	45.94	45.10	45.44	42.24	43.65	44.08	45.17	44.34	44.70	44.15	44.40	44.32	41.24	45.16
TiO_2	0.20	0.15	0.30	0.22	0.18	0.12	0.13	0.20	0.18	0.09	0.13	0.07	0.13	0.08	0.08	0.71
Al_2O_3	4.06	4.35	3.55	3.97	2.58	2.42	1.86	2.32	2.32	1.29	2.70	1.96	2.38	0.91	0.67	3.54
Fe_2O_3	1.73	1.24	0.70	1.22	1.59	1.72	1.27	1.68	1.00	2.67				1.35	0.96	0.46
FeO	6.95	7.31	7.31	7.19	7.10	7.34	7.32	7.23	7.76	8.03	9.21	8.82	8.31	7.43	7.78	8.04
MnO	0.13	0.13	0.30	0.19	0.19	0.15	0.14	0.16	0.16	0.17	0.13	0.12	0.17	0.18	0.14	0.14
MgO	38.70	37.80	37.65	38.05	38.10	41.82	43.37	40.14	38.74	40.34	40.35	42.25	42.06	42.59	47.77	37.47
CaO	2.79	3.01	2.68	2.83	2.76	2.95	1.57	2.92	2.58	1.48	1.95	2.08	1.34	1.51	0.38	3.08
Na_2O	0.35	0.53	0.54	0.47	0.26	0.59	0.16	0.26	0.26	0.28	0.36	0.18	0.27	0.20	0.12	0.57
K_2O	0.10	0.10	0.08	0.09	0.05	0.08	0.02	0.06	0.09	0.05	0.05	0.05	0.09	0.04	0.03	0.13
P_2O_5			0.30	0.10	0.04	0.06	0.06	0.11	0.11	0.08	0.05	0.02	0.06	0.07	0.10	
H_2O	0.56	0.55	1.16	0.76		0.24	0.15	0.21	0.86	0.53				0.31	0.16	
Cr_2O_3	0.27	0.30	0.18	0.25	0.31	0.11	0.42	0.39	0.55	0.29	0.36	0.44	0.44	0.53	0.33	0.43
NiO	0.23	0.22	0.10	0.18	0.24	0.29	0.30	0.28	0.29	0.32		0.27	0.31	0.32	0.35	
합계	100.75	100.37	100.79	100.62	100.13	100.13	100.42	100.04	100.07	100.06	99.99	99.87	99.96	99.84	100.11	99.73
M값	89.05	88.89	89.45	89.22		89.3	90.2	89.4	88.9	87.4	88.7	90.2	90.1	89.8	90.8	88.7

본 구역의 러졸라이트 포획체는 Mg, Al이 높고, Ti, Fe, Ca, Na, K가 낮은 상부 맨틀의 부분용융으로 남은 잔류 내포체인 것으로 보이며, 산동성 산왕임구와 길림성 왕청노묘의 러졸라이트 내포체 등과 기본적으로 같다. M값($100Mg/(Mg+\Sigma Fe)$)은 88.89~89.45이고 Al_2O_3와 CaO 조성은 각각 3.55~4.35%와 2.68~3.01%이며, TiO_2는 0.15~0.30%이고 Na_2O-K_2O 조성은 0.45~0.63%이다. Ringwood가 모델화한 상부 맨틀과 비교하면 본 구역의 내포체는 약한 정도의 결핍형에 속하며, 국부적으로 강한 정도의 결핍형 내포체로 나타난다(<표9-2>).

<표 9-2> 결핍형 내포체의 분류표

내포체의 주원소	약결핍형	강결핍형	모델화 상부 맨틀암 (Ringwood, 1975)
M값	88~90(다수 89~90)	90.5~91.1	88.7
Al_2O_3	1.3~3.5	0.58~1.3(간혹 2.07)	3.54
CaO	1.3~3.5(간혹 4.5)	0.25~0.8(간혹 0.5~2.0)	3.06
TiO_2	0.08~0.22	0~0.15	0.71
Na_2O+K_2O	0.2~0.45	0.07~0.2	0.70

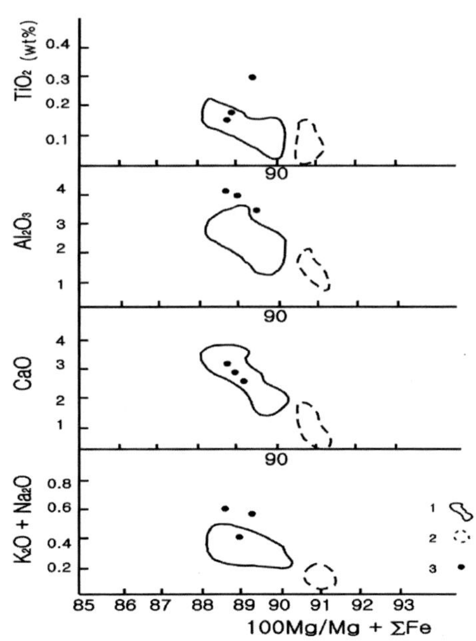

1. 동북지역 약결핍형 범위. 2. 동북지역 강결핍형 범위. 3. 백두산 황송포 내포체

[그림 9-1] 백두산 황송포 내포체의 M값-TiO, Al_2O_3, CaO와 K_2O+Na_2O 상관도.

백두산 황송포 첨정석 러졸라이트 내포체는 M값(100Mg/(Mg + $\sum$Fe))과 각 주원소(TiO$_2$, Al$_2$O$_3$, CaO, Na$_2$O+K$_2$O) 간의 상관도에서 역시 동북 지구 내포체의 약결핍형 위에 도시된다([그림 9-1]).

세계 기타 지역의 내포체 조성과 비교하면 대륙성 상부 맨틀과 유사하다. 그러나 Al$_2$O$_3$, Na$_2$O 함량은 높고 Fe, Mg은 낮은 편이다. 내포체 희토류 총량은 24.75ppm이고, La 함량은 5.53ppm, Sm 함량은 0.61ppm, Eu 함량은 0.1ppm ,Yb 함량은 0.23ppm 등이다. La 함량은 콘드라이트보다 17배나 높으며 동북 지구에서 가장 높은 곳이다. La/Yb 비는 24.03이고 δEu은 0.76으로서 Eu가 결핍되는 급경사 경희토류 농집형에 속하며 분별이 심한 특성을 나타내는데, 이는 광역적으로 볼 때 산동성 산왕 구역의 내포체와 매우 유사하다.

〈표 9-3〉 백두산 구역의 내두산 심원 내포체의 광물 화학조성

시료 번호	광물명	SiO$_2$	TiO$_2$	Al$_2$O$_3$	Fe$_2$O$_3$	FeO	MnO	MgO	CaO	Na$_2$O	K$_2$O	P$_2$O$_5$	H$_2$O	Cr$_2$O$_3$	NiO	합계
TN 3-4	감람석	40.73	0.00	0.01	0.89	7.59	0.14	49.70	0.12	0.02	0.02	0.02	0.11	0.00	0.04	99.75
	단사휘석	53.20	0.09	3.45	0.87	1.65	0.09	17.49	20.84	0.58	0.01	0.01	0.14	0.60	0.06	100.08
	사방휘석	55.66	0.08	3.16	0.98	4.47	0.14	34.20	0.67	0.04	0.00	0.02	0.35	0.29	0.12	100.18
	첨정석	0.11	0.14	39.75		12.24	0.00	18.72	0.14	0.43	0.00			28.77	0.18	100.48
TN 3-18	감람석	40.97	0.01	0.04	0.94	7.24	0.14	49.71	0.09	0.02	0.00	0.04	0.12	0.00	0.39	99.71
	단사휘석	53.34	0.14	4.29	1.20	1.29	0.07	16.93	19.59	1.42	0.02	0.08	0.80	0.98	0.06	100.21
	사방휘석	56.26	0.06	2.61	0.86	4.52	0.13	34.16	0.68	0.10	0.01	0.04	0.38	0.32	0.10	100.33
	첨정석	0.05	0.10	13.07		18.70	0.16	12.37	0.11	0.53	0.00			54.77	0.01	100.04
F-1	감람석	41.34	0.04	0.04	0.65	9.02	0.15	48.58	0.07	0.30	0.00	0.08		0.00	0.28	100.55
	투휘석	52.72	0.52	7.41	1.20	1.81	0.09	14.84	20.11	1.60	0.00	0.02		0.55	0.06	99.93
	엔스타타이트	54.22	0.22	4.83	0.72	5.70	0.15	33.06	0.56	0.15	0.00	0.02		0.19	0.09	99.91
	첨정석	0.01	0.07	58.08		9.35	0.10	20.74	0.00	0.04	0.00			11.30		99.69
F-2	감람석	40.08	0.06	0.27	3.87	4.81	0.12	49.89	0.07	0.20	0.00	0.02		0.04	0.30	99.73
	투휘석	52.80	0.20	3.84	1.02	1.65	0.09	17.19	21.66	0.98	0.00	0.01		0.60	0.02	100.06
	엔스타타이트	55.86	0.02	2.86	0.73	4.86	0.13	34.83	0.49	0.18	0.00	0.02		0.26	0.09	100.33
	첨정석	0.06	0.07	46.74		11.18	0.11	18.84	0.02	0.02	0.00			23.21		100.25
평균	감람석	40.78	0.03	0.16	1.59	7.16	0.14	49.47	0.09	0.14	0.01	0.04	0.12	0.01	0.25	99.99
	단사휘석	52.77	0.24	4.75	1.07	1.60	0.09	16.61	20.80	1.15	0.01	0.03	0.47	0.68	0.05	100.32
	사방휘석	55.50	0.37	3.37	0.82	4.89	0.14	34.06	0.60	0.12	0.00	0.03	0.37	0.27	0.10	100.64
	첨정석	0.06	0.10	39.41		12.87	0.09	17.67	0.07	0.26	0.00			29.51	0.18	100.22
T-1	단사휘석거정	52.28	0.47	5.60	1.66	4.72	0.12	19.85	14.23	0.86	0.04	0.00		0.28	0.04	100.15
T-2	사방휘석거정	54.14	0.28	4.56	1.79	6.20	0.12	31.05	1.53	0.15	0.02	0.00		0.39	0.09	100.32
평균		53.21	0.38	5.08	1.73	5.46	0.12	25.45	7.88	0.51	0.03	0.00		0.34	0.07	100.26

2. 거정

거정은 내두산 채석장에서 띄엄띄엄 발견된다. 휘석 거정은 보통 마그마 초기의 동원 내포체와 공생되어 나타난다. 휘석 거정은 단사휘석(보통휘석)과 사방휘석(고동휘석)으로 구성되는데, 보통휘석이 2V(+)=60° 내외이고, 고동휘석이 2V(+)=86° 내외이다. 거정은 형태가 아원상이며 길이가 0.5~2cm이고 간혹 3~4cm 되는 것도 있다. 흑색을 띠며 유리 광택과 각상 단구를 갖는다. 거정 단사휘석은 SiO_2, CaO, Na_2O 조성이 내포체 중의 단사휘석보다 낮은 편이고 TiO_2, Al_2O_3, $FeO+Fe_2O_3$, K_2O 등의 조성은 높은 편이다.

거정 사방휘석은 내포체의 사방휘석보다 SiO_2, TiO_2, MgO 조성이 낮고 Al_2O_3, $FeO+Fe_2O_3$, CaO, Na_2O+K_2O, Cr_2O_3 등은 높은 고Al 휘석에 속한다(<표 9-3>).

본 구역에서 거정 휘석의 Al_2O_3 조성은 5.60%로서 내포체 단사휘석의 Al_2O_3 조성보다 0.85% 더 높지만, 중국 동부 지구 단사휘석 거정 중의 Al_2O_3 최고치(8~9%)에 비하면 여전히 2.4~3.4% 낮다. 거정 단사휘석은 M값이 85.03이고, TiO_2-M값의 상관도에서 Ⅰ형 내포체(감람암 내포체)의 단사휘석 범위에 도시된다([그림 9-2]).

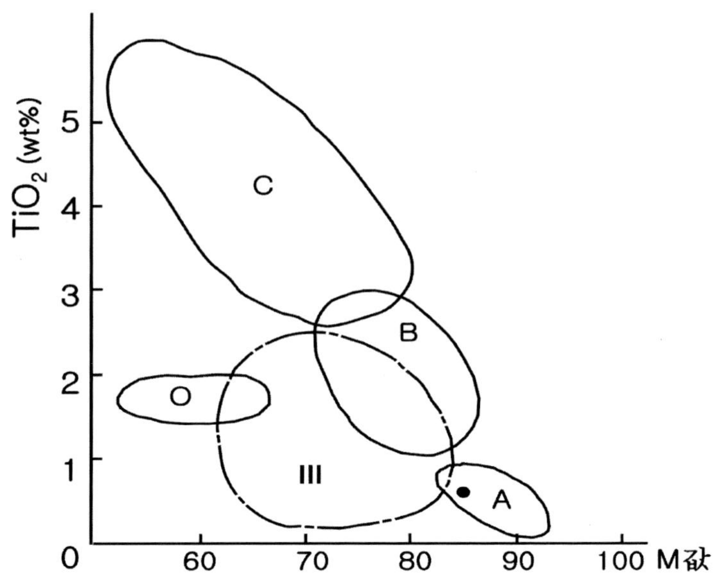

A. Ⅰ형 내포체 내의 단사휘석. B. Ⅱ형 내포체 및 단사휘석. O. Ⅲ형 내포체 및 거정 고Fe 단사휘석. C. 현무암 내의 저압상 단사휘석. Ⅲ. 중국 거정 단사휘석 범위

[그림 9-2] 단사휘석의 TiO_2-M값 상관도.

도시된 위치를 보면 본 구역의 거정 단사휘석은 중국 동부 지구의 거정 단사휘석과 I형 내포체 내의 단사휘석 간의 내포체 범주에 속한다. 야외에서 거정 휘석과 월라이트 내포체는 함께 공생되어 있는 현상과 부합된다. M값은 압력과 정의 상관관계에 있다. 때문에 내두산 거정 단사휘석은 중-고압상에 속하고, 중국 동부 지구의 거정 단사휘석 내의 M값보다 낮은 범위에 속한다.

제2절 원시 마그마

1. 초생 현무암질 마그마의 식별

초생 현무암질 마그마는 맨틀이 부분용융 된 후에 마그마 분화, 동화 및 혼합 등의 작용을 받지 않은 현무암질 마그마를 말한다. 머산쇠 등(1988)은 중국 동부 신생대 현무암의 실제상황과 마그마 기원에 관한 현재 암석학 연구성과 등에 근거하여 초생 현무암질 마그마 혹은 이에 근사한 초생 현무암질 마그마의 식별에 관한 기준을 마련하였다.

(1) 상부 맨틀에서 올라온 심원 내포체가 많이 포함되어 있는 주인 현무암.

(2) 여러 종류의 거정이 포함되어 있는 주인 현무암. 거정은 상부 맨틀이 고압 조건하에 있을 때 현무암질 마그마의 액상선에서 생성된 산물이다. 그리고 주인 현무암의 결정도가 특별히 낮게 형성된 은정질 현무암도 초생 현무암질 마그마에 가깝다.

(3) Mg값(Mg/Mg+Fe)은 0.68~0.75범위이다.

(4) 마그마 내에서 호정성 원소, 특히 Ni 함량을 식별 기준으로 삼을 수 있다. 즉 MgO 함량이 10.0~12.5%일 때, NiO 함량이 0.03~0.5%인 현무암은 초생 마그마에서 유래된 것으로 볼 수 있다.

(5) 액상선 광물 조합과 조성을 식별 기준으로 삼을 수 있다. 즉 FeO(mol%)-MgO(mol%) 상관도에서 Fo 90±1와 Fo 94±1 두 개 조성대 사이에 도시되는 현무암이다[그림 9-3]).

이상 5가지 식별 기준을 본 구역 실제 상황에 결합하여 백두산 구역의 초생 현무암질 마그마를 아래와 같이 결정할 수 있다.

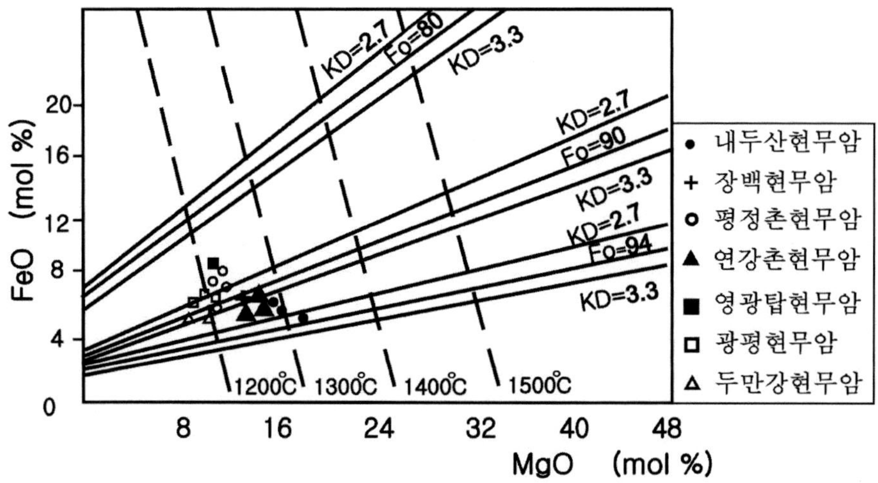

[그림 9-3] 백두산 구역 원시 현무암 마그마의 FeO-MgO 상관도

가. 황송포 알칼리 감람석 현무암

이 현무암은 황송포 헬기 비행장 북쪽 2㎞ 지점의 도로 동측에 노출되어 있다. 북쪽으로 내두산까지 분포되는 내두산기 현무암의 기저부층이 초생 현무암질 마그마에 속한다. 주인 현무암의 K-Ar 동위원소 연대는 18.87±0.42Ma이다. 초생 현무암질 마그마의 주요 식별 기준은 아래와 같다.

(1) 순상화산의 분화구와 부근에는 심원 내포체가 대량 포함되어 있으며 5~10%를 점한다. 형태가 아원상, 렌즈상, 각력상이며 직경이 3~6㎝이고 간혹 25㎝ 되는 것도 있다. 이 내포체는 대부분 첨정석 러졸라이트에 속하고 간혹 하즈버자이트, 순감람암도 관찰된다. 이 내포체는 상부 맨틀에서 직접 지표 위로 올라온 심원 Ⅰ형 러졸라이트에 속하는 것이다. 머샨쇠 등(1988)은 내포체의 상승속도를 계산하는 공식을 다음과 같이 제안하였다.

$$V_n = \left(\frac{4 \gamma_n \Delta \rho g}{27 \rho \iota^{2/5}} \right)^{5/7} \cdot \left(\frac{d_n}{\eta \iota} \right)^{3/7}$$

식 중 Vn= 내포체 상승속도, $d_n \cdot \gamma_n$ 각각 내포체의 직경과 반경, $\eta\iota$: 마그마 점도, $\rho\iota$: 마그마 밀도, $\Delta\rho$: 내포체와 마그마의 밀도차, g: 중력 가속도(980㎝/s²), 황송포의 감람암 내포체 밀도, ρn: 3.234g/㎤, 마그마 밀도 $\rho\iota$: 2.66g/㎤($\rho\iota = \sum_i X_i M_i / \sum_i X_i V_i$ 공식에서 계산

함. Xi: 마그마 중의 제 i 종산화물의 분자 백분율(%), Mi: 제 i 종 산화물의 분자량, Vi: 상수, 즉 상이 온도에서 산화물의 분자체적 표에서 찾아 구함), $\Delta\rho$: 내포체와 마그마의 밀도차, 마그마 점도 $\eta L=S(10^4/T)-1.5S-6.4$ 식으로부터 계산한다. 식 중에서

$$S=\frac{\sum_i(Si\,^\circ\chi_{SiO_2})}{1-\chi_{SiO_2}}$$ Xi: 제 i 종 산화물의 분자 백분율(%), χ_{SiO_2}: SiO_2의 분자백분율(%), Si: 제 i 종 산화물의 아룬니우스 자른 거리. 흔히 쓰이는 Si의 산화물 상수는 $Al_2O_3=6.7$, $CaO, TiO_2=4.5$, $MgO, FeO=3.4$, $K_2O, Na_2O=2.8$, $H_2O=2.0$이다, 계산 결과를 <표 9-4>에 나타내었다. 황송포 지역 내포체의 평균직경 dn: 5㎝. 밀도차 $\triangle\rho=1$, 점도 $\eta L\approx3.5$pois. 계산에 의하면 내포체의 상승속도는 매 시간당에 2.14㎞이다.

<표 9-4> 황송포 감람암 내포체의 상승속도 계산

내포체	dn=10㎝ rn=5㎝			밀도차	$\Delta\rho$ =1.00	
ηL	3.50	6.50	8.00	10.00	12.00	14.00
Vn(㎝/s)	131.06	100.52	91.96	83.57	77.29	72.35
Vn(㎞/h)	4.72	3.62	3.31	3.01	2.78	2.60
내포체	dn=10㎝ rn=5㎝			밀도차	$\Delta\eta$ =0.70	
ηL	3.50	6.50	8.00	10.00	12.00	14.00
Vn(㎝/s)	101.59	77.91	71.28	64.78	59.91	56.08
Vn(㎞/h)	3.66	2.80	2.57	2.32	2.16	2.02
내포체	dn=5㎝ rn=2.5㎝			밀도차	$\Delta\rho$ =1.00	
ηL	3.50	6.50	8.00	10.00	12.00	14.00
Vn(㎝/s)	59.35	45.52	41.64	37.84	35.00	32.76
Vn(㎞/h)	2.14	1.64	1.50	1.36	1.26	1.18
내포체	dn=5㎝ rn=2.5㎝			밀도차	$\Delta\rho$ =0.70	
ηL	3.50	6.50	8.00	10.00	12.00	14.00
Vn(㎝/s)	46.00	35.28	32.28	29.33	27.13	25.39
Vn(㎞/h)	1.66	1.27	1.16	1.06	0.98	0.91

상부 맨틀에서 형성된 부분용융 심도, 즉 현무암질 마그마 심도는 102.3㎞이다. 따라서 지표에 올라온 시간은 2일 내외이다.

이렇게 빠른 속도로 올라오기 때문에 마그마 분화를 진행할 시간이 거의 없다. 원소 확산 속도는 Hart와 Allegre(1980)가 제시한 수치로 서로 알 수 있다. 1,150~1,250℃의 현무암질 마그마 중에서 Ca, Sr, Ba, Co, Eu, Gd 등 원소의 확산 속도는 $10^{-6}\sim10^{-8}$㎠/s로서 극히 작다. 그러므로 황송포 알칼리 감람석 현무암은 상부 맨틀에서 2일 걸려 지표에 올라왔기

때문에 마그마의 분화작용이 거의 발생할 수 없으므로 초생 현무암질 마그마에서 유래되었음에 틀림없다고 판단된다.

(2) 주인 현무암의 결정도는 아주 낮아 미립 반정 정도만 존재하며 석기는 대부분 은정질이다. 미반정은 직경이 0.2~0.5㎜이고, 함량이 5% 이하로 적다.

(3) M값은 73~74.51, SI값은 39.14~40.64(원시 마그마의 SI값은 40), Ni은 211ppm(원시 마그마는 290ppm). 맨틀암의 M값, SI값, Ni 함량 등과 근본적으로 일치된다.

(4) 광물－마그마 평형원리에 의하면 상부 맨틀암 중의 부분용융으로 형성된 초생 현무암질 마그마의 액상선 광물 조합과 조성은 감람암 고상선 광물 조합과 조성과 일치되어야 한다. 이 때문에 $FeO(mol\%)－MgO(mol\%)$ 상관도에서 황송포 현무암은 1,290~1,320℃와 Fo=93~93.6이 교차하는 범위에 도시된다([그림 9－3]).

나. 삼남리 감람석 쏠리아이트

이 암석은 장백현 십오도구 동쪽 삼남리에 분포되며 층서가 내두산기 장백 현무암의 기저부층에 속한다. K－Ar 동위원소의 연대가 16.40±1.49Ma이다.

반정이 1% 내외로 매우 적고 오로지 사장석만으로 구성된다. 이 사장석 반정은 An=58이고 용식을 받아 톱니상의 복잡한 형태를 나타낸다. 석기는 은정질이고 간립상 조직을 나타낸다.

M값은 66.17이고 SI은 36.80로서 초생 현무암질 마그마의 특성에 가깝다. 이 마그마는 점도가 3.45pois이고 상승속도가 한 시간에 0.3㎞로서 하루에 7㎞ 올라온 셈이다. 따라서 부분용융이 일어난 마그마 저장고로부터 지표까지 70여 일 걸렸다. $FeO(mol\%)－MgO(mol\%)$ 관계도에서 250℃선과 Fo=91선의 교차점에 도시되어 원시 현무암질 마그마에 속한다.

다. 연강촌 감람석 쏠리아이트

이 쏠리아이트는 장백현 압록강 북쪽 강변 연강촌에 분포되어 있으며 K－Ar 동위원소 연대가 3.75±0.85Ma이다.

이 암석은 암회색을 띠고 행인상 구조를 발달시킨다. 반정은 12% 내외를 점하고 사장석, 감람석, 휘석 등으로 구성되며 입경이 0.5~0.1㎜이고, 1.5㎜ 되는 것도 있다. 석기는 쏠리아이트 조직을 나타낸다. 사장석은 An=60이고, 감람석은 Fo=68이며 휘석은 $Ng\wedge c$=31°, 2V(＋)=46°로서 사방휘석에 속한다.

마그마 점도는 3.3∼6.26pois이고, 마그마 상승속도는 내두산기 장백 현무암 마그마의 상승속도와 비슷하다. M값은 69.21∼69.07이고 SI값은 34.43∼36.08이다. FeO(mol%)−MgO(mol%) 상관도에서는 1,250∼1,270°선과 Fo＝90.5∼92.0의 교차점에 투영되어 초생 현무암질 마그마에 속한다.

이상 세 곳의 초생 현무암질 마그마 외에 용정시 평정촌, 안도현 송강, 화룡시 광평 등지의 감람석 쏠리아이트도 이 특성에 매우 가깝게 접근된다.

2. 초생 현무암질 마그마의 유형과 조성 특성

백두산 구역에서 초생 현무암질 마그마의 유형은 주로 알칼리 감람석 현무암 마그마와 감람석 쏠리아이트 마그마 두 가지가 있다. 이들의 화학조성에 대한 특성은 아래와 같다 (<표 9−5>).

<표 9−5> 백두산 구역에서 초생 현무암질 마그마의 화학조성

| 암석명 | 알칼리 감람석 현무암 | | | | 감람석 쏠리아이트 | | | | 구역 평균 | | |
지점	황송포	내두산	내두산	평균	삼남리	연강촌	연강촌	평균	백두산	동북	화북
SiO_2	47.57	45.63	49.54	47.49	47.75	47.15	47.53	47.48	47.49	46.72	45.96
TiO_2	2.00	2.44	1.38	1.94	1.55	1.00	0.80	1.12	4.53	2.26	2.15
Al_2O_3	11.76	14.01	13.89	13.22	14.25	14.52	14.80	14.52	13.87	14.46	14.87
Fe_2O_3	3.89	4.05	2.25	3.40	3.23	4.77	5.10	4.37	3.89	3.94	4.62
FeO	7.02	7.40	6.56	6.99	8.10	7.42	7.16	7.56	7.28	6.99	8.25
MnO	0.25	0.16	0.19	0.20	0.10	0.16	0.15	0.14	0.17	0.15	0.19
MgO	10.61	10.24	10.75	10.53	8.88	8.93	8.46	8.76	9.65	9.87	10.10
CaO	7.27	7.16	7.12	7.18	7.43	8.20	8.25	7.96	7.57	8.48	8.24
Na_2O	3.91	3.00	4.40	3.77	3.04	2.90	2.85	2.93	3.35	3.38	3.75
K_2O	1.68	2.58	2.30	2.19	0.88	0.73	0.60	0.74	1.47	2.42	1.75
P_2O_5	0.72	0.32	0.25	0.43	0.30	0.05	0.06	0.14	0.29	0.54	0.92
M값	73.05	71.15	74.51	72.83	66,17	68.21	67.74	67.48	70.26	71.64	68.78

(1) 백두산 구역에서 초생 현무암은 리트만 지수가 $\delta＝8.96$이고 중국 동부 현무암보다 0.86 높다. SiO_2 함량은 47.49%로서 동북 지구 혹은 화북 지구의 현무암보다 각각 0.77%, 1.53% 높다. $(Na_2O＋K_2O)−SiO_2$ 상관도에서는 알칼리 현무암 범위에 도시된다. 따라서 본

구역에서 초생 현무암은 고Na · K, 고Si 알칼리 감람석 현무암에 속하며 알칼리 계열 중에서도 Na질 알칼리 계열에 속한다. 이 중에서 황송포－내두산 초생 현무암질 마그마는 K질과 Na질 경계선 부근에 도시되면서 K질 알칼리 현무암 영역에 도시된다.

(2) 초생 현무암질 마그마는 M값이 높은 편이다. 황송포 알칼리 감람석 현무암은 M값이 71.15~74.51이고 평균 72.83이다. 연간촌 감람석 쏠리아이트는 M값이 중국 동북 지구 현무암보다 현저하게 높고 화북 지구 현무암보다 낮다. 고결지수 SI값과 M값은 명확한 선형 상관관계를 가지며([그림 9-4]), 회귀 방정식에서 SI=0.89, M=26.17이며 상관계수 γ은 0.85가 된다.

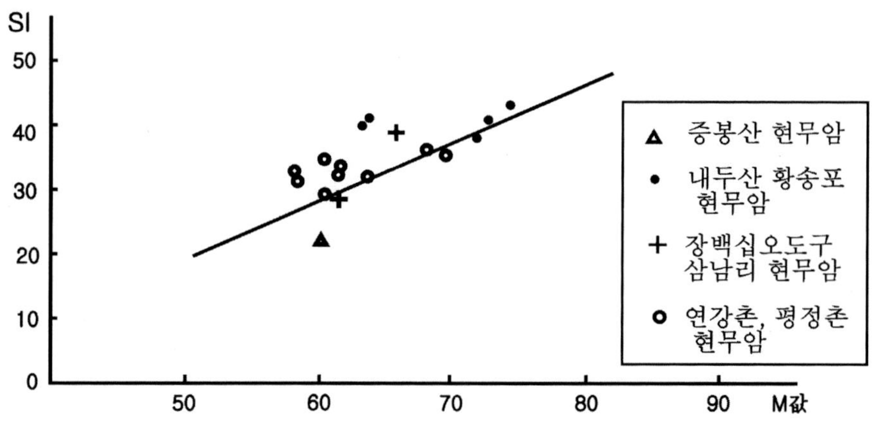

[그림 9-4] 백두산 구역에서 초생 현무암질 마그마의 SI-M값 상관도

(3) 증봉산 지역 알칼리 현무암은 M값이 60.41이고, SI값이 20.91로서 진화된 현무암에 속한다. 그러나 백두산 전 구역에서 초생 현무암질 마그마는 공간상에서의 변화를 더 잘 해명하기 위하여 증봉산 단면의 기저부층 현무암을 초생 현무암질 마그마로 확인하고 다른 지역의 초생 현무암과 비교한다. 북동부 지역에 있는 증봉산 현무암은 리트만지수 δ＝11이고 중부 지역에 있는 백두산 천지 현무암은 δ＝8.96이며 남부에 있는 현무암은 δ＝3.24로 감소한다. 즉 북동 지역은 K질 알칼리 계열의 초생 현무암질 마그마이고 남부와 압록강－두만강 하곡의 현무암은 Na질 알칼리 현무암질 마그마에 속한다.

(4) 초생 현무암질 마그마는 희토류 특히 경희토류가 압록강－두만강 하곡 현무암을 제외하고 대부분 농집되는 특성을 갖는다. 남북 양측 지역은 희토류 총량이 높지만 반면에

중부 백두산 천지 지역은 낮은 편이다(<표 9-6>).

〈표 9-6〉 각 지역 초생 현무암질 마그마의 회토류원소 특성

지 역	증봉산	천지·황송포	망천아	연강촌	평정촌	전 지역 평균
ΣREE	314.63	251.73	320.12	101.29	88.10	215.18
δEu	1.10	1.11	1.27	1.01	1.37	1.17
δCe	0.95	0.85	0.81	0.72	0.87	0.84
ΣCe/ΣY	5.32	4.42	2.61	2.93	0.24	3.10
La/Sm	6.03	5.58	5.86	4.07	3.51	5.01
Sm/Nd	0.18	0.19	0.16	0.27	0.25	0.21
$(La/Yb)_N$	4.48	5.62	6.29	2.56	1.74	4.41

압록강-두만강 하곡을 따라 분출된 초생 현무암은 희토류 총량이 88.10~101.29ppm 범위이다. $(La/Yb)_N$ 비는 북동부 증봉산 지역에서 4.48이고, 남서부 망천아봉 지역에서 6.29로 증가된다. <표 9-6>에서 압록강-두만강 하곡 지역에서의 초생 현무암은 희토류 총량, La/Sm, Sm/Nd, $(La/Yb)_N$ 등이 아주 근사하지만 증봉산, 천지, 망천아 지역의 초생 현무암과 명백한 차이를 나타낸다. 지적한다면 본 구역에서 $(La/Yb)_N$ 비는 북동부에서 남서부로 가면서 점점 증가되고 중국 동북 지구에서 북쪽에서 남쪽으로 가면서 감소되는 규칙성과 정반대되는 양상을 나타낸다. 이는 백두산 구역에서 상부 맨틀의 조성이 불균질함과 마그마 형성 환경이 복잡함을 암시하는 것으로 생각된다.

3. 부분용융 정도의 계산

주인 현무암 내에 포함된 감람암 내포체는 원시 맨틀물질이 부분용융 된 후에 용해되지 못한 잔류물이다. 때문에 원시 맨틀물질 성분은 주인 현무암과 감람암 내포체의 중간 물질이다. Ringwood(1962, 1963)가 제시한 모델형 맨틀암의 조성 계산 원리를 참작하고 황송포 감람암 내포체와 주인 현무암 특성을 고려하여 주인 현무암과 감람암 내포체를 1:9로 혼합하여 원시 맨틀암 조성을 계산하고 그 결과를 <표 9-7>에 나타내었다. 백두산 황송포 원시 맨틀암과 길림성 왕청 지구 원시 맨틀암의 화학조성은 매우 유사하다(<표 9-8>).

〈표 9-7〉 백두산 구역의 황송포 상부 맨틀암의 화학조성 계산결과

암 석 명	SiO_2	TiO_2	Al_2O_3	Fe_2O_3	FeO	MnO	MgO	CaO	Na_2O	K_2O	P_2O_5
모암 현무암 (Hy16)	47.57	2.00	11.76	3.89	7.02	0.25	10.61	7.27	3.91	1.68	0.72
감람암 포획체 (Hy15)	45.94	0.30	3.55	0.70	7.31	0.30	37.65	2.68	0.54	0.08	0.30
상부 맨틀암	46.10	0.47	4.37	1.02	7.28	0.295	34.95	3.14	0.88	0.24	0.34

〈표 9-8〉 백두산 구역과 인접 구역에서 현무암질 마그마(상부 맨틀암)의 화학조성

지 점	백두산 황송포	길림 정우	요녕 관전	길림 왕청	산동 산왕	화북 구역 평균	동북 구역 평균	중국 동부 전 구역 평균	Ringwood (1969) 모형맨틀암	Anderson (1981) 원시맨틀
SiO_2	46.10	43.79	44.30	45.00	45.44	44.26	44.67	44.63	45.16	47.30
TiO_2	0.47	0.32	0.80	0.20	0.18	0.44	0.27	0.32	0.71	0.20
Al_2O_3	4.37	3.77	3.22	3.29	2.58	3.70	3.69	3.59	3.54	4.10
Fe_2O_3	1.02	1.29	2.40	1.75	1.59	1.68	1.59	1.95	0.46	
FeO	7.28	7.81	6.30	7.20	7.10	7.34	7.45	7.29	8.04	6.80
MnO	0.29	0.12	0.21	0.19	0.19	0.18	0.15	0.17	0.14	
MgO	34.95	39.28	38.22	34.50	38.10	37.66	37.00	36.99	37.49	37.90
CaO	3.14	2.66	2.66	5.50	2.76	2.80	3.74	3.27	3.08	2.80
Na_2O	0.88	0.44	0.40	0.45	0.26	0.46	0.49	0.45	0.57	0.50
K_2O	0.24	0.15	0.40	0.15	0.05	0.20	0.21	0.18	0.13	0.20
P_2O_5	0.34	0.08	0.35	0.06	0.04	0.19	0.07	0.12	0.06	
Cr_2O_3				0.38	0.31	0.29	0.38	0.33	0.43	
NiO					0.24	0.20		0.17	0.20	
합 계	99.88	99.71	99.26	98.61	100.13	99.40	99.91	99.46	100.01	99.80

백두산 구역에서의 맨틀암은 북부의 길림성 왕청 맨틀암보다 Na_2O, K_2O, P_2O_5, SiO_2, TiO_2, Al_2O_3, MgO 등이 높고, Fe_2O_3, CuO가 낮은 편이다. Ringwood(1969)가 모델화한 맨틀암과 비교하면 SiO_2, Al_2O_3, Fe_2O_3, Na_2O, K_2O, P_2O_5 등이 높고 TiO_2, FeO, MgO 등이 낮은 편이며, 특히 MgO의 결핍이 2.52%에 달한다.

그리고 Kushiro(1963)의 계산법으로서 원시조성＝마그마×F＋잔류고체상×(1－F) 공식에 의한 부분용융 정도(F)는 SiO_2로 계산하면 F＝9.8%이고, MgO로 계산하면 F＝10%가 된다.

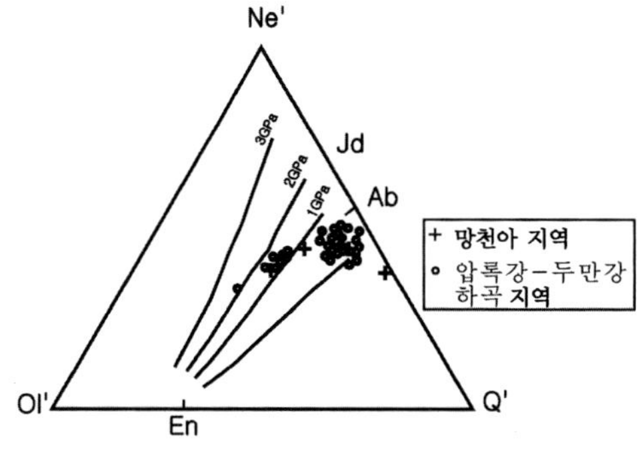

[그림 9-5] 망천아 지역과 압록강-두만강 하곡
지역 현무암의 Ne'-Ol'-Q'도

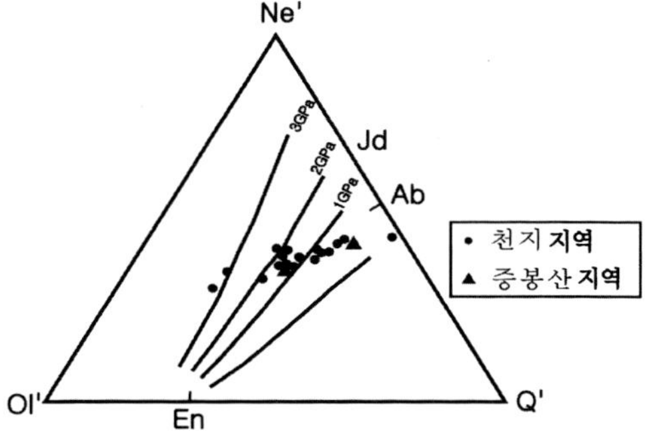

[그림 9-6] 백두산 천지 지역과 증봉산
지역 현무암의 Ne'-Ol'-Q'도

4. 마그마 기원 온도와 압력 계산

[그림 9-5]와 [그림 9-6]에서 마그마의 액상선은 압력이 클수록 Ne', Ol' 방향으로 이동한다. 따라서 원시 현무암질 마그마는 화학조성으로부터 계산한 Ne', Ol', Q'를 100%로 환산한 후 삼각도에 투영하여 그 형성심도를 알아낼 수 있다. 여기서 Q', Ne', Ol' 노옴광물(CIPW)은 Poldervaart(1964)법으로 계산한다.

$$Q' = Q + 0.4582Ab + 0.2992ErHy + 0.2277FsHy$$

$$Ne' = Ne + 0.5418Ab$$

$$Ol' = Fo + Fa + 0.7008ErHy + 0.7123FsHy$$

도시한 결과 증봉산 감람석 쏠리아이트 마그마는 형성압력이 1.2GPa이고 심도가 40km이다. 천지 지역 황송포 주인 알칼리 감람석 현무암 마그마는 형성압력이 3.1GPa이고 심도가 3.1×33=102.3km이다. 망천아 지역의 삼남리 현무암 마그마는 형성압력이 1.5GPa이고 심도가 1.6×33=51.8km이다. 연강촌과 평정촌 현무암 마그마는 각각 형성압력이 2.1GPa, 1.5GPa이고 심도가 69.3km, 48.5km이다.

탠벙과 탕더핑 등(1989)은 내두산 현무암 내의 감람석과 휘석 거정을 연구하면서 Mercier(1976)의 단사 휘석 지질 온도계를 이용하여 감람암 내포체가 평형상태에 있을 때 온도와 압력을 계산하였다. 온도는 998~1,055℃이고, 압력은 21~26Kb이며, 심도는 69.3~85.8km이다.

황송포-내두산 현무암 마그마는 형성시기 온도가 1,320℃이고, 압력이 2.5~3.2GPa 범위이다[그림 9-7]. 이러한 평형온도와 압력 분포는 그림에서 중국 동북 지구의 초염기

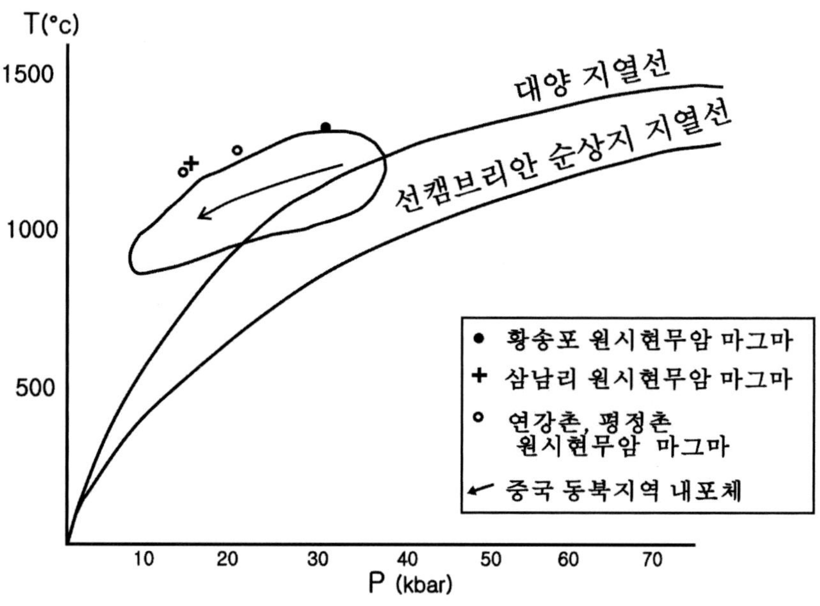

[그림 9-7] 원시 마그마의 평형온도와 압력 분포도

성 내포체가 집중하는 범위의 좌측 위에 놓인다. 유요신(1981), 우병향(1983) 등이 중국 동부에서 신생대 상부 맨틀의 열상태를 연구한 바에 의하면 본 구역에서 열상태는 대양지각의 하부 맨틀 분포와 같고 전형적인 선캠브리아 순상지에 비하면 '과열' 지역에 속한다. 백두산 구역은 중국 동부 산악 지역 중에서도 더 심한 '과열' 지역에 속하기 때문에 지각 운동이 매우 빈번하게 일어나는 곳이다.

제3절 진화 현무암질 마그마의 분화

백두산 구역에는 위에서 설명한 초생 현무암질 마그마 외에 대부분 현무암은 진화 현무암과 더 진화된 산물이다. 상이한 지역에서의 초생 현무암질 마그마는 각기 다르기 때문에 진화 현무암질 마그마도 다른 진화 경향을 갖는다. 이미 알려진 진화 경향으로 케네디형, 쿰즈형, 스트래들-B형 등이 있다.

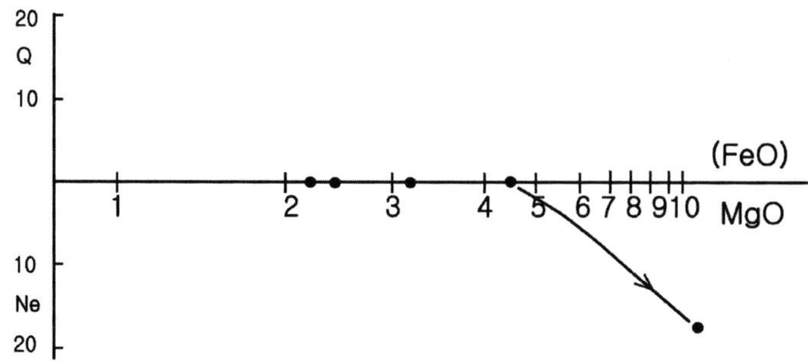

[그림 9-8] 증봉산 지역 현무암질 마그마의 진화방향

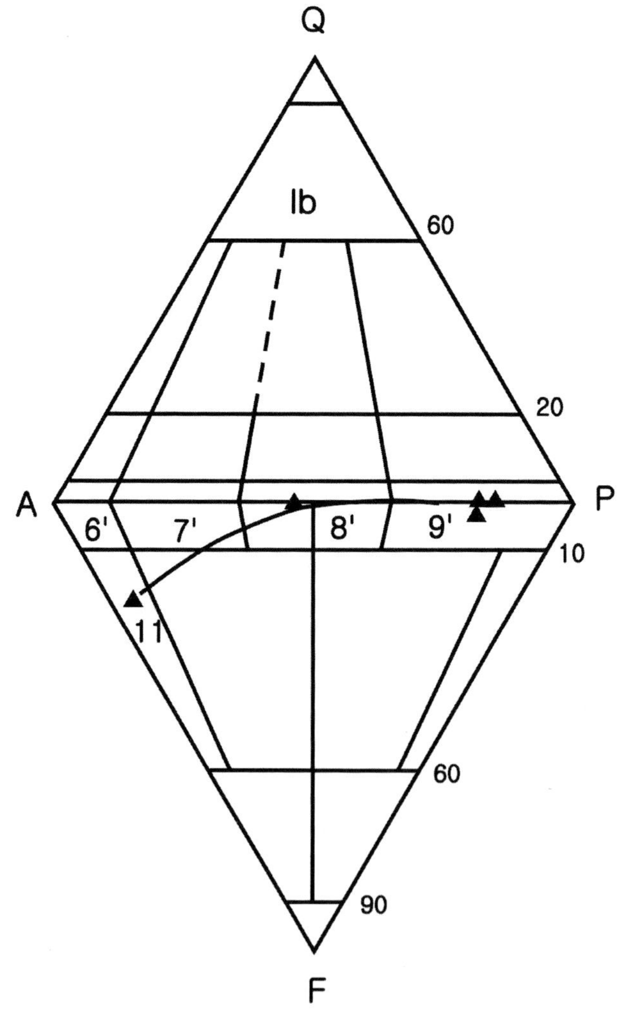

[그림 9-9] 증봉산 지역 현무암의 진화도

1. 증봉산 지역의 케네디형 진화 경향

증봉산 지역은 백두산 구역의 북동부 화룡현 남강산맥에 놓인다. 초생 현무암질 마그마는 알칼리 감람석 현무암에 해당된 것으로 짐작된다. 이 마그마는 진화되어 석영 조면안산암－포놀라이트를 형성하였으며, 고Fe, 고Na · K 방향으로 진화되었다([그림 9－8]). 이 지역의 암석들은 QAPF 쌍삼각도([그림 9－9])에서 FAP 삼각도 위에 도시되며 감람석 현무암, 감람석 쏠리아이트→석영 조면안산암→포놀라이트 순으로 진화되었다.

이 진화로 인해 $K_2O + Na_2O$ 함량은 5.2%에서 13.3%로 증가되고 Na/K 비는 2.18이다. AI값은 0.44에서 0.97로 증가되고 M값은 60.41에서 21.74로 감소되며 고결지수 SI값은 20.91에서 2.75로 감소된다. 따라서 SI와 M값은 뚜렷한 선형 상관관계를 나타낸다. 먼저 사장석 반정이 정출되었고 후에 파리장석 반정이 정출되었다.

Nathan등(1978)이 제시한 양이온 분수법을 응용하여 $t℃ = a_0 + a_1Al + a_2Ti + a_3Fe + a_4Fe + a_5Mg + a_6Ca + a_7Na + a_8K + a_9(Ln \, II) + a_{10}Al(Na + K)$ 공식으로 계산한다. 이 식에서 Ln은 자연로그이고, a_1, a_2, …… 및 II값은 광물계수표 중에서 찾는다. 계산한 결과와 각 시료의 평균값으로부터 현무암질 마그마 내에서 광물의 정출순서를 알 수 있다. 즉 감람석(1,127.77℃), 보통휘석(1,122.59℃), 사장석(1,121.41℃), 자철석(1,120.26℃), 백류석(1,108.07℃), K－장석(1,097.68℃), 하석(1,061.18℃), 자소휘석(1,037.53℃), 석영(792.96℃) 순으로 정출된다. 그리고 지적한다면 포놀라이트 마그마는 정출순서와 정출온도가 현무암질 마그마의 물리화학환경과 현저한 차이를 가진다는 것이다. 그 정출순서와 온도는 하석(1,082.49℃), 보통휘석(1,079.93℃), 감람석(1,077.78℃), 사장석(1,047.71℃), 백류석(1,031.24℃), 자소휘석(948.73℃), 석영(663.09℃) 순이다. 따라서 이는 현무암질 마그마챔버 위에 포놀라이트 마그마챔버가 독립적으로 형성되었을 것을 암시한다.

2. 천지 지역의 스트래들－B형 진화 경향

천지 지역 화산암류는 안도현 남서부와 무송현 남동부에 광범히 분포된다. 이 화산암류는 [그림 9－10]과 [그림 9－11]에서 마그마의 분화작용이 진행됨에 따라 (FeO)/MgO 비와 SiO_2의 함량은 증가되며 Ne 노옴광물은 증가되다가 감소되고, Q 노옴광물은 계속 증가된다. [그림 9－10]에는 두 개 진화 곡선이 있다. 즉 ① 곡선은 내두산기－천양기－두서기

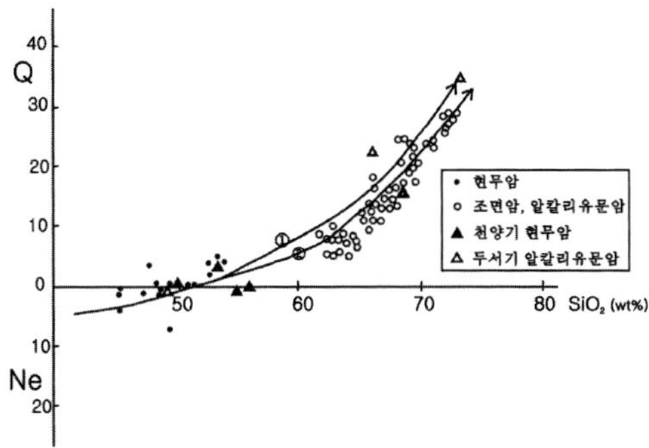

[그림 9-10] 천지 지역에서 현무암-알칼리 유문암의
진화도(스트래들-BⅡ형)

[그림 9-11] 천지 지역의 현무암 진화
경향도(스트래들-BⅠ형)

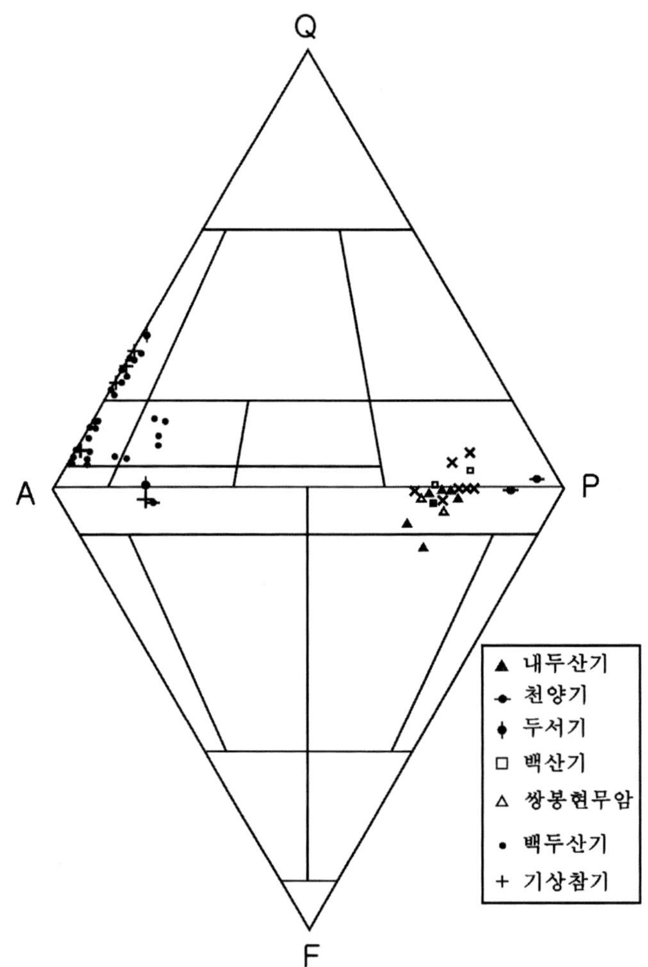

[그림 9-12] 백두산 천지 지역 화산암류의 분류도

의 현무암−안산조면암−알칼리 유문암 진화 곡선이다. ② 곡선은 군함산기−백산기−백두산기−기상참기의 현무암−조면암−알칼리 유문암 진화 곡선이다. QAPF 쌍삼각도에서 천지 화산암류는 알칼리 현무암이 QAP 삼각도 내에서 조면암−석영 조면암−석영 알칼리장석 조면암−알칼리 유문암으로 진화된다([그림 9−12]).

초생 마그마는 알칼리 감람석 현무암 및 바사나이트가 감람석 쏠리아이트−석영 쏠리아이트 방향으로 진화되었다. 그 중에서 특히 석영 쏠리아이트는 비알칼리 계열에 속한다([그림 7−2]).

[그림 7−7]에서 알칼리 감람석 현무암은 알칼리 조면암−과알칼리암으로 진화되었다. 이러한 진화는 AI−DI 상관도에서도 선형 상관관계가 잘 나타나고 있다([그림 9−13]). 여기서 상관계수 γ은 0.8041이고, 회귀방정식은 AI＝0.01123DI＋0.0760이다. 그리고 각종 주원소와 고결지수 SI 관계도에서도 진화 경향을 나타낸다([그림 9−14]). SI값이 감소됨에 따라 TiO_2, Fe_2O_3, FeO, MgO, CaO, P_2O_5 등의 조성은 현저히 감소된다. 그 중에서도 MgO와 SI 상관계수는 0.9986에 달하고, 회귀방정식은 MgO＝0.2389SI−0.1803이다. 이와 반대로 SiO_2, $Na_2O＋K_2O$ 조성은 SI값이 감소됨에 따라 증가된다. 그 중에서 $Na_2O＋K_2O$ 조성과 SI와의 상관계수는 0.89이고 회귀방정식은 $Na_2O＋K_2O$＝10.78−0.18SI이다. SI값과 Al_2O_3과의 관계는 비교적 특수한 양상을 나타낸다. SI＝40~65일 때 Al_2O_3 조성은 14~16% 범위에 유지되던 것이 SI＝15 이하일 때 Al_2O_3 함량도 따라서 11% 내외로 감소된다.

천지 지역에서 마그마 진화는 각종 지수 통계에서도 명확하게 알 수 있다(<표 9−9>). 내두산기의 초생 현무암질 마그마가 형성된 후 두 차례의 진화 현무암 마그마−조면암 마그마−알칼리 유문암 마그마로의 진화가 진행되었다.

제1차 마그마 진화에서 주요 지수 변화는 다음과 같다. 알칼리지수 AI는 0.56에서 0.59로 증가되고 규장질지수 FL은 40.88에서 90.87로 증가되며 분화지수 DI는 39.64에서 87.33로 증가된다. 반대로 리트만지수 δ는 7.74에서 0.93으로 감소되고 알칼리도 지수 AR은 1.69에서 0.54로 감소된다. 이는 아마도 마그마가 알칼리 감람석 현무암−감람석 쏠리아이트의 마그마에서 고Si, 저Na·K의 알칼리 유문암의 마그마로 진화되었음을 설명해 준다.

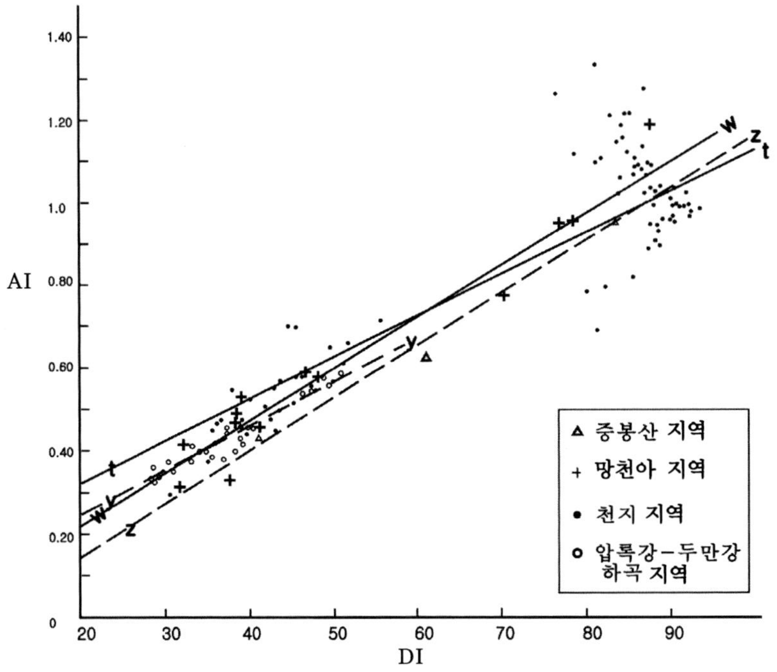

[그림 9-13] 백두산 구역 현무암-알칼리 유문암 AI-DI 관계도

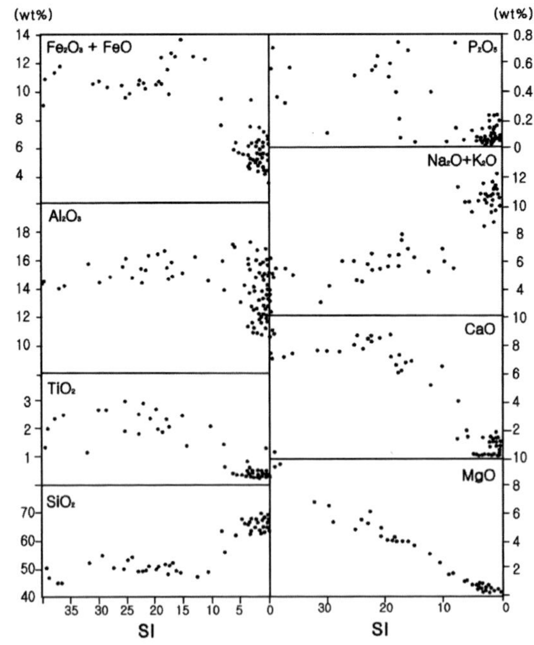

[그림 9-14] 백두산 천지 지역 화산암류의 주원소 하커도

〈표 9-9〉 백두산 천지 지역에서 분출시대에 따른 각종 지수

분출시대	시료 수	AI	δ	SI	M	AR	FL	DI
내두산기	6	0.56	7.47	39.02	67.84	1.69	40.88	39.64
천양기	2	0.56	4.67	20.13	44.54	1.91	50.35	49.61
두서기	2	0.59	0.93	0.36		0.54	90.37	87.33
군함산기	9	0.53	4.28	21.67	51.13	1.66	43.34	44.83
백산기	4	0.58	6.57	16.29	46.18	1.84	50.08	48.04
백두산기 1단계	9	0.93	5.54	3.53	36.35	3.83	89.79	83.92
쌍봉 현무암	2	0.61	5.12	20.23	66.35	1.78	46.75	47.85
백두산기 2단계	7	1.00	5.11	1.40		5.34	90.78	85.77
노호동 현무암	4	0.52	4.64	22.29	57.52	1.63	40.56	43.65
백두산기 3단계	23	1.04	4.69	1.33		6.60	92.87	87.77
백두산기 4단계	23	1.14	4.62	2.11		10.13	92.81	86.00
기상참기	7	1.25	3.47	1.91		20.99	96.66	84.94
빙장기	4	1.08	4.55	3.27		4.32	92.96	86.15
백운봉기	8	1.20	3.41	1.35		7.61	94.38	86.65
팔괘모기	6	1.00	5.38	2.61		2.55	90.23	88.23

제2차 마그마 진화는 군함산기 진화 감람석 쏠리아이트와 백산기 알칼리 감람석 현무암 및 석영 쏠리아이트가 백두산기 알칼리 내지 과알칼리 조면암 및 알칼리 유문암과 기상참기 과알칼리 내지 알칼리 유문암 마그마로 진화된 것이다. 이들의 주요 지수 변화는 다음과 같다. AI값은 군함산기의 0.53으로부터 기상참기의 1.25까지 거의 규칙성으로 증가되고 홀로세 빙장기에 와서는 1.08로 감소되며 백운봉기에는 도리어 1.20으로 증가되고 팔괘모기에는 또다시 1.00으로 감소된다. AR값은 군함산기의 1.66에서 기상참기까지 20.99로 증가되고 빙장기에서 급격히 4.32로 감소되며 백운봉기에서 7.61로 약간 증가되고 팔괘모기에서 또다시 2.55로 낮아진다. FL값도 유사한 특성을 나타낸다. 즉 군함산기에 43.34에서 기상참기에 96.96로 증가되다가 빙장기에 92.09로 감소되며 백운봉기에 또 상승하여 94.38이던 것이 팔괘모기에 또다시 90.23으로 감소된다. 리트만지수(δ)는 군함산기에 4.28이던 것이 백산기에 6.57로 최고로 증가하다가 기상참기까지 3.47로 규칙성 있게 낮아진다. 그리고 빙장기에는 4.55로 증가하여 백운봉기에 또다시 3.41로 내려서 팔괘모기에 또다시 5.38로 증가된다. 이와 다르게 분화지수 DI는 군함산기에 44.83에서 팔괘모기까지 거의 규칙적으로 점점 증가되어 88.23으로 된다.

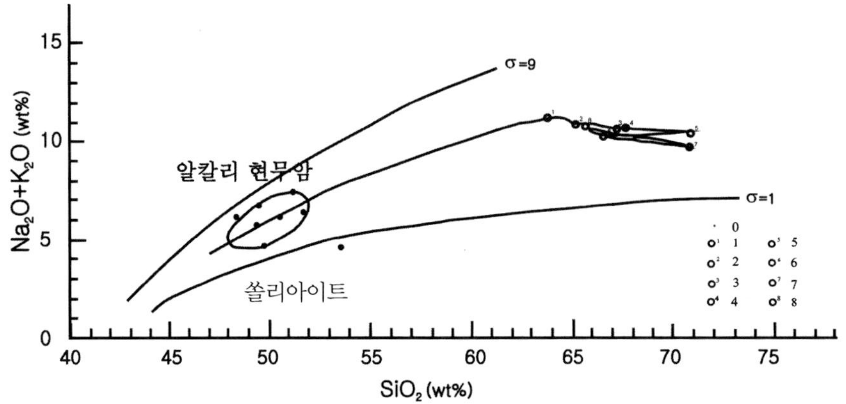

0. 군함산기 현무암. 1. 백두산기 제1단계 안산조면암. 2. 백두산기 제2단계 석영 조면암. 3. 백두산기 3단계 알칼리장석 조면암. 4. 백두산기 제4단계 알칼리장석 조면암. 5. 기상참기 알칼리 유문암. 6. 빙장기 용결 응회암 및 화산회. 7. 백운봉기 알칼리 유문암질 부석. 8. 팔괘모기 용결응회암 및 화산회

[그림 9-15] 백두산 천지 화산에서 군함산기 현무암-팔괘모기 알칼리 조면암의
마그마 진화 곡선도

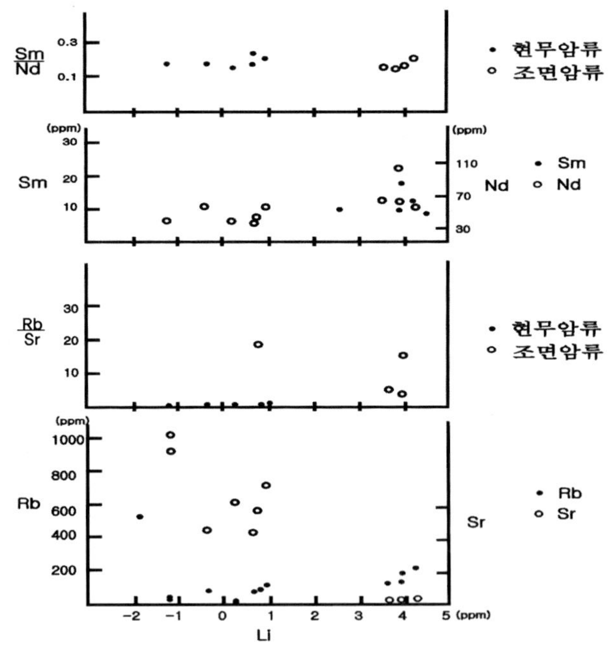

[그림 9-16] 백두산 천지 지역 화산암류의 Rb, Sr, Rb/Sr, Sm,
Nd, Sm/Nd-Li 관계도

또한 $(K_2O+Na_2O)-SiO_2$ 상관도에서 나타나는 진화 곡선은 군함산기에서 백산기, 백두

산기를 경과하여 기상참기까지 정상적인 활모양 곡선을 이룬다([그림 9-15]). 그러나 기상참기부터 마그마 진화는 X자형 곡선을 나타낸다.

Rb, Sr, Rb/Sr, Sm, Nd, Sm/Nd 등과 LI값의 관계도에서도 현무암에서 조면암으로 진화 과정을 나타낸다([그림 9-16]). Rb 함량은 완만한 경사로 점점 높아지고 Sr 함량은 급한 경사로 낮아지는 선형 상관관계를 갖는다. 현무암 및 조면암의 Sm/Nd 비는 모두 0.2 내외인데, 이는 조면암류가 동원 현무암질 마그마에서 진화되었다는 것을 암시한다.

여기서 주목할 것은 각종 암형의 산알칼리 지수 혹은 여러 관계도에서 현무암류와 조면암류 사이에 수치상에서나 분포상에서 불연속적인 단절을 나타낸다는 것이다. 이는 이 구역에서의 마그마 진화가 전형적인 쌍봉식 진화 유형에 속함을 설명한다. 그러나 La를 분화지수로 사용하면 현무암류와 조면암류의 도시점들은 서로 연결되며 하나의 완전한 곡선이 된다([그림 9-17]). 왜냐하면 La은 아주 강한 불호정성 원소이므로 분화에 따라 분리 결정되는 광물들과 인연이 없기 때문이다.

La/Sm-La 관계도에서 현무암류는 부분용융 경사선 부근에 도시되고 조면암류는 결정분리의 수평선 상하에 도시된다([그림 9-18]).

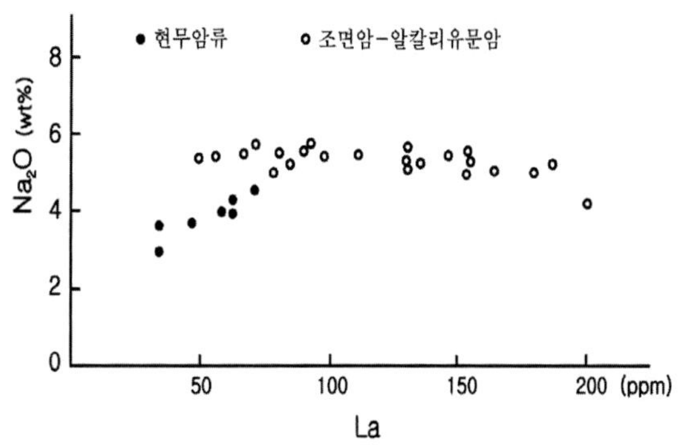

[그림 9-17] 백두산 천지 지역 화산암류의 Na₂O-La 관계도

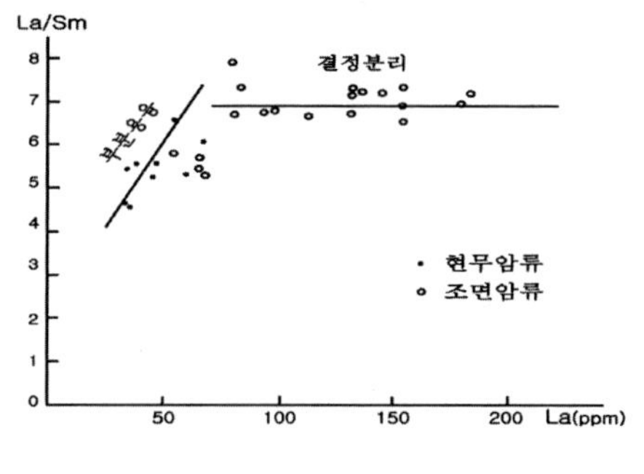

[그림 9-18] 백두산 천지 지역 화산암류의 La/Sm-La 관계도

현무암류는 어떻게 알칼리 조면암류로 진화되고 심지어 과알칼리 내지 알칼리 유문암류로 진화되는 것일까? 이는 주로 사장석의 반응계열과 관계된다. 군함산기, 백산기 현무암 중에서 3개 사장석 반정을 선택하여 누대구조의 내부에서 외연부로 가면서 현미분석을 실시하였다(<표 9-10>).

〈표 9-10〉 천지 지역 군함산기, 백산기 현무암 내의 누대 사장석의 화학조성

시료 번호	암석명	SiO$_2$	TiO$_2$	Al$_2$O$_3$	FeO	MnO	MgO	CaO	Na$_2$O	K$_2$O	합계	An
Hb11	감람석 쏠리아이트 (내부→외부)	57.09	0.00	27.04	0.16	0.00	0.00	7.24	6.63	1.22	99.87	38.99
		57.56	0.01	26.63	0.21	0.00	0.03	6.47	6.77	1.62	99.30	35.59
		58.29	0.03	26.21	0.22	0.00	0.05	6.85	7.11	1.67	100.43	36.09
		55.44	0.03	28.05	0.22	0.00	0.04	10.06	5.64	0.72	100.21	51.11
Xb14	석영 쏠리아이트 (내부→외부)	52.76	0.12	29.27	0.00	0.00	0.06	11.69	4.06	0.61	99.17	59.53
		52.49	0.22	29.30	0.33	0.00	0.03	11.41	4.79	0.62	99.19	58.27
		52.41	0.16	29.31	0.45	0.05	0.06	11.52	4.74	0.50	99.20	58.76
dy35	알칼리 감람석 현무암 (내부→외부)	53.87	0.06	27.77	0.40	0.17	0.09	10.46	5.03	1.15	99.18	55.36
		53.67	0.15	28.14	0.35	0.00	0.10	10.74	4.99	1.04	99.18	55.79
		54.37	0.22	27.71	0.37	0.00	1.18	10.12	4.91	1.01	99.89	54.72
		54.26	0.18	28.96	0.43	0.00	0.09	10.35	5.02	0.71	100.00	54.73
		63.00	0.20	19.26	0.00	0.06	0.00	0.89	5.75	10.40	99.56	51.47
		55.86	0.18	26.59	0.19	0.00	0.34	8.58	5.85	1.44	99.03	46.23

　　이 결과에서 사장석의 An 조성은 전체적으로 보면 반정의 누대구조에서 내핵부에서 외연부로 큰 데서 작은 데로 규칙적인 변화를 나타낸다. 즉 래브라도라이트는 흔히 안데신으로 진화되는 정누대 구조를 나타내지만, 반면에 역누대 구조를 나타내는 경우도 있다([그림 9-19]). 정누대 구조는 마그마 온도가 내려갈 때 결정분리작용이 일어나 초기 결정이 마그마와 반응을 하지 못한 채로 그 외연부에 보다 Ca가 적은 사장석이 에워싸서 사장석 누대를 이룬 것이다. 그러나 군함산기 감람석 쏠리아이트(Hb11) 시료에서 사장석 누대는 제3환에서부터 An이 풍부해지고 제4환에서 더욱더 증가된다. 이는 후에 올라온 마그마의 염기성 정도가 더 높기 때문에 이미 결정된 염기성이 낮은 정누대 사장석을 에워싸는 역누대를 나타낸 것이다. 그리고 사장석 An이 전체적으로 적은 원인은 시료위치가 군함산기 현무암의 상부층에서 채취했기 때문인 것으로 생각된다. 그러나 내부에서 정누대 구조는 초기 마그마가 점차 Si, Na, K가 많아지고 Ca가 적어지는 조성으로의 전환되었음을 설명한다.

　　백두산기 제1단계의 안산조면암에서 채집한 bb21호 시료 중에 사장석(andesine)은 파리장석→왜장석으로 점변하는 교대 현상을 관찰할 수 있다. 이 사장석은 길이가 1.0~1.5㎜이고, 취편쌍정과 희미한 누대구조를 갖는다. 열개가 발달되고 쌍정면에 직각 방향으로 얇은 알칼리장석이 방향성 있게 교대되어 있다. 알칼리장석의 광학성질은 2V(-)=65°이고, Ng∧(001)=85°로 왜장석에 속한다. TK01호 시료에서도 올리고클레이즈(oligoclase)가

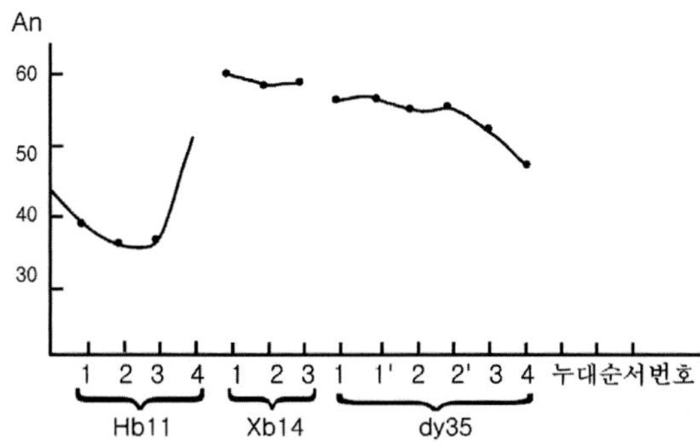

[그림 9-19] 천지 지역 현무암의 사장석 누대의
An 조성 변화도

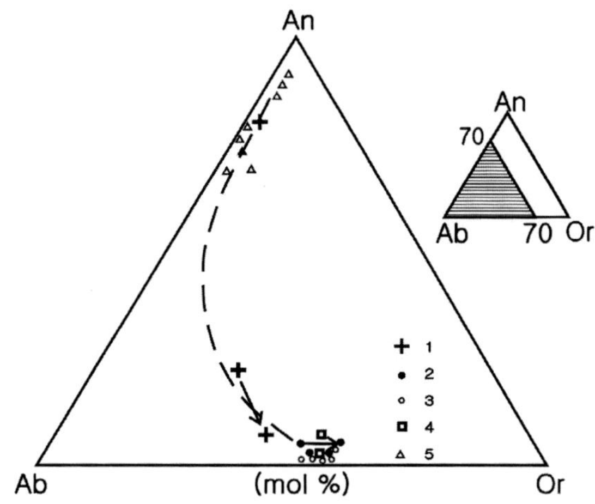

1. 백두산기 제2단계, 2. 백두산기 제3단계, 3. 백두산기 제4단계, 4. 기상참기,
5. 군함산기 현무암

[그림 9-20] 백두산 천지 지역 화산암류에서 장석의
An-Ab-Or 변화도

왜장석의 교대작용을 받은 현상을 볼 수 있다(제6장 2절에 상세히 서술하였음).

탕더핑(1990)은 백두산 천지 지역 현무암-조면암-알칼리 유문암에서 장석 성분의 진화와 미국 파이사노 화산의 하와이아이트-조면암 계열에서 장석 성분의 진화곡선이 서로 매우 유사하다고 하였다[그림 9-20]).

이 두 지역의 화산암류는 하나의 연속된 진화계열에 속한다고 할 수 있다. 왜장석 반정은 내핵부와 외연부 사이에 조성 차이가 있음을 관찰할 수 있다. 내핵부는 보통 Ca, Na, Al, Fe가 높고 외연부는 상대적으로 Si, Ti, K이 높은 특성을 나타낸다(<표 9-11>). Q-

Ab−Or 삼각도에서는 Carmichael 등(1963)이 측정한 다른 알칼리도 때의 과알칼리암 계통의 최저점과 열곡 위치를 표시하였다([그림 9−21]).

<표 9−11> 백두산 천지 지역 조면암−흑요암 내의 장석 반정의 화학조성

분출시대	백두산기 제2단계				백두산기 제3단계					백두산기 제4단계			기상참기		
암석명	알칼리장석 조면암				석영 알칼리장석 조면암					석영 알칼리장석 조면암			흑요암		
시료번호	N1−1	N1−2	N1−6	N1−7	N3−4	N3−5	H12−1	H12−2	H07−2	N4−2	N4−4	H19−6	CT11−1	CT14−3	CT11
시료종류	내핵부	외연부	미정	반정	내핵부	외연부	미정	반정	반정	반정	미정	반정	반정	반정	반정
주원소 SiO$_2$	63.18	65.24	66.55	54.67	65.41	65.42	66.43	66.29	66.63	66.73	66.80	66.36	66.29	66.71	68.17
TiO$_2$	0.09	0.11	0.13	0.05	0.00	0.06	0.16	0.08	0.04	0.03	0.03	0.04	0.00	0.00	0.01
Al$_2$O$_3$	21.64	20.35	18.58	29.00	20.11	19.53	18.49	19.59	19.92	18.92	18.92	18.84	18.83	18.75	17.92
FeO	0.17	0.23	0.77	0.11	0.43	0.12	1.23	0.23	0.19	0.68	0.68	0.50	0.60	0.62	0.57[*]
MnO	0.04	0.00	0.01	0.08	0.00	0.00	0.03	0.02	0.11	0.10	0.10	0.34	0.15	0.10	
MgO	0.00	0.12	0.15	0.02	0.44	0.11	0.10	0.16	0.30	0.13	0.13	0.02	0.15	0.12	0.00
CaO	3.07	0.98	0.07	11.45	0.66	0.76	0.16	0.29	0.21	0.02	0.02	0.05	0.06	1.02	0.00
Na$_2$O	7.61	7.67	6.17	4.64	7.34	6.65	6.65	6.54	7.06	7.08	7.08	6.92	7.12	7.08	6.73
K$_2$O	3.30	4.98	8.30	0.35	6.15	6.91	6.40	5.85	6.32	6.15	6.15	6.62	6.34	6.71	6.05
합계	99.10	99.68	100.37	100.37	100.54	99.56	99.65	99.05	100.78	99.91	99.91	99.69	99.54	101.11	99.45
노음광물 mol % An	14.8	4.7	0.4	56.6	3.1	3.6	0.8	1.5	1.0	0.1	0.1	0.2	0.4	4.7	0.3
Ab	66.5	66.8	52.6	41.4	62.5	57.3	60.7	62.0	62.3	63.6	63.6	61.2	62.8	66.8	62.4
Or	18.7	28.5	47.0	2.0	34.4	39.1	38.5	36.5	36.7	36.6	36.6	38.6	36.8	28.5	37.3

A. B. C는 각각 Carmichael등(1963)이 측정한 NaAlSi$_3$O$_8$−KAlSi$_3$O$_8$−SiO$_2$−H$_2$O 계와 4.5%ac+4.5%ns 가입과 8.3%ac+8.3%ns 가입한 조성면 최저점과 열곡 위치. 1. 백두산기 제1단계. 2. 백두산기 제2단계. 3. 백두산기 제3단계. 4. 백두산기 제4단계. 5. 기상참기. 6. 흑요암 유리

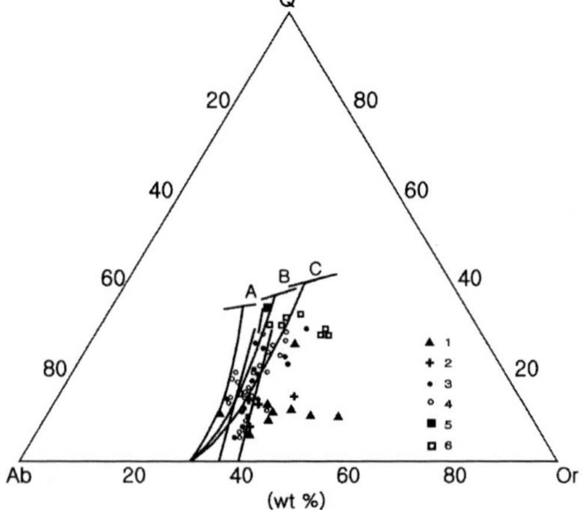

[그림 9−21] 백두산 천지 지역 조면암−알칼리 유문암의 Q−Ab−Or도.

백두산기 제1, 2단계의 안산조면암, 조면암, 석영 조면암은 열곡 범위 밖에 도시된다. 제3, 4단계 및 기상참기의 석영 조면암, 석영 알칼리 조면암, 알칼리 유문암은 대부분 4.5%ac+4.5%ns를 포함하는 조성면의 열곡 범위에 도시되고, 흑요암의 유리는 A, B선 부근에 도시된다. 이는 알칼리장석-용융체의 평형이 마그마의 조성 진화를 제어하는 작용을 의미한다.

여기서 현무암-알칼리 유문암의 진화 과정에서 일어나는 결정분리의 암석학적 혼합 계산은 탕더핑(1990)의 최소이승법을 응용하여 Stormer등(1978) 공식으로 계산하였는데 아래와 같이 몇 가지 특성을 발견할 수 있다(<표 9-12>).

<표 9-12> 백두산 천지 지역 화산암류에 대한 마그마 결정분리의 암석학적 혼합계산 결과

분출 시대	$\beta Q_1b\ \tau Q_2b$			$\tau Q_2b\ \tau Q_2-3b$			$\tau Q2-3b\ \tau Q3'$			$\tau Q3'-\tau Q3'$			$\tau Q3'-\tau Q3^2$		
단계	현무암-조면암			조면암-코멘다이트						과알칼리암					
시료 번호	TJ-5-NI			NI-N4			N3-N4			N4-H19			H19-CT11		
값차이	실제값	계산값	차이	실제값	계산값	차이	실제값	계산값	차이	실제값	계산값	차이	실제값	계산값	차이
SiO_2	65.375	64.856	0.501	68.242	68.302	−0.059	68.242	68.285	−0.042	69.778	69.785	−0.007	72.867	72.937	−0.067
TiO_2	0.433	−0.570	1.014	0.312	0.387	−0.074	0.312	0.320	−0.007	0.352	0.356	−0.004	0.232	0.294	−0.061
Al_2O	17.044	16.900	0.144	14.712	14.799	−0.086	14.712	14.790	−0.077	13.303	13.318	−0.016	12.279	12.446	−0.161
FeO	4.140	4.764	−0.623	4.938	4.963	−0.024	4.938	4.996	−0.046	5.476	5.487	−0.011	4.066	4.138	−0.070
MnO	0.121	0.296	−0.174	0.151	0.154	−0.002	0.151	0.103	−0.31	0.131	0.144	−0.014	0.101	−0.044	0.146
MgO	0.171	−0.809	0.991	0.000	0.056	−0.055	0.000	−0.161	0.162	0.000	−0.104	0.104	0.040	−0.054	0.096
CaO	1.330	1.756	−0.425	0.976	0.984	−0.007	0.976	1.064	−0.088	0.723	0.752	−0.029	0.383	0.448	−0.063
Na_2O	5.702	6.052	−0.349	5.672	5.168	0.504	5.672	5.399	0.279	5.486	5.557	−0.071	5.469	5.358	0.110
K_2O	5.692	6.756	−1.064	4.998	5.188	−0.188	4.998	5.142	−0.143	4.752	4.704	0.048	4.561	4.483	0.078
ΣY^2			4.121			0.311			0.144			0.020			0.093
광 물	시료번호	비례	총감한량	시료번호	비례	총감한량	시료번호	비례	총감한량	시료번호	비례	총감한량	시료번호	비례	총감한량
사장석	NI-7	55.149		NI-7	6.082										
알칼리 장석				N3-5	88.312		N3-5	92.656		N4-2	90.553		H19-6	82.556	
휘석	TJ-5	15.101	−68.09	N3-2	1.333	−52.17	N3-2	5.002	−25.88	N4-3	6.592	−29.70	H19-1	7.600	−26.92
감람석	TD-5	22.405		N3-1	2.192					N4-1	2.127		H19-3	8.943	
FeTi 산화물	TJ-7	7.343		N1-5	2.079		N1-5	2.340		N12-5	0.728		H19-4	0.899	

　(1) 사장석 구성의 결정분리는 과알칼리 마그마를 형성하는 주요 성인의 메커니즘이다. 현무암－조면암 단계에서 사장석은 분리광물의 55%를 차지하고 감람석, 휘석은 각각 22%, 15%를 차지한다.

　(2) 백두산기에 각종 유형의 마그마 진화 단계에서 알칼리장석, 즉 왜장석 계열은 분리 결정 광물의 80~92%를 차지한다. 이들의 진화는 주로 왜장석의 결정분리와 밀접한 관계를 갖는다는 것을 증명한다.

　위에서 설명한 사장석 반응계열 외에도 감람석, 휘석 등 불연속 반응계열이 마그마 진화 과정을 제어한다. 현무암질 마그마에서 알칼리 유문암질 마그마로의 진화 과정에 있어서 주요한 광물은 사장석, 감람석, 휘석의 반응계열이다.

<표 9-13> 백두산 천지 지역에서 내두산기－백운봉기 사장석, 감람석, 휘석의 조성변화

마그마 \ 광물	내두산기 초생 현무암	군함산기 진화 현무암	백산기 진화 현무암	백두산기 조면암	백두산기 알칼리 유문암	기상참기 알칼리 유문암	백운봉기 부석
사 장 석	비토나이트, 래브라도라이트	래브라도라이트	래브라도라이트	안데신, 올리고클레이즈, 파리장석 알칼리장석, 왜장석	왜장석	왜장석	왜장석
An	73±	64~53	60~52		13~0	0	0
감 람 석	크리솔라이트	투Fe감람석 MgFe감람석	MgFe감람석	Fe감람석	Fe감람석	Fe감람석	Fe감람석
Fo	86~82	63~50	50±	10~6	6~4	6~4	6
휘 석	투휘석 보통휘석	투휘석 보통휘석	보통휘석	이지린 CaFe휘석 (이지린휘석)	이지린휘석	이지린휘석	이지린휘석

　<표 9-13>에서 볼 때 현무암질 마그마가 알칼리 유문암질 마그마로 진화될 때 사장석은 비토나이트에서 점차 왜장석으로 진화되었다. 감람석은 크리솔라이트가 점차 Fe감람석으로 진화되었고 심지어 고철질 감람석까지 나타났다. 휘석은 투휘석, 보통휘석이 이지린휘석으로 진화되었다.

　Nathan 등(1978)의 양이온 분수법을 응용하여 계산된 결과를 <표 9-14>에 나타냈다. 이 표에는 각 주요 분출시대의 마그마챔버에서 각종 광물의 정출 순서를 나열하였다.

<표 9-14> 백두산 천지 지역에서 각 분출시대에 따른 마그마챔버 내의 광물 정출순서

분출 시대	광 물 정 출 순 서 및 마 그 마 온 도(℃)								
내두산기 초생 현무암 마그마	1,215.16 감람석	1,218.31 보통휘석	1,171.54 자소휘석	1,170.26 자철석	1,161.48 백류석	1,132.74 사장석	1,037.35 K-장석	1,002.76 하석	969.18 석영
군함산기 진화 현무암 마그마	1,159.12 보통휘석	1,157.21 감람석	1,152.32 자철석	1,137.04 사장석	1,122.37 자소휘석	1,083.02 백류석	1,036.41 K-장석	965.08 하석	938.22 석영
백산기 진화 현무암 마그마	1,172.80 자철광석	1,139.53 감람석	1,137.17 보통휘석	1,128.93 사장석	1,106.42 자소휘석	1,096.74 백류석	1,064.46 K-장석	983.92 하석	912.39 석영
백두산기 1단계 안산조면암 마그마	1,068.50 보통휘석	1,055.62 K-장석	1,054.33 자철석	1,050.54 감람석	1,026.83 사장석	1,016.79 백류석	1,013.47 자소휘석	889.35 하석	841.87 석영
백두산기 2단계 조면암 마그마	1,054.00 보통휘석	1,029.98 감람석	1,019.68 자철석	1,018.96 자소휘석	1,015.82 사장석	1,014.68 K-장석	953.97 백류석	862.43 하석	845.12 석영
백두산기 3단계 조면암 마그마	1,030.39 보통휘석	1,022.18 자철석	1,011.40 사장석	1,006.72 K-장석	1,005.91 감람석	983.25 자소휘석	934.67 백류석	869.90 석영	834.15 하석
백두산기 4단계 알칼리 유문암 마그마	1,035.19 보통휘석	1,019.00 자철석	1,011.95 감람석	1,008.04 자소휘석	1,007.01 사장석	994.07 K-장석	920.37 백류석	881.57 석영	824.54 하석
기상참기 알칼리 유문암 마그마	1,051.07 자소휘석	1,026.27 보통휘석	990.09 감람석	981.54 자철석	959.07 사장석	943.52 석영	929.33 k-장석	854.05 백류석	699.80 하석

3. 망천아 지역의 쿰즈형 진화 경향

망천아 지역의 화산암류는 본 구역에서 남부 장백현 북쪽 지역에 널리 분포되어 있는 현무암이다. 이 암석은 $Q-Ne-SiO_2$ 삼각도([그림 9-22])와 $Q-Ne-(FeO)/MgO$ 삼각도([그림 9-23])에서 쿰즈형 진화 경향을 뚜렷하게 나타낸다. SiO_2 함량과 FeO/MgO 비가 높아질 때 하석 노옴광물이 나타나지 않고 오로지 석영 노옴광물만 높아진다. 초생 마그마는 감람석 쏠리아이트이며 고Si 방향으로 진화되었다.

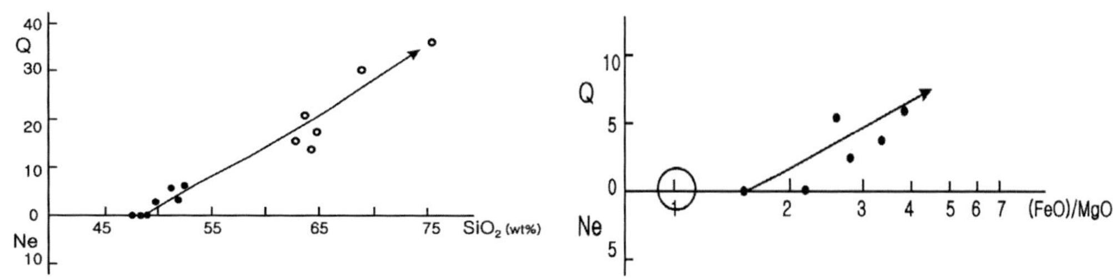

[그림 9-22] 망천아 지역 화산암류의 Q-SiO₂ 관계도   [그림 9-23] 망천아 지역 화산암류의
Q-FeO/MgO 관계도

AI-DI 관계도([그림 9-13])에서 현무암류와 조면암류-알칼리유문암은 선형 상관관계를 나타낸다. 상관계수 Υ는 0.9650이고 회귀방정식은 $AI=0.01272DI-0.041976$이다. [그림 7-7]에서 내두산기 장백 현무암과 망천아기 칼크알칼리 내지 알칼리 전이형 현무암질 마그마는 알칼리 유문암질 마그마로 진화되었다. 현무암류와 조면안산암 및 알칼리 유문암은 $(K_2O+Na_2O)-SiO_2$ 관계도에서 $\delta=1{\sim}3.5$ 범위에 투영되며 진화곡선은 $\delta=3$ 내외이며 $\delta=1$ 곡선에 거의 평행하다([그림 9-24]).

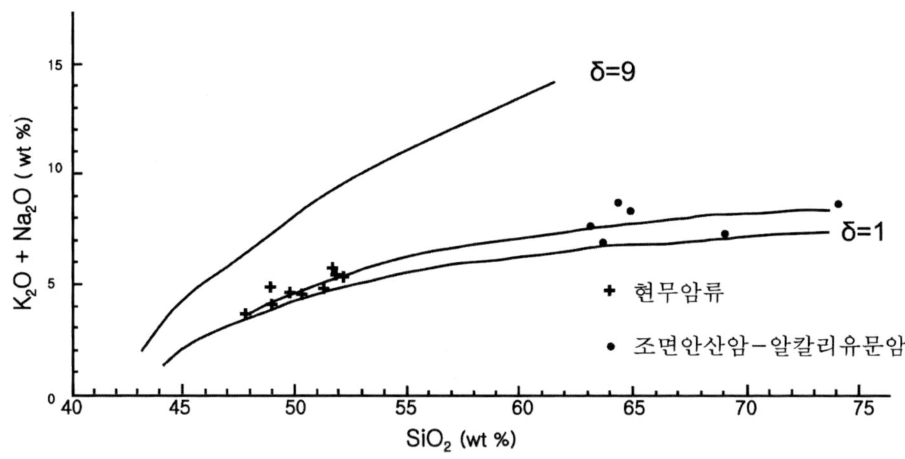

[그림 9-24] 백두산 망천아 지역 현무암-알칼리 유문암의 $(K_2O+Na_2O)-SiO_2$ 관계도.
1. 현무암류, 2. 조면안산암-알칼리 유문암

Na_2O-La 관계도에서 현무암류와 조면안산암-알칼리 유문암은 Na_2O 조성이 2.5~4.5%와 La 함량이 23~67ppm 범위에 도시되며 현무암류와 조면암류는 밀접하게 연속되는 특성을 나타낸다([그림 9-25]). Sm/Na-LI 관계도와 Sm·Nd-LI 관계도에서 현무암류

와 조면암류는 다 같은 하나의 진화곡선에 투영되는 쌍봉식 진화특성을 타나낸다[그림 9-25]). Rb·Sr-Li 관계도에서 Rb는 Li값의 증가에 따라 완만히 증가하는 추세지만, 반면에 Sr은 126.8ppm 높이에서 급격히 감소되며 홍두산기 알칼리 유문암에서 거의 0에 가깝게 되는 추세이다[그림 9-25]).

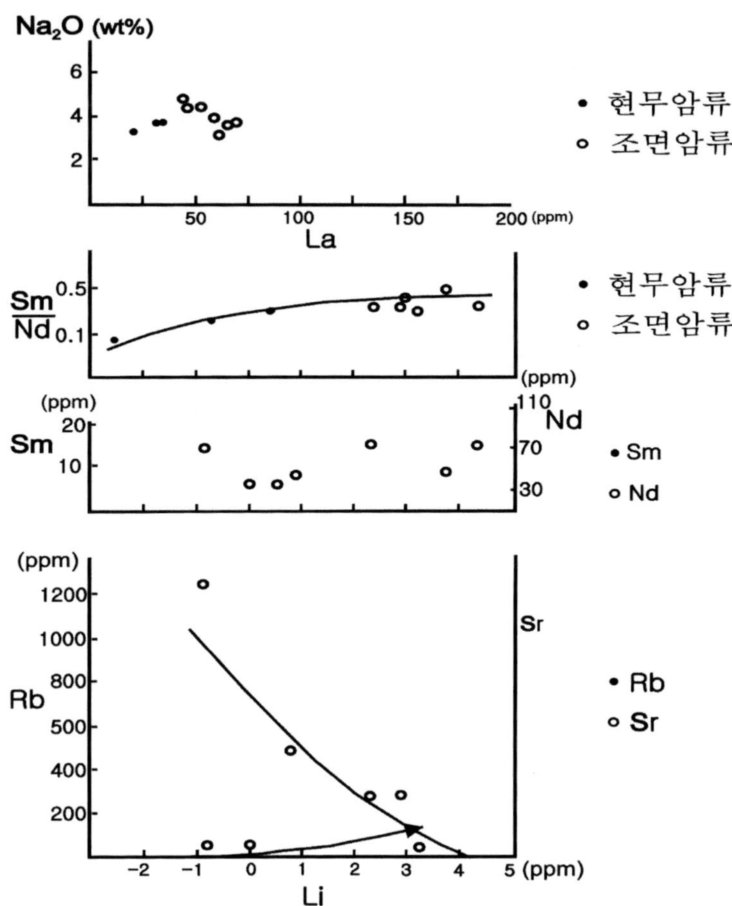

[그림 9-25] 망천아 지역 화산암의 Na₂O-La와 Sm/Nd, Sm, Nd, Rb, Sr-Li 관계도

망천아 지역에서 각 분출기 현무암에서 알칼리 유문암까지의 각종 산알칼리 지수 변화를 보면 아래와 같다(<표 9-15>).

<표 9-15> 망천아 지역에서 각 분출기 화산암류의 산-알칼리 지수

분출 시대	시료 수	AI	δ	SI	M	AR	FL	DI
마안산기	2	0.48	2.97	18.93	41.94	1.51	35.93	40.07
내두산기	5	0.51	3.25	25.12	56.37	1.48	40.37	42.45
망천아기	3	0.50	3.00	16.99	48.22	1.58	38.15	44.17
홍두산기	3	1.00	3.09	5.84		5.58	82.32	81.70

(1) AI, AR, FL, DI 지수는 모두 전기에서 후기로 가면서 증가되고 망천아 현무암과 홍두산기 조면안산암-알칼리 유문암 사이에서 급격하게 증가된다.

(2) δ값은 변화가 크지 않고 보통 3 내외에서 움직인다.

(3) SI, M 지수를 보면 각 분출기 현무암은 진화 현무암에 속한다.

(4) 현무암질 마그마와 조면암질 마그마는 동원 진화로서 쌍봉식 산물을 나타낸다.

마안산기 진화 현무암은 사장석 반정이 크고 많은 것이 특징이며 누대구조가 발달되어 있다. 이 사장석 누대는 내핵부에서 외연부로 An이 점점 감소되는 정누대 구조를 나타내고(<표 9-16>), 사장석류는 래브라도라이트에서 안데신으로 진화되었음을 설명한다.

<표 9-16> 마안산기 현무암 중에서 누대 사장석의 조성변화

광물	시료 번호	SiO_2	TiO_2	Al_2O_3	FeO	MnO	MgO	CaO	Na_2O	K_2O	합계	An
사장석	mb1-1	53.13	0.12	29.81	0.61	0.02	0.14	12.5	4.22	0.26	100.89	63.53
사장석	mb1-2	52.67	0.09	29.73	0.14	0.03	0.11	12.7	4.24	0.31	100.05	63.79
사장석	mb1-3	55.93	0.26	27.55	0.15	0.00	0.14	9.71	5.41	0.53	99.68	51.27
사장석	mb1-3'	58.42	0.38	24.07	0.86	0.02	0.43	8.75	5.46	1.30	99.72	48.44

누대가 커짐에 따라 SiO_2, Na_2O, K_2O 조성은 규칙적으로 증가되고 Al_2O_3, CaO 조성은 감소된다. 진화 현무암질 마그마의 각종 광물의 정출순서는 계산으로 결정할 수 있으며 그 순서는 사장석(1,236.75℃), 보통휘석(1,189.76℃), 감람석(1,176.86℃), 자소휘석(1,158.76℃), 자철석(1,153.29℃), 백류석(1,105.58℃), K-장석(1,102.90℃), 석영(1,065.49℃), 하석(898.09℃) 순이다.

<표 9-17> 내두산기, 망천아기 현무암과 홍두산기 안산조면암 내의 누대 사장석의 조성변화

분출 시대	시료 번호	광물	SiO$_2$	TiO$_2$	Al$_2$O$_3$	FeO	MnO	MgO	CaO	Na$_2$O	K$_2$O	합계	An
내두산기	Cb6-1	사장석	57.13	0.03	26.79	0.18	0.00	0.05	7.47	6.98	1.56	100.19	38.55
	Cb6-1	사장석	53.45	0.03	29.82	0.43	0.00	0.04	9.45	4.79	2.37	100.38	53.56
	Cb6-2	사장석	52.38	0.03	30.24	0.36	0.00	0.04	12.32	4.21	0.65	100.24	63.18
	Cb6-3	사장석	65.94	0.03	18.47	0.12	0.00	0.04	0.52	3.94	10.08	99.75	7.18
망천아기	Wb7-1	사장석	51.14	0.11	30.30	0.32	0.02	0.16	13.00	3.73	0.31	99.09	67.14
	Wb7-2	사장석	56.50	0.17	26.13	0.48	0.00	0.06	8.34	6.23	1.26	99.17	43.97
	Wb7-3	사장석	57.42	0.42	24.14	0.71	0.48	0.15	7.05	6.18	2.64	99.19	40.08
홍두산기	Wb8-1′	사장석	58.09	0.05	26.35	0.10	0.00	0.05	8.41	6.48	0.70	100.23	43.21
	Wb8-1	사장석	57.48	0.08	26.78	0.26	0.00	0.05	8.90	6.15	0.79	100.50	45.90
	Wb8-2	사장석	57.81	0.06	26.32	0.28	0.00	0.00	8.25	6.44	0.82	99.94	42.89
	Wb8-3	사장석	58.11	0.03	26.07	0.28	0.00	0.05	7.73	6.63	0.84	99.73	40.60
	Wb8-4	사장석	58.54	0.03	25.87	0.21	0.00	0.02	7.26	6.93	1.02	99.88	38.05
	Wb8-5	사장석	58.98	0.03	25.64	0.18	0.00	0.04	7.39	7.34	0.96	100.55	37.12
	Wb8-6	사장석	57.86	0.03	26.31	0.22	0.00	0.03	7.31	6.84	0.93	99.53	38.52
	Wb8-7	사장석	56.97	0.03	27.16	0.20	0.00	0.05	7.83	6.70	1.03	99.96	40.66

　　내두산기 장백 현무암에서 홍두산기 알칼리 유문암은 동원구조 환경에서의 마그마 진화에 의한 산물이다. 장백 현무암 중에 있는 사장석 누대는 An이 38.5부터 63.18로 증가되다가 반대로 급속히 정누대로 변화된다(<표 9-17>). 초기에는 역누대로 성장하다가 말기에 급격히 정누대로 변화되었다. 이런 현상의 발생은 마그마의 냉각조건과 관계된다. 결정작용은 온도가 액상선 이하로 하강되었을 때 시작된다. 즉 1,170℃ 내외에서 정출되고 사장석 조성 An은 38.55이다. 이때 결정은 잠재열이 방출되면서 온도는 1,200℃로 상승되거나 혹은 1,300℃일 때 각각 정출되는 사장석 조성은 An=53.63과 63.18이다. 마지막에 사장석은 마그마에 의해 융식된 후에 An=7.18 조성의 알바이트 누대를 형성하였다(<표 9-17>, [그림 9-26]).

　　망천아기 현무암 중의 사장석 누대는 정누대 구조이고 내핵부에는 An=67.14인 래브라도라이트이고 외연부에서 An=43.97~40.08로서 안데신에 속한다(<표 9-17>, [그림 9-26]).

　　홍두산기 안산조면암 내의 사장석도 누대구조가 잘 발달 되어 있다. 이 누대는 내핵부에서 외연부로 가면서 An가 45 내외로부터 낮아지는 정누대 구조를 나타낸다. 그러나 마그마가 과냉각 혹은 P_{H_2O} 상승 등의 영향으로 인하여 발생되는 역누대 현상이 나타난다. 마그마에서 사장석 누대의 조성변화는 모두 안데신에서 진행되며 전체적으로 완만하

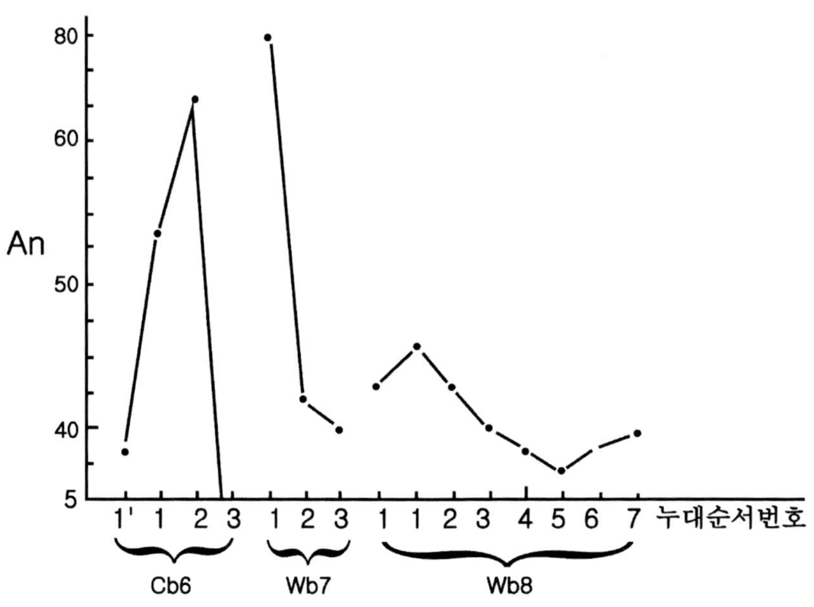

[그림 9-26] 망천아 지역 화산암류의 누대 사장석의 조성 변화도

게 하강된다. 각 누대의 주원소 변화를 보면 장백 현무암에서 사장석 누대는 내핵부에서 외연부로 가면서 SiO_2, Na_2O 함량이 규칙적으로 증가한다. 망천아기 현무암에서 사장석 누대는 정반대로 SiO_2, Na_2O+K_2O, TiO_2 함량이 규칙적으로 증가되고 Al_2O_3, CaO 함량이 규칙적으로 감소된다. 홍두산기 안산조면암에서 사장석 누대는 규칙성이 미약하지만 CaO 함량이 8.41에서 점점 7.3 내외로 감소된다. 또한 Na_2O+K_2O 함량은 7.1 내외에서 8.9 내외로 증가된다. 망천아 지역에서 각 분출시대에 따른 마그마챔버 내의 광물 정출순서는 계산하여 <표 9-18>에 표시하였다.

<표 9-18> 망천아 지역에서 각 분출시대에 따른 마그마챔버 내의 광물 정출순서

분출 시대	광물 정출순서와 마그마 온도 (℃)								
마안산기	1,156.34	1,150.72	1,138.85	1,119.32	1,103.47	1,064.22	1,023.41	951.88	940.11
	사장석	보통휘석	감람석	자소휘석	자철석	백류석	K-장석	석영	하석
내두산기	1,170.49	1,169.41	1,148.47	1,145.41	1,143.11	1,093.22	1,029.76	967.95	932.02
	감람석	보통휘석	자철석	사장석	자철석	백류석	K-장석	석영	하석
망천아기	1,174.75	1,160.76	1,145.67	1,127.11	1,108.88	1,057.01	1,036.08	951.07	945.24
	자철석	사장석	보통휘석	감람석	자소휘석	백류석	K-장석	석영	하석
홍두산기	1,092.10	1,074.49	1,035.46	1,034.04	1,012.29	980.25	960.59	921.58	743.69
	자소휘석	보통휘석	감람석	자철석	사장석	K-장석	석영	백류석	하석

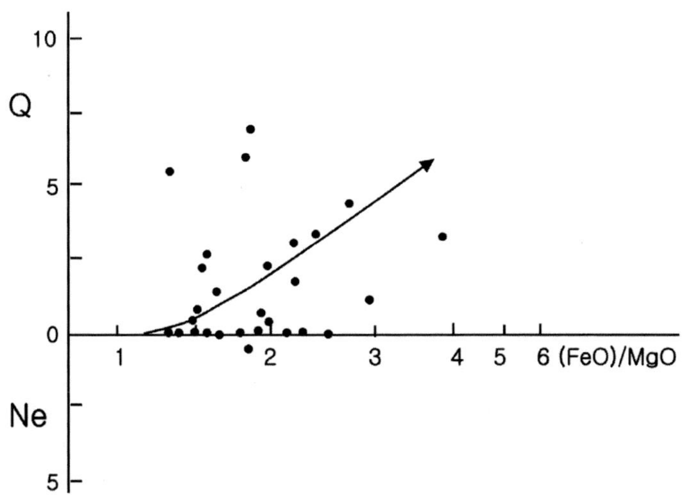

[그림 9-27] 압록강-두만강 하곡 지역 화산암류의 Q-FeO/MgO 관계도

4. 압록강-두만강 하곡 지역의 현무암질 마그마 진화 경향

이 지역에서 현무암질 마그마는 압록강-두만강 하곡을 따라 분포되는 열극을 따라 분류되었다. $Q-Ne-FeO/MgO$ 삼각도에서 FeO/MgO 비가 높아짐에 따라 거의 전부 석영 노옴광물이 나타난다([그림 9-27]).

다만 백산기 영광탑 현무암에서 하석 노옴광물이 존재하는데 이는 하곡 지역 현무암질 마그마가 쿰즈형 진화경향을 따른다는 것을 의미한다. 초생 현무암질 마그마는 연강촌기 감람석 쏠리아이트(일부분 평정촌 현무암을 포함)이며 이 감람석 쏠리아이트가 석영 쏠리아이트로, 즉 고Si 방향으로 진화된다.

$(Na_2+K_2O)-SiO_2$ 관계도에서 대다수 시료는 비알칼리 범위에 도시되고 일부분이 알칼리 범위에 도시된다([그림 9-28]). 즉 알칼리에서 비알칼리로 진화되었음을 나타낸다. 이 하곡 지역에서 각 분출기의 현무암은 지수 변화가 비교적 산만하고 규칙성을 찾기 힘들다(<표 9-19>). 특징적인 지수에서 알 수 있듯이 각 분출기 현무암 중에 연강촌기 현무암을 제외한 전부는 진화 현무암의 특성을 갖는다. 그러나 사장석 반정 등의 발달 상황을 보면 군함산기, 백산기, 광평기 등의 현무암질 마그마는 상승과정 중에 어떤 위치에서 상당 동안 머물면서 지각 마그마챔버를 이루고 여기서 결정분리작용을 일으켰던 것으로 생각된다.

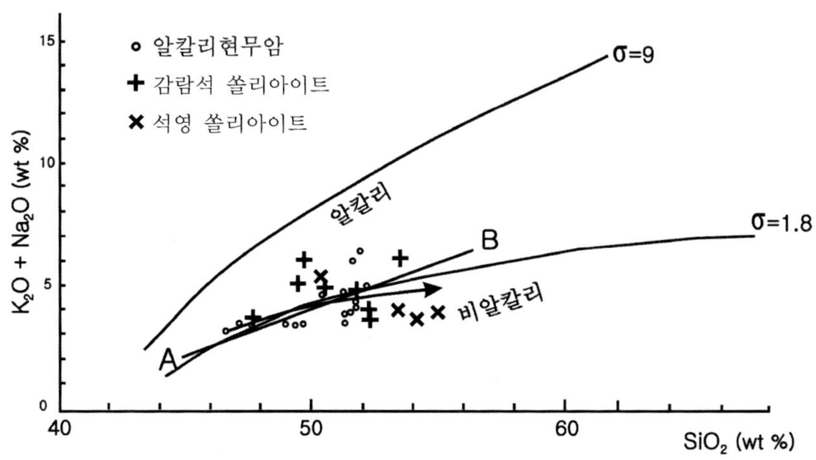

[그림 9-28] 압록강-두만강 하곡 지역 현무암의 $(Na_2 + K_2O)-SiO_2$ 관계도

<표 9-19> 압록강-두만강 하곡 지역 현무암류의 각종 지수

분출시대	시료 수	AI	δ	SI	AR	FL	M	DI
평정촌 현무암	7	0.36	1.59	30.92	1.35	30.28	59.98	31.07
연강촌기 현무암	3	0.36	2.94	35.17	1.36	29.39	68.55	30.06
군함산기 현무암	6	0.51	3.75	20.99	1.67	43.92	52.46	43.98
영광탑 현무암	3	0.44	3.96	26.76	1.49	35.75	54.18	37.49
두만강 현무암	6	0.46	3.40	22.83	1.53	37.04	54.65	41.52
광평기 현무암	7	0.43	2.15	27.04	1.44	34.18	57.26	37.32

제4절 각 분출기의 마그마챔버 심도 계산

1. 진화 현무암질 마그마챔버의 심도 계산

가. 증봉산 지역의 내두산기 증봉산 현무암질 마그마챔버의 심도 계산

French 등(1981)에 의하면 현무암에서 감람석(Ol), 사장석(Pl), 휘석(Py) 등의 광물조합이 공생관계를 이룬다면 광물평형선은 A선이다. 만약 현무암에서 광물조합이 석류석(Ga), 휘석이 공생관계를 가진다면 광물평형선은 B선이다([그림 9-29]).

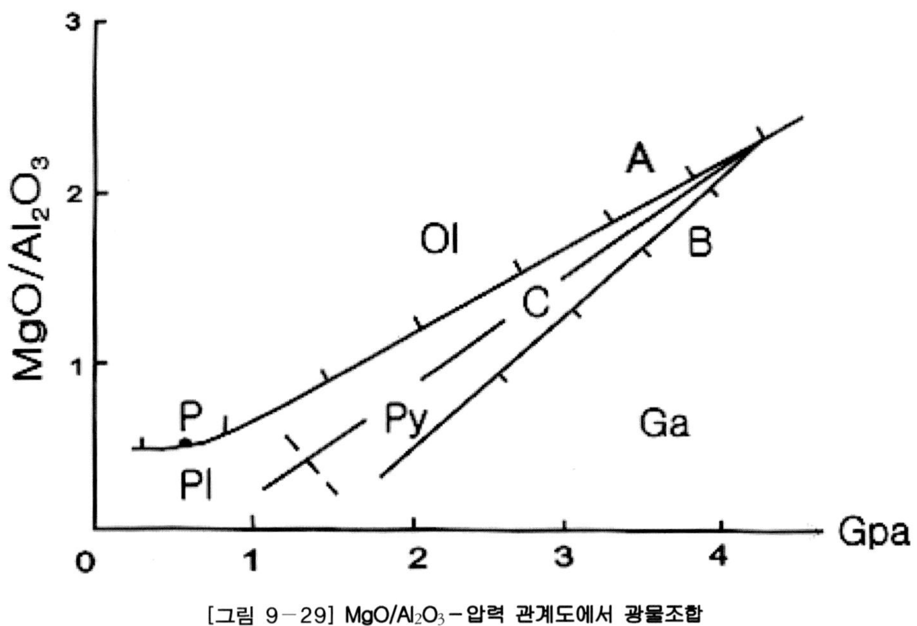

[그림 9-29] MgO/Al₂O₃-압력 관계도에서 광물조합

금번 연구에서는 French 등(1981)이 제안한 MgO/Al₂O₃-압력 관계도에서 광물조합을 응용하여 진화 현무암질 마그마챔버 중의 평형결정의 압력을 구하고 33을 곱하여 심도를 계산하였다. 그리고 본 지역에서 광물 평형선은 백두산 구역의 실제상황을 고려하여 A선과 B선의 등분선으로 결정하였다.

중봉산 지역의 초생 현무암질 마그마는 기저부층에서 채취한 C254 시료의 감람석 쏠리아이트를 이용하였다. 이 감람석 쏠리아이트는 $M=60.01$이고 점도가 $Ln\eta=3.58$이다. 심도 계산은 제2절에서 설명했던 바와 같이 계산하면 원시 마그마챔버의 심도는 40km이다. 중봉산 현무암 대부분은 진화 현무암에 속한다. 이 진화 현무암은 MgO/Al₂O₃ 비가 0.12이고 평형결정의 압력이 0.7GPa이며 마그마챔버 심도가 23km 내외이다.

나. 천지 지역 각 분출기의 진화 현무암질 마그마챔버의 심도 계산

내두산기 초기에 분출된 황송포 초생 현무암질 마그마의 형성심도는 102.3km이다(제2절에서 계산과정을 서술하였음). 내두산 중·후기 현무암은 진화 현무암질 마그마 성질을 갖고 있다. 그러나 주요 지수 M, S1 및 점도 등이 초생 현무암질 마그마의 수치에 해당된다. MgO/Al₂O₃ 비가 0.77이고 평형 결정의 압력이 1.7GPa이며 심도가 56km이다. 휘석 거정과 동원 감람암 내포체는 이 시기의 마그마챔버에서 분리된 것으로 짐작된다.

천양기 현무암은 SI=31.97, M=59.43 Lnη=6.74, MgO/Al$_2$O$_3$=0.142이고 평형결정 압력이 0.75GPa이며 심도가 25km 내외이다.

군함산기 현무암은 SI=30~10.8, M=59~39, Lnη=7.16~9.11, MgO/Al$_2$O$_3$=0.4이며 평형결정 압력이 1.3GPa이고 심도가 43km이다.

백산기 현무암은 SI=18~13, M=54~43, Lnη=7.61~7.98, MgO/Al$_2$O$_3$=0.27이며 평형결정 압력이 1.0GPa이고 심도가 33km 내외이다.

쌍봉 현무암은 SI=22.78~17.68, M=49, Lnη=7.04~8.60, MgO/Al$_2$O$_3$=0.39이며 평형결정 압력이 1.2GPa이고, 심도가 40km 정도이다.

노초동 현무암은 SI=25.75~19.82, M=67.95~52.84, Lnη=7.58~8.18, MgO/Al$_2$O$_3$=0.32이며, 평형결정 압력이 1GPa이고, 심도가 33km 내외이다.

다. 망천아 지역의 진화 현무암질 마그마챔버의 심도 계산

내두산기 장백 현무암은 기저부층에서 감람석 쏠리아이트를 산출한다. 이 쏠리아이트는 SI=36.8, M=66.17, Lnη=3.45이고, 초생 현무암질 마그마 특성을 가지며 형성심도가 약 52km이다. 중상부층의 현무암은 SI=28~17, M=61~48, Lnη=6.52~11.89이며 진화 현무암질 마그마에 속한다. 또한 MgO/Al$_2$O$_3$=0.35이며, 평형결정 압력이 1.1GPa이고 심도가 약 36km이다.

망천아기 현무암은 SI=20.27~14.01, M=52~43, MgO/Al$_2$O$_3$=0.27이고, 평형결정 압력은 0.9GPa이고 심도는 30km이다.

라. 압록강-두만강 하곡 지역의 현무암질 마그마챔버의 심도 계산

연강촌기 평정촌 현무암은 기저부층에서 감람석 쏠리아이트를 산출한다. 이 쏠리아이트는 SI=32.10~29.62, M=61.89~58.50, Lnη=5.27~8.01이며 초생 현무암으로 확인되고 형성심도가 49km이다. 상부층에서 현무암은 진화 현무암질 마그마에 속하며 MgO/Al$_2$O$_3$=0.46이고, 평형결정 압력이 1.3GPa이고 심도가 43km이다.

연강촌기 연강촌 현무암은 SI=36~34, M=69~68, Lnη=3.32~6.28이고, 초생 현무암질 마그마에 속하며 형성심도가 70km이다.

군함산기 현무암은 SI=24~17, M=59.92~47, Lnη=6.24~8.01, MgO/Al$_2$O$_3$=0.3이며,

평형결정 압력이 1.35GPa이고 심도가 43km 내외이다.

백산기 두만강 현무암은 SI=30~20, M=64~45, Lnη=6.02~10.11, MgO/Al₂O₃=0.42이고, 평형결정 압력이 1.3GPa이고 심도가 43km이다.

광평기 현무암은 SI=31~23, M=60~52, Lnη=6.74~7.70, MgO/Al₂O₃=0.45이고, 평형결정 압력이 1.3GPa이고 심도가 43km 내외이다.

2. 안산조면암-알칼리 유문암 마그마챔버의 심도계산

조면암질 마그마챔버의 심도 계산은 우쇠원 등(1980)이 제안한 Q-Ab-Or-H₂O 계에 도시하는 방법으로 압력을 구하고 심도를 확정할 수 있다.

백두산기 제1, 2단계의 조면암질 마그마 성질은 거의 동일하고 [그림 9-30]에 도시한 결과 밀집부의 압력이 P=6~13kPa 범위이고 최고 밀집부의 압력은 10kPa이다. 따라서 마그마챔버의 심도는 33km 내외이다.

백두산기 제3단계의 조면암-알칼리 유문암은 압력이 11~8kPa 범위와 7~3kPa 범위에 도시된다([그림 9-31]). 이들은 최고 밀집부의 압력이 각각 9kPa, 5.5kPa이다. 제4단계에서 알칼리 유문암과 흑요암이 다량 분출된 점을 고려하여 제3단계의 마그마챔버 심도를 30km로 확정하고 제4단계의 마그마챔버 심도를 15~20km로 확정하였다.

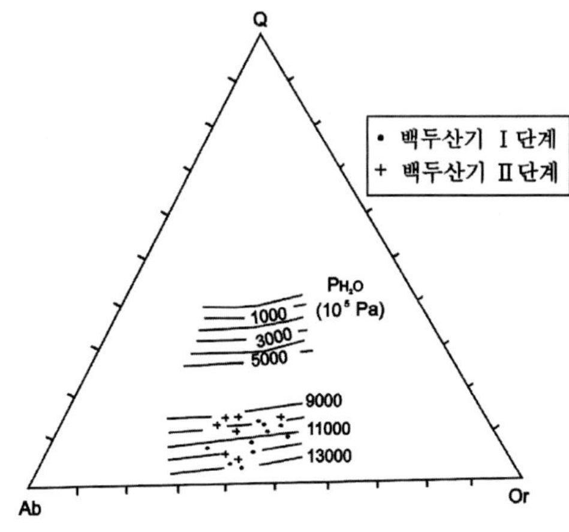

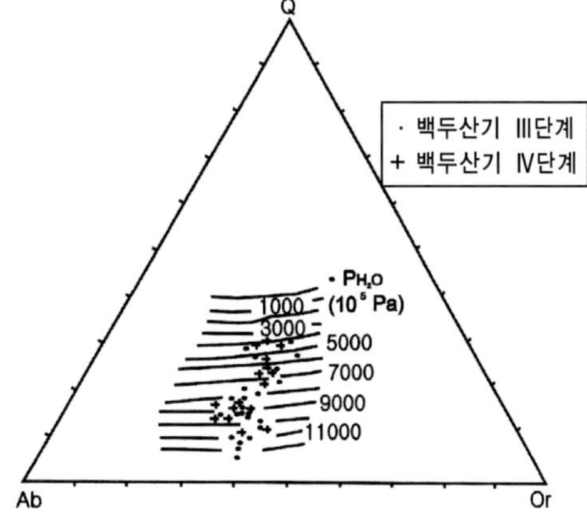

[그림 9-30] 천지 지역에서 백두산기 제1, 2단계 조면암류의 Q-Ab-Or-H₂O 계에서 등압선과 밀집부

[그림 9-31] 천지 지역의 백두산기 제3, 4단계 조면암-알칼리유문암의 Q-Ab-Or-H₂O 계에서 등압선과 밀집부

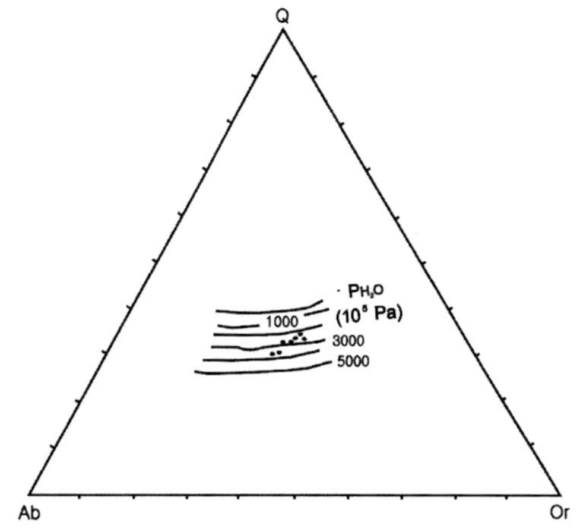

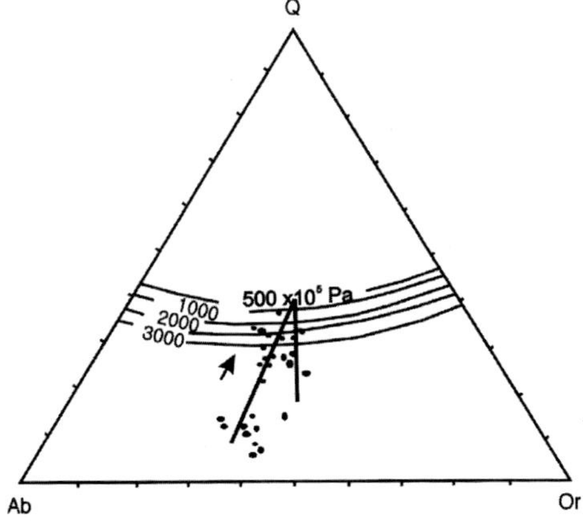

[그림 9-32] 천지 지역에서 기상참기 알칼리 유문암의 Q-Ab-Or-H₂O 계에서 등압선과 밀집부

[그림 9-33] 천지 지역 홀로세 용결응회암 및 화산회의 조성 추세선도

기상참기 알칼리 유문암은 흑요암이 증가되고 압력이 2~4kPa 범위이고 3kPa 부근에서 최대로 밀집된다([그림 9-32]). 흑요암이 대량 분출된 것을 고려하면 마그마챔버의 압력은 2.5kPa로 확정할 수 있고 심도가 약 8㎞로 계산된다.

흑요암 중에는 왜장석과 석영 반정이 조합되어 있다. 이는 마그마가 이미 장석-석영 고상선에 도착되었음을 의미한다. Luth 등(1964)은 실험을 통하여 압력의 증가에 따라 산성계통의 장석-석영 고상선이 장석 방향으로 움직인다는 것을 알게 되었다. 압력이 3.6kPa에 도달했을 때 장석 고상선은 점변하여 공융선으로 되고 장석과 석영 조합이 나타났다. 이러한 원리에 의하여 탕더펑은 천지 알칼리 유문암-흑요암에 대한 마그마챔버의 압력을 2~3kPa라고 제안하였다.

홀로세 빙장기, 백운봉기, 팔괘모기 등의 화쇄류암과 화산회에 대한 마그마챔버의 심도 계산은 미국 네바다주의 화산회 조성추세선(Lipaman, 1966) 투영법에 의하여 구하였다. Q, Ab, Or 노옴광물은 Q-Ab-Or-H₂O 계에서 도시점의 연결선(조성 경향선)과 계에서 상이한 압력 최저점의 연결선과의 교차점 압력이 지표부근에 있는 마그마챔버 지붕의 압력을 반영한다. 홀로세의 용결 응회암, 부석 및 화산회의 Q, Ab, Or 노옴광물을 Q-Ab-Or-H₂O 계([그림 9-33])에 도시하고 도시점들의 연결선과 최저압력점 연결선과의 교차점이 홀로세 화쇄류암 및 화산회에 대한 마그마챔버의 압력이 된다. 여기서 압력 P는 0.5kPa이고 마그마챔버의 지붕심도는 0.5×33=1.65㎞이다.

두서기 알칼리 유문암은 Q−Ab−Or−H$_2$O 계에서 도시점의 압력범위가 3~9kPa이고 그 중에서 최고 밀집부의 압력이 6kPa이며 마그마 심도가 20㎞에 해당된다. 마지막에 분출된 알칼리 유문암은 마그마챔버 압력이 2kPa이고 심도가 7㎞ 내외이다.

각 분출기에 따른 마그마챔버의 온도, 심도 등을 아래 <표 9−20>에 상세하게 나타내었다.

<표 9−20> 백두산 구역에서 각 분출시대의 마그마챔버의 온도, 압력과 심도

지역	분출시대	초생 현무암질 마그마 온도 (℃)	압력 (GPa)	심도 (㎞)	진화 현무암질 마그마 온도 (℃)	압력 (GPa)	심도 (㎞)	조면암질 마그마 온도 (℃)	압력 (GPa)	심도 (㎞)	알칼리 유문암질 마그마 온도 (℃)	압력 (GPa)	심도 (㎞)
증봉산지역	내두산기	1,270	1.2	40	1,130	0.7	23						
천지 지역	내두산기	1,320	3.1	102.3	1,260	1.7	56						
	천양기				1,220	0.75	25						
	두서기											0.02	7
	군함산기				1,180	1.3	43						
	백산기				1,180	1.0	33						
	백두산기 Ⅰ.Ⅱ							1,070	0.1	33			
	백두산기 Ⅲ							1,140	0.09	33			
	백두산기 Ⅳ							1,040	0.05~0.06	15~20			
	기상참기										1,055	0.025	8
	홀로세										1,070	0.005	1.65
망천아 지역	마안산기				1,250	0.9	30						
	내두산기	1,250	1.5	51.8	1,180	1.1	63						
	망천아기				1,180	0.9	30						
	홍두산기							1,095	0.06	20		0.02	7
압록강−두만강 하곡 지역	연강촌기	1,270	2.1	69.3	1,250	1.3	43						
	군함산기				1,230	1.0	33						
	백산기				1,210	1.3	43						
	광평기				1,210	1.3	43						

제5절 마그마 기원과 진화

1. 내포체 유형과 마그마 기원

백두산 구역에서 잔류 내포체와 동원 내포체 두 가지 유형이 발견된다. 잔류 내포체는 상부 맨틀암을 대표하고 화학조성은 산동성 산왕과 길림성 왕청노묘의 러졸라이트 내포체와 기본적으로 같다. 모델화한 상부 맨틀암과 비교하면 Mg, Al이 높고 Ti, Fe, Ca, Na, K가 낮은 상부 맨틀이 부분용융 된 결핍형 내포체이다. 지구의 상부 맨틀암과 비교하면 대륙형 상부 맨틀암에 유사하지만, Al, Na가 높은 편이고 Fe, Mg가 낮은 편이다.

황송포 내포체를 함유하는 알칼리 감람석 현무암은 백두산 천지 지역의 각 분출기 진화 현무암질 마그마의 원시 마그마를 대표한다. 이 마그마는 102.3㎞ 심도의 연약층 정상부에서 러졸라이트 부분의 용융에 의해 형성되었으며 F값이 9~10%, T=1,320℃, P=2.6~3.2GPa이다.

연강촌 감람석 쏠리아이트와 평정촌 감람석 쏠리아이트는 M=68.20~69.07, S1=34.43~36.08로서 압록강−두만강 하곡 지역의 원시 현무암질 마그마를 대표한다. 이 마그마는 T=1,270℃, P=2.1~1.6GPa이고 마그마 기원심도가 69.3㎞이며 상부 맨틀의 부분용융으로 형성되었다.

삼남리 감람석 쏠리아이트는 M값이 66.17이고 S1값이 36.08이며 T가 1,250℃이다. 또한 압력이 1.5GPa이고 심도가 약 51.8㎞이며 역시 상부 맨틀의 부분용융으로 형성되었다. 이 마그마는 망천아 지역에서 진화 현무암질 마그마에 대한 원시 현무암질 마그마이다.

2. 현무암질 마그마의 진화 유형

백두산 지역에서 현무암류는 초생 현무암과 진화 현무암으로 나눌 수 있다. 초생 현무암은 대부분 진화되어 진화 현무암이 되었다. 일부는 분화작용 없이 직접 지표에 분출되었다. 일반적으로 중심 분출되었던 초생 현무암질 마그마는 대부분 진화 현무암질 마그마로 진화되었다. 균열 분출되었던 대부분은 분화작용을 거치지 않았거나 혹은 약한 분화를 거쳐 단열대를 따라 지표에 분출되고 일부가 진화되어 진화 현무암이 되었다.

진화 현무암질 마그마는 분화가 좋은 현무암-조면암-알칼리 유문암 마그마와 분화되지 않았거나 혹은 약하게 분화된 현무암질 마그마들의 두 가지 유형으로 나눈다. 진화 현무암질 마그마의 분화는 케네디형, 쿰즈형, 스트래들-B형 등의 3가지 유형이 있다. 압록강-두만강 하곡의 현무암은 대부분 알칼리 계열의 진화경향에 속하지 않고 미분화형 비알칼리 계열이다.

3. 현무암류가 조면암-알칼리 유문암으로의 진화 기구

현무암이 조면암으로 진화되는 것은 주로 사장석의 반응계열과 관계된다. 사장석 누대구조의 전자현미분석으로 증명한 것처럼 사장석은 다수가 정누대에 속한다. 이 누대는 내핵부가 래브라도라이트이고 외연부가 안데신-올리고클레이즈로 조성변화를 나타낸다. 사장석 계열의 결정분리는 전체 분리광물의 55%를 차지한다.

조면암이 알칼리 유문암으로 진화된 것은 주로 왜장석의 반응계열에 관계된다. 백두산기 제1~4단계에서 왜장석은 전체 분리광물의 80~90%를 차지한다. 따라서 마그마 진화는 이 왜장석의 분리결정과 관계된다. 전체적으로 마그마 진화는 주로 분별결정작용이고 여기에 중력분리작용도 수반된다.

4. 진화 현무암질 마그마챔버와 조면암질 마그마챔버의 심도 계산

French 등(1981)이 제안한 MgO/Al_2O_3-GPa 관계도에 도시한 광물조합으로 진화 현무암질 마그마챔버의 심도를 계산할 때 아래와 같은 문제가 발생한다. 즉 현무암질 마그마챔버 심도가 10㎞ 내외일 때 만약 B선과의 교차점에 도시된다면 계산된 심도는 실제보다 더 깊어져서 초생 현무암질 마그마 심도에 접근하게 된다. 따라서 본문에서 백두산 구역 현무암 중에 백류석(leucite)이 나타날 가능성이 있다는 근거에 의하여 A선과 B선 사이에 이등분 C선을 긋는다[그림 9-29]. 먼저 MgO/Al_2O_3 비와 C선의 교차점을 구하고 다음에 압력(GPa) 가로좌표에서 이 교차점에 대한 압력을 구하며 3.3을 곱하여 심도를 계산한다. 이렇게 얻은 마그마챔버의 심도는 지각분층 경계면과 비교적 잘 부합된다. 진화 현무암질 마그마챔버는 대부분 모호면과 K면에 위치하고 있으며 그 심도가 45~20㎞이다.

조면암질 마그마챔버의 심도는 위쇠원 등(1980)이 제시한 $Q-Ab-Or-H_2O$ 계에서 도시법으로 계산된다. 그 결과 백두산기 제1, 2단계에 조면암질 마그마챔버는 33km 심도에 위치한다. 제3, 4단계에 조면암－알칼리 유문암 챔버는 그 심도가 각각 30km와 15～20km 에 놓인다. 기상참기 알칼리 유문암질 마그마챔버는 그 심도가 8km 내외이다.

5. 성층 마그마챔버의 최신 성과

쟝쟌 등(1995)이 천지 지역에서 광역전자기탐사를 진행하여 얻은 마그마챔버의 위치와 형태에 대한 결과는 아래와 같다.

(1) 단면에서 3부분으로 나눌 수 있다. 즉 남단 고저항 지역(w3～w5), 천지 칼데라와 북 동부 저저항 지역(n6～n2), 남단 고저항 지역(n1) 등이다([그림 9－34]).

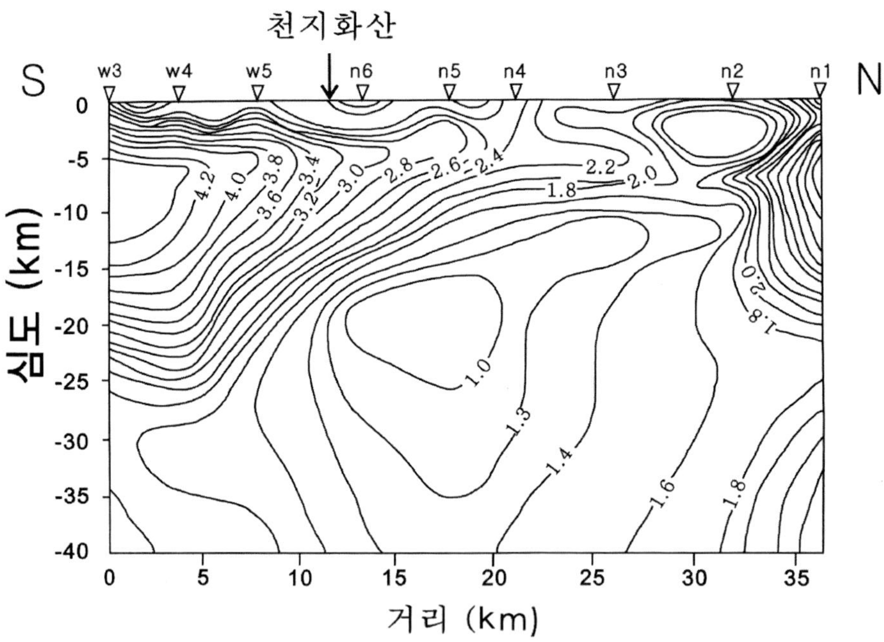

[그림 9－34] 북북동 단면의 2개면에서 환산한 광역전자기탐사 결과

(2) 심도의 변화에 따라 저저항체와 고저항체가 나타난다. 약 1～2km 지표 피복층 아래 에 두께 10～15km 되는 고저항체가 있다. 그 아래에는 일반적으로 심도 12～20km 범위에 저저항체가 있다. 이 저저항체는 지표에서 남서쪽으로 깊어지는 추세이고 칼데라 아래 약

12㎞ 지점에 있는 저저항체는 북동쪽으로 얕아지는 형태이다.

(3) 단면 중부(w5~n3) 아래의 저항체는 마그마챔버와 대응되며, 이의 심도는 12~40㎞ 사이에 있다. 이 챔버는 상부가 넓고 하부가 좁아지는 형태를 가진다.

(4) 단면 북단 n2와 n1 사이에 단층이 있는가에 대해서는 기타 자료를 결합하여 분석한다.

(5) 마그마챔버는 천지 칼데라 북쪽에 위치하며 화산지진의 진앙분포와 일치된다.

(6) 마그마챔버의 밑뿌리를 찾기 위해 앞으로 더 깊게 연구할 필요가 있다.

필자들은 상술한 심부 최신자료와 유묘신 등(1998)의 성층 마그마챔버 원리에 근거하여 백두산 천지 지역에서의 현재 화산활동 모델도를 작성하였다([그림 9-35]).

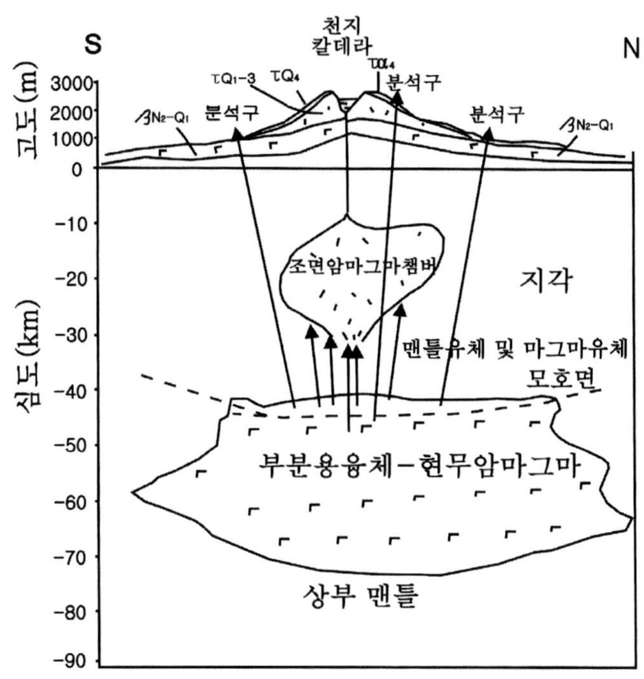

[그림 9-35] 백두산 천지 지역의 현재 화산활동 모델도. βN₂-Q₁, 플라이오세-조기 플라이스토세 현무암; τQ₁-3, 플라이스토세 조면암류; τQ₄, 홀로세 조면암질 화성쇄설물

백두산 천지 지역에서 모호면 심도는 45~46㎞이다. 심도 40~70㎞ 사이에 상부 맨틀이 부분용융 한 현무암질 마그마의 큰 저장고가 형성되어 있음을 추측할 수 있다. 지각 중에는 K면을 상하로 하여 12~30㎞ 사이에 조면암-알칼리 유문암질 마그마챔버를 형성하

고 있다. 이 챔버의 지하분포는 천지 칼데라에서 북북동 방향(이도백하 쪽)으로 놓여 있다. 1199~1200년 대폭발은 이 모델 형식에 따라 동력을 얻어 발생됐던 것으로 짐작된다.

상부 맨틀에 형성된 부분용융체 현무암질 마그마는 끊임없이 휘발성 기체와 액체를 상승시켜 조면암질 마그마챔버를 가열시켜 마그마작용을 촉진시켜 보다 많은 휘발성 기체 등을 마그마챔버의 지붕 중앙부에 집결시켰다. 극히 강해진 기체상승에너지는 천지 칼데라의 약한 틈을 이용하여 지표에 대폭발시킨 것이다. 앞에서 계산한 홀로세 각 분출기의 화쇄류와 플리니언 부석 및 화산회에 대한 마그마챔버는 1.65㎞ 심도에 놓이는 것으로 확정했는데 이는 화산폭발 분연주의 지하부분에 해당되는 마그마챔버 상부에서 발생되는 용리면의 심도에 일치된다.

백두산기부터 팔괘모기까지의 분출물은 대부분 조면암-알칼리 유문암으로 이루어졌다. 각 분출기 혹은 분출단계 사이에 현무암질 마그마의 분출활동도 주기적인 규칙성을 가지며 발생되었다. 천지 칼데라 주위에는 작은 기생화산이 분포되어 있으며, 이들의 분화구로부터 대부분 플리니언 분출에 의한 강하와 회류 화성쇄설층이 부석구 혹은 넓은 화쇄류층을 형성하였다. 마그마의 분화윤회는 현무암질 마그마에서 조면암질 마그마 → 알칼리 유문암질 마그마로의 순서를 밟았다. 그러나 백두산기에서 팔괘모기의 조면암-알칼리 유문암이 분출되는 사이에(혹은 동시) 현무암이 주기적으로 분출되어 많은 분석구를 이루었는데, 이는 그 성인이 정상적인 마그마의 분화에 의한 것이 아니고 다른 성인 메커니즘으로 해석된다.

지구는 표면지각의 두께가 지역마다 다르고 천지개벽을 하는 구조운동이 발생되는 것도 지각중력균형 이론과 밀접한 관계가 있다. 백두산 천지화산에서 발생되었던 조면암류-현무암류-조면암류-현무암류로의 주기적 분출도 천지 지역의 중력균형론과 관계있다. 즉 매번 조면암류의 대분출은 조면암질 마그마 혹은 조면암-알칼리 유문암질 마그마챔버 상부에 큰 공간을 야기시킨다. 이 공간으로 인한 질량결핍은 중력균형론에 의하여 신속한 물질공급을 받아야 된다. 조면암질 마그마챔버 아래에 있는 현무암질 마그마는 용융상태에 있기 때문에 제일 처음으로 이에 호응하여 상승하면서 그 일부분이 조면암질 마그마챔버 공간을 채우면서 혼합되고 다른 일부분이 천지 화산의 기생화구를 따라 지표에 분출되는 것이다.

제10장
열곡과 화산활동사

제1절 지각 분대와 마그마챔버 수직분포

1. 지각의 분대

길림성 심부구조 연구(1984)와 이번 연구에 의하면 화산암층을 제외하고 지각 및 암권은 아래와 같이 6개 암층으로 분대할 수 있다([그림 10-1]).

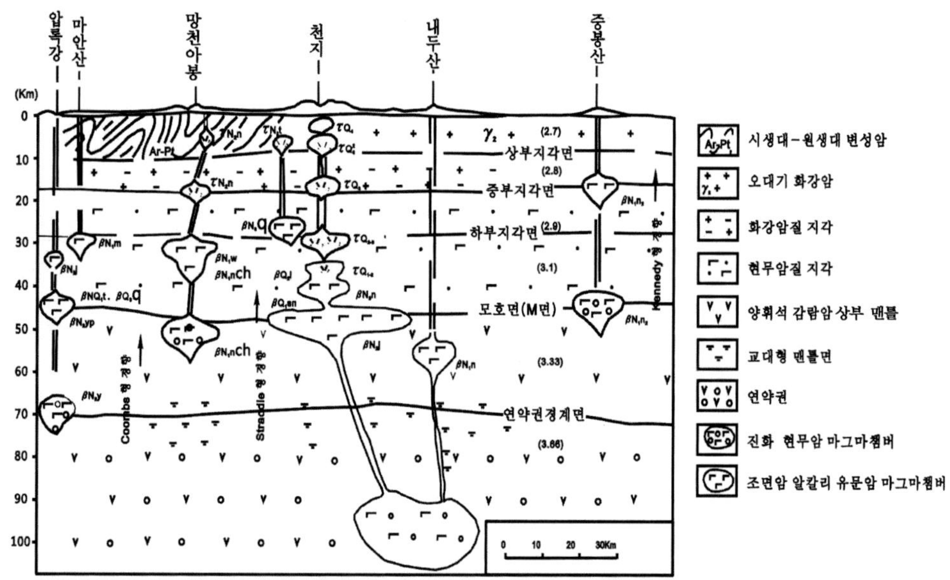

[그림 10-1] 백두산 구역에서 각 분출기 현무암질 마그마와 조면암-알칼리 유문암질 마그마챔버의 형성 단면도

(1) 변성암 및 화강암층: 지표에서 약 10km 깊이까지이다. 천지를 중심으로 할 때 서부와 남서 지역이 선캄브리아기 변성암 등으로 구성되고 동부 지역이 오대기 화강암으로 구성된다. 암석밀도가 2.7g/cm^3 내외이고, D파의 전파속도가 5.4~5.6km/s이다.

(2) 화강암질 시알층: 두께가 약 10km이고 P파의 전파속도가 6.2km/s이며 암석밀도가 2.8g/cm^{3}이다.

(3) 현무암질 시마상층: 두께가 약 12km이고 P파의 전파속도가 6.7~6.8km/s이며 암석밀도가 2.9g/cm^{3}이다.

(4) 현무암질 시마하층: 두께가 13㎞ 내외로서 모호면까지이고 P파의 전파속도가 7.0㎞/s 이며 암석밀도가 3.1g/cm^{3}이다.

(5) 상부 맨틀 상층: 고체로서 강성을 가지므로 암권(lithosphere)에 속하고 모호면에서 시작하여 약 25㎞까지이며 러졸라이트로 구성된다. P파의 전파속도가 7.9~8.0㎞/s이고 암석밀도가 3.33g/cm^{3}이다. 이 층은 주로 첨정석 러졸라이트로 구성되며 더 깊은 곳에서는 하즈버자이트, 순감람암 등을 소량 포함한다.

(6) 연약권(asthenoshere): 모호면 아래 약 25㎞, 즉 지표 아래 70㎞ 깊이로부터 시작되며 약 200㎞ 깊이까지이다. 이 암층은 암석밀도가 3.66g/cm^{3}이고 주로 첨정석 러졸라이트로 구성되며 더 깊은 곳에서는 하즈버자이트, 순감람암 등이 소량 나타난다.

2. 마그마챔버의 수직분포

황송포 알칼리 감람석 현무암은 마이오세 초기 102㎞ 깊이의 상부 맨틀 연약권 상부에서 부분용융으로 이루어진 것이다. 이는 백두산 구역에서 가장 깊은 연약권에서 형성된 유일한 원시 마그마에서 유래된 것이다. 이 마그마는 밀도가 2.66g/cm^{3}이고, 점도(Lnη)가 4 내외로서 낮다. 이는 심부 단열을 따라 지표에 소량 분출된 것 외에 대부분 내두산 심부 약 56㎞ 위치에 정착되어 진화 현무암질 마그마챔버를 형성하였다. 여기서 결정분리작용이 오랫동안 진행되어 휘석 거정 등을 포함하는 현무암질 마그마가 지표로 분출되었다. 다른 한 부분은 천지 지역 혹은 북서부의 심부 약 25㎞ 되는 하부 지각의 기저면 부근에 정착되어 천양기 진화 현무암질 마그마챔버를 이루고 결정분리작용이 진행되었다. 다음으로 상부 지각의 기저면 부근 약 7㎞ 깊이에서 두서기 조면암−알칼리 유문암질 마그마챔버가 형성되었다.

플라이오세 천지 지역은 모호면 근처 약 4.4~5.5㎞ 깊이에서 군함산기의 진화 현무암질 마그마챔버를 이루었다. 여기서도 마그마는 결정분리작용이 진행되어 진화되었다. 그러나 이들의 초생 현무암질 마그마는 내두산기 초기에 형성된 내포체를 포함하는 알칼리 감람석 현무암질 마그마이다. 이후에도 챔버는 계속적으로 상승하여 백산기 진화 현무암질 마그마챔버가 형성되었고, 여기서 결정분리작용이 더욱 활발히 진행되어 백두산기 제1, 2단계 안산조면암−조면암질 마그마챔버를 이루었으며, 이어서 계속 백두산기 제3, 4단계의 조면암−알칼리 유문암질 마그마챔버가 형성되었다. 다음으로 계속 상승하여 기상참기 알칼리 유문암질 마그마챔버가 형성되었다.

증봉산 지역에는 알칼리 현무암질 초생 마그마가 모호면 부근에서 형성되고 중부지각 기저면 부근 20㎞ 깊이까지 상승되어 진화 현무암질 마그마챔버를 이루었고, 결정분리로 하석 노음광물을 포함하는 포놀라이트질 마그마가 형성되었다.

망천아 지역은 모호면 부근 약 50㎞ 깊이에서 내두산기 장백 감람석 쏠리아이트질 초생 마그마가 형성되었다. 마그마챔버에서 결정분리작용은 비교적 빠르게 진행되어 조면안산암-안산조면암질 마그마를 이루었다. 30㎞ 깊이에서 망천아기 감람석 쏠리아이트질 진화 마그마챔버를 이루었다. 이는 강한 결정분리작용의 결과로 조면안산암-안산조면암질 마그마를 이루었으며 다시 20㎞ 깊이의 중부지각 기저면 부근에서 홍두산기 안산조면암-알칼리 유문암질 마그마챔버를 이루었다. 이후에 진화가 더 진행되어 약 7㎞ 깊이에 알칼리 유문암질 마그마챔버를 형성하였다. 이 시기에는 침출상의 용암도움을 이루었을 만큼 분출강도는 약하였다.

압록강-두만강 하곡 지역에서는 플라이오세 초기에 초생 현무암질 마그마가 압록강 연강촌 약 70㎞ 깊이의 연약권 상한 경계면 부근에서 형성되었다. 동시에 두만강 하곡에서도 평정촌 초생 감람석 쏠리아이트질 마그마가 형성되었다. 그러나 이 지역의 마그마는 결정분리작용이 일어나 진화되어 나갔지만 그 중에 분화가 덜된 부분이 단열대를 따라 지표에 분출되었다. 진화된 부분은 모호면 부근까지 상승하여 거기서 진화 현무암질 마그마챔버를 이루었다. 이는 조면암질 마그마로 진화되기 전에 직접 지표에 분출되었다.

제2절 열곡구조

화산암류의 유형과 판구조운동 간에 상관성이 있다는 것은 많은 지질학자들에 의하여 증명되었다. 덩진부 등(1985)에 의하면 인장구조를 가지는 대륙열곡대는 현무암질 마그마가 형성되는 좋은 장소이며 자체 밀도보다 훨씬 큰 상부 맨틀암 내포체까지 지표에 대량으로 운반시킨다고 하였다. 백두산 구역은 두 개의 큰 대륙열곡 분지 사이의 산악융기대에 위치된다. 그 구조의 성격과 유형이 비교적 복잡하여 지금도 많은 논쟁이 일어나고 있으며 주요 논점은 아래와 같다.

(1) 태평양판이 유라시아판 아래로 섭입되어 한반도 동해 배호분지, 송료 호간분지, 해라얼 분지 및 장백산 잔류호 등이 형성되었다(덩수림 등, 1984).

(2) 태평양판이 유라시아판 밑으로 섭입되어 동해 배호분지가 형성되었다. 동해 확장작용으로 인하여 대륙 측에는 압축 응력이 발생되어 백두산 구역에 국부적인 융기를 일으켰다. 그리고 그 후에 이 압력의 해제로 인하여 상부 맨틀의 부분용융이 일어나 현무암질 마그마를 형성하였으며 또한 백두산 천지를 중심으로 방사상 단열이 형성되었다. 그러므로 백두산 구역에서의 화산들은 방사성 단열대의 제어를 받았다(이동진과 차인순, 1984).

(3) 태평양판이 대륙판 아래로 섭입됨으로 인하여 전 지구적인 구조운동의 영향을 받는 동시에 동해판의 압축작용(혹은 인장작용)을 받은 것이 더욱 직접적인 성인관계를 가진다. 특히 북동 방향의 심부 단열운동을 받아 마그마가 상승하거나 혹은 맨틀의 저피(底辟) 운동과정에 의한 산물이라고 하였다(허동만, 1988).

(4) 유라시아판의 동변대는 중생대의 북동 방향 구조를 계승하고 더 진행된 인장작용의 영향으로 열곡단열대를 발생시켰다. 화산활동은 심부 단열대 혹은 맨틀 섭입작용과 관계되고 태평양판의 섭입작용과는 관련성이 없다(방원창, 1983).

(5) 인도판과 유라시아판과의 강한 충돌과 태평양판의 재차 섭입작용으로 인하여 조성된 경계부 조건제한을 받아 마이오세부터 우수향 안행상의 동아시아 대륙열곡계가 형성되었다. 그러므로 백두산 화산활동은 이 대륙열곡계와 관련성이 있는 것으로 보인다(츠지 상, 1988).

1. 기본적 특징

(1) 신생대 화성활동은 동해분지와 송료분지와 밀접한 관계를 가진다([그림 10-1], [그림 10-2]). 송료분지의 동쪽에 있는 장춘대둔 현무암의 연대는 73.5Ma이고 더 동쪽으로 이통-의란 단열대에 있는 이통 현무암의 연대는 61.0Ma이며 돈화-밀산 단열대에 있는 휘남 현무암은 1.49~0.86Ma이다. 정우 사해기 현무암질 스패터는 ^{14}C 연령이 1,580±70yBP로서 현재 분출물에 속하고, 동쪽으로 무송현 천양에서 백두산 천지 화산 지역에 분포된다. 백두산 천지 지역의 주변에 분포되는 현무암의 연대는 4.5~2.3Ma이고 이의 중심에 있는 천지 화산체는 제4기 현무암과 조면암-알칼리 유문암으로 구성되며 지금까지도 계속 활동하고 있다.

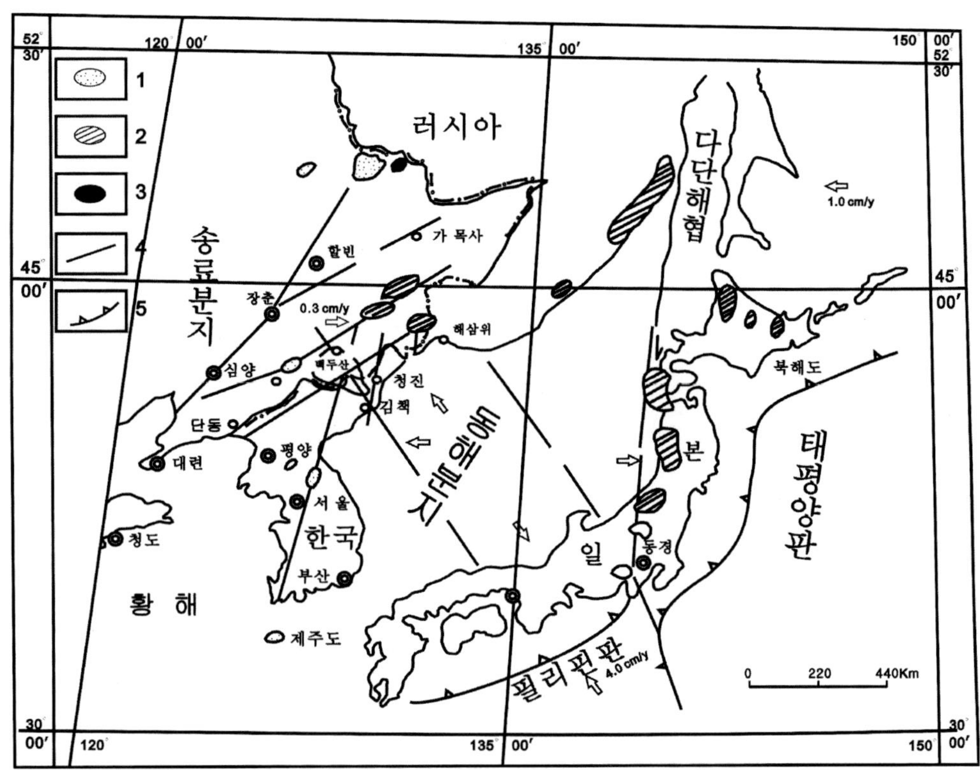

1. 제4기 화산암류, 2. 신제3기 화산암, 3. 고제3기 화산암, 4. 단열대, 5. 해구

[그림 10-2] 동북아시아 대륙주변의 조구와 신생대 화산암류의 분포

남동쪽으로 조선 경내의 백사봉 동쪽에 있는 화산암류는 원격사진에서 보면 중국 경내의 내두산기, 망천아기 현무암의 영상과 비슷하며, 대부분 마이오세-플라이오세 분출물인 것으로 짐작된다. 조선 경내에서 남석 현무암은 고제3기에 속하는 분출물에 속한다. 여기서 알 수 있는 것은 송료분지와 동해분지의 주변부에 있는 현무암의 시대는 상대적으로 대부분 고기이고 중심부에 있는 백두산 구역의 화산암 시대는 대개 신기이며 지금도 활동하고 있다.

(2) 장춘-김책 단면에서 각 지역의 현무암 조성은 주로 단열심도와 분출시대와 관계된다([그림 10-3]).

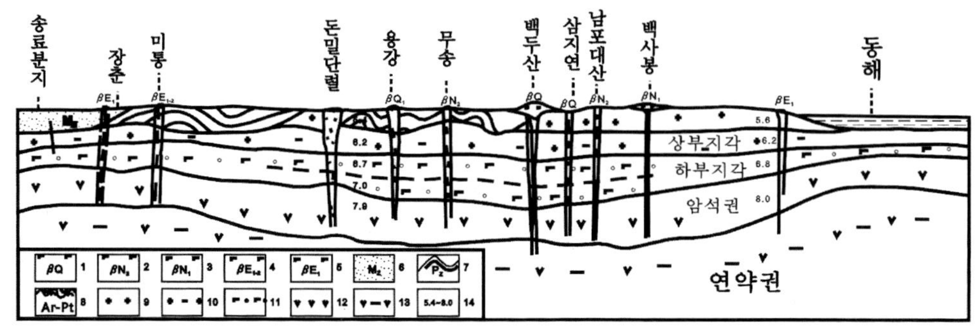

1. 제4기 현무암, 2. 플라이오세 현무암, 3. 마이오세 현무암, 4. 팔레오－에오세 현무암, 5. 팔레오세 현무암, 6. 중생대 셰일 및 사암, 7. 고생대 점판암 및 편암, 8. 시생대－초생대 변성암류, 9. 칼레돈니아－연산기 화강암류, 10. 화강암질 시알층, 11. 현무암질 시마층, 12. 러졸라이트 상부 맨틀, 13. 러졸라이트 연약권, 14. P파 전파속도(km/s)

[그림 10-3] 송료 열곡형 분지－동해 열곡형 분지와 화산활동 단면도

그러나 연해에서 대륙 내부 방향으로 K_2O+Na_2O, K_2O/Na_2O, K_2O가 규칙적으로 증가되는지 어떤지는 명확하지 않다. 송료분지에서 동해 해안까지의 단면에서 각 지역 현무암의 K_2O+Na_2O, K_2O/Na_2O, K_2O의 변화를 알아보기로 하자(<표 10-1>).

<표 10-1> 송료분지－동해분지의 단면에서 현무암의 K_2O+Na_2O, K_2O/Na_2O, K_2O 변화

지 점	시료 수(개)	K_2O+Na_2O(%)	K_2O/Na_2O	K_2O(%)
이통 현무암	13	6.17	0.64	2.41
돈화 현무암	3	4.80	0.43	1.45
용강 현무암	31	6.81	0.65	2.70
백두산 현무암	73	5.30	0.49	1.74
칠보산 현무암	7	6.61	0.61	2.50
남석 현무암	5	5.79	0.98	2.87

동해 해안에서 백두산－이통 방향으로 K_2O+Na_2O 함량변화는 높고 낮음이 반복적으로 나타나며, 용강 현무암에서 최고 6.81%에 달하고 돈화 현무암에서 최저 4.8%이다. 돈화－밀산 단열대 내에서도 K_2O+Na_2O와 K_2O 함량은 역시 높고 낮음이 반복적으로 변화된다.

(3) 현무암 내의 단사휘석의 $TiO_2-MnO-Na_2O$ 삼각도에서 판구조 해석에 의하면 대부분 판내 알칼리 현무암 영역에 도시되고 일부가 판내 쏠리아이트 영역에 도시된다[그림 10-4]). 따라서 백두산 화산활동은 판 내부에서 단열운동과 밀접하게 관계된다는 것을 암시한다.

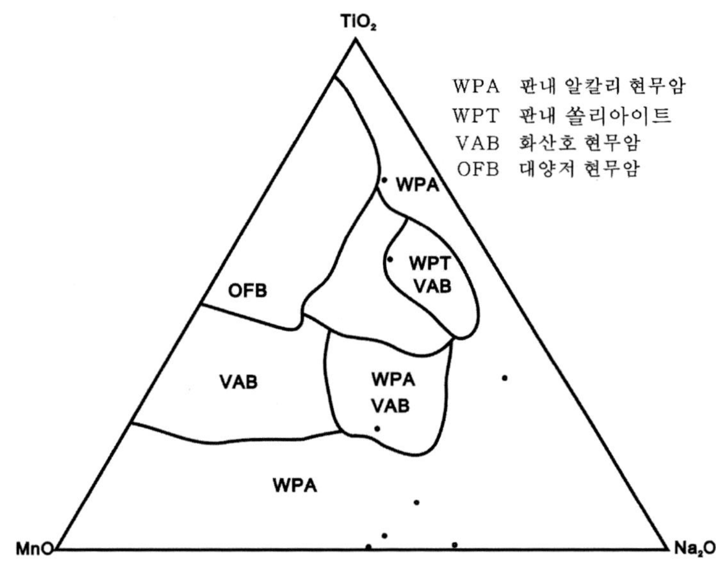

1. 판내 알칼리 현무암, 2. 판내 쏠리아이트, 3. 화산호 현무암, 4. 대양저 현무암

[그림 10−4] 백두산 구역 현무암류에서 단사휘석의 $TiO_2-MnO-Na_2O$ 삼각도와 판구조도(Nibsbet 등, 1977).

    (4) 세계의 대표적인 열곡대 현무암과 비교하여 볼 때 백두산 구역에서 두 열곡형 현무암은 미국 서부 열곡대 현무암과 동아프리카 열곡대 현무암 간의 중간 유형에 속한다 (<표 10−2>).

〈표 10−2〉 세계 신생대 주요 열곡대 현무암류의 주요 조성 비교

열곡대		열곡 지역	SiO_2	K_2O+Na_2O	K_2O/Na_2O	δ	I
대륙	바이칼 열곡대	차얼 열곡(Q_2)	45.26	6.03	1.89	16.09	3.63
		차얼 열곡(Q_3)	54.06	9.21	1.39	7.67	7.65
		퉁진 열곡(Q_1)	45.66	3.46	1.51	4.50	6.21
		퉁진 열곡(N_2-Q)	46.58	4.83	1.71	6.52	6.35
	동아프리카 열곡대	아야어니야 열곡($E-N$)	45.69	4.45	1.31	7.36	5.46
		아야어니야 열곡(Q)	48.24	3.43	1.45	2.25	5.99
	미국 서부 열곡대	머하우이 사막 지구(Q)	46.93	5.21	2.54	6.91	4.85
		어러강산 북부 지구(N_1)	49.61	4.51	2.52	3.08	3.89
대양	대서양 열곡대	대양 중앙	50.45	2.47	12.72	1.22	11.91
		중앙해령 내섬(아이슬란드 Q)	48.57	2.93	4.43	1.54	4.77
		중앙해령 외섬(제헤리부)	48.13	7.78	2.14	11.78	4.22
	태평양 열곡대	대양저(시추공)	46.61	4.97	2.85	6.84	4.65
		대양섬(동부 융기 구역)	50.18	8.64	2.00	10.39	7.24
백두산 열곡대		두만강 열곡(N_2-Q)	50.85	5.04	2.19	3.56	7.72
		마안산 열곡(E_3-N_1)	49.18	5.37	1.78	5.67	6.44

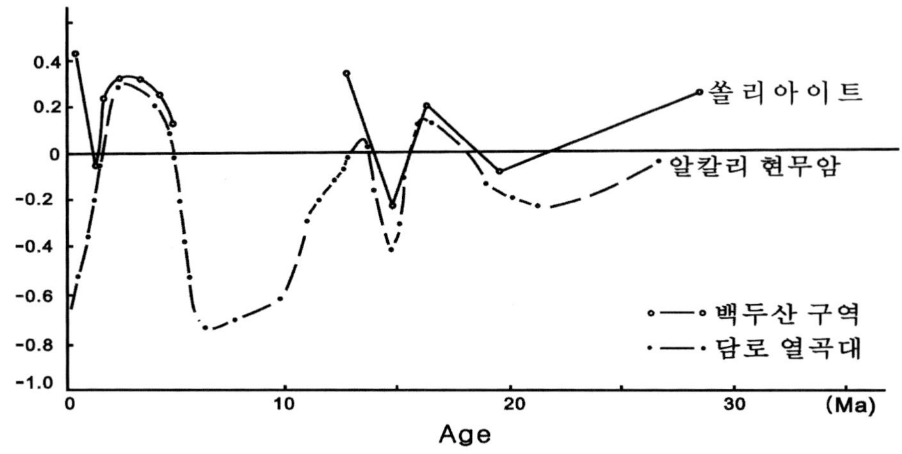

[그림 10-5] 담로 열곡대와 백두산 구역에서 신제3기-제4기 화산암류의 (AC-AK)-(K-Ar) 연대 관계도

(5) 주빙챤, 왕후이번 등(1988)은 AC-AK값을 이용하여 중국 동부에 있는 주요 열곡대 현무암과 비교 연구를 진행하여 담로 열곡대의 (AC-AK)-(K-Ar) 연대 관계도를 제시하였다([그림 10-5]). 여기서 AC=SiO₂/MgO+(FeO+Fe₂O₃)이고, AK=CaO+5(Na₂O+K₂O)/MgO+(FeO+Fe₂O₃)+0.5이다(여기서 화학조성은 몰(Mole)로 표시함). 본 연구도는 백두산 구역의 모든 신생대 현무암류의 화학분석치를 계산하여 같은 그림에 도시하였다. 백두산 구역의 마이오세 현무암 AC-AK 곡선은 담로 열곡대 현무암 AC-AK 곡선과 근본적으로 일치되고 같은 조구조 환경에 속한다. 즉 이 현무암류는 쏠리아이트가 알칼리 현무암으로 점차 변화되었고 다시 쏠리아이트로 변화되었다가 또 알칼리 현무암을 거쳤고 또다시 쏠리아이트로 변화되었다. 플라이오세부터 후기 플라이스토세까지의 현무암류는 역시 쏠리아이트에서 알칼리 현무암을 거쳐서 쏠리아이트로 점차 변화되었다. 따라서 백두산 구역에서 같은 구조환경의 변화가 두 차례 반복되었음을 설명해 준다.

(6) 송료분지 주변부의 현무암 중에는 알칼리 조면암-알칼리 유문암 등의 분화산물을 발견하지 못하였지만 한반도 동해분지 주변에는 현무암-조면암 및 알칼리 유문암의 쌍봉식 진화산물을 흔히 볼 수 있다. 장춘-김책 단면에서 화산의 분포는 백두산에서 김책까지 염주상(beadlike)으로 놓여 있다. 즉 남포태산, 백사봉, 칠보산에서 조면암-알칼리 유문암 조성의 화산이 줄지어 분포한다. 또한 한국 남부 제주도의 현무암-조면암도 백두산 구역의 쌍봉식 유형과 근본적으로 같은 유형에 속한다. 일본열도에서도 이러한 쌍봉식 유형을 여러 곳에서 찾아볼 수 있다.

(7) 희토류와 미량원소를 Ce/Yb−Ta/Yb 관계도([그림 10−6])와 Hf/3−Th−Ta 삼각도에 도시한 결과 대부분 도호 칼크알칼리 현무암 영역에 도시된다([그림 10−7]). 이 특성에 의하면 백두산 구역에서 신생대 화산활동은 주로 판내 대륙성 열곡구조의 규제를 받았음을 나타낸다. 두 개의 대형 열곡형 분지 중에서 특히 동해 열곡의 영향을 크게 받았기 때문에 동해 열곡형 분지의 규제를 받은 화산계열에 속한다.

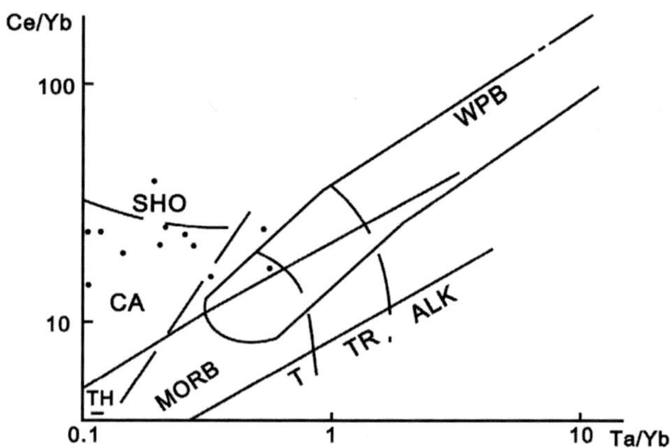

[그림 10−6] 백두산 구역 현무암류의 Ce/Yb−Ta/Yb 관계도(Pearce, 1982). TH. 도호 쏠리아이트, CA. 칼크알칼리 현무암, SHO. K−현무암, MORB. 중앙해령 현무암, WPB. 판내 현무암, TR. 쏠리아이트, ALK. 알칼리 현무암

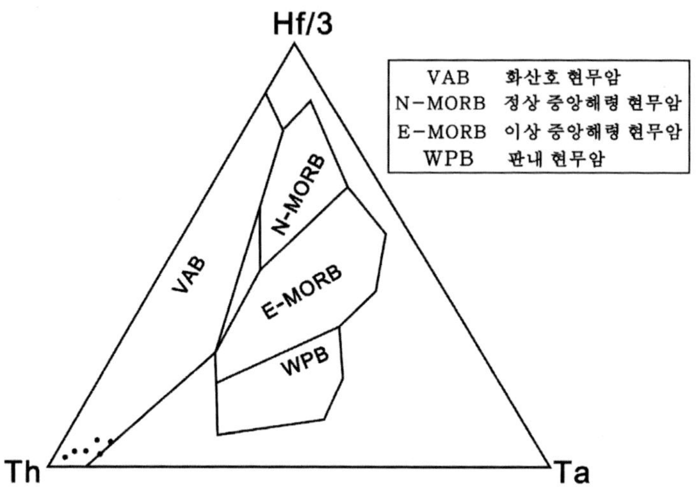

[그림 10−7] 백두산구역 현무암류의 Hf/3−Th−Ta 관계도(Wood, 1980)

2. 대륙 열곡형 단열대와 마그마작용의 제어

Condie(1982)는 대륙 열곡대의 마그마 특성을 아래와 같이 열거한 바 있다.

(1) 쏠리아이트와 알칼리 현무암 계열이 나타나며 쌍봉식 화산 조합을 이루는 것이 특징적이다.

(2) 화학조성은 지역에 따라 분대되는 특성을 나타낸다. 즉 열곡 중앙부는 SiO_2 포화도가 높고 양측 주변부는 SiO_2 포화도가 낮다. 화산활동 강도는 시간이 지날수록 약해지는 경향이다.

백두산 구역은 신생대에 두 개 그룹의 열곡대 및 단열계가 발달되었다. 한 그룹은 북동동향 열곡대 및 단열계이며, 이통-서남 열곡대, 돈화-밀산 열곡대 및 압록강-두만강 하곡 열곡대(약하여 두만강 열곡대) 등이 포함된다. 다른 한 그룹은 북북동향 열곡대 및 단열계이며, 관전-용강 단열대, 마안산-삼도백화 열곡대, 장백진-증봉산 함몰대와 명천-온성 열곡대 등을 포함한다.

백두산 화산활동은 마안산-삼도백하 북북동향 열곡대과 두만강 북동동향 열곡대가 교차하는 곳에 집중되어 있다([그림 10-8]).

마안산-삼도백하 열곡대는 길이가 약 200km이고 너비가 5~20km이다. 열곡 중앙부에는 마안산기 쏠리아이트가 분출되었고 열곡 양측부 일부에서는 망천아기, 내두산기 등의 알칼리 현무암이 주로 분출되었다. 더 자세히 설명하면 알칼리 감람석 현무암과 감람석 쏠리아이트 등이 분출되고 소량의 조면안산암, 안산조면암-알칼리 유문암 등이 분출되었다.

두만강 열곡대는 길이가 350km이고 너비가 10~20km이다. 열곡 중앙부를 따라 고Na형 감람석 쏠리아이트-석영 쏠리아이트가 분출되고 열곡 양측부의 일부를 따라 고K · Na형 알칼리 감람석 현무암-감람석 쏠리아이트-석영 쏠리아이트 등이 분출되었고, 안산조면암-알칼리 유문암이 대량으로 분출되었다. 전체적으로 열곡 중앙부를 따라 주로 열극 분출이 일어나 고Na형 쏠리아이트를 형성하였다. 열곡 양측부에는 주로 중심 분출이 일어나고 고K · Na형 알칼리 현무암을 형성하는 불완정한 소형 열곡을 이룬다. 열곡 중앙부의 현무암은 SiO_2 함량이 47~52%(평균 50.9%)이며 Na_2O+K_2O 함량이 3.44~5.03%(평균 4.5%)이다. 양측부의 현무암은 SiO_2 함량이 48~51%(평균 49.74%)이며 Na_2O+K_2O 함량이 4.38~6.71%(평균 5.76%)이다.

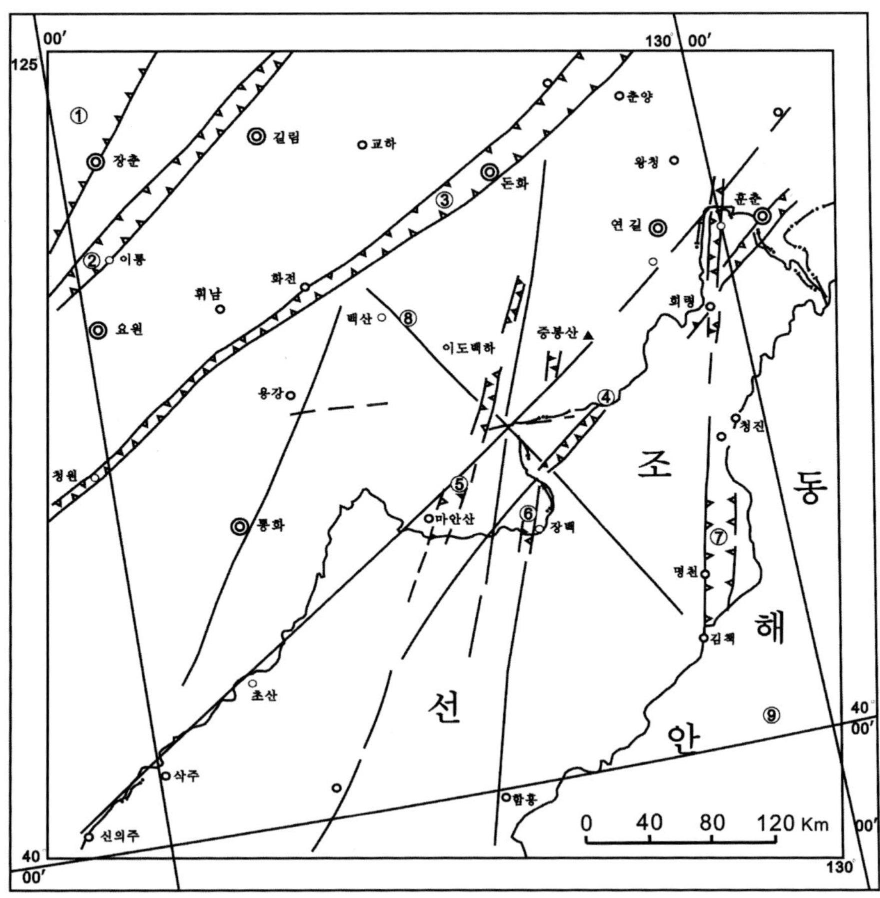

1. 송료 대열곡대. 2. 이수 열곡대. 3. 돈밀 열곡대. 4. 두만강 열곡대. 5. 마안산-삼도백하 열곡대. 6. 장백-증봉산 열곡대.
7. 온성-명천 열곡대. 8. 백산-김책 화산단열대. 9. 동해 대열곡대

[그림 10-8] 백두산 구역에서 열곡형 단열대의 분포

마안산-삼도백하 열곡대는 올리고세 후기부터 마이오세 후기에 형성되고 플라이오세는 부분적으로 활동하였다. 수기사키(1976)가 제시한 좌표도시법에 의해 환산하면([그림 10-9], [그림 10-10]) 확장속도는 열곡 중앙부에서 0.23cm/yr이고 양측부에서 0.18cm/yr, 0.16cm/yr이다.

두만강 열곡대는 전기 플라이오세부터 현재까지 활동하고 있다. 열곡의 확장속도는 전기 확장-폐합 단계와 후기 확장-폐합 단계로 나뉜다. 전기 단계에 확장속도는 중앙부에서 0.3cm/yr이고 양측부에서 0.15cm/yr이며, 말엽에 폐합속도는 국부적으로 4.2cm/yr이었다. 후기 단계에 확장속도는 중앙부에서 0.18cm/yr이고 양측부에서 0.11cm/yr이다. 전기 플라이스토세부터 폐합으로 전환되었으며 이때의 폐합속도는 3.13cm/yr이었다. 각 단계의 확장

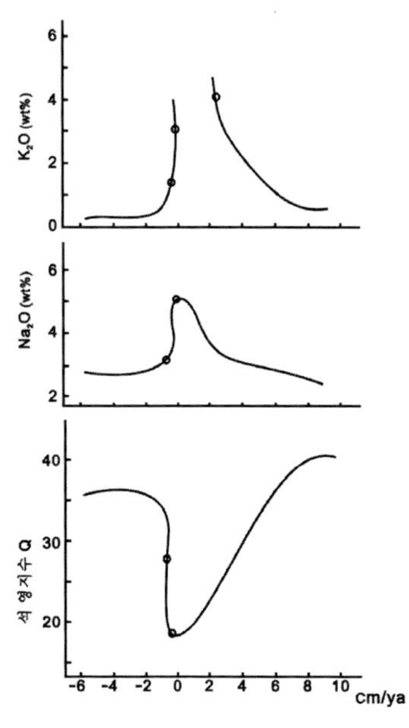
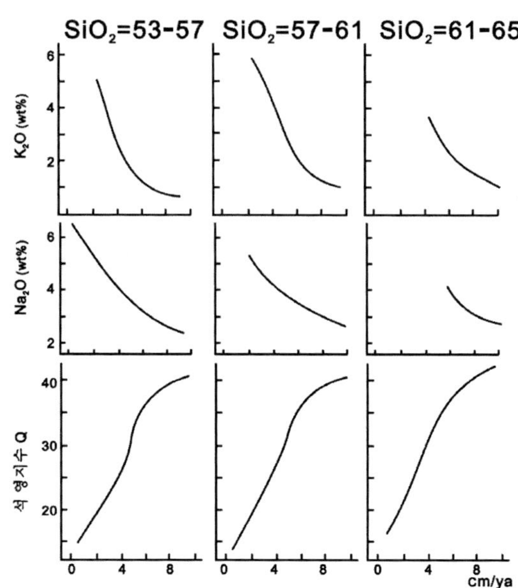

[그림 10-9] 현무암류의 K₂O, Na₂O, Q와 판이동속도와의 관계(수기사키, 1976)

[그림 10-10] 안산암류의 K₂O, Na₂O, Q와 폐합속도와의 관계(수기사키, 1976)

및 폐합속도는 <표 10-3>에 정리하였다.

<표 10-3> 백두산 구역 신생대 대륙 열곡대의 인장속도(-)와 폐합속도(+)

지질시대		올리고세 말-후기 마이오세			전기 플라이오세-중기 플라이오세			중기 플라이오세-홀로세			
	열곡대	마안산-삼도백하			압록강-두만강			압록강-두만강			
지구	위치	중앙부	양측부	알칼리 유문암	중앙부	양측부	알칼리 유문암	중앙부	양측부	알칼리 유문암	조면암
Na₂O		3.58	3.57	4.08	3.03	3.57	4.00	3.44	3.66	5.18	5.45
K₂O		0.43	2.14	4.40	0.55	2.47	4.17	1.28	2.33	4.65	5.14
θ		29.25	25.17	19.62	32.59	27.69	17.34	30.88	23.89	13.20	17.32
인장과 폐합속도 cm/yr	거Na₂O	-0.2	-0.2	+3.2	-0.2	-0.15	+5.4	-0.19	-0.12	+4.2	+4.4
	거K₂O	-0.1	-0.00	+3.0	-0.3	-0.00	+3.2	-0.00	-0.00	+2.8	+3.7
	거θ	-0.4	-0.33	+1.5	-0.4	-0.3	+4.0	-0.35	-0.2	+0.5	+1.3
	평균	-0.23	0.17	+2.57	-0.3	-0.15	+4.2	-0.18	-0.11	+2.5	+3.13
		-0.2		+2.57	-0.23		+4.2	-0.15		+2.5	+3.13

두만강 열곡대에서는 현무암을 위와 같이 측방 분대를 할 수 있는 것 외에 특이하게 후기 광평기 쏠리아이트가 하곡을 따라 열극식으로 분출된 하곡 현무암을 이룬다는 것이

다. 이 열곡대에서 백산기 두만강 쏠리아이트는 하곡 양안의 2~3차 단구에 분포되어 있고, 연강촌기, 군함산기, 백산기 등 쏠리아이트(일부는 알칼리 현무암)는 하곡의 3~4차 단구에 분포되어 고위 현무암이라고 부른다. 이와 같이 두만강 열곡대는 지구(graben)식 하곡으로서 좁은 단열분지를 이루고 있다.

그라써브(1977)는 두 가지 유형의 대륙 열곡작용에 대한 진화 계열을 다음과 같이 설명하였다.

(1) 완전한 진화 계열은 3개 주요 시기를 모두 포함하는 열곡대이다. 즉 대륙시기, 과도시기와 대양시기이다.

(2) 불완전한 진화 계열은 어느 한 시기만을 포함하는 열곡대이다. 덩진부 등은 아래와 같은 견해를 내놓은 바 있다. 대륙 열곡대는 두 개 방향으로 발전하게 된다. 한 방향은 대양 열곡대로 점차 변해 가는 방향이고 다른 한 방향은 대륙 열곡구조가 좁게 폐합해 가는 방향이다. 이는 암권의 확장속도가 작아지고 약한 압축응력이 발생하는 것과 관계된다. 백두산 구역에서 열곡계는 확장－폐합형 대륙 열곡대에 속한다. 특히 두만강 열곡대에서 현무암은 비교적 복잡한 편이다. 이 열곡대에서 암석은 주로 쏠리아이트 계열－알칼리 감람석 현무암 계열－쏠리아이트 계열 순서로 변화했으며 처음 단계에는 퇴각식 열곡형이었고 후기로 가면서 점점 변화되어 전진식 열곡형이 되었다.

본 구역에서 광역적으로 신생대 열곡단열망의 성인 메커니즘은 주로 인도판과 중국대륙의 충돌(collision) 그리고 태평양판 및 필리핀판이 유라시아판 아래로 섭입작용의 연합작용의 영향을 받았던 것으로 설명된다. 북북동 방향의 각 열곡계는 태평양판이 북서서 방향으로 유라시아 대륙 아래로 섭입하는 힘과 인도판이 중국 대륙쪽으로 충돌하는 힘이 연합으로 작용하여 형성되었으며 이때가 제3기로서 한반도 동해가 대륙에서 분리되는 시기이다. 이때의 마안산－삼도백하, 장백진－증봉산, 명천－옹성 등의 작은 열곡대 및 단열계가 형성되었다. 북동동향 열곡계는 필리핀판이 북북서 방향으로 동북아시아 대륙 아래로 섭입되고 동해가 대륙에서 분리되면서 이통, 수란, 돈화－밀산, 두만강 등의 작은 열곡대 및 단열계를 형성하였다.

용기기행응 등(1991)에 의하면 백두산－일본 지구에서 태평양판이 유라시아판 아래로 이동하는 속도는 10.5㎝/yr이고 유라시아판이 태평양판 위로 이동속도는 0.3㎝/yr이며 필리핀판이 동북아시아 대륙쪽으로 이동속도는 4.00㎝/yr이다. 이 연구는 두만강 열곡대가 후기에 폐합 단계에 놓이는 상황과 부합된다.

제3절 화산활동사

1. 신생대 이전의 화산활동사

백두산 구역은 시생대부터 중생대까지의 오랜 지질시대를 경과하였다. 이 사이에 규모 큰 화산활동은 4차례 있었다. 제1차는 전기 시생대 고변성대의 쏠리아이트-안산암-유문암 분출시대이었고, 제2차는 후기 시생대 화강암-녹암대의 쏠리아이트-유문암 분출시기이었다. 제3차는 전기 초생대의 알칼리 현무암-안산조면암 분출시대이었고 제4차는 중생대의 안산암-유문암 분출시대이었다. 각 시대의 화산활동은 아래와 같이 규칙적인 특징을 나타낸다.

가. 전기 시생대 화산활동

암형은 쏠리아이트-현무암질 안산암-유문암으로 구성되는 도호형 칼크알칼리 계열이며, 일반적으로 K_2O, Rb, Sr, Ba 함량은 높다. 녹암대라는 지구표면에 처음으로 형성된 화산퇴적층으로서 변성화산암계가 전기에 형성되어 시알질 지각물질을 상당히 증가시켰음을 알 수 있다. 이의 조구조 환경은 대륙주변부 화산호 간의 호간분지이며, 화산활동 시기는 2,950~3,000Ma 범위이다.

나. 후기 시생대 화산활동

암형은 쏠리아이트-유문암으로 구성되는 쌍봉식 화산계열이다. 쏠리아이트층 사이에는 코마티아이트(komatiite)와 유사한 고철질 초염기성암이 협재되어 있다. 조구조 환경은 대륙주변부 열곡형 확장분지이며, 화성활동 시기는 2,585~2,486Ma 범위이다.

다. 전기 초생대 화산활동

암형은 알칼리 현무암-안산조면암 계열이다. 조구조 환경은 대륙 내 열곡형 알라코겐(aulacogen)이고 화산활동 시대는 1,909~1,918Ma 범위이다.

라. 중생대 화산활동

암형은 안산암 - 데사이트 - 유문암이고 도호형 육상 칼크알칼리 계열에 속한다. 조구조 환경은 대륙주변부 충돌형 화산대이며 격열한 화산활동 시기는 후기 트라이아스기와 쥬라기 - 전기 백악기이다.

이상의 4차례 화산활동에서 아래와 같은 몇 가지 특성을 서술한다.

(1) 백두산 구역에서 지각형성의 초기는 화산분출활동이 매우 극열했으며 주로 해저화산분출이었다. 먼저 대륙주변부에서 도호형 칼크알칼리 계열의 화산암이 분출되었고 마그마 분화작용이 현저하여 빠른 속도로 시알형 지각을 두껍게 하였으며 후에 화산퇴적형의 철광과 붕소광을 형성하였다.

(2) 중·후기 초생대부터 고생대까지의 오랜 지질시대 동안에 본 구역의 지각은 안정된 육괴로 발전되던 시기이었다. 이 시기에 단지 천해성 함몰분지가 형성되었으며 연, 아연, 철, 석탄, 석고, 인 등의 퇴적형 광산을 형성하였다.

(3) 중생대부터 본 구역은 유라시아대륙 동변부에 위치되었으며 태평양 - 이자나기판이 서쪽으로 향하는 섭입작용의 영향을 받았다. 이 시기부터 안정했던 지각은 또다시 활동하기 시작하여 많은 소형 함몰분지가 형성되었고 육상 중·산성 화산암류가 다량으로 분출되었다. 마그마 분화작용도 비교적 현저하게 일어났다. SiO_2 함량은 55% 내외에서 80% 내외로 그리고 K_2O 함량은 2.70%에서 4.24%로 변화되는 고규산, 고알칼리 방향으로 진화되었다.

(4) 후기 백악기~고제3기는 본 구역의 지각은 또 한 차례의 안정된 시기를 맞이하였으며 이때 강렬한 삭박작용을 받아 거의 평탄화된 준평원을 형성하였다.

2. 후기 올리고세 - 마이오세 화산활동

에오세 혹은 올리고세는 태평양판의 섭입작용과 인도판의 유라시아 중국대륙과의 충돌작용 등의 영향을 받아 유라시아대륙 동변부가 분리되기 시작하였으며 먼저 일본섬이 대륙에서 떨어져 나가 동해 바다를 이루었다. 백두산 구역은 후기 올리고세부터 초기 마이오세에 암권이 인장분리 조건하에 있으면서 북북동 방향의 열곡대 혹은 소규모 함몰분지들이 형성되었다. 이 당시에 지각의 확장속도는 0.23cm/yr이었다.

이 분지 중에서 마안산 열곡분지는 단열심도가 깊었으며 이로 인해 호저 현무암이 분출되었다. 이 분지의 퇴적과정 중에 여러 차례 단열작용이 일어나 적어도 3매 이상의 현무암 용암이 분출되었다. 이 용암은 사장석 반정이 크고 함량도 많으며 대부분 석영 쏠리아이트인 진화 현무암에 속한다. 이 현무암의 마그마챔버는 심도가 약 30㎞ 내외이었으며 초생 현무암질 마그마는 감람석 쏠리아이트이었고 이 마그마의 형성 심도가 40~50㎞로 추측된다. 이는 지각이 인장 응력작용하에서 암권이 상대적으로 얇아져 연약권의 상한 심도가 약 50㎞ 내외이었음을 확인할 수 있다.

전기 마이오세 20Ma를 전후하여 열곡분지는 융기를 일으키면서 증봉산기 내두산기 알칼리 감람석 현무암－감람석 쏠리아이트를 분출하였다. 이때 연약권이 융기되면서 북동 방향의 천지－증봉산 심부 단열대가 직접 연약권 상부까지 절단하였으며, 이로 인하여 연약권이 부분용융된 마그마는 지표에 분출되어 내두산기 내두산 알칼리 감람석 현무암과 증봉산 알칼리 현무암을 형성하였다. 이 마그마의 심도는 전자가 102㎞이었고 후자가 45㎞ 이상이었다. 특히 내두산기 초생 마그마가 형성된 후 다량의 첨정석 러졸라이트 내포체로 운반되었다. 이 마그마의 밀도는 $2.66g/cm^3$에 불과하였지만 연약권의 밀도는 $3.47g/cm^3$이었다. 그러므로 이 마그마는 밀도차가 컸고(<표 10－4>) 점도가 3~4로 낮았기 때문에 불과 이틀 사이에 지표로 분출될 수 있었던 것이다. 이때 지표에 먼저 화성쇄설물로 폭발되어 화산각력암, 라필리응회암 등의 화성쇄설암을 퇴적시켰고 후에 용암으로 분류되어 알칼리 감람석 현무암을 집적시켜 순상화산을 형성하였다.

마그마는 대부분 계속 상승하였지만 점도가 커지고 단열 등의 제한을 받아 심도 56㎞ 내외에 정착되어 진화 현무암질 마그마챔버를 형성하였다. 여기서 결정분리작용이 심하게 일어나 먼저 감람석 결정집합체와 휘석 거정 등이 나타났다. 일부분은 심부 단열대를 따라 직접 지표에 분출되어 광활한 현무암 대지를 이루었다. 증봉산 초생 알칼리 현무암질 마그마는 형성된 후 마그마와 주변 암석 간의 밀도차가 크고($\rho c=3.11$, ρ(용액)$=2.64$), 점도가 낮았기($Ln\eta=3.58$) 때문에 빠르게 지표에 분출되었다. 이때 폭발 분출이 먼저 일어나 현무암질 각력암, 라필리응회암 등을 퇴적시켰고 후에 용암 분류가 일어나 현무암 용암을 집적시켰던 것이다. 일부 마그마는 심도 약 20㎞ 부근에서 진화 현무암질 마그마챔버를 이루었고 결정분리가 진행되어 포놀라이트로 진화되었다. 그리고 지표에는 현무암질의 순상화산을 이루었다.

<표 10-4> 백두산 각 분출기 AC-AK, θ, ρc, ρ용액 Lnη값

분출기	AC-AK	θ	ρc (g/cm³)	ρ용액 (g/cm³)	Lnη
마안산기 현무암	+0.2	29.25	3.17	2.66	7.07
내두산기 증봉산 현무암	−0.3	23.01	3.11	2.64	7.33 (초생 마그마 3.58)
내두산기 내두산 현무암	−0.2	21.47	3.47	2.66	5.89 (초생 마그마 4.19)
내두산기 장백 현무암	+0.17	28.66	3.21	2.66	7.19 (초생 마그마 3.45)
망천아기 현무암	+0.47	28.09	3.16	2.67	7.93
천양기 현무암	+0.45	27.69	3.10	2.66	8.39
평정촌 현무암	+0.31	32.59	3.18	2.76	6.45 (초생 마그마 3.32)
홍두산기 알칼리 유문암		19.62	2.88		15.41 (그 중 알칼리 유문암) 19.37
군함산기 현무암	+0.27	16.50 27.50 (두만강)	3.17	2.62	7.83
두서기 알칼리 유문암		17.34			
백산기 현무암	−0.1	21.81 29.47 (두만강)	3.22		7.42
백두산기 제1단계		20.28	2.90	2.46	14.85
쌍봉 현무암	−0.1	23.59	3.18		7.82
백두산기 제2단계		18.64	2.88	2.41	14.97
노호동 현무암	+0.1	25.78	3.19		7.78
백두산기 제3단계		18.07	2.82	2.42	16.15
백두산기 제4단계		16.39	2.87	2.42	16.50
광평기 현무암	+0.43	32.29	3.15	2.71	7.23
기상참기 알칼리 유문암		13.20	2.82	2.38	17.25

전기 마이오세 말기 마안산 열곡분지의 동·서 양측부에는 내두산기 장백 감람석 쏠리아이트와 마이오세 중기의 망천아기 감람석 쏠리아이트의 분출활동이 있었다. 장백 초생 현무암질 마그마는 심도 약 50㎞ 부근에서 부분용융으로부터 형성되었다. 이 마그마도 밀도차가 0.49이었고 점도가 3.45로서 역시 높은 폭발강도를 갖고 있었다. 이 활동은 먼저 폭발작용으로 화산각력암, 라필리응회암을 퇴적시켰고 후에 용암을 분출시켜 현무암의 순상화산을 형성케 하였다. 일부 마그마는 상승과정 중에 점도가 증가되고 속도가 느려지는 등의 영향으로 심도 약 35㎞ 부근에서 진화 현무암질 마그마챔버를 형성하여 결정분리작용이 진행되었다. 이때 암형은 석영 쏠리아이트−조면안산암으로 진화되었다.

망천아기 원시 현무암질 마그마는 내두산기 장백 현무암 마그마와 같은 원시 마그마이었다. 이 마그마는 심도가 약 30㎞ 부근에서 진화 현무암질 마그마챔버를 이루고 역시 석

영 쏠리아이트-안산조면암으로 진화되었다. 이 진화된 마그마는 지표에 분출되어 현무암
-조면안산암의 순상화산을 이루었다. 일부분은 계속 분화되어 심도 약 20㎞에 정착하여
홍두산 안산조면암-알칼리 유문암의 마그마챔버를 이루었다. 내두산기 장백 감람석 쏠리
아이트-석영 쏠리아이트-조면안산암 등으로 구성되는 대형 순상화산이 형성되었다.

이후에 망천아봉의 분화구를 에워싸면서 주변에 수많은 기생화산이 발생되었다. 대다
수 현무암질 폭발물로 구성된 분석구는 거의 이 시기에 형성된 산물이다. 또한 망천아기
감람석 쏠리아이트-석영 쏠리아이트-조면안산암과 홍두산 안산조면암-조면암-알칼
리 유문암으로 구성되는 순상화산 위에서도 수많은 분석구를 형성하였다. 이 분석구는 기
저부 직경이 수백 m이고 높이가 수십 내지 수백 m 내외이다. 이 분석구는 모두 자홍색
현무암질 스패터 및 스코리아와 화산탄 등으로 구성되는 작은 화쇄구에 해당된다. 이러한
화성쇄설물들은 모두 휘발성 기체를 많이 포함한 현무암질 마그마챔버에서 분출된 것이
다. 진화 현무암질 마그마는 상승하는 과정 중에 일부분이 지표에 가까운 천부에 새로운
마그마챔버를 이루었고 여기에 지표수에서 유입된 지하수의 순환으로 보다 풍부한 수분
을 포함시켰기 때문에 마그마가 폭발력을 증가시켰다. 이 분석구는 마그마챔버가 그 위에
서 망상단열대가 발생되거나 혹은 고분화구 주위에 환상 및 방사상 단열대를 따라 지표
에 폭발 분출로 형성된 것이다.

홍두산기에는 알칼리 유문암이 드물지만 침출상 도옴을 형성하였는데, 이는 이 시기에
도 열곡대 및 화산활동이 계속되었음을 설명한다.

3. 플라이오세-홀로세 화산활동

본 구역은 마안산-삼도백하 열곡대 마그마활동이 근본적으로 정지된 후부터 상대적
으로 안정시기에 접어들었다. 플라이오세 초기(4.5Ma 내외) 필리핀판이 북북서 방향으로
동아시아 대륙 밑으로 섭입작용이 일어났기 때문에, 본 구역 지각은 다시 인장응력 환경
속에서 동해가 남동쪽으로 계속 확장 이동함과 동시에 북동동 방향(주향 50° 내외)의 두
만강 열곡대가 형성되었다. 이 열곡대는 그 중심을 따라, 즉 두만강 하곡을 따라 연강촌기
평정촌 현무암이 분출되었다.

또한 이 하곡에서 멀리 떨어진 북서쪽 무송 지역에서도 천양기 현무암이 분출되었다.
연강촌 초생 현무암 마그마는 감람석 쏠리아이트질 마그마이고 연약권의 상한 경계면인

약 70㎞에서 형성되었다. 이 마그마는 주위 암석과의 밀도차가 0.42이고 점도가 3.32이며 단열대 심도가 컸기 때문에 빠르게 지표로 분출될 수 있었다. 일부 마그마는 모호면(약 45㎞) 부근에서 정착되어 진화 현무암질 마그마챔버를 이루었다. 여기서 마그마는 일정한 기간 동안 결정분화된 후 단열대를 따라 열극 분출 형식으로 지표에 분출되었다. 천양기 현무암의 초생 마그마는 아마도 내두산기 초생 알칼리 감람석 현무암질 마그마에서 유래되었을 것이다.

두서-천양 지하 깊이 약 25㎞에서 진화 현무암질 마그마챔버가 형성되어 결정분리작용이 비교적 강하게 진행되어 석영 쏠리아이트-조면안산암-두서기 안산조면암-알칼리 유문암으로 진화하였다. 알칼리 유문암의 노출이 매우 적은 것으로 보면 지각은 다만 국부적으로 축소되었을 것이다. 장청량과 장부린(1992)이 보고한 이지린휘석 섬장암(2.85±0.05Ma)은 이 시기의 잠복화산체에 속할 것이다. 두서기 알칼리 유문암질 마그마가 활동하는 동시기에 군함산 감람석 쏠리아이트-알칼리 감람석 현무암질 마그마도 빈번히 활동하기 시작하였다. 초생 마그마는 역시 내두산기 초생 알칼리 감람석 현무암질 마그마일 것이다. 군함산기 진화 현무암질 마그마챔버의 심도는 모호면 부근 약 50㎞이다. 여기서 마그마는 결정분리작용이 일어난 후에 백산기 진화 현무암질 마그마로 진화되었다. 암형은 석영 쏠리아이트-알칼리 현무암-조면안산암이었다.

그리고 결정분리작용이 가속화됨으로써 백두산기의 다른 조성층의 안산조면암-조면암-알칼리 유문암질 마그마챔버를 차례로 형성하였다. 천지 중심부의 화도를 따라 제1, 2, 3, 4단계의 알칼리 조면암 및 알칼리 유문암이 분출되어 성층화산을 이루었다. 제1단계의 분화구는 천지 칼데라 주변에 분산되어 있지만, 천지 칼데라 남쪽 백산 일대에 비교적 집중분포 되어 있다. 각각의 분출때마다 먼저 조면암질 각력암, 라필리응회암 등의 화성쇄설물이 폭발적으로 분출되었고 이후에 잇따라 조면암, 알칼리 유문암 용암이 조용하게 분류되었다. 이렇게 화성쇄설층과 용암이 여러 차례 중첩됨으로써 높은 백두산 천지 성층화산이 형성되었다. 천양기 현무암, 두서기 안산조면암-알칼리 유문암이 형성된 후에 한 계열의 망상단열대가 발달되었고 또한 군함산기 현무암, 백산기 현무암, 백두산기 조면암-알칼리 유문암이 형성된 후기에도 다른 한계열의 망상 단열대가 발달되었으며, 이 두 개 단열대가 서로 교차하는 곳에 기생화산이 많이 생겨서 분석구를 이루었다. 분석구는 대부분 자홍색, 흑회색, 남색, 녹잡색 등의 현무암질 스패터, 스코리아 및 화산탄 등의 낙하 화성쇄설물로 구성된다. 이 분석구는 규모가 크지 않아 기저 직경이 수백~2,000m이고 높이가 50~300m이다.

이 시기에 두만강 하곡에는 열곡 중앙부를 따라 군함산기, 백산기 감람석 쏠리아이트, 석영 쏠리아이트가 열극 분출되었다. 초생 마그마는 여전히 연강촌기 초생 감람석 쏠리아이트이었다. 초생 마그마는 상승과정 중에 모호면 부근에서 진화 현무암질 마그마챔버를 이루고 결정분리작용을 일으켜 사장석, 휘석 등의 거반정으로 성장하면서 하곡을 따라 분출되었다 .후기 플라이스토세에 들어와서도 두만강 열곡대는 계속 활동하여 하곡 단열대를 따라 광평기 현무암을 분출시켰다. 이 분출은 역시 백산기 두만강 감람석 쏠리아이트－석영 쏠리아이트 마그마의 진화 연속이었다. 따라서 분출물은 전부 석영 쏠리아이트에 속하고 분출량도 현저히 줄어들었다. 분출 연대는 0.13Ma, 0.096Ma이다. 후기 플라이스토세부터 홀로세까지 백두산 천지 화산은 여전히 강렬한 분출활동이 있었다.

천지 화산체 위에서 발달된 북북동향의 압축 전단성 단열대는 주향이 북동동 방향에서 북북동 방향으로 점점 변화되었다. 이렇게 변화된 원인은 동해분지가 배호 확장이던 것이 축소－폐합이 시작되면서 심지어 일본열도도 대륙으로 접근하기 시작하였고, 태평양판의 북서서향 주압축력의 영향으로 북북동향 화산단열대가 형성된 데 있다. 한국의 추가령, 제주도 등의 제4기 현무암－조면암도 같은 구조적 화산대에 있었으며 그들의 매개 단열대는 하나의 직선으로 연결된 것이 아니고 좌안행으로 이어진 것이다.

백두산기 제4단계에 천지 화산체는 조면암－알칼리 유문암을 분출한 후에 그 산정부가 제1차로 함몰되어 칼데라를 형성하였다. 이때 분출된 알칼리 유문암질 부석은 그 시대가 0.10Ma 내외이다. 천지 주변에는 환상단열대와 방사상단열대가 발달되어 있는데 특히 이 두 단열대가 교차하는 곳에는 조면암 혹은 알칼리 유문암의 암맥과 암주 등이 천부상으로 관입되어 있다. 백두산기 제4단계의 조면암－알칼리 유문암질 마그마챔버는 약 15~20㎞ 깊이에 놓여 있다. 여기서 마그마는 결정분리작용이 계속 일어나 알칼리 유문암질 마그마로 진화되었으며 또한 계속되는 결정분리작용이 더 심하게 일어나 과알칼리 유문암질 마그마로 진화되었다.

이 과알칼리 유문암질 마그마는 일시적인 온도 상승으로 거의 액체로만 존재하다가 환상단열대와 방사상단열대의 교차점에서 기생화구를 따라 지표로 분출되어 흑요암질 화쇄류암과 용암을 생성시켰다. 항공사진을 관찰하면 두 곳의 분화구와 분출물이 방사상 분포로 뚜렷하게 나타난다. 한 곳은 천문봉 북쪽 기상참이고 다른 한 곳은 조선 경내에 있는 해발봉이다. 그들의 분화구는 분출물이 방사상 하곡을 따라 사행상으로 길게 분포되어 있다.

특히 해발봉 분화구는 칼데라에 의하여 절반이 함몰되어 나머지 절반이 칼데라 절벽에 그 화도를 노출시키고 있다. 기상참 분화구에서 나온 분출물은 자세히 관찰해 보면 5차례로 나눌 수 있다. 처음에는 분출 규모가 크고 분출량도 많았지만 후기로 가면서 그 양이 점점 적어졌다. 매번 분출도 먼저 조면암질 각력암, 라필리응회암을 폭발시켰고 후에 알칼리 유문암, 흑요암 등의 쇄설성 용암을 분류시켰다. 5차례의 분출량은 모두 6.3억 톤 내외이다. 기상참기 알칼리 유문암질 마그마의 형성과 분출은 백두산 천지의 마그마챔버에서 결정분리작용이 마지막에 가깝다는 것을 암시해 준다.

이 분출작용 후에 조용한 휴식기를 잠시 가지다가 홀로세에 들어와서 다시 격렬한 폭발성 분출작용이 시작되었다. 기상참기의 알칼리 유문암질 마그마챔버는 죽지 않고 계속 분화작용을 일으켰던 것이다. 마그마는 지표부근으로 상승하는 중에 지하 대수층을 만나 수분 등의 휘발성분을 급격히 증가시키고 응력이 점점 커지는 조건으로 바뀌었다. 이때 휘발성분은 기포화되어 알칼리 유문암질 마그마를 쇄설화시켰다. 홀로세의 빙장기, 백운봉기와 팔괘모기에는 마그마챔버의 깊이가 1.65㎞로 계산되는데 이것은 실제로 마그마의 용리면 깊이를 의미한다.

홀로세 빙장기에는 천지 북측부에서 함몰이 일어나 폭포 − 빙장의 넓은 하곡을 형성하였고 그 후에 이 하곡이 빙하작용을 받아 U자형으로 침식됐던 시기이다. 이때의 함몰로 천지 칼데라가 더 커지고 깊어지게 되었다. 암석은 주로 빙장기의 조면암질 용결응회암, 라필리응회암, 각력암 등으로 구성된다.

백운봉기 대폭발은 1199~1200AD에 알칼리 유문암질 화쇄류와 플리니언 부석을 분출시켰으며 이때의 총 분출량은 100억 톤 이상이다. 이 시기는 강한 북서풍으로 인하여 부석층이 대부분 남동쪽 조선 경내에 분포되어 있다. 이 대폭발로 천지 칼데라는 더 큰 규모로 확대되었으며 현재의 칼데라 절벽은 대부분 이 대폭발로 형성된 것이다. 1668~1702AD에는 중규모의 폭발이 있었는데 분출물은 주로 암회색, 암자색의 조면암질 용결응회암, 라필리응회암과 각력암으로 구성되는 화쇄류와 플리니언 강하 부석층이다. 천지 칼데라는 1702년의 중규모 폭발이 있은 후에도 약한 함몰이 일어나 지금과 같은 천지를 형성하게 된 것이다. 역사기록에 의하면 1903년에도 작은 폭발이 있었고 현재에도 화산지진, 기체분출, 온천 등이 계속 일어나고 있다.

위에서 설명한 화산활동사를 종합한다면 아래와 같이 두 시기에 네 단계로 나눌 수 있다.

가. 마안산 열곡 화산활동기

(1) 전기 확장 단계(올리고세 말엽부터 전기 마이오세): 열곡대의 중앙부 분출물은 마안산기 석영 쏠리아이트이고 양측부 분출물은 내두산기 증봉산 감람석 현무암, 내두산 알칼리 감람석 현무암, 장백 감람석 현무암 등으로 구성된다. 이 단계는 후기에 국부적으로 포놀라이트 혹은 조면안산암 등이 분출되었다. 이 단계는 현무암-조면안산암(혹은 포놀라이트)으로의 제1차 마그마 분화 윤회를 나타내며 그 분화 경향이 주로 케네디형과 쿰즈형에 속한다.

(2) 후기 축소-폐합 단계(후기 마이오세): 이 단계에 지각은 전체적으로 융기되었다. 특히 망천아 지역에는 망천아기 쏠리아이트-조면안산암과 홍두산기 안산조면암-알칼리 유문암이 분출되었다. 그리고 플라이오세까지 용암 도옴이 침출상으로 연속되었다. 현무암-안산조면암-알칼리 유문암으로의 제2차 마그마 분화 윤회를 나타내며 그 분화 경향이 주로 쿰즈형이다.

나. 두만강 열곡 화산활동기

(1) 전기 확장-폐합 단계(전·중기 플라이오세): 열곡대의 중앙부 분출물은 연강촌기 감람석 현무암과 두서기 안산조면암-알칼리 유문암이다. 현무암-안산조면암-알칼리 유문암으로의 제3차 마그마 분화 윤회를 나타내며 그 분화경향이 스트래들-B형에 속한다.

(2) 후기 확장-폐합 단계(중기 플라이오세부터 홀로세): 열곡대의 중심부 분출물은 군함산기, 백산기 ,광평기 등의 감람석 쏠리아이트-석영 쏠리아이트이고, 양측부 분출물은 군함산기, 백산기 알칼리 감람석 현무암과 백두산기, 기상참기 조면암류, 알칼리 유문암 등이다. 제4차 현무암-안산조면암-알칼리 유문암으로의 큰 규모의 마그마 분화 윤회를 나타내며, 그 분화 경향이 스트래들-B형에 속한다. 홀로세 화산활동은 제4차 마그마 분화 윤회의 마지막 단계에 해당된다.

이상의 화산활동사를 요약하면 아래와 같은 규칙성을 찾을 수 있다.

(1) 백두산 구역에서 마그마챔버는 유형이 주로 연약권 상부, 모호면, 상·중·하부지각 경계면 등의 5개 다른 심부층 경계면과 다른 심도의 단열대 교차구조의 제어를 받아 다르게 형성되었다. 그 유형은 하위에서 상위로 가면서 원시 마그마 저장고, 진화 현무암질 마

그마챔버, 조면암질 마그마챔버, 알칼리 유문암질 마그마챔버, 용리면 등이 있다. 그리고 진화 현무암질 마그마가 지표로 상승하는 과정에 있어서 지하대수층과 만나는 곳에서 물과 휘발성분이 풍부한 현무암질 마그마챔버가 있을 수 있다.

가장 깊은 내두산기 원시 알칼리 현무암질 마그마 저장소는 연약권 상부의 첨정석 러졸라이트에서 형성되었다. 그 심도는 102km 내외이었다. 두 번째 연강촌기 원시 쏠리아이트질 마그마는 심도 약 70km의 연약권 상부 경계면 부근에서 형성되었다. 세 번째 내두산기 증봉산과 장백 원시 알칼리 현무암질 마그마챔버와 쏠리아이트 챔버는 모호면 부근에서 형성되었다. 여러 진화 현무암질 마그마챔버는 모호면, 지각 각 경계면 부근에서 형성되었으며 그 심도가 각각 45km 내외, 35km 내외, 30km 내외, 20km 내외이다. 조면암질 마그마챔버는 그 심도가 33~30km, 20km 내외이고 알칼리 유문암질 마그마챔버는 심도가 약 15km, 8km 내외이다. 최근에 1199~1200년 대폭발시의 조면암-알칼리 유문암질 챔버는 심도가 12km 내외로 측정된다.

(2) 화산활동을 제어하는 구조는 올리고세 말엽-마이오세의 마안산-삼도백하 북북동향 열곡대와 플라이오세부터 홀로세의 압록강 상류-두만강 북동동향 열곡대이다. 이런 열곡대는 동해 열곡형 배호분지 주변에서의 이차 열곡계열에 해당한다. 따라서 화산활동은 동해분지 주변의 화산활동과 매우 유사한 특성을 가진다. 예를 들면 일본도에서도 올리고세 말엽부터 마이오세에 '녹색 응회암' 등과 같이 열곡대에서 분출된 화산암류가 많다. 또한 동송포(東松浦) 지역에서 플라이오세의 현무암(3.58~3.00Ma) 분출, 신진도(神津島)에서 플라이스토세 27만 년에 유문암 분출, 8만년 전의 흑요암 분출되었으며, 3.5만년 이래의 유규도(琉球島), 아소(阿蘇), 지홀(支笏) 등지에서 조면암, 데사이트와 현무암이 분출되고 대형 칼데라가 형성되었다. 이 모든 화산활동은 백두산 구역에서 두 차례 상이한 방향으로 발생된 열곡구조와 거의 같은 시기에 일어났던 것이다. 특히 일본 규슈 아소 화산은 1598년, 1668년, 1708년에 분출되고 일본 혼슈 선간(線間) 화산은 1596년, 1598년, 1669년과 1704년에 분출되었는데 그 시대 배경은 백두산 구역에서의 1668~1702년 분출 시기와 거의 같다(유쟈치, 1988). 그리고 한국 제주도 현무암은 1.2Ma전부터 분출되고 조면암은 0.70Ma에 분출되었다(이문원, 1991). 조선 박물학회 잡지 제4호에는 제주도 화산이 1002년과 1007년에 마지막 분출이 있었다고 기재되어 있다(카와사키, 1927).

(3) 백두산 구역 열곡대는 불완정한 대륙형 열곡대에 속한다. 마안산-삼도백하 열곡대의 중앙부 확장속도는 0.23cm/yr인데 이는 중국 동부 신제3기-제4기 암권 확장속도가

0.21~0.15cm/yr인 것에 비하면 0.02cm/yr 더 빠르다. 마이오세 말기에 와서 국부적으로 축소-폐합이 시작했으며 그 속도는 3.5~4.0cm/yr이다. 두만강 열곡대는 두 차례의 구조 마그마윤회를 거쳤다. 전기 플라이오세(4.0Ma±)의 열곡대 중앙부는 0.3cm/yr 속도로 확장되어 연강촌기 평정촌 현무암이 분출되었고, 북서 양측부에는 천양기 알칼리 감람석 현무암이 분출되었다. 중기 플라이오세 3.77~2.40Ma 시기에는 확장속도가 0.18cm/yr 내외로 느려졌다. 이때 열곡대 중앙부에서는 군함산기 알칼리 감람석 현무암이 분출되었으며, 북서 측부에서는 국부적으로 축소-폐합되어 두서기 알칼리 유문암이 분출되었다. 그 당시 폐합속도가 약 4.2cm/yr이었다. 이후에도 확장되어 열곡 중앙부에는 백산기 두만강 쏠리아이트가 분출되었고 양측부에는 백산기 알칼리 쏠리아이트가 분출되었다. 뒤이어 백두산기 폐합 단계에 들어섰으며 그 속도가 3.13cm/yr이었다. 열곡대의 중심부와 양측부에는 성격이 다른 화산유형을 제어하였다. 열곡대 중앙부에는 열극 분출이 일어났고 양측부에는 대부분 중심 분출이 일어났다.

(4) 마안산-삼도백하 열곡대의 중앙부와 인접부에는 마그마의 진화 경향이 대부분 쿰즈형이고 양측부에는 스트래들-B형 진화 경향을 나타낸다.

(5) 중심 분출에 의한 화산은 분출순서가 먼저 각력암, 라필리응회암 등의 화성쇄설암이 대량으로 분출되고 잇따라 용암이 소량으로 분류되었다. 현무암은 순상화산 혹은 용암대지를 이루고 조면암류는 성층화산을 이루었다. 마지막에 망상 단열대가 발달되면서 그 교차 지점을 따라 많은 분석구가 발생되었다. 이러한 강성 쇄설암-용암-소성 쇄설암 순서는 하나의 암상 조합대를 구성하며, 이 모두는 같은 원시 마그마원 혹은 진화 현무암질 마그마챔버에서 분화되어 분출된 화산암들이다. 열극 분출은 3가지 암상조합을 이루지 않고 오로지 용암류만으로 구성된다.

(6) 각 분출시대의 분출량을 계산한다면 제1차 분화윤회(올리고세 말엽-전기 마이오세)에서의 분출량은 27,526억 톤이고 분화물의 분출량은 매우 적다. 제2차 분화윤회(마이오세)에서의 분출량은 현무암이 5,404억 톤이고 분화된 홍두산기 분출물이 86억 톤 이상이다. 분화된 분출량은 이 분화윤회 분출량의 1.6%를 차지한다. 제3차 분화윤회(플라이오세)에서 현무암 분출량은 7,492억 톤이고 분화된 두서기 분출량은 294억 톤으로 이 분화윤회의 3.8%를 점한다. 제4차 분화윤회(플라이오세~홀로세)의 분출량은 현무암이 32,771억 톤이고 조면암-알칼리 유문암이 1,619억 톤으로 이 윤회 분출량의 4.7%를 차지한다. 여기서 알 수 있는 것은 현무암에서 분화된 조면암-알칼리 유문암은 초기 분화윤회에서

후기 분화윤회로 가면서 점차 1.6%→3.8%→4.7%로 증가되었다. 홀로세 분출 특성은 암회색 조면암질 화쇄류 및 화산회와 백색 알칼리 유문암질 부석 및 화산회가 서로 주기적으로 분출되었다.

(7) 백두산 천지 지역에서 중력장은 타원형 잔류이상을 나타났다. 계산에 의하면 질량결핍이 80여억 톤에 달하는데 지금도 융기상태에 있음을 암시한다. 유요신 등이 1995년 천지 북쪽 흑풍구 부근에서 발견한 탄화목의 ^{14}C 연령은 4,105±80yBP로 측정되었다. 지금 화산체는 그때로부터 약 100m 내외로 융기되었으며 따라서 매년 2.4㎝ 높아진 추세이다. 최근 7년간 지진관측 자료는 매년 작은 지진이 발생되고 있음을 보여 준다. 지진은 평균 ML 0.7급이고 최고 2.5급의 화산지진 유형에 속한다. 구체적으로 지진은 1985년에 3번 발생되었고 1986년에는 12번, 1991년에는 29번으로 증가되는 추세이다. 그러므로 이는 지하에서 마그마챔버의 응력이 점점 커짐을 암시한다. 천지 주변의 3개 온천에서 온도측정 결과는 4년에 1.2℃ 높아지고 매년 평균 0.3℃ 높아지는 셈이다. 천지수, 온천수 및 이도백하수의 화학분석 결과에 의하면 천지수는 Na^+, K^+ 함량이 각각 50.85ppm, 5.81ppm인데 이는 정상수보다 3배나 높은 값이다. 온천수는 Na^+, K^+ 함량이 33.41ppm, 20.60ppm이다. 백두산 천지화산은 지금도 활동 중이며 분출이 잠시 정지된 활화산에 속한다. 앞으로 화산폭발이 일어날 수 있는 활화산이기에 특히 중시하여야 되겠다. 길림성 지질국에서는 2000년부터 체계적인 화산지진 관측을 진행하고 있다.

제11장

광산과 결론

제1절 광산 개요

백두산 구역에서 신생대 화산암류와 관련된 광산은 유형도 많고 분포도 넓다. 주요 광산은 부석, 스코리아, 규조토와 포놀라이트 등의 비금속 광산이 있고 지하 열에너지, 광천수 및 온천 등의 경제 및 사회가치가 매우 높은 것도 이 범주에 속한다.

1. 부석과 스코리아

부석은 회색, 회백색 등의 담색을 띠는 다공상 해면상 산성−알칼리성 화성쇄설물이다. 스코리아는 적갈색, 암자색, 암회색 등의 암색을 갖는 불탄 숯과 같은 다공상 중성−염기성 화성쇄설물이다.

가. 부석광

백두산 천지화산과 현무암 용암대지 위에 넓게 분포되어 있다. 대부분 백운봉기 알칼리 유문암질 부석과 화산회로 구성되어 있다. 회백색 다공상 유리질 조직을 나타내고 가끔 유상구조가 있으며 국부적으로 진주상 금을 발달시킨다. 기공은 40% 내외를 점하고 형태가 주로 타원상이며 일정한 방향으로 배열이 되어 있다. 부석층은 주로 유리질 부석(50%)과 화산회(10%)로 구성되고, 소량의 반정, 결정편, 암편 등을 함께 포함하고 있다. 부석은 크기가 위치에 따라 다양하며 천지 칼데라 근처에서 조립질로서 직경이 5∼20㎝이고 간혹 40∼50㎝ 되는 것도 있다. 칼데라에서 15∼30㎞ 떨어진 위치의 쌍목봉 부석광, 내두산 부석광 등에서는 입경이 3∼7cm이다. 더 멀리 떨어진 적봉, 광평, 송강 등지에서 부석은 대부분 세립질로서 입경이 0.5∼2㎝이고 간혹 3㎝ 되는 것도 있다.

지금 채굴하고 있는 부석광산은 적봉, 내두산, 쌍목봉, 송강하 상류 등지이다. 적봉 광산에서 부석은 물리적 특성으로서 송산체중이 410kg/m³이고 압축강도가 15kg/cm³이다. 이 부석층은 완전하고 평균 두께가 0.78m이고 면적이 6㎢이다.

쌍목봉 광산에서 부석은 송산체중이 340∼600kg/m³이고 압축강도가 15.6∼24.5kg/cm²이며 면적이 28㎢이다. 부석의 화학조성은 SiO_2 69∼72%, TiO_2 0.2∼0.3%, Al_2O_3 10∼12%, Fe_2O_3 1.7∼3.0%, FeO 2.5∼2.7%, MgO 0.2∼0.5%, CaO 0.7∼0.8%, Na_2O 4.5∼5.5%, K_2O 4.3∼5.0%이다.

나. 스코리아광

백두산 천지화산, 망천아, 천양, 북강 등지에서 망상으로 무리 지어 분포되는 분석구에서 산출된다. 이 분석구들은 높이가 50~100m이고 기저부 직경이 500~1,000m이며, 사면 경사가 30~40°이다. 스코리아는 적자색, 암자색, 암회색을 띠고 기공이 밀집되어 있는 불탄 숯과 같은 양상을 보인다. 스코리아의 공극률은 40~70%이고 송산체중은 $1.0kg/m^3$ 이하가 26.4%를 점하고 $1.0~1.1kg/m^3$이 55.2% 점하며 $1.1kg/m^3$ 이상이 18.4%를 차지한다. 스코리아의 화학성분은 SiO_2 47~51%, TiO_2 2.5~3.0%, Al_2O_3 15~17%, Fe_2O_3 6~12%, FeO 2~6%, MgO 4.1~5.5%, CaO 6~9%, Na_2O 2.8~3.6%, K_2O 2.0~2.2%이다. 이미 확인된 광산은 왜왜정자, 평정자, 노방자소산, 확모정자, 초모정자, 오리소산 등의 분석구이다.

부석과 스코리아는 다공질이며 가볍고 도열계수가 작기 때문에 건축분야에서 경질 골재, 연마제로서 널리 쓰이고, 화학공업에서 과로제, 간조제, 최화제, 흡수제로서 이용된다.

2. 규조토광

마안산−삼도백하 북북동향 열곡대의 단층 함몰분지 혹은 요곡 함몰분지의 퇴적층에 많이 분포되어 있다. 이미 알고 있는 광산은 마안산, 삼도백하 신둔자 등지이며, 마안산 광산에 대해 아래와 같이 소개한다.

광층은 하부에서 상부로 가면서 8개 규조토층으로 나눌 수 있다. ① 암회색 판상 규조토층: 사암과 실트암으로 구성된다. ② 회록색 규조점토층: 0.9~3.3m 두께를 가진다. ③ 회백색 규조토층(1호 광체): 1~4.6m 두께를 가진다. ④ 회황색, 암회색 규조점토층: 3~7.1m 두께를 나타낸다. ⑤ 유백색, 연회색 규조토층(2호 광체): 두께가 4~9.6m로 가장 두껍다. ⑥ 회색, 담회색 규조점토층: 0.3~7.3m 두께를 가진다. ⑦ 회백색, 담회색 규조토층(3호 광체): 0~3.6m 두께로 얇은 편이다. ⑧ 회록색 규조점토층: 두께가 0.3~2.4m로서 가장 얇다.

광층은 면적이 약 $300km^2$ 걸쳐 분포되고 두께가 25~40m 되는 대형 광산이다. 광층은 거의 평탄하고 1~5° 경사를 이룬다. 광석은 규조 단백석이 재결정되어 옥수로 진화된 것이며, 규조 사이에는 소량의 점토가 충전되어 있다. 점토광물은 대부분 수운모류의 엽상 광물로 구성되고 고령석, 일라이트 등도 나타난다. 화학성분은 <표 11−1>에 정리하였다.

규조는 수십 개 속, 100여 종 이상이 보고된 바 있으며 이 중에 소환형(Cycloteila)과 직련형(Rhobalodia) 등이 가장 우세하게 포함된다.

<표 11-1> 마안산 규조토 광석의 품위

광석등급	SiO$_2$(%)	Fe$_2$O$_3$(%)	Al$_2$O$_3$(%)	CaO(%)	Loss(%)
I급	87.65	1.40	4.83	0.34	4.14
II급	83.26	2.41	6.67	0.73	6.30
III급	76.25	4.27	9.34	0.89	6.42

3. 온천

백두산 천지화산은 심부에서 마그마챔버가 계속 활동하고 있기 때문에 거대한 지하 열에너지를 저장하고 있다. 천지 칼데라 주변에는 환상 단열대와 방사상 단열대가 교차하는 곳에는 온천이 무리 지어 있다. 이미 알고 있는 온천은 장백 온천, 천문봉 호빈 온천, 제자봉 호빈 온천, 백두봉 호빈 온천, 금강상류 온천, 선인교 온천 등이 있다. 그 중에서 장백 온천은 온도가 70∼80℃로서 가장 높고 최고 81.6℃에 달한다. 기타 온천은 온도가 30∼60℃ 범위이고 백두봉 호빈 온천은 73℃에 달하는 것도 있다.

장백 온천의 하루 유량은 6,500톤이고 기타 온천의 하루 유량은 200∼1,200톤이며 총 유량은 하루에 10,000톤을 넘는다. 백두산 지진참에서 1989년 장백 온천에 대해 관측한 자료를 <표 11-2>에 표시하였다. 특히 6호정에서 최고 수온은 1988년에 81.4℃로 측정되었지만 1989년에는 81.6℃로서 0.2℃ 증가되었다.

<표 11-2> 장백 온천의 1989년 유량과 수온

측정종	유량(Q/S)		수온(℃)				
천정번호	1호	2호	1호	2호	3호	5호	6호
연평균	0.124	0.242	19.4	73.1	78.0	66.1	81.4
6월	0.121	0.242	19.4	73.2	78.1	65.2	81.3
7월	0.124	0.241	19.4	73.5	78.1	65.1	81.2
8월	0.123	0.240	19.4	73.1	78.0	65.2	81.4
9월	0.127	0.243	19.3	72.6	77.9	65.0	81.6

백두산 구역에서 지하 열에너지는 개발 전망이 대단히 밝다. 장백 온천만 하더라도 하루 유량이 6,500t/d이고 평균온도가 61℃로서 매일 유실되는 열량은 표준석탄 60톤을 태워 방출하는 열에너지와 같다.

4. 광천수

백두산 구역에서 광천수는 의료탄산 열광천수와 의료－음료탄산 온광천수와 음료규산 냉천수 등의 3대 유형으로 구분된다(<표 11－3>).

<표 11－3> 백두산 구역에서 광천수의 종류

유형	용도	편규산함량(mg/l)	광화도(g/l)	PH	수온(℃)	대표적 광천지점
의료탄산 열광천수	의료	62~244	0.91~1.62	5.8~8.6	38~81	장백, 금강
의료·음료탄산 온광천수	의료 음료	18~136	1.4~3.4	6.1~6.7	9~18	두도백하, 삼도백하
음료규산 냉천수	음료	52~106	0.12~0.71	6.5~8.5	7~9	무송, 구룡구

가. 의료탄산 열광천수

무색 투명하고 냄새가 나며 쓴맛이 난다. 유황 냄새가 나며 수온이 38~81℃이다. 광화도가 0.91~1.62g/l이고 경도가 4.8~7.42이며 중급 광화수에 속하고 대다수가 중탄산, 황산 Na형수이다.

나. 의료－음료탄산 온광천수

무색이고 냄새가 없으며 용천수로서 기포가 있고 마실 때 매운 감이 있으며 청량하고 상쾌하다. 수온이 9~18℃이고 PH가 6.1~6.7인 약한 산성 내지 중산성에 속한다. 광화도가 1.4~3.4g/l이고 총경도가 35~92.5로서 극경수에 속한다. 수화학적으로 대부분 중탄산형 Ca, Mg, Na 및 MgCa수이고 탄산, 규산형 온광천수에 속한다. 일반적으로 함철이 높고 미량원소 10여 종을 함유하며 의료와 음료에 적합하다.

다. 음료규산 냉광천수

무색이고 투명하고 냄새가 없으며 수온이 7~8℃이다. PH가 6.2~7.6이고 편규산 함량이

52~104.4mg/l로서 편규산 광천수에 속한다. 수화학적으로 중탄산형 MgCa수 혹은 NaMg수에 속한다.

3유형 광천수는 아래와 같은 규칙적 특징을 가진다. ① 수온은 백두산 천지 칼데라 근처에서 최고이고 사방으로 가면서 점점 낮아지며 뚜렷한 분대성을 나타낸다. ② 3유형의 광천수는 서로 성질이 다르기 때문에 음양 이온함량이 현저한 차이를 나타낸다. 음료 광천수(Ⅱ유형)는 HCO_3^-, Ca^{2+}, Mg^{2+} 함량과 경도가 열광천수(Ⅰ유형) 냉광천수(Ⅲ유형)보다 높다. ③ 광천수의 유형에 따라 어떤 성분 함량은 수온과 일정한 관계를 나타낸다. 예를 들면 열광천수와 냉광천수에서 광화도와 편규산 함량은 온도가 증가함에 따라 현저하게 높아진다. 냉광천수에서 총경도도 온도가 증가됨에 따라 높아진다.

본 구역에서 음료 광천수에는 CO_2(최고 1,698mg/l)와 편규산 등이 대량 포함되어 있기 때문에 마실 때 맛이 좋고 상쾌하다. 그리고 인체의 신진대사가 잘되기 때문에 국내외 많은 기업인들에 의해 주목받아 왔으며 지금 한창 개발 중에 있는 것도 있다.

5. 현무암과 포놀라이트

현무암은 중요한 내화로의 원료이다. 내화로는 암석을 파쇄, 배료, 용화, 요주, 결정, 퇴화 등의 공업 가공을 거쳐 모형을 만든다. 내화로 공장에서 요구하는 질량 표준은 다음 두 가지 기준에 두고 있다. 첫 번째 기준은 주원소 함량이 SiO_2 47~49%, $Al_2O_3+TiO_2$ 16~21%, Fe_2O_3+FeO 14~17%, CaO 8~11%, MgO 6~8%, Na_2O+K_2O 2~4% 범위에 있어야 한다. 두 번째 기준은 주원소 몰수로 계산하여 여규지수 K값이 30~120 범위와 $K_2O+NaO=2~4%$ 범위이어야 한다. 여기서 $K=(SiO_2+TiO_2)-(MgO+CaO+FeO+2Fe_2O_3+4K_2O+4Na_2O)$이다. 위의 질량 표준에 근거하면 본 구역에서 산업광체 조건에 부합되는 암석은 오로지 두만강 열곡대 중앙부를 따라 분출된 전기 플라이오세 연강촌 현무암과 삼합촌 현무암만 해당된다. 연강촌 현무암은 SiO_2 47.34%, $Al_2O_3+TiO_2$ 15.56%. Fe_2O_3+FeO 12.23%, CaO 8.25%, MgO 8.69%, Na_2O+K_2O 3.64%이고 K값이 54~57 범위이다. 삼합촌 현무암은 SiO_2 49.41%, $Al_2O_3+TiO_2$ 16.75%, Fe_2O_3+FeO 13.13%, CaO 7.97%, MgO 7.44%, Na_2O+K_2O 3.43%이고 K값이 111~115 범위이다.

포놀라이트는 유리기계 제품의 재료로 사용하면 50%의 알칼리를 절약할 수 있다. 이에 요구되는 화학조성은 SiO_2 57.45%, TiO_2 0.41%, Al_2O_3 20.6%, Fe_2O_3 2.35%, FeO 1.03%, MgO

0.3%, CaO 1.5%, Na$_2$O 8.84%, K$_2$O 5.23%이다. 백두산 구역에는 오로지 증봉산 현무암의 상부층에서만 포놀라이트가 산출된다. 이의 화학조성은 SiO$_2$ 55.63%, TiO$_2$ 0.32%, Al$_2$O$_3$ 19.34%, Fe$_2$O$_3$ 3.36%, FeO 3.88%, MgO 0.58%, CaO 2.54%, Na$_2$O 7.79%, K$_2$O 5.51%이다. 산업 요구에 비하면 SiO$_2$ 함량이 1.82% 부족하고 Fe$_2$O$_3$＋FeO 함량이 3.86% 높고 CaO가 1.04%, MgO가 0.28% 높다. 따라서 이 암석은 전체적으로 염기성이 높은 편이다.

6. 보석류

백두산 구역 서부의 정우 지역에서 남보석(남색 강옥)이 발견된다. 이 남보석은 색깔이 남색, 연남색, 남록색을 띠고 투명－반투명의 유리광택을 나타낸다. 결정형태가 육방 주상과 판상 결정체이고 입도가 2～8㎜이며 최고 30×30×10㎜인 것도 있고 중량이 70캐럿이다. 축면 벽개가 발달되고 남록색 보석에서 집편쌍정을 가지며 조개상 단구를 나타낸다. 질이 취약하고 경도가 9이며 비중이 3.92～4.02 범위이다. 광학적으로 일축성 네거티브이고 Ne＞No＞1.73699이다. 이 남보석은 져어콘, 투휘석, Ti휘석, 인회석, MgFe첨정석, Mg감람석, FeAl석류석 등의 중광물과 밀접한 관계를 가진다. 현무암 내의 심원 내포체로서 러졸라이트의 광물조합에 근거하면 남보석은 주로 플라이스토세 소기산 알칼리 감람석 현무암(백산기에 해당함) 내의 러졸라이트 내포체에 존재할 것이다. 남보석은 주인 현무암질 마그마에서 초기에 결정된 고압 거정으로 신속하게 지표에 운반되어 보존된 것이다. 러졸라이트 내포체를 다량 포함하는 초생 알칼리 감람석 현무암 내에서는 남보석을 찾는 것 외에 또한 이에 동반되어 나타나는 굵은 감람석, 거정 휘석, 인회석 등도 찾아낼 필요가 있다.

7. Nb, Ce, Y 광화대

천지 조면암－알칼리 유문암 중에는 Nb, Ce, Y 희토류원소가 보편적으로 포함되어 있다. 이들은 평균적으로 Nb$_2$O$_3$ 0.023%, Ce$_2$O$_3$ 0.046%, Y$_2$O$_3$ 0.011%를 함유하고 Nb$_2$O$_3$＋Ce$_2$O$_3$＋Y$_2$O$_3$가 0.08%를 나타낸다. 이들은 백두산 천지 주변의 환상 파쇄변질대와 알칼리 유문암맥에서 0.1% 내외로 높은 함량을 가진다. 즉 Nb$_2$O$_3$ 0.025～0.028%, Ce$_2$O$_3$ 0.07～0.078%, Y$_2$O$_3$ 0.02～0.025%를 함유하고 총량으로 0.11～0.132%를 나나낸다. 그리고 방사

성 γ값도 현저한 정이상을 나타낸다. 현재 국내에서 채택하고 있는 화강암질 페그마타이트의 공업품위는 Nb_2O_3가 0.022∼0.025% 범위이고 변계품위는 0.012∼0.015% 범위이다. Ce_2O_3 공업품위는 2%이고 변계품위는 1%이이며 Y_2O_3 공업품위는 0.05%∼0.10% 범위이다. 분석결과를 보면 본 구역에서 Nb_2O_3 함량은 공업품위에 달하지만 유감스럽게도 이런 원소들의 부존상태를 아직도 모르고 있다.

8. 조선 경내의 주요 광산

가. 누른봉 금동광

혜산시 동쪽 34㎞ 내외에 있는 누른봉의 서쪽 산사면에 놓여 있다. 광구에서 하부층은 보천통 현무암이고 그 위에 화산각력암, 조면데사이트질 응회암층이 놓여 있으며, 중부층은 누른봉층의 암회색 조면암이며 상부층은 북설령층의 조면유문암이다. 그리고 조면유문암 관입체가 침출되어 누른봉을 형성한다. 광체는 잠복화산암의 침출체 서측부와 화산각력암의 접촉대인 파쇄변질대에서 남북 방향으로 부존되어 있다. 경사방향이 70∼80°이고 길이가 1㎞ 이상 된다. 광석은 규화된 조면데사이트 중에 광염상으로 산출된다. 광석광물은 황철광, 황동광, 유동광, 반동광, 섬아연광, 방연광 등이고 맥석광물은 석영, 옥수, 형석, 방해석, 자연유황 등이다. 수정 결정체와 황철광 광염대가 산출되는데 수정의 크기는 2∼8㎜이고 길이가 2∼3㎝이다.

광상성인은 화산열수형으로 본다. 즉 잠복화산암체가 지표로 침출된 후에 열수광화작용이 일어나 먼저 고령석화, 명반석화작용을 일으키고, 잇따라 옥수질 규화─황화작용을 일으켜 금동광체를 형성시켰다.

나. 대신 철광

이 철광은 대부분 갈철광으로 구성되며 혜산시 동남쪽 약 32㎞ 되는 대신 배채골에 놓인다. 광구에서 하부층은 보천통 현무암이고 그 위에 두께 2∼6m의 얇은 사력층이 있으며, 이 사력층 속에는 연속성 없는 3∼4m 두께의 갈철광층 3매를 협재한다. 그 상위에 37m 두께의 조면암질 응회암층이 피복되어 있고 그 속에 0.5∼3㎝ 두께의 갈철광층이 협재된다. 이 응회암층 위에는 회백색─백색 고령토질 실트암이 얇게 퇴적되어 있다. 갈철광층은 그 속에서 산출되는 식물화석에 의하면 제4기 전기에 속한다. 그리고 응회암층 위에는 누른봉층에 속하는 조면암과 조면데사이트가 140m 두께로 덮여 있으며 이는 응회암과 용암이 4~5회 호층으로 반복된다.

광체는 조면암질 응회암과 암회색 조면암 및 조면데사이트 사이에 층상으로 부존되어 있다. 광체는 배채골에서 동서 방향으로 100m 내외이고 남북 방향으로 약 300m로 노출된다. 철광층은 층상으로 발달되며 두께가 0.2~4.7m이고 서쪽으로 1~2°로 경사된다. 광석은 괴상 갈철광, 층상 갈철광, 분말상 갈철광, 다공질 괴상 갈철광으로 나뉜다. 괴상 갈철광은 광층의 상부에 치우쳐 있으며 암갈색 치밀한 침철광이다. 층상 갈철광은 광층의 하부에 치우쳐 있으며 황갈색을 띠고 두께 0.5~1.2㎜의 얇은 층상으로 부존된다. 분말상 갈철광은 층상 갈철광 속에 10~25㎝ 두께로 2~3회 반복되는 호층으로 나타난다. 황색 분말상 갈철광 속에는 담백석이 층상으로 들어 있다. 광석의 형태는 층상, 렌즈상, 결핵상, 동심원상 구조 등으로 산출된다. 층상 갈철광층은 주로 층상, 렌즈상 구조를 나타내고 괴상 갈철광층은 결핵상, 렌즈상, 동심원상 구조를 나타낸다.

다. 명반석광

명반석 광상은 그 성인이 대부분 화산지대에서 마그마 열수형에 속한다. 백두산 화산지대에는 명반석 광상이 형성될 수 있는 유리한 조건이 구비되어 있기 때문에 많은 명반석광이 발견된다. 이미 발견된 광상은 보천, 설령, 대전평 등에서 산출되며 그 중에서 대표적인 보천 명반석 광상에 대해 서술한다.

보천 명반석 광상은 보천군 동북쪽 약 20㎞ 되는 곽사봉 부근에 자리잡고 있다. 광구의 기반암은 쥬라기 단천 화강암이고 그 위에 보천통 현무암, 백두산통 누른봉층 조면암류, 북설령층 조면유문암, 북포태산층 조면암류 등의 순서로 놓인다. 보천통 현무암은 단천 화강암 위에서 순상 용암대지를 이루며 총 두께가 150~200m이고 흐름단위의 두께가 10~15m 범위이다. 용암대지 위에는 사력층이 1~3m 두께로 덮여 있다. 역들은 대부분 화강암과 현무암 등으로 구성되며 크기가 보통 1~2㎝이고 20~30㎝ 되는 것도 있다. 누른봉층 조면암류는 대부분 안산조면암이고 현무암층 위에 정합으로 놓이며, 두께가 200~250m 범위이고 주상절리를 발달시킨다. 북설령층은 높은 산체의 중간 부분에 분포되며 조면데사이트, 조면유문암, 유문암(알칼리 유문암) 등으로 구성된다. 이 암석은 용암류 또는 각력암, 응회암 등으로 나타나며 명반석 광체를 부존시키고 있다. 이 광체는 그 상하위에는 여러 개의 변질대를 큰 규모로 발달시킨다. 명반석화작용은 화도 근처에서 용암, 각력암과 응회암 등에서 강하게 진행되었다. 북설령층 두께는 100~150m 범위이다. 북포태산층은 북설령층 위에 놓이고 조면암, 조면데사이트로 이루어지며, 높은 산정부나 분수령을 차지한다. 이 광구에서 북포태산층은 두께가 80~150m 범위이고 5㎝ 두께의 부석층이 깔려 있다.

광상은 곽사봉으로부터 남쪽으로 연장되는 주능선을 경계로 하여 동쪽과 서쪽 능선의 중부와 남쪽 계곡을 따라 놓여 있으며 4개 노두에서 노출된다. 광체는 상위 광체와 하위 광체의 2개 층으로 나뉜다. 하위 광체는 곽사봉 주능선의 서쪽 계곡(해발 1,500~1,600m) 사면에서 나타나며 북쪽에서 남쪽으로 가면서 2~4° 내외로 경사진다. 이 광체는 오른쪽으로부터 변질대─명반석대─고령석대─변질대로 구분된다. 광체의 거리가 800m이고 두께가 20~30m이다. 하위 광체의 남쪽 노두는 곽사봉으로부터 남쪽으로 2,000m 떨어진 계곡의 막장 경사면에서 하위 광체의 북쪽 노두와 같은 높이에서 나타난다. 노두의 거리가 30m이고 두께가 5m이다.

상위 광체는 곽사봉으로부터 동쪽으로 400m 정도 떨어진 산사면에 노출된다. 광체는 곽사봉을 반달형으로 둘러싸면서 남동 방향으로 연장되며 해발 높이가 1,750m이다. 광체의 길이는 800m이며 두께가 최대 35m이고 최소 5m이다. 상위 광체는 이 노두의 남쪽에 또 하나의 노두가 나타나며, 그 형태가 타원형이고 직경이 20~30m이다.

광석은 회색, 회백색, 분홍색, 갈황색을 띠며 배태암인 조면유문암, 알칼리 유문암, 조면데사이트보다 세립질이며 질량이 가볍다. 풍화면에서 산화철에 의한 오염으로 담갈색을 띠지만 신선한 면에서는 회색을 띤다. 특히 신선한 면은 햇볕에 쪼이면 명반석 입자들이 은가루를 뿌려 놓은 듯이 특이한 반사현상을 나타낸다. 이 광석은 각력상, 괴상 및 반점상 구조를 갖는다. 각력상 광석은 응회암과 자쇄각력암들이 화구 근처에서 원래 구조를 그대로 보존하면서 명반석화된 것으로 보인다. 쇄설편은 크기가 2~3㎜로부터 최대 30㎝ 달하는 것도 있다. 괴상 광석은 화도를 따라 분출한 용암이 일차 구조를 그대로 보존하면서 명반석화된 것으로 생각된다. 이 광석은 미세한 기공들을 10~15% 가지는 다공질이다. 기공은 형태가 원형이고 명반석, 옥수, 남백석과 같은 규산 광물의 결정으로 메워져 있다.

보천 명반석 광상은 명반석이 2세대를 걸쳐 형성되었다. 첫 세대에는 일차 암석 내의 광물을 교대하여 반정상 및 미립산점상 명반석을 형성시켰다. 둘째 세대에는 첫 세대의 명반석을 자르는 공소상과 균열상 명반석을 형성시켰다. 명반석 광석은 X선분석에 의하면 297Å, 2.27Å, 492Å과 1.89Å의 반사가 명백하게 나타나는데 이것은 명반석의 표준성과 일치한다. 시차열분석에 의하면 첫 흡열반응이 570℃에서 나타나는데 이는 결정수의 탈수에 관련되며, 두 번째 흡열반응이 820℃에서 나타나는데 이는 명반석 광물 내에 들어 있는 SO_3가 떨어지는 탈류반응이다. 명반석의 화학조성은 <표 11-4>에 나타냈다.

<표 11-4> 명반석의 화학조성과 질량비

명반석 유형	Al_2O_3 (%)	Na_2O (%)	K_2O (%)	SO_3 (%)	H_2O (%)	SO_3/Al_2O_3	K_2O/Na_2O
반정상	35.90	0.20	9.80	37.85	13.04	1.05	14.0
균열상	36.10	0.65	10.12	37.78	13.04	1.04	15.5
공소상	35.38	0.69	9.92	37.65	13.04	0.95	14.4

광석의 화학조성은 상위 광체에서 SiO_2 33~47%, Al_2O_3 21~26%, Na_2O 0.3~0.5%, K_2O 4~5%이며 SO_3 14~26%이다. 하위 광체에서는 SiO_2 50~60%, Al_2O_3 16~18%, Na_2O 0.3~1.5%, K_2O 4~5%이며 SO_3 8~16%이다(<표 11-5>). 그리고 명반석 광석에는 금, 은, 칼륨 등의 원소가 적지 않게 수반된다. 칼륨은 어느 시료에서나 80~100g/t 들어 있으며 곳에 따라 금이 2g/t이고 은이 10g/t까지 포함되는 경우도 있다.

<표 11-5> 광체별 명반석 광석의 화학조성

광체	개수	SiO_2 (%)	TiO_2 (%)	Al_2O_3 (%)	Fe_2O_3 (%)	FeO (%)	MnO (%)	MgO (%)	CaO (%)	Na_2O (%)	K_2O (%)	mn (%)	SO_3 (%)
하반 광체	68	50.78	0.41	17.72	3.81	0.72	0.25	0.33	0.59	0.31	4.56	20.13	16.19
	6	60.28	0.50	16.13	2.92	0.49	0.21	0.47	0.46	1.51	3.83	11.19	8.68
상반 광체	12	33.63	0.32	25.92	2.23	0.45	0.21	0.47	0.48	0.33	4.60	27.05	26.65
	8	47.40	0.40	21.68	2.63	0.51	0.57	0.68	0.63	0.45	4.08	19.47	14.50

라. 화산유리광

화산유리는 물의 함량과 몇 가지 물리적 성질에 따라 흑요암, 송지암, 진주암으로 나눈다. 흑요암은 보통 용암으로부터 일차적으로 만들어지고 후기에 수화작용을 받아 진주암, 송지암으로 넘어간다. 백두산 구역에서 알려진 화산유리 광상과 노두들은 <표 11-6>에 실었다. 그리고 대표적인 설령 진주암광과 백사봉 흑요암광에 대해 서술한다.

<표 11-6> 백두산 화산지대 화산유리 광산 및 산지

광상명	산지	배태암
설령 진주암광산	백암군 백암 설령	알칼리 유문암과 용결응회암
안택 진주암광산	백암	알칼리 유문암
백사봉 흑요암광산	보천군 대평 백사봉	조면유문암
오두산 흑요암광산	백암군 신정	산성 응회암
남포태산 흑요암광산	보천군 대평구 남포태산	조면유문암
초계수 흑요암광산	백암군 덕림	알칼리 유문암

(1) 설령 진주암광

기반암은 대부분 전기 원생대 직현통 백색 세립규암이다. 기반암 위에 제3기 행인상 현무암층, 감람석 휘석 현무암층이 덮여 있고 그 위에 제4기 조면암층, 알칼리 유문암층, 현무암층 순서로 놓여 있다. 진주암체는 알칼리 유문암층 내에 일정한 굴곡된 렌즈체를 이루면서 수평으로 협재되어 있다. 광체는 거리가 700m이고 너비가 300m이다. 진주암 광체는 대부분 유리질로 되어 있지만 규장질로 결정화된 부분도 있다. 유리질 부분에서는 균질한 광석을 이루지만 규장질이 많은 부분에서는 여러 색깔로 불규칙인 광석을 이룬다.

광석은 대부분 유리질이고 진한 녹색을 띠며 선명한 유리광택을 나타낸다. 규장질이 섞인 광석은 녹색 유리질과 회색 규장질이 뒤섞여 잡색을 띠며, 유리질이 많아짐에 따라 색지수가 높아진다. 광석은 주로 괴상, 진주상, 유상 구조를 가진다. 파리장석 반정을 가진 반상 진주암 광체와 배태암인 용결응회암의 화학조성은 <표 11-7>에서와 같다. 표에서 보다시피 진주암 광석은 용결응회암과 거의 비슷한 조성을 가지며, 진주암 광석은 용결응회암에 비하여 SiO_2가 조금 적고 K_2O+Na_2O가 현저하게 적고 H_2O가 훨씬 많은 것이 특징이다.

<표 11-7> 설령 진주암 광석과 배태암의 화학조성

유형	SiO_2	Al_2O_3	Fe_2O_3	CaO	MgO	K_2O	Na_2O	H_2O
괴상 광석	71.62	11.35	2.91	0.62	0.64	4.80	2.05	4.19
섞인 광석	70.04	12.43	2.40	0.55	0.82	3.00	1.60	4.55
용결응회암	74.40	12.23	1.88	0.34	0.32	4.38	3.28	0.48

(2) 백사봉 흑요암광

백두산통 북설령층의 분출암이 단천 화강암 위에 피복되어 있다. 북설령층은 괴상구조와 유상구조를 가진 회갈색-적갈색 조면데사이트-알칼리 유문암으로 이루어진다. 흑요암 광체는 북설령층의 조면데사이트-알칼리 유문암의 상부에 놓인다. 광체는 층상을 이루며 거리가 20~30m이고 두께가 1.5~2.5m이다. 흑요암은 대부분 흑색이지만 두께 3~5㎝의 얇은 갈색 흑요암층과 호층을 이루고 있다. 색깔은 주로 흑색, 갈색이지만 암회색과 황색 등도 있다. 흑요암 내에는 파리장석 결정이 드물게 나타나며 이 결정은 모두 둥근 모양을 이룬다. 광석의 화학조성은 <표 11-8>과 같다.

<표 11-8> 백사봉 흑요암의 화학조성

시료번호	SiO_2	Fe_2O_3	Al_2O_3	CaO	MgO	TiO_2	MnO	P_2O_5	K_2O	Na_2O
101	74.68	2.48	12.38	1.10	0.65	0.12	0.02	−	4.82	4.55
102	73.22	2.76	12.20	1.48	3.04	0.12	0.02	0.04	4.76	4.59
103	68.99	2.57	11.17	3.72	3.02	0.09	−	0.02	4.39	4.51

마. 팽윤토광

팽윤토층은 제3기 백암통의 조면암질 응회암층과 제4기 백두산통 북포태산층 기저부의 조면암질 응회암과 응회질 퇴적암층에서 산출되는데 전자는 도화동 팽윤토광이고 후자는 장군봉(대평) 팽윤토광이 주요하다.

도화동 팽윤토광은 여기서 대표로 서술한다. 광체는 백암통 조면암질 응회암층 내에 층상으로 놓인다. 팽윤토층은 상하 순서로 광체 1호와 2호로 나누었다. 광체는 거리가 2㎞이고 경사 너비가 1㎞이다. 평균두께는 1호 광체가 2.97m이고 2호 광체가 2.68m이다. 광체는 약하게 경사지는 층상, 판상을 이루었는데 남북으로 연장되고 동쪽으로 10~15° 경사진다. 광체는 그 상부층이 삭박되어 지표에 드러난 곳에서 둥그렇게 나타나고 상부층으로 피복된 경우에는 그 변두리를 따라 층상으로 드러난다. 광석은 주로 몬모릴로나이트가 70~80%이고 수운모, 고령석, 녹니석, 갈철석 등도 적게 나타난다. 광석은 젖은 상태에서 양초와 비슷하게 지방질 감촉을 나타내지만, 마르면 지방질 감촉이 없어지고 석비례 모양으로 변한다. 광석의 색깔은 지표에 노출된 부분에서 담황색을 띠고 흙에 덮인 곳에서는 담록색을 띤다. 광석의 PH는 1호 광체가 6.8~8이고 2호 광체가 7이다. 광석의 화학조성은 <표 11-9>와 같다.

<표 11-9> 도화동 팽윤토 광석의 화학조성

시료번호	SiO₂ (%)	Al₂O₃ (%)	Fe₂O₃ (%)	MgO (%)	CaO (%)	TiO₂ (%)	MnO (%)	K₂O (%)	Na₂O (%)	SiO₂/Al₂O₃
1	68.94	14.40	2.37	1.04	2.37	–	–	1.32	1.22	4.79
2	69.76	11.23	3.35	2.89	0.80	0.16	0.05	0.26	0.27	6.22
3	68.15	15.41	4.21	1.11	0.08	–	–	3.29	2.44	4.43
4	66.57	14.30	4.04	0.37	0.80	0.28	–	4.18	1.93	4.66
5	69.26	13.42	3.38	0.60	2.66	0.39	0.04	1.70	1.37	5.16
6	58.99	22.71	4.41	0.57	2.29	0.13	0.01	2.60	2.87	2.38

제2절 결론

중국 동부 대륙지각은 일반적으로 신생대에 들어와서 태평양판과 인도판의 영향을 받아 융기되었다. 동시에 인장응력에 의하여 단층 함몰분지가 발생되고 대륙 열곡형 인장구조 시기를 맞이하기도 했다. 중국 동북 지구의 남동부와 한반도 등을 포함하는 동북아시아는 태평양판과 필리핀판의 여러 차례 섭입작용으로 인하여 북북동 방향과 북동동 방향의 대륙 열곡대와 단열계가 형성되었다. 백두산 구역은 바로 이런 열곡대와 단열계 중의 마안산-삼도백하 북북동향 열곡대, 두만강 북동동향 열곡대와 김책-백산진 북서향 심부 단열대의 교차점에 위치한다. 북북동향 열곡대는 주로 태평양판의 섭입작용에 의해 형성되었고 북동동향 열곡계는 주로 필리핀판의 섭입작용으로 형성되었다.

백두산 구역에서 신생대 화산활동은 올리고세 말기 혹은 전기 마이오세부터 시작되었다. 먼저 마안산-삼도백하 북북동향 열곡대가 불안정하게 확장·축소 폐합되면서 발생되고 규조토 퇴적분지가 형성되었다. 열곡대 중앙부에서는 마안산기 쏠리아이트가 여러번 분출되었으며 그 열곡대의 확장속도가 0.23㎝/yr이었다. 열곡대 양측부에서는 내두산기 알칼리 감람석 현무암, 감람석 쏠리아이트가 분출되었으며 이때 확장속도가 0.7㎝/yr이고 평균속도가 0.20㎝/yr이었다. 중기-후기 마이오세기의 축소폐합 단계에는 전 구역이 융기되어 육지가 되었으며 동시에 망천아기 쏠리아이트－조면안산암과 홍두산기 안산 조면암－알칼리 유문암이 분출되었다. 이때의 폐합속도는 2.57cm/yr이었다. 전기 플라이오세부터 홀로세까지는 북동동 방향의 두만강 열곡대가 형성되었다. 이 열곡대는 중앙부를 따라 연강촌기 쏠리아이트가 분출되었고 이때의 확장속도는 0.3㎝/yr이었다. 이 열곡대의 양측부에는 천양기 알칼리 감람석 현무암이 분출되었으며 이때의 확장 속도가 0.15㎝/yr이고 평균속도가 0.23㎝/yr이었다. 천양기 현무암이 분출된 후에는 국부적으로 축소－폐합이 일어나 두서기 안산조면암－알칼리 유문암 등이 분출되었다. 중기 플라이오세부터 플라이스토세까지 열곡대는 계속 확장하여 그 중앙부에는 군함산기, 백산기, 광평기의 쏠리아이트가 분출되었으며 그 양측부에는 군함산기, 백산기 알칼리 감람석 현무암－쏠리아이트가 분출되었다. 플라이스토세에는 축소－폐합이 시작되어 백두산기의 안산조면암－조면암－알칼리 유문암이 분출되었다. 이때의 폐합속도가 3.13㎝/yr이었다. 후기 플라이스토세부터 홀로세까지는 또 한 차례 북북동향 압축성 단열대가 나타났다. 융기 속도는 빨랐으며 남서쪽의 망천아봉에서 융기속도가 백두산 천지보다 2배나 빨랐던 것으로 짐작된다.

백두산 구역에서 산출되는 화산암류의 암상은 주로 분비강하상, 탄도강하상, 화쇄류상, 분천상과 분류상, 침출상과 관입상 그리고 재이동상 등이 있다. 이 외에도 다상암상조합 등의 개념도 제시되었다. 즉 매번 주요 분출시대 혹은 분출윤회 중에는 기저부에 강성 쇄설상이 있고, 중부에는 용암 분류상이 있으며 상부에는 분석구 등의 소성 쇄설상이다. 그들은 함께 삼위일체의 암상조합을 이루고 있다. 비교적 완전한 암상조합을 이룬 시대는 내두산기, 망천아기－홍두산기, 천양기－두서기, 군함산기, 백산기－백두산기 등이다.

백두산 구역에서 화산(혹은 분화구)은 약 250여 개가 분포되고 조선 경내를 포함하면 300여 개 초과된다. 이 화산들은 대부분 무리를 이루거나 줄지어 분포된다. 18개의 화산군, 2개의 화산열과 3개의 열극 분출대가 있다. 화산은 형태가 다양하고 완전한 모양을 이룬 것도 많다. 주요 화산은 순상화산, 성층화산, 분석구, 부석구, 용암돔, 마아르, 칼데라 등이 있다. 백두산 천지화산 등은 위의 여러 화산으로 구성되는 복식화산에 속한다. 백두산 구역에서 현무암류와 조면암류는 그 분출량이 모두 53,532억 톤 이상이고 그 중에 열극 분출에 의한 것이 1,370억 톤으로 전체 분출량의 2.8%를 차지한다.

백두산 구역에서 산출되는 화산암류는 암형이 크게 현무암류와 조면암류로 나뉜다. 현무암류는 알칼리 감람석 현무암, 바사나이트, 감람석 쏠리아이트, 석영 쏠리아이트와 감람석 현무암 등으로 구분된다. 조면암류는 조면안산암, 안산조면암, 조면암, 알칼리 유문암 등으로 구분된다. 각 지역에서 화산암류의 마그마 진화는 서로 다른 특징을 가진다. 중봉산 지역에서의 화산암류는 Na형과 K형의 알칼리 계열의 전이형에 속하고 그 진화순서는 감람석 현무암-감람석 쏠리아이트-포놀라이트 순이다. 천지 지역에서의 화산암류는 K·Na형 알칼리 계열에 속하며, 진화순서가 알칼리 감람석현무암-바사나이트-감람석 쏠리아이트-석영 쏠리아이트-안산조면암-석영 안산조면암-조면암-알칼리장석 조면암-석영 알칼리장석 조면암-알칼리 유문암 순이다. 망천아 지역에서의 화산암류는 대부분 Na형 알칼리 계열에 속하며, 그 진화순서는 감람석 쏠리아이트-석영 쏠리아이트-조면안산암-안산조면암-석영 안산조면암-조면암-알칼리 유문암 순이다. 압록강-두만강 하곡 지역에서의 화산암류는 대부분 Na형 비알칼리 계열에 속하며, 진화순서는 감람석 쏠리아이트-석영 쏠리아이트 순이다. 그러나 국부적으로 알칼리 감람석 현무암이 분출되기도 하였다.

백두산 구역에서의 상부 맨틀암의 희토류 분배패턴은 강한 분별작용에 의해 농집형 급경사 곡선을 나타낸다. 이는 광역적으로 볼 때 산동성 산왕 구역의 상부 맨틀암과 근본적으로 유사하다. 또한 화학조성도 상왕 구역과 매우 비슷하다. 상부 맨틀이 부분용융 되어 초생 현무암질 마그마를 만들었다. 그 중에 내두산기 황송포 초생 현무암질 마그마는 생성온도가 1,320℃이었고 압력이 3.1GPa이었으며 생성심도가 102.3㎞이었다. 연강촌기 연강촌 초생 현무암질 마그마는 생성온도가 1,270℃이었고 압력이 2.1GPa이었으며 심도가 69.3㎞이었다. 그 외 현무암은 대부분 진화 현무암에 해당된다. 이들의 마그마는 온도가 1,250~1,180℃ 범위이었고 압력이 1.3~0.7GPa 범위이었으며 심도가 43~23㎞ 범위이었다. 조면암의 마그마는 온도가 1,140~1,040℃ 범위이었고 압력이 0.1~0.06GPa 범위이었으며 심도가 33~15㎞ 범위이었다. 알칼리 유문암의 마그마는 온도가 1,070~855℃ 범위이었고 압력이 0.025GPa 범위이었으며 심도가 7~8㎞ 범위이었다. 쇄설화면 혹은 용리면의 심도는 약 1.65㎞로 짐작된다.

백두산 구역에서 알칼리 계열의 현무암질 마그마는 지역에 따라 스트래들-B형, 케네디형, 쿰즈형의 3유형 중에 다른 진화경향을 나타낸다. 그 중에서 백두산 천지 지역에서 마그마는 스트래들-B형 진화에 속하며 지금도 진화를 계속하고 있다. 홀로세의 조면암질 마그마챔버는 그 상부에서 조면암질과 알칼리 유문암질 마그마가 분리되어 성층화되어 있었다. 따라서 홀로세의 분출기마다 조성이 다른 화성쇄설물을 분출시켰다. 즉 빙장기에는 대부분 조면암질 화성쇄설물을 분출시키고 백운봉기에는 주로 알칼리 유문암질 화성쇄설물을 팔괘모기에는 조면암질 화성쇄설물을 분출시켰다.

암석의 점도, 밀도 등 물리적 지수를 계산하고 중력장, 지진파 등의 자료를 결합하면 백두산 구역의 지각은 수직으로 분대할 수 있다. 지표에서 하부로 가면서 1㎞ 심도까지는 신생대 화산암류 피복층, 1～10㎞ 범위는 상부 지각층(변성암, 퇴적암, 화강암 등), 10～18㎞ 범위는 중부 지각층(시알질 화강암질층), 18～30㎞ 범위는 하부 지각의 시마질 상부층, 30～46㎞ 범위는 하부 지각의 시마질 하부층, 46～70㎞ 범위는 상부 맨틀 상부층과 연약권 상부층 등으로 구분된다. 각 층의 경계면 부근에는 각각 심도가 다른 마그마저장고 혹은 마그마챔버를 형성하였다.

백두산 구역에서 신생대 화산암류(마안산기 석영 쏠리아이트를 제외)는 층서에 따르는 암석의 조성변화에 의해 4차례의 마그마 진화윤회로 나뉜다. 제1차 윤회는 전기 마이오세의 내두산기 장백 감람석 쏠리아이트－석영 쏠리아이트－조면안산암과 내두산기 증봉산 감람석 현무암－포놀라이트이다. 제2차 윤회는 중기 마이오세의 망천아기에서 홍두산기까지의 감람석 쏠리아이트－석영 쏠리아이트－조면안산암－안산조면암－알칼리 유문암이다. 제3차 윤회는 전기 플라이오세에서 중기 플라이오세 간의 천양기에서 두서기까지의 알칼리 감람석 현무암－감람석 쏠리아이트－석영 쏠리아이트－조면안산암－안산조면암－알칼리 유문암이다. 제4차 윤회는 중기 플라이오세부터 홀로세까지의 군함산기, 백산기, 백두산기, 기상참기와 홀로세 각 분출기이다.

분출량 계산에 의하면 제1차 윤회에서 분출량은 현무암류가 27,526억 톤이고 그 중에 조면안산암 혹은 포놀라이트가 1% 이하를 차지한다. 제2차 윤회에서 분출량은 현무암류가 5,404억 톤이고 조면암류가 86억 톤으로 전 분출량의 1.6%를 점한다. 제3차 윤회에서 분출량은 현무암류가 7,492억 톤이고 조면암류가 294억 톤으로 전 분출량의 3.8%를 차지한다. 제4차 윤회에서 현무암류가 32,771억 톤이고 조면암류가 1,619억 톤으로 전 분출량의 4.7%를 점한다. 여기서 알 수 있는 것은 조면암류의 분출량은 점점 증가되는 추세이다. 각 윤회의 분출기간은 각각 21～15Ma, 13～5Ma, 5～2.4Ma, 2.8Ma～현재이다.

참고문헌

길림성 광역지질조사대, 1963, 만강·장백도폭 1:20만 광역지질측량보고. 길림성 지질국 출판.

길림성 광역지질조사대, 1971, 무송도폭 1:20만 광역지질조사 보고. 길림성 지질국 출판.

길림성 광역지질조사대, 1974, 백두산도폭 1:20만 광역지질조사 보고. 길림성 지질국 출판.

김정락, 1992, 백두산의 자연비밀이 밝혀졌다. '천리마', 216 특간호.

김정락, 조일원, 리돈, 림권묵, 리재길, 윤재용, 김리태, kfo번, 황성린, 박형선, 서대완, 강석현, 강진조, 차석칠, 김광진, 김인철, 방계숙, 장도신, 문근필, 전선찬, 정태원, 1998, 백두산 탐험자료집. 과학백과사전종합출판사.

다이신이, 1990, 길림성 쟈피구 화강암-녹암대 성인 모델 토론. '길림지질', 제9권, 제3호.

덕수림 등, 1984, 길림성 심부구조 연구보고. 길림성 지질국 출판사.

덩진부, 1988, 대륙열곡 마그마작용. 중국 지질대학출판사.

루병향, 1983, 중국 동부지역 신생대 현무암 및 상부 맨틀 연구. 무한지질출판사.

리슈샤, 모쇄영, 1981, 장백산 천지 수화학. '지리과학' 제1권, 제1기.

리조나이, 1984, 암석학. 야금출판사.

방원창, 1983, 길림성 신생대 화산암과 구조환경. '길림지질', 제2호.

비서예 등, 1990, 길림성 남부 전기 시생대 지질특성과 조광방향 연구. 길림성 지질국 출판.

상관즈관, 1997, 장백산 천지 화산열수 분기체의 물질래원. 중국과학 논문집, 4호.

세광훈, 1988, 장백산지역 신생대 화산암의 암석화학 및 Sr Nd 동위원소 지구화학연구. 암석학학보 4호.

세광훈, 왕보즈, 1988, 장백산 지역 신생대 화산암의 암석화학과 Sr, Nd, Pb 동위원소 지구화학 연구. '암석학보', 제4호.

소창면, 1945, 동북지구의 화산형태. 대련대학출판.

송해원, 장삼환, 1990, 백두산 화산분출물과 화산활동. '장백산 화산연구', 연변대학 출판사, 제1판.

수기사키, 1976, 화산암의 화학특성과 판구조 관계. '국외지질', 1979년.

슨보산, 1986, 길림성 남부지역 현무암 피복층 아래의 석탄 찾는 연구. 길림성 지질국 출판.

슨쟨중, 1980, 길림성 신생대 화산활동 회수의 초보구분. 길림지질 2호.

어머란, 조다성, 1987, 중국 동부 신생대 현무암과 심원암 포획체. 과학출판사.

연변 조선족 자치주 지진사무실, 1983, 백두산 화산활동과 신구조 운동의 초보인식. '동북 지진지질 보고집'.

왕위소, 슨쟌중, 1980, 길림성 신생대 화산활동기의 초보구분. '길림지질', 제2호.

왕지핑 등, 1989, 장백산지. 길림성 문사출판사, 제1판.

왕춘허, 1990, 장백산 화산암 구역 광천수 초보토론. '장백산 화산연구', 연변대학 출판.

왕후이번, 양쇄창, 1988, 중국 동부 신생대 화산암의 K-Ar 연대학과 진화. '지구화학', 제1호.

우리롄, 정샹성, 1985, 중국 동부 신생대 화산암. '암석학보', 제1권, 제4호.

유보청, 1982, 길림성 화룡현 적봉 부석 광상탐사지질 보고. 길림성 지질국 출판.

유샹 등, 1989, 장백산 지역 신생대 화산활동 분기. '길림지질', 제1호.

유요신, 1981, 화북지역 신생대 알칼성 현무암 중 초마그네슘암질 포로체의 초보연구. 지진출판사, 3권 3호.

유요신, 1998, 장백산 천지의 근대폭발. 과학출판사.

유자치, 1981, 장백산지역 신성대 화산활동 연구보고. 중국과학원 지질연구소.

유쟈치, 1983, 장백산 지역 신생대 화산활동의 연구. 중국과학원 지질연구소, 1981회 석사학위 논문집.

유쟈치, 1988, 중국 동부 지역 신생대 화산암. '암석학보', 제1호.

유쟈치, 왕순산, 1982, 장백산과 천지의 형성시대. '과학통보', 제21호.

위쇠윈 등, 198, 희토류 지구화학. 과학출판사.

이동진, 차인순, 1984, 백두산대 신생대 화산암과 성인 메카니즘. '길림지질', 제2호.

이수탼, 1987, 장백산 강강지로(원저자 유쟌봉). 길림성 문사출판사.

이정지, 1988, 장백산 천지 알칼리 용암 중의 알칼리장석 반정의 X방사선 연구. '광물학보', 제8권, 제2호.

이죽남, 1991, 조선 북부와 인접 구역의 신구조운동과 현대 지형구조의 형성. '길림지질', 제10권, 제1호.

이창기, 천위신, 1988, 백두산 중력장의 지질해석. '길림 지질과학기술 정보', 제4호.

장버부, 1987, 장백산 구역 지하수 자원평가와 합리적 응용. '길림지질', 제2호.

장청량, 장부린, 1992, 장백산 화산분출물의 퇴적유형과 화산활동 메카니즘. '길림지질', 제2호.

저하이버, 1990, 마그마 종합도 지수(CAI)의 계산방법과 의의. '지질과 탐사', 제26권, 10호.

정샹선, 1981, 장백산지역 신성대 화산암 성인진화 특성 연구보고. 중국과학원 지질연구소.

정샹성, 1983, 장백산 지역 신생대 화산암성인 진화 특성. 중국과학원 지질연구소, 제81회 석사학위 논문집.

조량초, 위쇄신, 1982, 우리나라 길림성 고철철 감람석의 연구. '과학통보', 제12호.

주빙챈, 왕후이번, 1988, 중국 동부 신생대 화산작용 시대와 구조환경. '지구화학', 제3호.

지구물리대, 1984, 길림성 심부구조 연구 보고. 길림성 지질국 출판.

천기태량 1927, 백두산화산암. 조선박물학회지, 4권.

천야오랑 등, 1942, 백두산종합조사보고 중 "화산분출순서", 난만주식회사출판.

초룽룽, 1986, 중국 동부 암권 신생대 마그마작용과 구조격자. '과학통보', 제19호.

추이중세, 유중제, 1990, 백두산 천지의 형성과 시대. '장백산 화산연구', 연변대학 출판, 제1판.

츄쟈샹, 린징챤, 1991, 암석화학. 지질출판사, 제1판.

츄쟈샹, 정광쳐, 1987, 중국 동부 신생대 현무암 내의 저압 단사휘석의 광물화학과 암석학 의의. '암석학보', 제4호.

츠지샹, 1988, 중국 동부 신생대 현무암과 상부 맨틀 연구. 중국지질대학 출판사, 제1판.

카와사키, 1927, On the Hakuto Volcanic chain. 조선박물학회지, 제4집.

탕더핑, 1990, 길림성 백두산 화산암의 암석학 연구. '중국지질대학 연구생원 학보', 제4권, 제1호.

탠벙, 탕더핑, 1989, 길림성 장백산 지역 신생대 화산암의 특징과 성인. '암석학보', 제2호.

통화대대, 1969, 길림성 장백현 마안산 규조토광 지질연구 보고. 길림성 지질국 출판.

표춘세, 1992, 최근 몇 해 조선지질과학의 발전개황. '길림 지질과학기술 정보', 제6호.

허동만, 1988, 장백산 구역 화산활동의 지질구조 조건. '동북지진연구', 제4권, 제3호.

허동만, 1993, 장백산 천지지역 홀로세 화산활동 및 특성. '제4기 연구', 제1호.

홍영국, 1989, 백두산 지형과 지질. 한국일보사.

町田洋, 新井房夫, 森脇廣, 1981, 日本海を渡ってきたテフラ. 科學, 51, 562-569.

町田洋, 新井房夫, 1992, 火山灰アトラス. 東京大學出版會.

Carmichael, I.S.E. and MacKenzie,, 1963, Feldspar-liquid equilibria in pantellerites: An experimental study. Am. J. Sci., 261, 382~396.

Cas, R.A.F. and Wright, J.V., 1989, 화산연속체의 상퇴적환경과 구조배경 분석방법. 지질광산부 직관국 출판.

Cowie, J.W. and Bassett, M.G., 1989, 세계지질과학연합회 1989년 전지구 지층표. 신화사 서점 발행.

Isozaki, Y. and Maruyama, S., 1990, Studies on orogeny based on plate tectonics in Japan and new geotectonic subdivision of the Japanese Islands. 702~722.

Lipman, P.W., 1966, Water pressures during differentiation and crystallization of some ash-flow magmas from southern Nevada. Am. J. Sci., 264, 810~826.

Luth, W.C., Jahns, R.H. and Tuttle, O.F., 1964, The granite system at pressure of 4 to 10 kilobars. J. Geophys. Res. 67, 759~773.

Marchida, H. and Arai, F., 1983, Extensive ash falls in and around the sea of Japan from large Quaternary eruptions. J. Volcanol. Geotherm. Res. 151~164.

Mercier, J-C.C., 1976, Single-pyroxene geothermometry and geobarometry. Am, Mineral., 61, 603~615.

Nathan, H.D. and Van Kirk, C.K., 1978, A model of magmatic crystallization. J. Petrol., 19, 66~94.

Pearce, J.A., 1982, Trace element characteristics of lavas from destructive plate boundaries: in Thorpe, R.S. (ed), Andesites, John Wiley & Sons, 525~548.

Poldervaart, A., 1964, Chemical definition of alkali basalts and tholeiites. Bull. Geol. Soc. Am., 75, 229~232.

Ringwood, A.E., 1969, Composition and evolution of the upper mantle. Am. Geophys. Union Monogr., 13, 1~17.

Ringwood, A.E., 1975, Composition and petrology of the earth's mantle, McGraw-Hill, New York.

Stormer, J.C. and Nicholls, J., 1978, XLFRAC: A program for the interactive testing of magmatic differentiation models. Comput. Geosci., 4, 143~159.

Wood, D.A., 1980, The application of a Th-Hf-Ta diagram to problems of tectonomagmatic classification and to establishing the nature of crustal contamination of basaltic lavas of the British Tertiary volcanic province. Earth Planet. Sci. Lett., 50, 11~50.

Volcanic Geology in Mount Baekdusan

Sang Koo Hwang,   Baek Rok Kim

Continental crust in Eastern China had generally been uplifted in the Cenozoic Era influencing the collision of the Pacific plate with the Indian plate. Concurrently, tensile stress on thecrust had caused fault depression basin as well as continental rift trough. In Northeast Asia, including the Eastern China and Korean peninsula, continental rift zones and fracture systems were respectively formed into the NNE and the NEE directions from several subductions of the Pacific and Philippine plates. The Baekdusan district is located at the site where the following rift zones run: the Maansan-Samdobaekha at NNE direction, the Dumangang at NEE direction, and the Gimchaek-Baeksanjin at NW direction. The rift zone at NNE direction had mostly been formed by the subduction of the Pacific plate, and the one with NEE direction, by subduction of the Philippine plate.

Cenozoic volcanic activity around the Baekdusan started from late Oligocene or early Miocene epoch. At first, the Maansan-Samdobaekha rift zone of NNE direction had unstably gone through numeral expansions along with reductions and resulted in a sedimentary basin. Tholeiite in Maansan Age had frequently been erupted in the central part of therift zone, whose expansion speed was 0.23cm/yr. Alkali olivine basalt and olivine tholeiite in Naedusan Age had been produced on both sides of the rift zone, whose expansion speed was 0.70cm/yr and 0.20cm/yr on the average. In middle to late Miocene epoch, the whole area had been uplifted and become land. Simultaneously, tholeiite − trachyandesite in Mangcheona Age and basic trachyte − alkali rhyolite in Hongdusan Age were erupted. In that epoch, the amalgamation speed was 2.57cm/yr. Tholeiite in Yungangchon Age was extruded along the center part of Dumangang rift zone of NEE direction, which was formed with an expansion speed 0.30cm/yr from early Pliocene to Holocene epoch. Alkali olivine basalt in Cheonyang Age was extruded

"

in both sides of the rift zone, of which the expansion speed was 0.15cm/yr and 0.23cm/yr on the average. After the eruption in Cheonyang Age, basic trachyte and alkali rhyolite in Duseo Age had erupted by following local reduction-agglomeration. During continuous expansion of the rift zone from middle Pliocene to Pleistocene epoch, tholeiites in Gunhamsan, Baeksan, and Gwangpyeong Age were erupted in the central part, and alkali olivine rhyolite - tholeiite in Gunhamsan and Baeksan Age were erupted on both sides. A reduction-agglomeration during Pleistocene epoch, with a speed of 3.13cm/yr, had started to result in erupting basic trachyte - trachyte - alkali rhyolite in Baedusan Age. During late Pleistocene to Holocene epoch, the fracture zone of NNE direction arose from another compression. At that time the uplift speed was assumed to be twice faster in the peak of Mangcheona than in Baekdusan Cheonji caldera.

The lithofacies in Baekdusan district commonly consist of air-fall, ballistic fall, pyroclastic flow, fountain, effusion, protrusion, intrusion, and reworking phases. Also, concepts such as multi-phase combination are suggested. In other words, on every main stratigraphic unit or eruption unit show basal coherent pyroclastic facies, middle lava facies, and upper loose pyroclastic. These form combinations of three lithofacies, such as the stratigraphic units in Naedusan Age, Mangcheona-Hongdusan Age, Cheonyang-Duseo Age, Gunhamsan Age, and Baeksan-Baekdusan Age.

There are about 250 volcanoes (or craters) in Baekdusan district and more than 300 if volcanoes in North Korea are added. Most of these volcanoes are assembled relatively closely or distributed in a row. There are 18 volcanic groups, 2 volcanic rows, and 3 fissure zones. Volcanoes vary in their forms. The shield volcano, strativolcano, cinder cone, pyroclastic cone, lava dome, and caldera are usually known as representative volcano forms. Baekdusan Cheonji volcano is classified as a multiple or composite volcano, which has a combination of features from several types of the aforementioned volcanoes. The volume of basalts and trachytes erupted in Baekdusan district was more than 5,353.2 billion ton. The volume erupted from fissure was 137 billion ton, which is 2.8% of the total volume.

Volcanic rocks in Baekdusan can be divided to two rock types: basalts and trachytes. Basalts are classified as alkali olivine basalt, olivine tholeiite, quartz tholeiite, and olivine basalt. Trachytes are classified as trachyandesite, basic trachyte, trachyte and alkali rhyolite. The volcanic rock in each area shows different magmatic evolution. The volcanic rock in Jeungbongsan area belongs to Na and K-type alkaline series and has the evolution process in the order of olivine basalt − olivine tholeiite − phonolite. The volcanic rocks in Cheonji area are classified as K and Na type alkaline series, and show the evolution process in the order of alkali olivine basalt − basanite − olivine tholeiite − quartz tholeiite − basic trachyte −quartz basic trachyte − trachyte − alkali feldspar trachyte − quartz alkali feldspar trachyte − alkali rhyloite. The volcanic rocks in Mangcheona area are mostly classified as Na-type alkaline series, and show the evolution process in the order of olivine tholeiite − quartz tholeiite − basic trachyte − quart basic trachyte − trachyte − alkali rhyloite. The volcanic rocks in Aprokgang-Dumangang area are mostly classified as Na-type subalkaline series and have an evolution process from olivine tholeiite to quartz tholeiite, with alkali tholeiite basalt, however, erupted locally.

The upper mantle in Baekdusan district shows the steep REE pattern to suggest a strong fractionation. Regionally, the pattern is basally very similar to the upper mantle in Sanwang district in Sandong Province, and chemical compositions between the two districts are very similar as well. The upper mantle was partially melted to produceprimary basaltic magmas. Of them, Hwangsonpo primary basaltic magma in Naedusan Age was 1,320℃n temperature, 2.1GPa in pressure, and 102.3km in depth during generation. Yeongangchon primary basaltic magma in Yungangchon Age was 1,270℃ 2.1GPa, and 69.3km in generation. Except for these two, most basalts belong to evolutionary ones. Their magmas range from 1,180 to 1,250℃n temperature, 0.7 to 1.3GPa in pressure, and 23 to 43km in depth. Magmas of trachytes range from 1,040 to 1,214℃ 0.06 to 0.10GPa, and 15 to 33km. Magmas of the alkali rhyolites were in the range of 855 to 1,070℃ around 0.025GPa and 7 to 8km. They were 1.65km in depth of fragmentation or exsolution level.

Basaltic magmas of alkaline series in each area of the Baekdusan district show either evolution process of straddle-B, Kennedy, or Coomz type. Among them, magma in Cheonji area belongs to an evolution process of straddle-B type and still goes through the process. Holocene trachytic magma chamber was stratified into trachytic and alkali rhyolitic magmas in the upper part to erupt different pyroclasts in composition in each eruption time during Holocene epoch. This means that the chamber erupted trachytic pyroclastic deposits in Bingjang Age, alkali rhyolitic ones in Baegunbong Age, and trachytic ones in Palgoaemogi Age.

When we calculate physical parameters such as viscosity and density about the rocks and supplement data such as gravity fields and seismic waves, the lithosphere under the Baekdusan district can be divided vertically. From the surface to the bottom, it is divided as Cenozoic volcanic piles to 1km in depth, upper crust (metamorphic, sedimentary, granitic rocks, etc.) to 1-10km, sial layer in middle crust (granite) to 10-18km, upper sima layer in lower crust to 18 to 30km, lower sima layer in lower crust to 30-46km, and upper layer of upper mantle and upper layer of asthenosphere to 46-70km. Also, around every interface between them, magma chambers or reservoirs are formed.

The volcanic rocks (except for quartz tholeiite in Maansan Age) in Baekdusan district show 4 cycles of magmatic evolution depending on compositional variations along volcanic sequences. The 1st cycle is magmatic evolution of Jangbaek olivine tholeiite − quartz tholeiite − trachyandesite in Naedusan age and Jeungbongsan olivine basalt − phonolite in Naedusan Age of early Miocene epoch. The 2nd cycle is magmatic evolution of olivine tholeiite − quartz tholeiite − trachyandesite − basic trachyte − alkali rhyolite in Mangcheona to Hongdusan Age of the middle Miocene. The 3rd cycle is magmatic evolution ofalkali olivine basalt − olivine tholeiite − quartz tholeiite − trachyandesite − basic trachyte − alkali rhyolite in Cheonyang to Duseo Age between early to middle Pliocene. The 4th cycle is magmatic evolution of volcanic rocks in Gunhamsan, Baeksan, Baekdusan, and Gisangcham Age during middle Pliocene to Holocene.

According to the calculation of eruption volume, basaltic rocks of 2,752.6 billion ton erupted during the 1st cycle and trachyandesite or phonolite takes less than 1% of it. Basaltic rocks of 540.4 billion ton and trachytic rocks of 8.6 billion ton (1.6%) erupted during the 2nd cycle. And basaltic rocks of 749.2 billion ton and trachytic rocks of 29.4 billion ton (3.8%) erupted during the 3rd cycle. 3,277.1 billion ton of basaltic rocks and 161.9billion ton (4.7%) of trachytic rocks erupted during the 4th cycle. From these numbers, it is reasonable to gradually increase the volume of trachyte eruption with time. The eruption spans for each cycle range 21-15Ma, 13-5Ma, 5-2.4Ma and up to the present from 2.8Ma, respectively.

황상구

안동대학교 자연과학대학 학장
안동대학교 지구환경과학과 교수
한국암석학회 회장
경북대학교 문리과대학 지질학과 졸업

『화산』
『청송 주왕산 일대의 화산지질』
『영주저반의 화성지질』

김백록

중국 길림성 제6지질조사소 총기장
중국 길림성 종합연구실 주임공정사
중국화산학회 이사
장춘지질대학 지리지질학과 졸업

『기초지질학』 상 · 하
『장백산지』
「장백산 화산지질 연구」

백두산의
화산 지질

초판인쇄 | 2011년 2월 11일
초판발행 | 2011년 2월 11일

원 저 자 | 金伯祿 · 張希友
편 역 자 | 황상구 · 김백록
펴 낸 이 | 채종준
펴 낸 곳 | 한국학술정보㈜
주   소 | 경기도 파주시 교하읍 문발리 파주출판문화정보산업단지 513-5
전   화 | 031) 908-3181(대표)
팩   스 | 031) 908-3189
홈페이지 | http://ebook.kstudy.com
E-mail | 출판사업부 publish@kstudy.com
등   록 | 제일산-115호(2000. 6. 19)

ISBN   978-89-268-1920-3 93450 (Paper Book)
          978-89-268-1921-0 98450 (e-Book)